Android 系统多媒体进阶实战

赵广建　编著

北京航空航天大学出版社

内 容 简 介

本书是一本 Android 系统多媒体工程师的实战手册，基于 Android 12 版本源码讲解，从结构上将 Android 系统多媒体分为 5 章进行介绍，包括第 1 章 Android 系统环境篇、第 2 章音频篇、第 3 章相机篇、第 4 章编解码篇、第 5 章图形篇。

本书旨在帮助读者系统、深入、快速学习 Android 系统多媒体模块，并且将其用于工作实战、兴趣研究等。本书将每个多媒体模块多余的层层封装全部剥离，去掉 Runtime 和 Java 层的干扰，以 C++ 实战示例展示每个多媒体模块最重要、最本质的内容，帮助读者以最短的时间在模块之间横向迁跃学习，以应对时代快速变化产生的新需求。

本书适用于 Android 系统及相关技术开发人员。

图书在版编目(CIP)数据

Android 系统多媒体进阶实战 / 赵广建编著. -- 北京 : 北京航空航天大学出版社，2024.6

ISBN 978-7-5124-4317-4

Ⅰ. ①A… Ⅱ. ①赵… Ⅲ. ①移动终端—应用程序—程序设计 Ⅳ. ①TN929.53

中国国家版本馆 CIP 数据核字(2024)第 025762 号

Android 系统多媒体进阶实战

赵广建　编著

策划编辑　杨晓方　　责任编辑　刘晓明

*

北京航空航天大学出版社出版发行

北京市海淀区学院路 37 号(邮编 100191)　http://www.buaapress.com.cn

发行部电话：(010)82317024　传真：(010)82328026

读者信箱：copyrights@buaacm.com.cn　邮购电话：(010)82316936

北京富资园科技发展有限公司印装　各地书店经销

*

开本：710×1 000　1/16　印张：27　字数：607 千字

2024 年 6 月第 1 版　2024 年 6 月第 1 次印刷

ISBN 978-7-5124-4317-4　定价：129.00 元

若本书有倒页、脱页、缺页等印装质量问题，请与本社发行部联系调换。联系电话：(010)82317024

前　言

Android系统至今已经迭代到Android 14，系统代码越来越庞大。很多工程师刚开始接触到Android系统源码，由于对代码背后的设计框架不了解，在其中绕来绕去，往往是一头雾水，丧失了继续探索的耐心。市面上缺少针对Android系统级多媒体的书籍，有些开发者开始时只是关注一些细枝末节的东西，没有找到正确打开Android源码路线图的方法，所以学起来比较痛苦。

Android系统多媒体模块的复杂度比较高，每个模块（例如音频、相机、编解码等）都需要一个或多个垂直领域的工程师来开发维护，这就造成工程师只能垂直专注在某一个模块，无法快速跨模块上手开发，因为每个模块之间都有很深的知识壁垒。特别是对于多媒体领域更是如此，开发者往往在自己不熟悉的多媒体模块，一头扎进Android源码，往往是处于一个只见树木、不见森林的状态，陷入一种迷茫的状态。

本书旨在解决模块之间快速横跨的问题，就像要伐倒一棵树，首先要找到它的根部，再找到它的树干，接着是细枝末节，这才是正确做事的逻辑。而不是先在它的枝叶花费很多时间，那样往往也没有什么进展。只有先找到树根和树干在哪儿，在这个基础上再分析它的细枝末节才会有好的效果。

本书对多媒体每个模块的主线路径进行拆解，每个模块都是从最核心流程开始讲解，再到实战应用，这样更能开拓一个开发者的视野和深度理解Android系统多媒体模块。

为了满足读者能在Windows上开发Android源码，且不用再单独安装虚拟机环境，第1章就讲解使用微软在Windows 10以上系统提供的WSL（全称Windows Subsystem for Linux）编译Android源码，并且提供了图形化版本WSLg（Windows 11才支持WSLg），即在WSL中可以运行Linux图形应用程序。这样就解决了开发者频繁切换操作系统的烦恼，同时可以使用Windows丰富的应用程序和Linux系统进行开发工作，可谓是一举两得。

在多媒体模块部分，先帮读者扫盲，从基础概念开始，接着讲解整个模块的架构图，然后讲解模块的核心服务，最后讲解代码实战练习，这样循序渐进便于理解；同时采用大量架构图、时序图、流程图帮助读者看清模块之间的联系，通过图文结合的方式，使读者既能从整体把握Android系统多媒体的每个模块层次架构，又能深入主干脉络的核心要点。

目前很多企业为了降本增效而进行裁员，在这样的环境中，成为一个一专多能的工程师往往比较受欢迎，在市场上也更有竞争力。

本书的读者对象如下：

- Android 系统开发人员；
- Android 多媒体应用开发人员；
- Android 音频开发人员；
- Android 编解码开发人员；
- Android 相机开发人员；
- Android 图形开发人员；
- Android 多媒体开发人员；
- 想了解高性能音频的开发人员；
- 想了解 WSL 如何开发 Android 源码的开发人员。

由于作者的水平有限，书中难免会出现一些错误或者不准确的地方，恳请广大读者批评指正。

拓展资料获取方式

在阅读本书的过程中，如果读者有任何宝贵意见，均可以通过微信公众号“Android 系统攻城狮”进行后台留言或发邮件至 zgj224@163.com 与作者沟通和交流。

读者朋友可扫描下方公众号二维码，在后台发送：“源码”，获取本书配套完整源代码。

致　谢

感谢我的母亲，是她在背后默默地支持着我。

感谢我的爱人，是她一直在我写作过程中鼓励我。

感谢好友刘兴光，以专业的视角帮忙审稿，提出了许多宝贵的意见。

感谢北京航空航天大学出版社的大力支持和帮助，使我的作品得以出版。

感谢广大读者朋友的厚爱和支持。

赵广建

2024 年 2 月

目　　录

第 1 章　Android 系统环境篇 …… 1

1.1　WSL 系统介绍与安装过程 …… 1

1.1.1　WSL 虚拟化架构介绍 …… 1

1.1.2　WSLg 图形化环境安装 …… 1

1.2　编译 Android 系统源码 …… 5

1.2.1　下载、编译 Android 12 源码 …… 5

1.2.2　下载、编译 Android 12 内核源码 …… 7

1.2.3　介绍几种刷机模式 …… 9

1.2.4　刷　机 …… 10

1.2.5　运行 Android 设备 …… 11

第 2 章　音频篇 …… 12

2.1　音频基础知识 …… 12

2.1.1　奈奎斯特采样定律 …… 13

2.1.2　ADC …… 13

2.1.3　DAC …… 13

2.1.4　PCM …… 13

2.1.5　DAI …… 13

2.1.6　ASLA …… 13

2.1.7　采　样 …… 13

2.1.8　量　化 …… 14

2.1.9　编　码 …… 14

2.1.10　音频帧 …… 14

2.1.11　采样率 …… 15

2.1.12　通道数 …… 15

2.2　常见的音频通路介绍 …… 15

2.2.1　音频播放 …… 15

2.2.2　音频录音 …… 16

2.2.3　打电话 …… 16

2.2.4　接电话 …… 16

2.2.5　蓝牙打电话 …… 17

2.2.6 蓝牙接电话…… 17
2.3 AudioServer 初始化过程 …… 18
2.3.1 AudioServer 服务创建过程 …… 18
2.3.2 AudioServer 进程启动过程 …… 19
2.4 AudioFlinger 服务注册过程…… 23
2.4.1 AudioFlinger::instantiate()实例化过程 …… 24
2.4.2 AudioFlingerServerAdapter 实例化过程 …… 25
2.4.3 AIDL 自动生成 Server 端返回值生成规则…… 29
2.5 AudioPolicyService 服务注册过程 …… 31
2.6 AAudioService 服务注册过程 …… 33
2.7 OpenSL ES 原理与实战 …… 36
2.7.1 Android 平台 OpenSL ES 支持功能 …… 36
2.7.2 OpenSL ES 关键数据结构 …… 38
2.7.3 OpenSL ES 引擎播放过程 …… 43
2.7.4 OpenSL ES 引擎解码音频实战 …… 88
2.7.5 OpenSL ES 引擎录音过程 …… 93
2.7.6 OpenSL ES 引擎录音实战 …… 100
2.8 AAudioService 原理与实战 …… 108
2.8.1 Android 平台 AAudio 支持的功能 …… 108
2.8.2 AAudio 引擎播放音频过程 …… 109
2.8.3 AAudio 引擎独占模式播放 PCM 实战 …… 136
2.8.4 AAudio 引擎录音实战 …… 139
2.9 Oboe 原理与实战 …… 142
2.9.1 Oboe 使用 AAudio 引擎…… 143
2.9.2 Oboe 使用 OpenSL ES 引擎 …… 147
2.9.3 Oboe 播放音频实战 …… 150
2.9.4 Oboe 录音实战 …… 154

第 3 章 相机篇…… 158

3.1 相机基础知识 …… 159
3.1.1 PAL 制式 …… 159
3.1.2 NTSC 制式 …… 159
3.1.3 逐行扫描 …… 159
3.1.4 隔行扫描 …… 159
3.1.5 帧 …… 159
3.1.6 场 …… 159
3.1.7 显示分辨率 …… 160

3.1.8 图像分辨率 …… 160
3.1.9 ISO …… 160
3.1.10 光 圈 …… 160
3.1.11 快 门 …… 160
3.1.12 白平衡 …… 160
3.1.13 RAW 格式 …… 161
3.2 Camera 模块层级关系 …… 161
3.3 Camera 核心服务一：media. camera …… 163
3.3.1 init 进程解析 cameraserver. rc …… 163
3.3.2 CameraServer 的启动过程 …… 165
3.4 Camera 核心服务二：android. hardware. camera. provider@2.4::ICameraProvider/legacy/0 …… 167
3.5 Camera 核心服务三：android. frameworks. cameraservice. service@2.2::ICameraService/default …… 173
3.6 Camera 通过 AIDL、HIDL 与底层通信过程 …… 181
3.6.1 Camera2 到 CameraService 通信过程（AIDL 通信方式）…… 181
3.6.2 CameraService 到 Camera HIDL 通信过程 …… 185
3.6.3 Camera HIDL 到 HAL 通信过程（HIDL 通信方式） …… 195
3.7 Camera Preview 过程 …… 200
3.7.1 Camera Preview 准备阶段之创建与传递 Surace 过程 …… 200
3.7.2 Camera Preview 之 startPreview 过程时序图 …… 206
3.7.3 Camera Preview 之创建预览数据流通道过程 …… 206
3.7.4 Camera Preview 之获取相机元数据过程 …… 211
3.7.5 Camera Preview 之获取预览数据过程 …… 219
3.8 Camera 之采集视频 NV21 数据实战 …… 226

第 4 章 编解码篇 …… 233

4.1 编解码基础知识 …… 233
4.1.1 RGB …… 233
4.1.2 YUV …… 233
4.1.3 视频编码 …… 233
4.1.4 视频解码 …… 234
4.1.5 封装格式 …… 234
4.1.6 像 素 …… 234
4.1.7 宏 块 …… 234
4.1.8 帧 …… 234
4.1.9 GOP 序列 …… 235

4.1.10 帧内预测 …… 235
4.1.11 帧间预测 …… 235
4.1.12 IDR 帧 …… 235
4.1.13 I 帧、P 帧、B 帧 …… 236
4.1.14 PTS …… 236
4.1.15 DTS …… 236
4.1.16 帧 率 …… 236
4.1.17 码 率 …… 237
4.1.18 刷新率 …… 237
4.1.19 位 深 …… 237
4.1.20 YUV 常见存储方式 …… 237
4.1.21 YUV444、YUV422、YUV420 采样模式 …… 238
4.2 MediaCodec 模块层级关系 …… 238
4.2.1 MediaCodec、ACodec、Codec 2.0 关系图 …… 238
4.2.2 音视频编解码、封装、解封装流程 …… 239
4.3 MediaCodec 核心服务一：android.hardware.media.omx@1.0::Omx/default …… 240
4.3.1 Omx 服务加载厂商硬编解码器 …… 241
4.3.2 Omx 服务加载软编解码器 …… 246
4.3.3 vendor.media.omx 服务查询不到的问题 …… 249
4.4 MediaCodec 核心服务二：android.hardware.media.omx@1.0::IOmxStore/default …… 251
4.5 MediaCodec 核心服务三：android.hardware.media.c2@1.2::IComponentStore/software …… 258
4.6 MediaCodec 视频编码部分 …… 265
4.6.1 MediaCodec 创建视频编码器过程 …… 266
4.6.2 MediaCodec 配置视频编码器过程 …… 277
4.6.3 MediaCodec 启动编码器过程 …… 284
4.6.4 MediaCodec 编码输出 H.264 数据过程 …… 287
4.7 MediaMuxer 之视频封装部分 …… 292
4.8 NuMediaExtractor 之视频解封装部分 …… 298
4.9 AAC 音频码流分析 …… 308
4.9.1 AAC 格式帧头字段分析 …… 308
4.9.2 AAC 格式帧头解析实战 …… 309
4.10 H.264 视频码流分析实战 …… 310
4.10.1 H.264 编码格式构成 …… 310
4.10.2 NALU 头信息结构 …… 311

4.10.3　有符号与无符号指数哥伦布编解码介绍 …… 312
4.10.4　零阶无符号指数哥伦布编码和解码示例 …… 312
4.10.5　零阶有符号指数哥伦布编码和解码示例 …… 312
4.10.6　解析 H.264 码流的 SPS、PPS 实战 …… 313
4.11　MediaCodec 之音视频编解码实战 …… 320
4.11.1　MediaCodec 之 YUV 编码实战 …… 321
4.11.2　MediaCodec 之 H.264 解码实战 …… 326
4.11.3　MediaCodec 之 PCM 编码实战 …… 331
4.11.4　MediaCodec 之 AAC 解码实战 …… 336
4.12　MediaMuxer 音视频封装与 NuMediaExtractor 解封装实战 …… 341
4.12.1　MediaMuxer 之 H.264 封装实战 …… 341
4.12.2　NuMediaExtractor 之 mp4 解封装视频实战 …… 344
4.12.3　MediaMuxer 之 AAC 封装实战 …… 348
4.12.4　NuMediaExtractor 之 mp4 解封装音频实战 …… 351

第 5 章　图形篇 …… 356

5.1　图形基础知识 …… 356
5.1.1　View …… 356
5.1.2　Surface …… 356
5.1.3　SurfaceHolder …… 356
5.1.4　SurfaceView …… 356
5.1.5　GLSurfaceView …… 356
5.1.6　SurfaceTexture …… 356
5.1.7　TextureView …… 357
5.1.8　SurfaceFlinger …… 357
5.1.9　BufferQueue …… 357
5.1.10　Gralloc …… 357
5.1.11　HWC …… 357
5.1.12　EGL …… 357
5.1.13　EGLSurface …… 358
5.1.14　OpenGL ES …… 358
5.1.15　Vulkan …… 358
5.1.16　VSYNC …… 358
5.1.17　DRM …… 358
5.1.18　Fence 同步机制 …… 358
5.2　SurfaceFlinger 模块通信关系 …… 359
5.3　HWC 服务启动过程 …… 361

5.3.1 第一部分:加载 HWC 底层库 …… 361
5.3.2 第二部分:HWC 底层库函数创建映射关系 …… 367
5.3.3 第三部分:将 HWC 底层库能力传给上层 …… 372
5.4 SurfaceFlinger 服务启动过程 …… 374
5.4.1 第一部分:服务启动过程 …… 374
5.4.2 第二部分:初始化并设置渲染引擎对象过程 …… 377
5.4.3 第三部分:创建并设置 HWC 客户端对象过程 …… 380
5.5 Gralloc 跨硬件申请图形共享 Buffer 过程 …… 383
5.6 OpenGL 控制 GPU 合成、显示过程 …… 388
5.6.1 第一部分:EGL 加载 GPU 通信库过程 …… 388
5.6.2 第二部分:OpenGL 通过 GPU 渲染、合成过程 …… 391
5.6.3 第三部分:EGL 通过 DRM 显示过程 …… 392
5.7 HWC 合成提交 DRM 显示过程 …… 393
5.8 图形实战案例 …… 398
5.8.1 正常渲染实战 …… 398
5.8.2 离屏渲染实战 …… 402
5.8.3 Fence 同步机制实战 …… 407
5.8.4 OpenGL 渲染 nv21 格式视频实战 …… 410
5.8.5 ION 跨硬件使用共享内存实战 …… 414
5.8.6 映射 GPU 显存实战 …… 417
5.8.7 DRM 输出显示实战 …… 419

第 1 章　Android 系统环境篇

1.1　WSL 系统介绍与安装过程

➢ 阅读目标：

❶ 理解 WSL 系统架构。

❷ 理解如何在 Windows 11 上安装 WSLg 图形化版本。

1.1.1　WSL 虚拟化架构介绍

WSL 的全称是 Windows Subsystem for Linux，它是微软在 Windows 10 以上系统发布的能够运行 Linux 命令程序的兼容层。无需传统的虚拟机，即可在 Windows 环境中使用 Linux 应用程序。

如图 1-1 所示，WSL 是一组组件，可以使本机 Linux ELF 二进制程序在 Windows 上运行，它包含用户模式和内核模式组件。

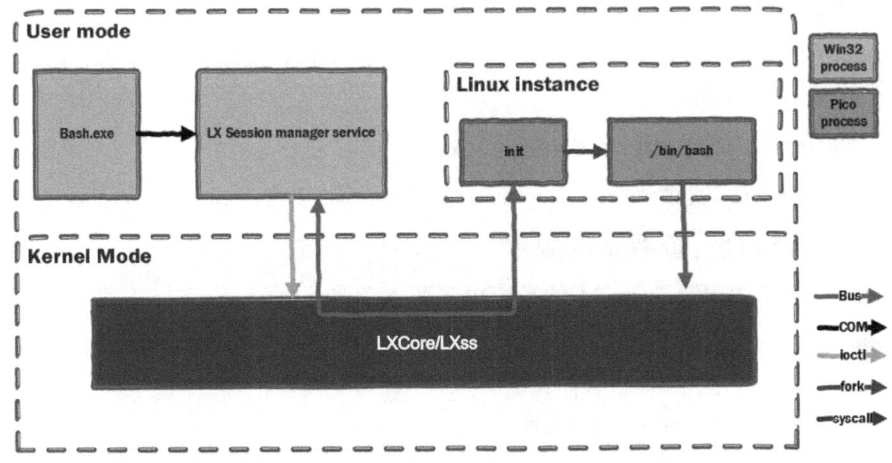

图 1-1　WSL 架构图(图片来源:Microsoft Wsl)

1.1.2　WSLg 图形化环境安装

如图 1-2 所示，WSLg 是 Windows Subsystem for Linux GUI 的缩写，该项目的目的是支持在完全集成的桌面体验中在 Windows 上运行 Linux GUI 应用程序(X11

和 Wayland)。

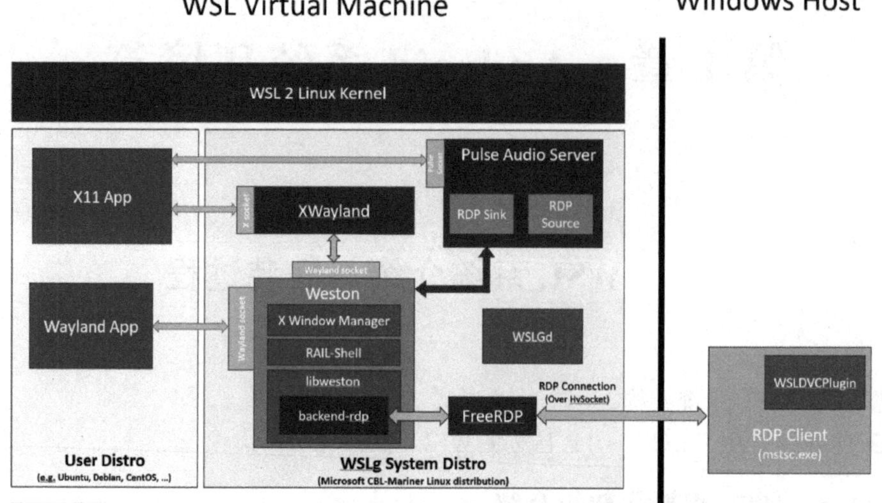

图 1-2　WSLg 架构图(图片来源:Microsoft Wslg)

WSLg 系统要求:

Windows 11(内部版本 22000.*)或 Windows 11 Insider Preview(内部版本 21362+)。WSL 支持在 GPU 上运行 WSLg,以便可以从硬件加速 OpenGL 渲染图形。

Windows 10 升级至 Windows 11 步骤如下:

1. 下载 Windows 11 镜像

```
https://software-download.microsoft.com/download/pr/888969d5-f34g-4e03-ac9d-1f9786c69161/MediaCreationToolW11.exe
```

2. 解压.iso 文件,安装 Windows 11

解压 iso 镜像后,删除 sources/appraiserres.dll,断网,双击 setup.exe 安装程序即可。

3. 安装成功后,查看系统版本

图 1-3 所示为 Windows 11 的系统内部版本信息。

Windows 规格

版本	Windows 11 专业版
版本	21H2
安装日期	2022/3/16
操作系统版本	22000.318
体验	Windows 功能体验包 1000.22000.318.0

Microsoft 服务协议

Microsoft 软件许可条款

图 1-3　Windows 11 的系统内部版本信息

4. 打开“开发人员模式”

如图 1-4 所示，“开发人员模式”选项在“开发者选项”中，单击打开它。

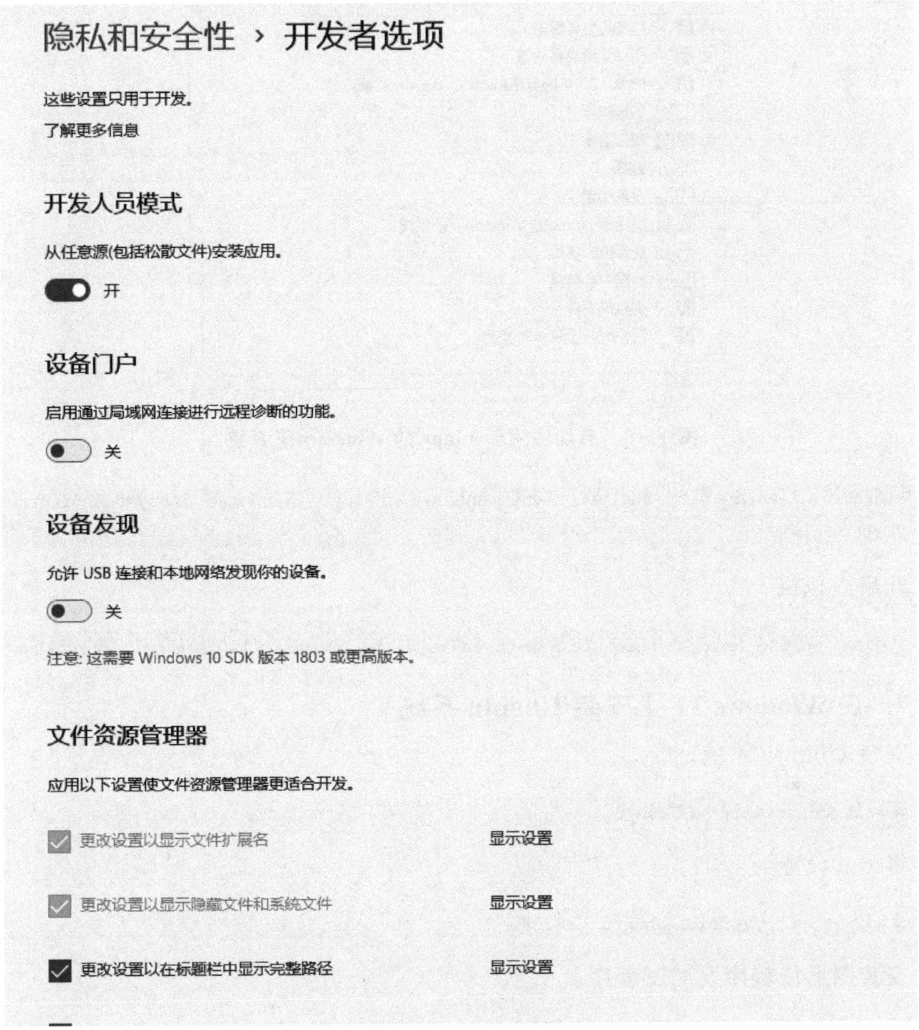

隐私和安全性 › 开发者选项

这些设置只用于开发。

了解更多信息

开发人员模式

从任意源(包括松散文件)安装应用。

开

设备门户

启用通过局域网连接进行远程诊断的功能。

关

设备发现

允许 USB 连接和本地网络发现你的设备。

关

注意: 这需要 Windows 10 SDK 版本 1803 或更高版本。

文件资源管理器

应用以下设置使文件资源管理器更适合开发。

更改设置以显示文件扩展名　显示设置

更改设置以显示隐藏文件和系统文件　显示设置

更改设置以在标题栏中显示完整路径　显示设置

图 1-4　开发者选项

5. 开启“适用于 Linux 的 Windows 子系统”设置

如图 1-5 所示，在“启用或关闭 Windows 功能”选项中，选中“适用于 Linux 的 Windows 子系统”，并打开它。

6. 开启 wsl 子系统和虚拟机

开启 wsl 子系统。

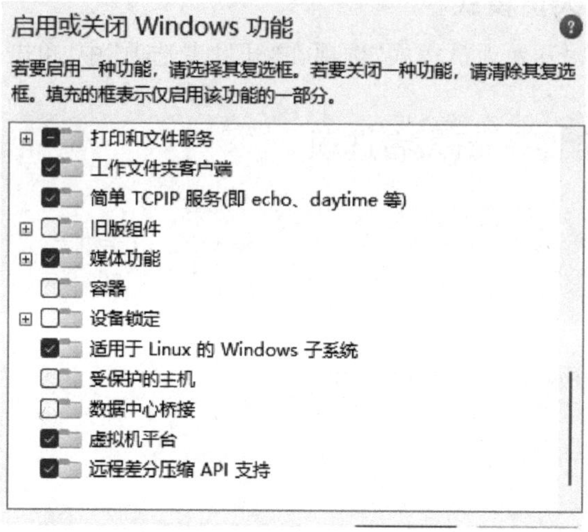

图 1-5　启动适用于 Linux 的 Windows 子系统

```
# dism /online/enable-feature /featurename:Microsoft-Windows-Subsystem-Linux /all /norestart
```

开启虚拟机。

```
#dism /online /enable-feature /featurename:VirtualMachinePlatform /all /norestart
```

7. 在 Windows 11 上安装 Ubuntu 系统

安装 Ubuntu 系统。

```
#wsl --install -d Ubuntu
```

将 wsl 设置为 wsl2。

```
#wsl --set-version Ubuntu-18.04  2
```

安装图形依赖库及测试程序。

```
#sudo apt install x11-apps xclock
```

测试 WSLg 图形化是否成功，启动 xclock 程序。

```
#xclock
```

如图 1-6 所示，Xclock 程序的图形化已经在 Windows 11 系统下呈现出来，至此搭建 WSLg 环境的基础工作已完成。

图 1-6 Xclock 应用程序

1.2 编译 Android 系统源码

➢ 阅读目标：

❶ 理解如何下载、编译 Android 源码。

❷ 理解几种刷机方式。

❸ 理解如何正确刷机。

➢ 以下是本书的硬件资源和软件环境：

Ubuntu 系统版本：推荐 22.04 以上版本。

Android 版本：Android 12。

硬件型号：Pixel 3。

本书将以 Pixel 3 手机和 Android 12 系统进行分析讲解。

1.2.1 下载、编译 Android 12 源码

1. 下载 repo 工具

```
# curl https://mirrors.tuna.tsinghua.edu.cn/git/git-repo > /home/repo
```

2. 在~/.bashrc 中配置

```
使用国内镜像站及下载速度。
export REPO_URL='https://mirrors.tuna.tsinghua.edu.cn/git/git-repo'
```

3. 指定同步 android-12.0.0_r31 分支源码

```
#python3 /home/bin/repo init --depth 1 -u https://mirrors.tuna.tsinghua.edu.cn/git/AOSP/platform/manifest -b android-12.0.0_r31
```

```
#python3 /home/bin/repo sync -c -f --no-tags --no-clone-bundle -j 'nproc'

提示：
--depth 1:控制 git 深度节,加速下载。
-c:只拉取当前分支。
--no-tags:不拉取 tags。
--no-clone-bundle:不使用 bundle 做 cdn 下载分流。
-f:如果同步失败,则循环同步。
--force-sync:如果文件目录有差异,则强制覆盖。
-j:指定多少个 CPU 工作。
nproc:计算机 CPU 个数。
```

4. 下载 pixel 3 专用硬件库

```
(1) Android 版本列表
https://source.android.google.cn/setup/start/build-numbers? hl=zh-cn#source-code-tags-and-builds
build ID                    标记             版本        支持的设备              安全补丁级别
SP1A.210812.016.C1android-12.0.0_r31   Android 12   Pixel 3、Pixel 3 XL    2021-10-05

通过 Build ID 查找 pixel 专用硬件库,并下载。
(2) 通过 BUID ID 查找 pixel 3 专有硬件库
通过 SP1A.210812.016.C1 查找 pixel 3 的 vendor 和高通硬件库.
Pixel 3 binaries for Android 12.0.0 (SP1A.210812.016.C1)
Vendor Image(Google 提供):
#wget https://dl.google.com/dl/android/aosp/google_devices-blueline-sp1a.210812.016.c1-0b9f3bc0.tgz

GPS/Audio/Camera/Graphics/Video/Sensors/DRM:(高通提供)
#wget https://dl.google.com/dl/android/aosp/qcom-blueline-sp1a.210812.016.c1-3a8f8e14.tgz

(3) 解压 pixel 3 专有硬件库
将专有硬件库复制到 android 源码根目录下,解压即可。
#mkdir aosp
# cd aosp
# tar zxvf google_devices-blueline-sp1a.210812.016.c1-0b9f3bc0.tgz
# tar zxvf qcom-blueline-sp1a.210812.016.c1-3a8f8e14.tgz
# ./extract-google_devices-blueline.sh
# ./extract-qcom-blueline.sh
```

5. 切换指定分支并编译

```
# repo forall  -c git checkout android-12.0.0_r31
#  source build/envsetup.sh
#  lunch aosp_blueline-userdebug
#  make  -j 'nproc'
```

1.2.2 下载、编译 Android 12 内核源码

1. 查看 pixel 3 对应的 kernel 分支

```
https://source.android.com/setup/build/building-kernels
```

图 1-7 所示为 AOSP 代码对应的 kernel 源码的分支，可以根据需要下载。

设备	AOSP 树中的二进制文件路径	Repo 分支
Pixel 6a (bluejay)	device/google/bluejay-kernel	android-gs-bluejay-5.10-android13
Pixel 6 (oriole) Pixel 6 Pro (raven)	device/google/raviole-kernel	android-gs-raviole-5.10-android13
Pixel 5a (barbet)	device/google/barbet-kernel	android-msm-barbet-4.19-android13
Pixel 5 (redfin) Pixel 4a (5G) (bramble)	device/google/redbull-kernel	android-msm-redbull-4.19-android13
Pixel 4a (sunfish)	device/google/sunfish-kernel	android-msm-sunfish-4.14-android13
Pixel 4 (flame) Pixel 4 XL (coral)	device/google/coral-kernel	android-msm-coral-4.14-android13
Pixel 3a (sargo) Pixel 3a XL (bonito)	device/google/bonito-kernel	android-msm-bonito-4.9-android12L
Pixel 3 (blueline) Pixel 3 XL (crosshatch)	device/google/crosshatch-kernel	android-msm-crosshatch-4.9-android12
Pixel 2 (walleye) Pixel 2 XL (taimen)	device/google/wahoo-kernel	android-msm-wahoo-4.4-android10-qpr3
Pixel (sailfish) Pixel XL (marlin)	device/google/marlin-kernel	android-msm-marlin-3.18-pie-qpr2

图 1-7 AOSP 对应的 kernel 源码的分支

2. pixel 3 对应的 kernel 分支

```
设备:pixel 3 (blueline)
AOSP 树中的二进制文件路径:device/google/crosshatch-kernel
kernel 的 Repo 分支:android-msm-crosshatch-4.9-android12
提示:
pixel 3 代号为 blueline(蓝鳍鱼)。
```

3. 查看 pixel 3 设备中的分支

```
blueline:/ $ cat /proc/version
Linux version 4.9.237-g4291d86870f1-ab7185835
提示:
kernel 版本为:4.9.237
kernel 的 branch 为:g4291d86870f1-ab7185835
```

4. Android 12 对应的 kernel 版本

```
kernel 地址:
https://source.android.google.cn/devices/architecture/kernel/android-common?hl=zh-cn

Android 平台版本      启动内核                   功能内核
Android 12 (2021)     android-4.19-stable        android12-5.4
                      android11-5.4              android12-5.10
                      android12-5.4
                      android12-5.10
```

5. 下载 kernel 源码

```
# export REPO_URL='https://mirrors.tuna.tsinghua.edu.cn/git/git-repo'
# python3 ~/bin/repoinit --depth 1 -u https://aosp.tuna.tsinghua.edu.cn/kernel/manifest -b android-msm-crosshatch-4.9-android12
# python3 ~/bin/repo sync -c -f --no-tags --no-clone-bundle -j 'nproc
```

6. 编译内核采用 Clang 编译器

```
高版本 ndk 已经废弃 GCC,改用 clang 编译,Google 官网 Clang 编译 kernel 步骤如下:
https://source.android.com/setup/build/building-kernels#customize-build
```

7. 编译 kernel(pixel 3 为高通 845 芯片)

```
# cd kernel
# ./build/build.sh

kernel image 编译结果 kernel image 路径:out/android-msm-pixel-4.9/dist/Image.lz4
```

```
#ls out/android-msm-pixel-4.9/dist/Image.lz4
    out/android-msm-pixel-4.9/dist/Image.lz4
```

8. 将 kernel image.lz4 打包到 Android 的 boot.img

```
设置 kernel image 路径
# export TARGET_PREBUILT_KERNEL=/home/tmp/kernel_test/out/android-msm-pixel-4.9/dist/Image.lz4
# cd android_12
# make bootimage -j $(nproc)
```

注意：

编译 kernel 需要 ubuntul 8.04 以上版本，否则会报错。

将 TARGET_PREBUILT_KERNEL 设置为 kernel 生成的 image.lz4 打包到 boot.img，生成 out/target/product/blueline/boot.img 文件，如要重新编译原来的内核，将 export TARGET_PREBUILT_KERNEL=置空重新编译即可。

特别注意：

aosp 和 kernel 源码是两个独立的工程，编译的时候互不影响，分开独立编译即可。

kernel 源码编译出 image.lz4 镜像后，可以复制到 aosp 中，然后打包成 boot.img 即可。

1.2.3 介绍几种刷机模式

1. fastbootd 刷机模式

fastbootd 刷机模式集成于 fastboot 命令，其中包括用于刷写和管理逻辑分区的新命令。

进入 fastbootd 模式

第一种方式

```
#adb reboot fastboot
```

第二种方式

```
#fastboot reboot fastboot
```

2. recovery 刷机模式

将设备重新启动进入 recovery 刷机模式。

```
#fastboot reboot recovery
```

重新启动设备

```
#fastboot reboot
```

3. bootloader 刷机模式

```
将设备重新启动到引导加载程序。
第一种方式
#fastboot reboot - bootloader

第二种方式
#fastboot reboot bootloader
```

1.2.4 刷 机

1. 专有 ko 驱动 push 到手机/vendor/lib/modules

```
获取 root 权限
#adb root

重新挂载分区
#adb remount

将专有 ko 驱动 push 到手机
#adb push ../kernel/out/android - msm - pixel - 4.9/dist/ * .ko /vendor/lib/modules
```

2. 单个分区刷机

```
进入 bootLoader 刷机模式
#adb reboot - bootloader

刷入 bootLoader 分区固件
#fastboot flash bootloader bootloader.img

刷入 radio 分区固件
#fastboot flash radio radio.img

然后进入 fastbootd 刷机模式,刷入其他分区固件
#fastboot reboot fastboot

刷入 boot、dtbo、product 等分区固件
#fastboot flash boot boot.img
#fastboot flash dtbo dtbo.img
#fastboot flash product product.img
#fastboot flash system system.img
#fastboot flash system_ext system_ext.img
#fastboot flash vbmeta.img vbmeta.img
```

```
#fastboot flash vendor vendor.img
#fastboot reboot

提示：
如果修改了设备树，还需要烧录 dtbo.img，生成在 kernel\out\android-msm-pixel-4.9\dist\dtbo.img 中
```

3. 整包刷机(update.zip)

```
#adb reboot bootloader
#fastboot flash bootloader bootloader.img
#fastboot reboot bootloader

#fastboot flash radio radio.img
#fastboot reboot bootloader

刷入 update.zip 整包
#fastboot -w update image-blueline-sp1a.210812.016.c1.zip

提示：必须下载最新的 fastboot 和 adb，需要用到 fastbootd 刷机模式
adb 和 fastboot 地址：https://developer.android.com/studio/releases/platform-tools.html
```

1.2.5 运行 Android 设备

刷机完成后，重启 pixel 3 设备，图 1-8 所示为 Android 12 启动界面。如果没有顺利启动，则需要查看是否漏刷分区对应的固件。

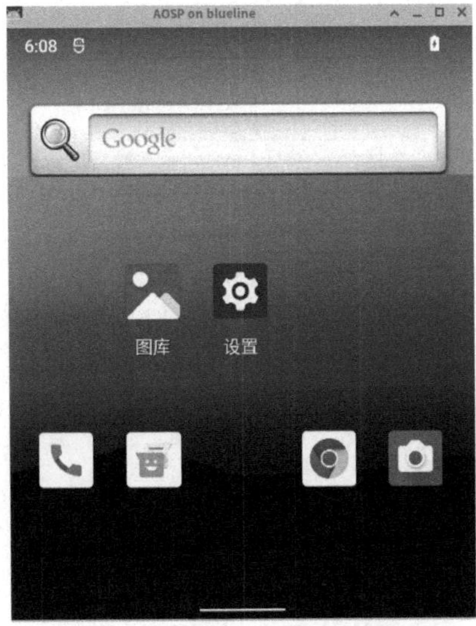

图 1-8　Android 12 启动界面

第 2 章　音频篇

Android 音频系统是一个庞大架构，因为它跟其他外设模块有紧密的联系，如蓝牙、USB、HDMI 等。Android 随着版本的不断迭代，也加入了很多新的音频服务模块，架构上也有新的变化，我们以 Android 12 为基准来分析它的各个模块的结构和实现。

图 2－1 所示为 Android 音频基本层次结构。

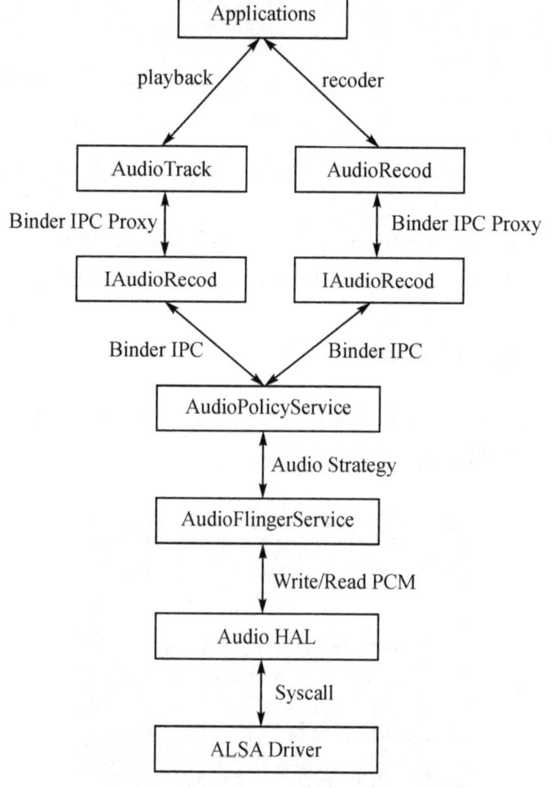

图 2－1　Android 音频基本层次结构

2.1　音频基础知识

➢ 阅读目标：理解音频基础相关的概念、术语、缩写。

2.1.1 奈奎斯特采样定律

当采样频率大于信号中最高频率的2倍时，采样之后的数字信号便完整地保留了原始信号中的信息，不会发生混叠。

人耳可接受的声音频率范围在20～20 kHz。根据奈奎斯特采样定理，40 kHz的采样率可以通过数/模转换器还原出模拟信号，采样率越高，还原的声音越真实。

2.1.2 ADC

ADC全称为Analog to Digital Converter，即模/数转换器，是一种将模拟信号转换为数字信号的器件，它将输入的连续的模拟信号转换输出为离散的数字信号。

2.1.3 DAC

DAC全称为Digital to Analog Converter，即数/模转换器，是一种将数字信号转换为模拟信号的器件，它将输入的二进制数字信号转换输出为相应的模拟信号。

2.1.4 PCM

PCM全称为Pulse Code Modulation，即脉冲编码调制。它是对连续变化的模拟信号进行采样、量化和编码产生的数字信号。

经过采样、量化、编码方式生成的以.pcm结尾的音频文件，是没有经过压缩的原始音频文件。播放以.pcm结尾的音频文件时，需要指定采样位数、通道数和采样率，否则软件无法识别其格式。

2.1.5 DAI

DAI全称为Digital Audio Interface，即数字音频接口，常用接口有I2S、PCM、AC97等。

2.1.6 ASLA

ASLA全称为Advanced Sound Linux Architecture，即高级Linux声音架构，它是Linux内核中的音频驱动程序之一，它提供了一个应用程序编程接口，使用户可以使用音频硬件来录制和播放音频，是Linux系统中支持音频的标准驱动程序。

2.1.7 采　样

采样表示将声音模拟信号通过ADC转换为离散的数字信号(由一个一个的点组成)，使用离散信号代替连续的模拟信号。

在时间轴的信号，每隔一段时间，按固定的采样率(如44 100 Hz，即每秒采集44 100次)采集离散的、独立的点数据，最后根据这些离散的点可以画出一个波形(不一定是正弦波，声音叠加可以组成任意波形)。

2.1.8 量 化

图 2-2 所示为对音频采样点进行量化处理的过程。

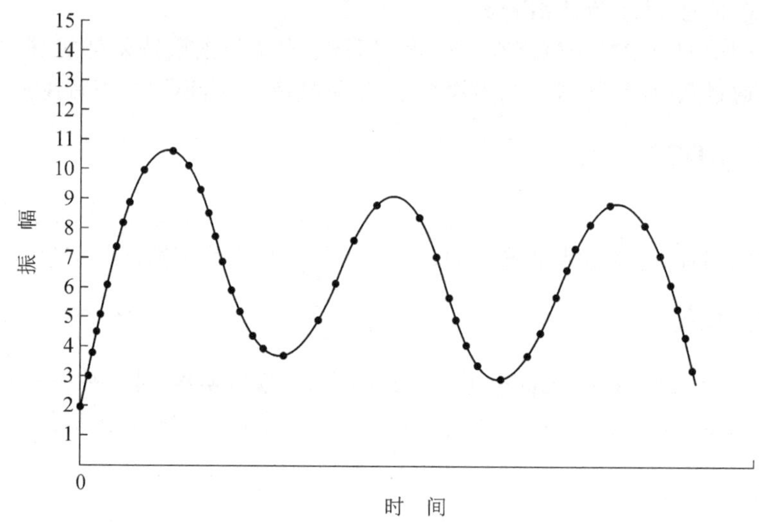

图 2-2 音频量化

量化又称采样位深(bit depth),将连续变化的幅度值用有限个采样点代替,即用多少个采样点来表示声音信号的强度。

比如使用 44 100 Hz 采样,1 s 采样 44 100 个点,但是我们不能将这么多采样点都去做编码,所以就要量化。如果按 8 bit 量化,则纵坐标的取值范围是 0~255,就是将振幅(纵轴)等分为 256 等份,采样点落在这个区间范围的,就取为对应的采样点的值。

如果按 16 bit 量化,纵坐标的取值范围是 0~65 535,就是将振幅等分为 65 536 等份,量化位数越大,振幅的取值范围越大,在这个范围的采样点就越多,所以数据量越大,音频信号质量越高。

2.1.9 编 码

编码表示将采样、量化后的数据按照一定的格式存放,把量化所得的结果,即单/多个声道的样本,以二进制进行存放。

2.1.10 音频帧

音频帧表示音频数据中一组连续的采样数据,通常被划分为一定的时间长度,表示该时段内捕获的音频数据。例如采集 20 ms 的数据量为一帧,或者采集 30 ms 的数据量为一帧。

例如:一段音频信号采样率为 16 kHz,4 通道,采样位数为 16 bit,20 ms 一帧,则一帧音频数据的大小是多少？

一帧音频大小＝16 000 Hz×4×16 bit×0.02 s＝20 480 bit＝2.5 KB

2.1.11 采样率

采样率表示每秒对声音信号采集的次数，得到的是数字信号的样本个数，采样率越高，就越接近真实的模拟信号，单位是 Hz。

2.1.12 通道数

通道数表示声音录制时的音源数量或回放时相应的扬声器数量。声道数有单通道、双通道、三通道等。

2.2 常见的音频通路介绍

➢ 阅读目标：理解常见的音频通路。

所谓的音频通路，指的是 Android 架构分很多的层级，从应用到驱动或从软件到硬件的控制流和数据流的传输通路。Android 的音频子系统链路比较长，其中不光是 Android 部分的通路。下面介绍几种场景下高通实现的通路流程。

2.2.1 音频播放

如图 2-3 所示，播放音乐时，CPU 通过 DAI 接口，将音频数据写到 ADSP 中，然后经过重采样、音效处理、混音等处理，通过数字总线输出给 Codec 做 D/A 转换、放大、播放。

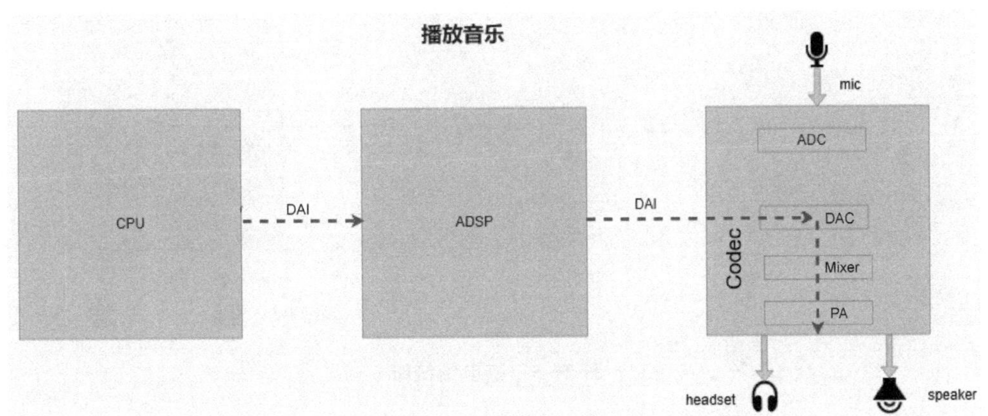

图 2-3 音频播放链路

2.2.2 音频录音

如图 2－4 所示，录音时，mic 通过采集音频数据，Codec 经过 A/D 转换，然后经 ADSP 重采样、降噪等处理，ADSP 和 CPU 通过 DAI 接口，将数据传给应用层。

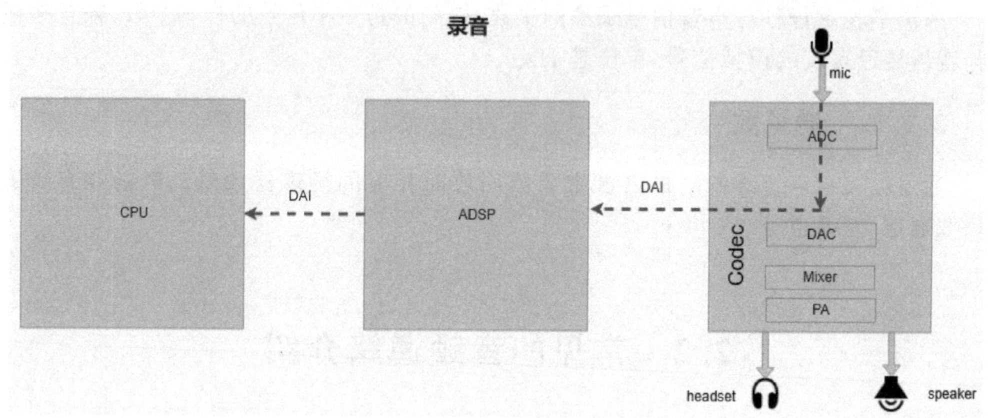

图 2－4 音频录音链路

2.2.3 打电话

如图 2－5 所示，打电话时，mic 通过采集音频数据，Codec 经过 A/D 转换，然后经 ADSP 降噪、回声消除、自动增益补偿等处理，通过 DAI 接口，将数据传给 Modem 模块，最后发送给基站。

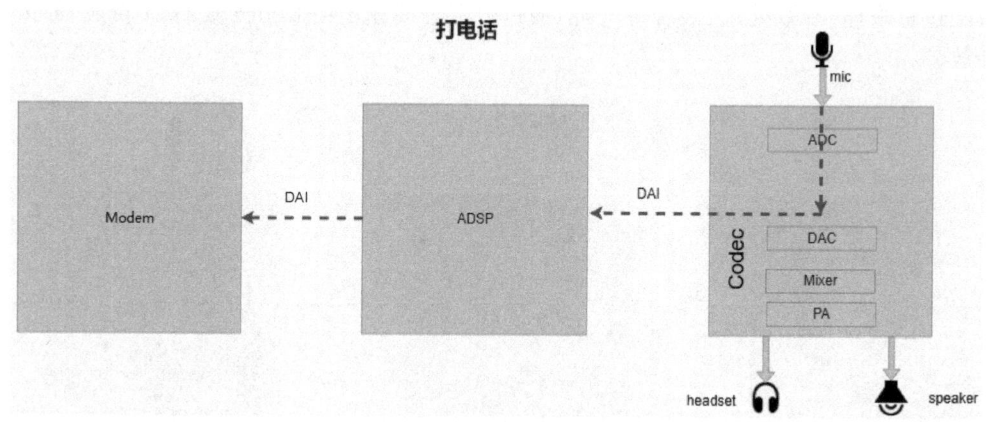

图 2－5 打电话链路

2.2.4 接电话

如图 2－6 所示，接电话时，Modem 通过 DAI 接口发送给 ADSP，然后经 ADSP 降噪、回声消除、自动增益补偿等处理，通过数字总线将数据传输到 Codec，做 D/A 转换、放大，然后通过扬声器或者耳机播放出来，就能听到对方说话的声音。

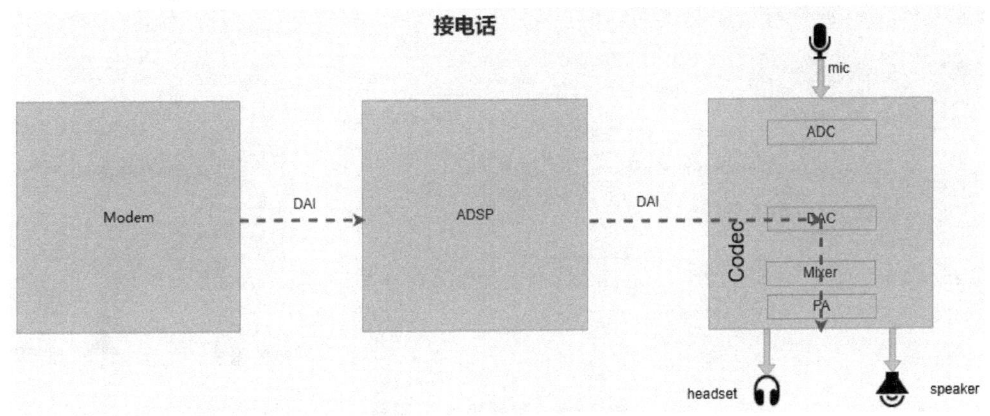

图 2-6　接电话链路

2.2.5　蓝牙打电话

如图 2-7 所示，蓝牙打电话时，mic 通过 Codec 将语音数据传输给 ADSP，经 ADSP 处理后，将音频数据通过 DAI 接口传输给蓝牙模块，蓝牙模块接收到后，通过蓝牙协议将数据编码后发送出去，等待对端设备接收。

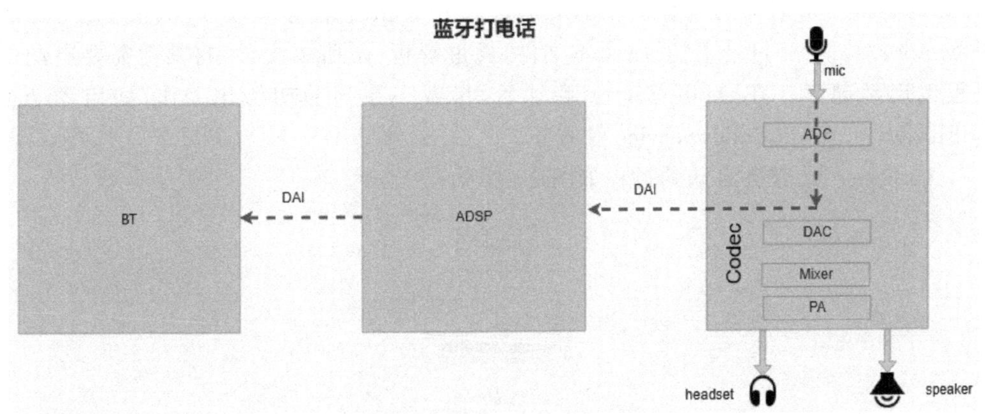

图 2-7　蓝牙打电话链路

2.2.6　蓝牙接电话

如图 2-8 所示，蓝牙接电话时，蓝牙模块将接收到的数据通过 DAI 接口传输给 ADSP，经 ADSP 处理后将数据通过数字总线传输给 Codec，经过 D/A 转换等操作，通过音频外设进行播放。

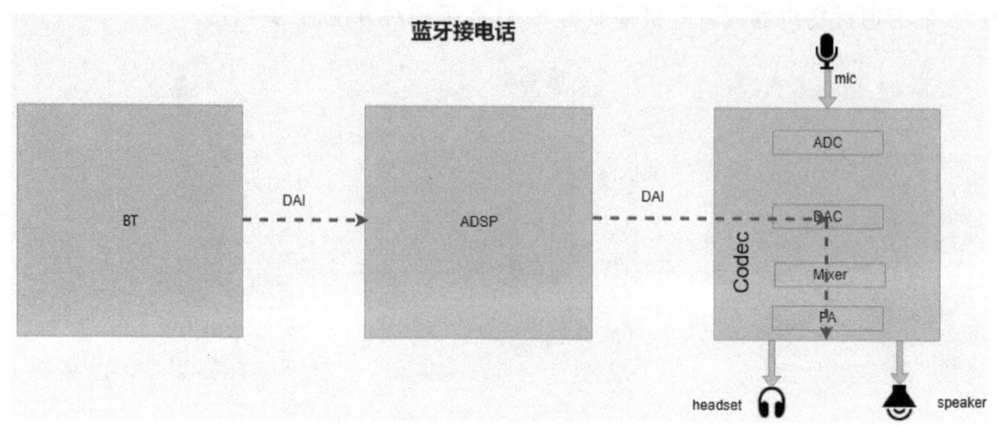

图 2-8　蓝牙接电话链路

2.3　AudioServer 初始化过程

➢ 阅读目标：理解 AudioServer 服务创建和启动过程。

AudioServer 是被 init 拉起来的一个 daemon 程序，init 在内核启动以后，作为 Android 世界第一个启动的进程。在 Android 12 中，init 进程会读取/system/etc/init 或者/vendor/etc/init 目录下的.rc 脚本文件，通过解析.rc 脚本文件，将其他需要启动的进程也启动起来。在 AudioServer 启动后，将做一系列的初始化工作，如启动 AudioFlinger 和 AudioPolicyService 等服务。

AudioServer 服务启动的过程如图 2-9 所示。

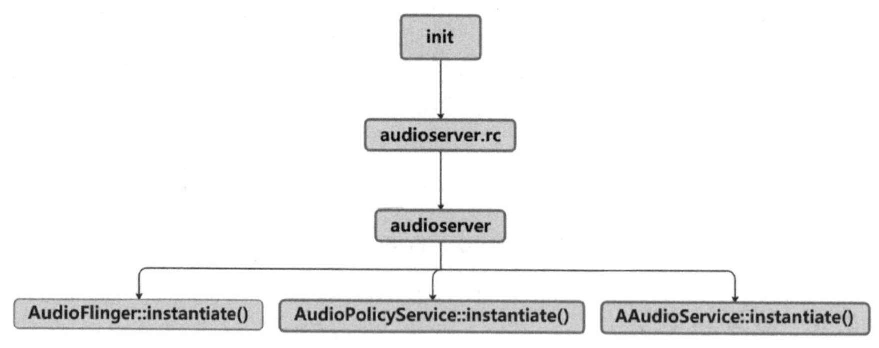

图 2-9　AudioServer 服务启动的过程

2.3.1　AudioServer 服务创建过程

AudioServer 进程是在 init 进程通过解析 audioserver.rc 并作为 AudioServer 用户

启动的。它的实现如下所示。

<1>. frameworks/av/media/audioserver/audioserver. rc

```
1 service audioserver /system/bin/audioserver
2     class core
3     user audioserver
4
5     group audio cameradrmrpc media mediadrm net_bt net_bt_admin net_bw_acct wakelock
6     capabilities BLOCK_SUSPEND
7     ioprio rt 4
8     task_profiles ProcessCapacityHigh HighPerformance
9     onrestart restart vendor.audio - hal
```

Android 设备上对应文件位置:/system/etc/init/audioserver. rc。

第 1 行表示/system/bin/audioserver 的二进制程序启动,启动后的服务名字叫 audioserver。

第 2 行 class core 表示 audioserver 是属于 core 一个类型的服务,audioserver 属于 core 类型下的服务,一个命名为 core 类型的服务可以同时启动或者同时停止运行。如果没有通过 class 指定服务类型的名字,则服务默认在 default 类中。

第 3 行 user audioserver 表示在执行服务之前,先改变此服务以什么权限启动,如果没有声明,则默认是以 root 权限启动。

第 5 行 group audio camera…表示在执行服务之前,先声明服务所属组名,可以声明一个或多个。

第 6 行 capabilities BLOCK_SUSPEND 表示执行此服务时,设置 BLOCK_SUSPEND 功能。

第 7 行 ioprio rt 4 表示通过 SYS_ioprio_set 系统调用为 AudioServer 服务设置 I/O 的优先级、I/O 优先级类,类必须是 rt、be、idle 中的一个,优先级的级别在 0~7 之间。

第 8 行 task_profiles 是一个定义任务优化策略的选项。ProcessCapacityHigh 和 HighPerformance 则是两个不同的任务优化模式。

ProcessCapacityHigh 优化模式主要用于可以使用多处理器的设备,可以让系统在保持其他任务优先级的前提下,使处理器发挥更强的计算能力。

HighPerformance 优化模式则更注重性能和响应速度,可以让系统在保持稳定的前提下,尽可能地发挥处理器的性能潜力。这个模式会让处理器以最高频率运行,并优先分配系统资源,以达到最大的性能输出。

第 9 行 onrestart restart vendor. audio-hal 表示当 AudioServer 服务重启时,会重启后面的 vendor. audio-hal 服务。

2.3.2 AudioServer 进程启动过程

AudioServer 进程在 audioserver. rc 脚本中以服务的形式启动,因此在 init 进程启动后，会将 AudioServer 可执行程序拉起来。接下来进入 main 函数看一下它的启动流程。它的实现如下所示。

<1>. frameworks/av/media/audioserver/main_audioserver. cpp

```
1 int main(intargc __unused, char * * argv)
2 {
3     android::hardware::configureRpcThreadpool(4, false);
4     sp<ProcessState>proc(ProcessState::self());
5     sp<IServiceManager>sm = defaultServiceManager();
7     AudioFlinger::instantiate();
8     AudioPolicyService::instantiate();}
```

第 3 行设置当前进程用于 hwbinder 通信的最大线程数为 4。

第 5 行“sp<IServiceManager>sm = defaultServiceManager();”用于获取 ServiceManager 的句柄，其实就是获取 binder 的实例。

接下来分析 defaultServiceManager 的初始化过程。defaultServiceManager()函数的实现如下所示。

<2>. frameworks/av/media/audioserver/IServerManager. cpp

```
sp<IServiceManager>defaultServiceManager()
{
    std::call_once(gSmOnce, []() {
        sp<AidlServiceManager>sm = nullptr;
        while (sm == nullptr) {
         sm = interface_cast<AidlServiceManager>(ProcessState::self()->getContextObject(nullptr));
        gDefaultServiceManager = sp<ServiceManagerShim>::make(sm);
    });
    return gDefaultServiceManager;
```

调用函数 ProcessState::self()->getContextObject(nullptr)，获取 ServiceManager 的句柄，其中参数为 nullptr。它比较特殊，专门用来表示 ServerManager 的 binder。实现 getContextObjec()函数的实质是，传递给 getStrongProxyForHandle 函数的参数就是 0，所以说传递的参数 0 就代表 ServerManager 的 binder handle 值，因为它是 Binder 服务的大管家，所有服务没有启动之前只有它先启动，并维护所有的 Binder 服务，并且返回 Binder 代理对象。

```
sp<IBinder>ProcessState::getContextObject(const sp<IBinder>& /* caller */)
{
    return getStrongProxyForHandle(0);
}
```

继续分析 AudioServer 启动过程，函数 AudioFlinger::instantiate()的调用位置如

下所示。

<3>. frameworks/av/media/audioserver/main_audioserver. cpp

```
AudioFlinger::instantiate();
```

接下来进入 AudioFlinger 进程，函数 AudioFlinger::instantiate()的实现如下所示。

<4>. frameworks/av/services/audioflinger/AudioFlinger. cpp

```
1 void AudioFlinger::instantiate() {
2     sp<IServiceManager> sm(defaultServiceManager());
3     sm->addService(String16(IAudioFlinger::DEFAULT_SERVICE_NAME),
4                    new AudioFlingerServerAdapter(new AudioFlinger()), false,
5                        IServiceManager::DUMP_FLAG_PRIORITY_DEFAULT);
6 }
```

第 2 行表示 AudioFlinger 在实例化时，获取 ServiceManager 句柄，上面已经分析过。

第 3~5 行表示注册 AudioFlinger 服务到 ServiceManager 服务大管家中。

第一个参数 DEFAULT_SERVICE_NAME 为 AudioFlinger 向 ServiceManager 所注册的服务名，变量 DEFAULT_SERVICE_NAME 的定义如下所示。

```
static constexpr char DEFAULT_SERVICE_NAME[] = "media.audio_flinger"
```

如果需要获取 AudioFlinger 服务，则需要在调用 getService()时，将服务的名字传进去，从而获取 AudioFlinger 服务的句柄，才能使用音频的初始化和功能。

第二个参数表示 AudioFlinger 将自己实例化注册到 ServiceManager 中，实例化 AudioFlinger 句柄后，转化为 IBinder 类型，因为 AudioFlingerServerAdapter 就是 Binder 的代理端，即返回代理 BpBinder。

第三个参数表示为默认参数 false。

第四个参数表示在默认情况下，服务注册时具有 default 转储优先级。

接下来是 AudioPolicyService 初始化过程。它的定义如下所示。

<4>. frameworks/av/media/audioserver/main_audioserver. cpp

```
AudioPolicyService::instantiate();
```

函数 AudioPolicyService::instantiate()的实现没有在 AudioPolicyService 类中找到，那么猜测是继承于别的类。AudioPolicyService 的头文件如下所示。

<5>. frameworks/av/services/audiopolicy/service/AudioPolicyService. h

```
class AudioPolicyService :
    public BinderService<AudioPolicyService>,
    public media::BnAudioPolicyService,
    public IBinder::DeathRecipient
{
    friend class BinderService<AudioPolicyService>;
}
```

由以上代码可以知道 AudioPolicyService 类继承于 BinderService 服务类。

BinderService 的头文件定义如下所示。

<6>. frameworks/native/libs/binder/include/binder/BinderService. h

```
1  template<typename SERVICE>
2  class BinderService{
3  public:
4      staticstatus_t publish(bool allowIsolated = false, int dumpFlags = IServiceManager::DUMP_FLAG_PRIORITY_DEFAULT) {
5      sp<IServiceManager>sm(defaultServiceManager());
6      return sm->addService(String16(SERVICE::getServiceName()), new SERVICE(), allowIsolated, dumpFlags);
7      }
8
9      static void publishAndJoinThreadPool(bool allowIsolated = false, int dumpFlags = IServiceManager::DUMP_FLAG_PRIORITY_DEFAULT) {
10     publish(allowIsolated, dumpFlags);
11     joinThreadPool();
12     }
13     static void instantiate() { publish(); }
14 };
```

函数 instantiate()的实现在 AudioPolicyService 的父类 BinderService 中。publish()函数的实现在第 4 行,可以看到 publish()有两个默认初始化的参数,所以这里如果不传参数,就使用默认的初始化参数。

第 5～6 行 sm-> addService()用来创建 AudioPolicyService 实例,服务名为"media. audio_policy"。其定义如下所示。

```
for BinderService
static const char *getServiceName() ANDROID_API { return "media.audio_policy"; }

class AudioPolicyService :
    public BinderService<AudioPolicyService>
```

AudioPolicyService 类传给 BinderService 作为实例化参数,然后将"media. audio_policy"服务注册到 ServiceManager 服务大管家中,注册 binder 服务的步骤完成后,就是等待用户程序查询并使用该服务。

接下来继续 AAudioService 启动过程,它的调用位置如下所示。

<7>. frameworks/av/media/audioserver/main_audioserver. cpp

```
aaudio_policy_t mmapPolicy = property_get_int32(AAUDIO_PROP_MMAP_POLICY,
                                                AAUDIO_POLICY_NEVER);
if (mmapPolicy == AAUDIO_POLICY_AUTO || mmapPolicy == AAUDIO_POLICY_ALWAYS) {
```

```
4       AAudioService::instantiate();
5   }
```

AAudio 是 Android 8.0 版本中引入的一种高性能音频 API。它提供了增强功能，在与支持 MMAP 的 HAL 和驱动程序结合使用时，可缩短延迟时间。Android 支持 AAudio 的 MMAP 功能所需的硬件抽象层（HAL）及驱动程序。AAudio 还提供了一个低延迟数据路径。在 EXCLUSIVE 模式下，使用该功能可将客户端应用代码直接写入与 ALSA 驱动程序共享的内存映射缓冲区。

第 4 行 AAudioService 服务初始化，继承了模板类 BinderService ，它的定义如下所示。

```
class AAudioService :
public BinderService<AAudioService>,
public aaudio::BnAAudioService{};
```

但是，在 AAudioService 类中没有发现 instantiate()函数的实现，所以 instantiate()函数实现在 BinderService 类中，与以上在 BinderService.h 头文件中分析 AudioFlinger 服务有一样的流程。

函数 startThreadPool()的实现如下所示。

<8>. frameworks/av/media/audioserver/main_audioserver.cpp

```
ProcessState::self()->startThreadPool();
```

函数 startThreadPool()做了两件事：第一件是初始化 binder 服务，将/dev/vndbinder 传给 ProcessState 实例化；第二件就是启动 spawPooledThread()线程，然后等待 client 端的访问服务。

函数 joinThreadPool()的实现如下所示。

<9>. system/libhwbinder/IPCThreadState.cpp

```
IPCThreadState::self()->joinThreadPool();
```

函数 joinThreadPool 做了两件事：第一件是 self()实例化 IPCThreadState 对象，并返回；第二件是调用 talkWithDriver()函数中的 ioctl(mProcess-> mDriverFD, BINDER_WRITE_READ, &bwr)来传递应用和驱动之间的数据流。

2.4 AudioFlinger 服务注册过程

➢ 阅读目标：

❶ 理解 AudioFlinger 服务注册过程。

❷ 理解 AIDL Server 返回值生成规则。

AudioFlinger 是音频策略的实际执行者，具体如何与音频设备通信，一个或多个音频流怎么处理，音频混音及音效怎么处理，都是由 AudioFlinger 服务处理来完成的。

由 2.3 节可知，AudioFlinger 服务是由 AudioServer 进程拉起来的，本节将通过图 2－10 来分析 AudioFlinger 的实例化流程。

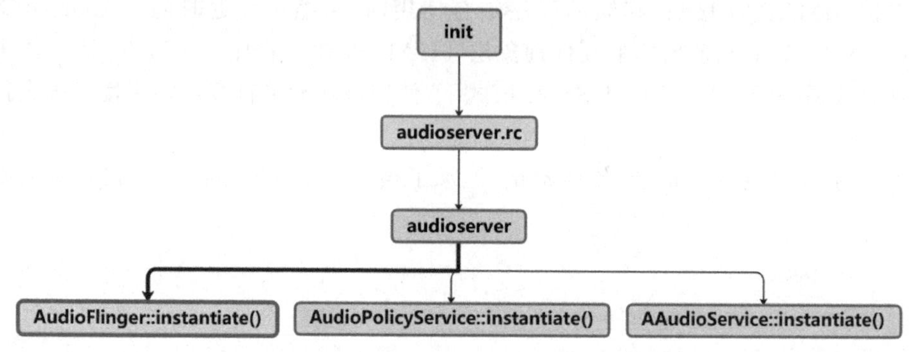

图 2－10　AudioFlinger 服务所在位置

图 2－11 所示为 AudioFlinger 类与其他模块的关系图。

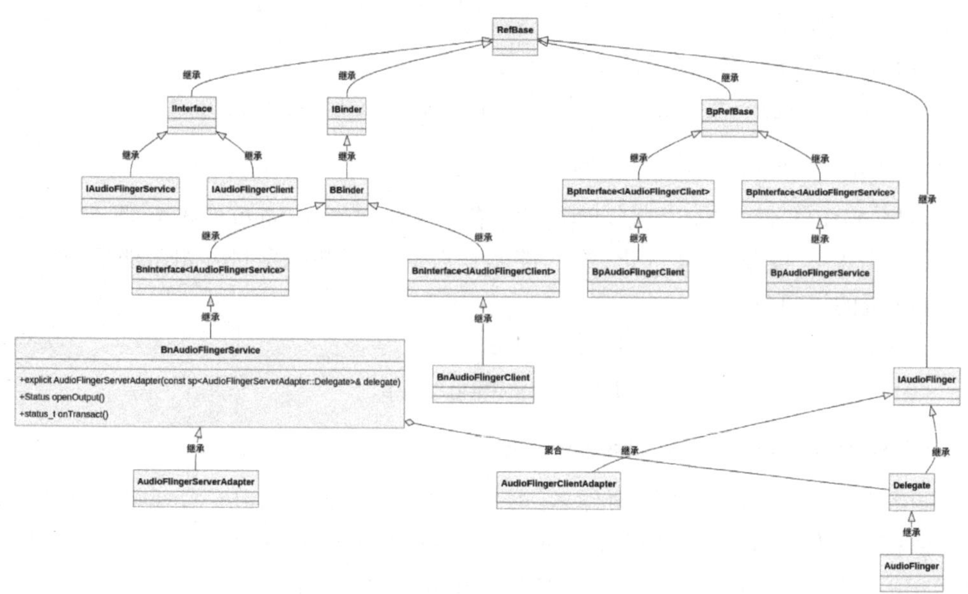

图 2－11　AudioFlinger 类与其他模块的关系图

在图 2－11 中可以看出，AudioFlinger 继承自 Delegate 类，BnAudioFlingerService 聚合 Delegate 类，它们最顶层的基类是 RefBase。服务端 BBinder 类和代理模板类 BpInterace <xxx>都是继承自基类 RefBase，使得它们之间可以正常通信。

2.4.1　AudioFlinger::instantiate()实例化过程

AudioFlinger 是在启动函数 instantiate()中初始化的，它的定义如下所示。

<1>. frameworks/av/services/audioflinger/AudioFlinger. cpp

```
1 void AudioFlinger::instantiate() {
2     sp<IServiceManager> sm(defaultServiceManager());
3     sm->addService(String16(IAudioFlinger::DEFAULT_SERVICE_NAME),
4                   new AudioFlingerServerAdapter(new AudioFlinger()), false,
5                   IServiceManager::DUMP_FLAG_PRIORITY_DEFAULT);
6 }
```

第 2 行从 defaultServiceManager 获取 IServiceManager 实例对象，并调用 addService 向 ServiceManager 中添加服务。

第 3 行 addService()函数的第一个参数是服务的名称，为 DEFAULT_SERVICE_NAME，并将它从 char 数组转换为 String16 类型，它的定义如下。

<2>. frameworks/av/media/libaudioclient/include/media/IAudioFlinger. h

```
1 classIAudioFlinger :public RefBase {
2 public:
3     staticconstexpr char DEFAULT_SERVICE_NAME[] = "media.audio_flinger";
4 };
```

根据第 3 行 DEFAULT_SERVICE_NAME 的定义可知，注册服务的名字为"media. audio_flinger"。

addService()函数的第二个参数是 sp<IBinder>&，将 AudioFlingerServerAdapter 类实例化作为参数。addService()为纯虚函数，需要继承 IServiceManager 的子类来实现，作用是注册服务类。

2.4.2 AudioFlingerServerAdapter 实例化过程

既然 addService()的第二个参数是 sp<IBinder>&(注：此写法相当于指针的引用)对象，在 new AudioFlingerServerAdapter()后，直接传给 sp<IBinder>&，那我们就来一探究竟，看看 AudioFlingerServerAdapter 类对象是怎么进行实例化的。AudioFlingerServerAdapter 类定义如下。

<1>. frameworks/av/media/libaudioclient/include/media/IAudioFlinger. h

```
#include <android/media/BnAudioFlingerService.h>
class AudioFlingerServerAdapter :public media::BnAudioFlingerService {
    class Delegate:public IAudioFlinger {
        enum class TransactionCode {
            CREATE_TRACK = media::BnAudioFlingerService::TRANSACTION_createTrack,
            CREATE_RECORD = media::BnAudioFlingerService::TRANSACTION_createRecord,
        };
    };
};
```

由第 2 行代码可知 AudioFlingerServerAdapter 继承自 BnAudioFlingerService。

第 3 行的 Delegate 类继承自 IAudioFlinger。

第 4 行枚举类型 TransactionCode，比如 TRANSACTION_createTrack 的值最终来自 BnAudioFlingerService. h 中 binder code 的定义。

BnAudioFlingerService 类定义如下。

<2>. out/soong/. intermediates/frameworks/av/media/libaudioclient/audioflinger- aidl-cpp-source/gen/include/android/media/BnAudioFlingerService. h

```
1   #include <binder/IInterface.h>
2   #include <android/media/IAudioFlingerService.h>
3
4   class BnAudioFlingerService :public ::android::BnInterface<IAudioFlingerService>{
5   public:
6       TRANSACTION_createTrack = ::android::IBinder::FIRST_CALL_TRANSACTION + 0;
7       TRANSACTION_createRecord = ::android::IBinder::FIRST_CALL_TRANSACTION + 1;
8       ......
10      explicit BnAudioFlingerService();
11      onTransact(uint32_t _aidl_code,const ::android::Parcel& _aidl_data,::android::Par-
    cel* _aidl_reply, uint32_t _aidl_flags) override;
12  };
```

第 4 行 BnAudioFlingerService 继承模板类 BnInterface <IAudioFlingerService>，此处传入的模板类是 IAudioFlingerService，那么 BnInterface 类来自哪里？它的定义如下。

<3>. frameworks/native/libs/binder/include/binder/IInterface. h

```
1  template<typename INTERFACE>
2  class BnInterface :public INTERFACE, public BBinder
3  {
4  protected:
5      typedef INTERFACE           BaseInterface;
6      virtual IBinder*            onAsBinder();
7  };
```

由第 1～2 行代码可知 BnInterface 是一个模板类，继承自 BBinder，并且有 3 个成员函数为虚函数，提供给子类继承使用。

那么 BBinder 的定义和实现是怎样的呢？BBinder 类的实现如下所示。

<4>. frameworks/native/libs/binder/include/binder/Binder. h

```
#include <binder/IBinder.h>

class BBinder :public IBinder
{
public:
    BBinder();
```

```
7
8        virtual const String16& getInterfaceDescriptor() const;
9        virtual status_t     transact(uint32_t code,
10                const Parcel& data,
11                Parcel * reply,
12                uint32_t flags = 0) final;
13       ……
14       virtual BBinder *     localBinder();
15       ……
16   protected:
17       virtual     ~BBinder();
18       virtual status_t  onTransact(uint32_t code,
19               const Parcel& data,
20               Parcel * reply,
21               uint32_t flags = 0);
22   private:
23       BBinder(const BBinder& o);
24       BBinder&     operator = (const BBinder& o);
25   };
```

从第 3 行代码可知，BBinder 类继承自 IBinder，BBinder 是 Binder 的服务端，使用 onTransact()和 transact()成员函数，通过 Binder 驱动来与客户端通信。然后从 IBinder 继续往下看，原来它们继承的公共基类是 RefBase. h，IBinder 类的定义如下所示。

<5>. frameworks/native/libs/binder/include/binder/IBinder. h

```
1    # include <utils/RefBase.h>
2    class BBinder;
3    class BpBinder;
4    class IInterface;
5    class [[clang::lto_visibility_public]] IBinder :public virtual RefBase
6    {
7    public:
8        enum {
9            FIRST_CALL_TRANSACTION = 0x00000001,
10       };
11       IBinder();
12   };
```

第 5 行 IBinder 最终继承自基类 RefBase，并且在基类 RefBase 中定义了 BpBinder、BBinder 的虚函数，binder 交互传输的 transact code 的真正的定义就在此类中。至此我们找到了服务端 BBinder 最终的继承和定义。

既然知道 AudioFlingerServerAdapter 最终是继承自 IBinder，也就是说，new AudioFlingerServerAdapter 是 IBinder 的子类对象，所以再将子类对象作为参数传递给父类，就是父类指向子类对象，使用的是多态，因为子类对象对父类又重写覆盖，最终还是调用到子类里的函数。

再回过头看一下 new AudioFlingerServerAdapter(new AudioFlinger())，new AudioFlinger()对象究竟是什么呢？AudioFlingerServerAdapter 类的定义如下所示。

<6>. frameworks/av/media/libaudioclient/include/media/IAudioFlinger. h

```
1 class AudioFlingerServerAdapter :public media::BnAudioFlingerService {
2 explicit AudioFlingerServerAdapter(
3     const sp<AudioFlingerServerAdapter::Delegate>& delegate);
4 };
```

第 3 行代码 AudioFlingerServerAdapter 的构造函数，其参数为 const sp < AudioFlingerServerAdapter::Delegate > &，表示智能指针 Delegate 的引用，既然构造函数的参数为 Delegate 类，那么为什么 new AudioFlinger()作为参数传进来呢？接下来看 AudioFlinger 的定义，问题就清晰了。

<7>. frameworks/av/services/audioflinger/AudioFlinger. h

```
1 class AudioFlinger :public AudioFlingerServerAdapter::Delegate
2 {
3 public:
4     static void instantiate() ANDROID_API;
5     status_t createTrack(const media::CreateTrackRequest& input,
6                          media::CreateTrackResponse& output) override;
7     status_t createRecord(const media::CreateRecordRequest& input,
8                          media::CreateRecordResponse& output) override;
9 };
```

由第 1 行代码可知，原来 AudioFlinger 类继承自 AudioFlingerServerAdapter::Delegate。

第 4 行函数 instantiate()获取 ServiceManager 对象，将“media. audio_flinger”注册到 ServiceManager，通过 dumpsys 命令可以看到启动的进程，如下所示。

```
blueline:/ #dumpsys -l | grep media.audio_flinger
media.audio_flinger
```

通过命令查看到 media. audio_flinger 服务已经启动，并注册到 android 系统 ServiceManager 中，因此才能查询到它。

第 5 行代码 createTrack()函数是 IAudioFlinger 的一个纯虚函数的 binder 接口，在 AudioFlinger 类中实现，作用是创建一个音轨并将其注册到 AudioFlinger。如果无法创建音轨，则 audioTrack 字段将为空，状态将返回失败。

第 7 行代码 createRecord()和 createTrack()一样，是一个纯虚函数的 binder 接口，函数创建一个音频记录，并注册到 AudioFlinger。如果无法创建音轨，则 AudioRecord 字段将为空，状态将返回失败。

因为 AudioFlinger 继承自 AudioFlingerServerAdapter，AudioFlingerServerAdapter 类的定义如下所示。

<8>. frameworks/av/media/libaudioclient/include/media/IAudioFlinger.h

```
1  class AudioFlingerServerAdapter :public media::BnAudioFlingerService {
2  public:
3      using Status = binder::Status;
4      class Delegate :public IAudioFlinger {
5      protected:
6          friend class AudioFlingerServerAdapter;
7      };
8  private:
9      const sp<AudioFlingerServerAdapter::Delegate>mDelegate;
10 };
```

第 4 行 Delegate 类继承自 IAudioFlinger，而我们又知道 IAudioFlinger 类继承自 RefBase 基类。所以得出 new AudioFlinger()对象，其实最终创建了 Binder 对象，然后参数传给 AudioFlingerServerAdapter。

总结：

AudioFlingerServerAdapter 类继承自 BnAudioFlingerService，BnAudioFlingerService 继承自 BnInterface，BnInterface 继承自 BBinder，BBinder 继承自 IBinder，IBinder 继承自 RefBase 基类。

AudioFlingerServerAdapter 类的内部类为 Delegate，并且内部类 Delegate 继承自 IAudioFlinger 类，并且 AudioFlinger 继承自 Delegate 类。

由 AudioFlingerServerAdapter 的构造函数"explicit AudioFlingerServerAdapter(const spAudioFlingerServerAdapter::Delegate& delegate);"可知，构造函数传参为 Delegate，因为 AudioFlinger 是 Delegate 的子类，所以传的是 new AudioFlinger 实例化对象。

2.4.3 AIDL 自动生成 Server 端返回值生成规则

Android 10 以后的版本逐渐放弃使用 HIDL，转而使用 AIDL，因为 AIDL 与 HAL 直接通信，故效率大大提升。

通过 Android 自动生成工具，可以将 AIDL 代码直接生成 C++的 Binder Server 端的 C++代码，这样的 Server 代码可以直接调用 HAL 代码，从而与之通信。

那么 AIDL 的返回值、AIDL 的参数与生成的 Server 的代码返回值及参数是什么关系呢？举一个例子，来说明它们之间的联系。

IAudioFlingerService. aidl 的定义如下所示。

<1>. frameworks/av/media/libaudioclient/aidl/android/media/IAudioFlingerService. aidl

```
class BnAudioFlingerService :public ::android::BnInterface<IAudioFlingerService>{};
interface IAudioFlingerService {
    CreateTrackResponse createTrack(in CreateTrackRequest request);
    CreateRecordResponse createRecord(in CreateRecordRequest request);
}
```

IAudioFlingerService. aidl 对应生成的 IAudioFlingerService. h 代码如下所示。

<2>. android12/out/soong/. intermediates/frameworks/av/media/libaudioclient/audioflinger-aidl-cpp-source/gen/include/android/media/IAudioFlingerService. h

```
class IAudioFlingerService :public ::android::IInterface {
public:
    DECLARE_META_INTERFACE(AudioFlingerService)
    virtual ::android::binder::Status createTrack(const ::android::media::CreateTrackRequest& request, ::android::media::CreateTrackResponse* _aidl_return) = 0;

virtual ::android::binder::Status createRecord(const ::android::media::CreateRecordRequest& request, ::android::media::CreateRecordResponse* _aidl_return) = 0;
};
```

总结:

从生成的 Binder Server 中的 IAudioFlingerService 可以看到，在 IAudioFlingerService. aidl 文件中定义的函数接口与 Server 端的关系。

例如 CreateTrackResponse createTrack(in CreateTrackRequest request)接口，返回类型是 CreateTrackResponse，参数类型是 CreateTrackRequest，在 IAudioFlingerService. h 中被生成，如下所示。

```
virtual ::android::binder::Status createTrack(
          const ::android::media::CreateTrackRequest& request,
          ::android::media::CreateTrackResponse* _aidl_return) = 0;
```

Server 端生成的 createTrack() 函数竟然多了一个参数，第一个参数是 CreateTrackRequest& 引用类型，与 IAudioFlingerService. aidl 定义的接口参数是一致的，但是 Server 端为什么会多了一个参数呢?

仔细观察可以发现，第二个参数其实是 IAudioFlingerService. aidl 定义 CreateTrackResponse createTrack 的返回值，从而能够发现，如果在 AIDL 中定义的 API 有返回值，则对应 AIDL 的 Server 会追加到原有参数的后边。

函数 CreateRecordResponse createRecord()也是一样，返回值被追加到了原有参数的后边。

2.5 AudioPolicyService 服务注册过程

➤ 阅读目标：理解 AudioPolicyService 服务是如何注册的。

AudioPolicyService 是音频策略的制定者，例如由谁打开哪个音频设备，什么时候打开，音频源 stream 类型对应的是什么设备等，都是由此服务来定制的。AudioPolicyService 会根据系统读取设备进行配置，然后指挥 AudioFlinger 服务处理具体的操作。

图 2－12 所示为 AudioPolicyService 服务所在的位置。

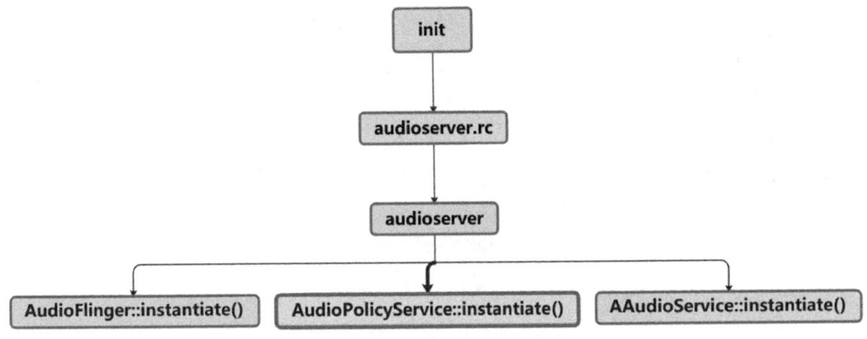

图 2－12 AudioPolicyService 服务所在的位置

图 2－13 所示为 AudioPolicyService 类与其他模块的关系图。

通过图 2－13 所示关系图可知，AudioPolicyService 类继承模板类 BinderService，将 AudioPolicyService 类作为参数传入模板类，然后在 instantiate()函数中调用 publish()函数，向 ServiceManager 创建注册 AudioPolicyService 服务。下面分析如何通过 instantiate()函数注册。

<1>. frameworks/av/media/audioserver/main_audioserver. cpp

```
1  AudioPolicyService::instantiate();
```

第 1 行由 audioserver 音频服务实例化，然后向 ServiceManager 注册服务并启动。AudioPolicyService 的定义如下所示。

<2>. frameworks/av/services/audiopolicy/service/AudioPolicyService. h

```
class AudioPolicyService :
    public BinderService<AudioPolicyService>,
    public media::BnAudioPolicyService,
    public IBinder::DeathRecipient
{
    friend class BinderService<AudioPolicyService>;
    static const char *getServiceName() ANDROID_API { return "media.audio_policy"; }
};
```

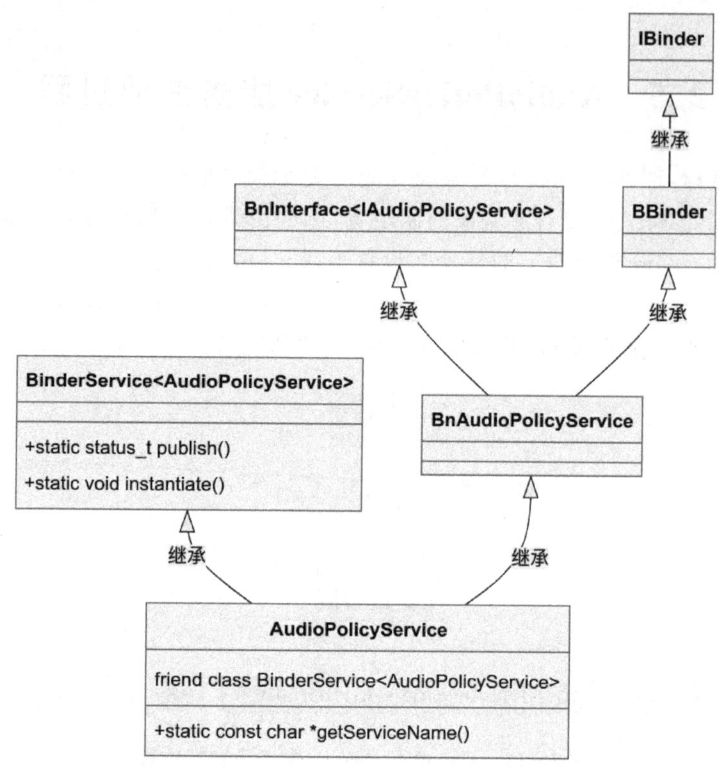

图 2-13　AudioPolicyService 类与其他模块的关系图

由第 1～2 行可知 AudioPolicyService 继承了模板类 BinderService，该类用于注册 binder service。BinderService 是一个模板类，该类的 publish() 函数就是完成向 ServiceManager 注册服务，可以参看下面的代码。

由第 7 行 getServiceName() 函数可知 AudioPolicyService 注册服务名为 media.audio_policy，BinderService 类的实现如下所示。

<3>. frameworks/native/libs/binder/include/binder/BinderService.h

```
template <typename SERVICE>
class BinderService{
public:
    static status_t publish(bool allowIsolated = false, int dumpFlags = IServiceManager::DUMP_FLAG_PRIORITY_DEFAULT) {
    sp<IServiceManager> sm(defaultServiceManager());
    return sm->addService(String16(SERVICE::getServiceName()),
                          new SERVICE(), allowIsolated, dumpFlags);
    }
    static void publishAndJoinThreadPool(bool allowIsolated = false, int dumpFlags = IServiceManager::DUMP_FLAG_PRIORITY_DEFAULT) {
```

```
10        publish(allowIsolated, dumpFlags);
11        joinThreadPool();
12      }
13      static void instantiate() { publish(); }
14      }
15  };
```

由第 1～2 行代码可知 BinderService 是由 template 定义的一个模板类。

第 13 行 instantiate()函数调用 publish(),并且向 ServiceManager 服务添加名为"media. audio_policy"的服务。

第 4～7 行 publish()函数实现服务注册的步骤,首先获取 ServiceManager 的对象,然后通过 addService()函数将服务名"media. audio_policy"、AudioPolicyService 类的实例化对象和 dumpFlags 三个参数传入,如果创建成功,则返回 AudioPolicyService 服务对象。

通过 dumpsys 或者 service 命令查看服务是否创建成功,如下所示。

```
blueline:/ # dumpsys -l | grep media.audio_policy
  media.audio_policy
```

通过上面的代码 addService()已经将"media. audio_policy"服务成功注册到大管家 ServiceManager 中,客户端可以通过 getService()获取此服务对象,然后使用其内的功能函数。至此,AudioPolicyService 服务初始化完成,并等待客户端获取使用。

2.6 AAudioService 服务注册过程

AAudio 是在 Android 8.0 版本中引入的全新 Android C API。此 API 专为需要低延迟的高性能音频应用而设计。其主要目的是为了替换 OpenSL ES 库。与 OpenSL ES 库相比,AAudio API 代码量较小,而且简单易用,复杂度低,而 Android 8.0 以前的版本只能使用 OpenSL ES 框架。

AAudio 提供了一个低延迟数据路径。在"专用"模式下,使用该功能可将客户端应用代码直接写入与 ALSA 驱动程序共享的内存映射缓冲区。在"共享"模式下,MMAP 缓冲区由 AudioServer 中运行的混音器使用。在"专用"模式下,由于数据会绕过混音器,延迟时间会明显缩短。

图 2-14 所示为 AAudioService 服务所在位置。

图 2-15 所示为 AAudioService 类与其他模块的关系图。

AAudioService 类和 AudioPolicyService 类一样,通过函数 instantiate()来创建并注册 AAudioService 类。下面分析如何通过 instantiate()函数注册。

<1>. frameworks/av/services/audioflinger/AudioFlinger. cpp

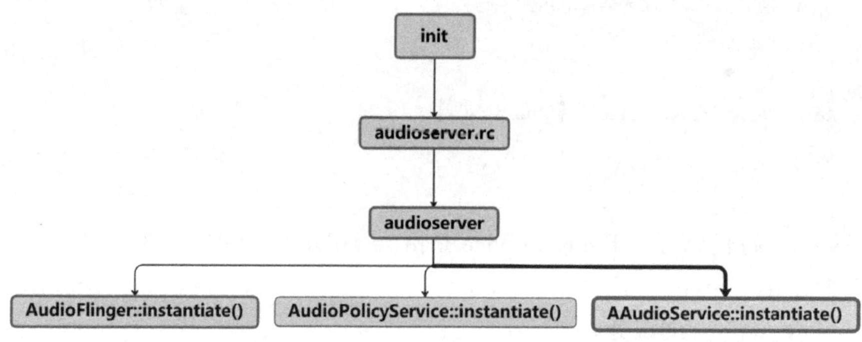

图 2-14　AAudioService 服务所在位置

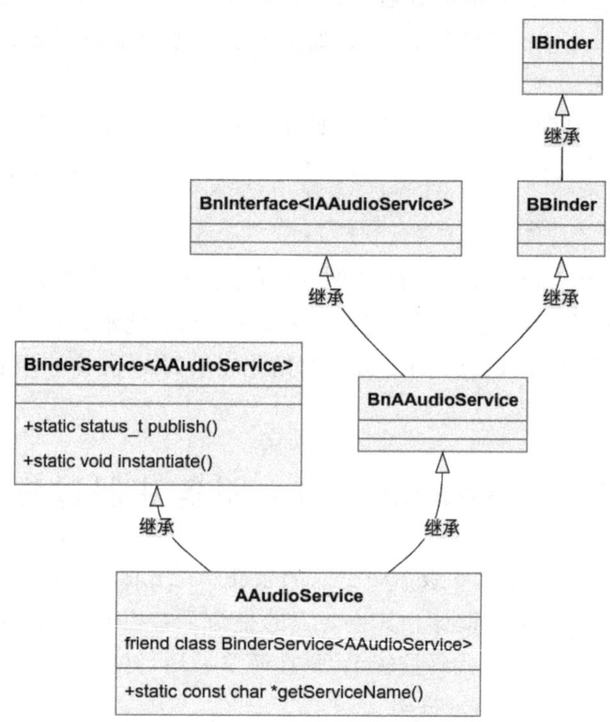

图 2-15　AAudioService 类与其他模块的关系图

```
1  #include "AAudioService.h"
2  if (mmapPolicy == AAUDIO_POLICY_AUTO || mmapPolicy == AAUDIO_POLICY_ALWAYS) {
3      AAudioService::instantiate();
4  }
```

第 1 行告诉我们，AAudioService 引用的是 AAudioService.h 头文件。继续往下看 AAudioService.h 是如何使用 binder 通信的。

第 3 行由 AAudioServer 音频服务实例化，然后向 ServiceManager 注册服务并启动。

第 2 行判断是否使用 mmap 映射共享内存，经过调试验证，Android 12 的音频数据的确使用了 AAUDIO_POLICY_AUTO 的方式，定义如下。

```
enum {
    AAUDIO_POLICY_UNSPECIFIED = 0,
/* These definitions are from aaudio/AAudioTesting.h */
    AAUDIO_POLICY_NEVER = 1,
    AAUDIO_POLICY_AUTO = 2,
    AAUDIO_POLICY_ALWAYS = 3
};
```

- AAUDIO_POLICY_NEVER =1：仅使用旧的路径，不要尝试使用 MMAP 方式。
- AAUDIO_POLICY_AUTO = 2：尝试使用 MMAP。如果此操作失败或 MMAP 不可用，则使用旧路径。
- AAUDIO_POLICY_ALWAYS = 3：使用 MMAP 路径。

AAudioService 类的定义如下所示。

<2>. frameworks/av/services/oboeservice/AAudioService.h

```
1 class AAudioService :public BinderService<AAudioService>, public aaudio::BnAAudioService
2 {
3     friend class BinderService<AAudioService>;
4 public:
5     AAudioService();
6     static const char* getServiceName() { return AAUDIO_SERVICE_NAME; }
7 };
```

由第 1 行代码可知，AAudioService 同样也是继承了 BinderService。

而 AAudioService.h 引用 binder/BinderService.h 头文件，从而继承了模板类 BinderService<AAudioService>。其注册步骤和 AudioPolicyService 是一样的，所以不再赘述。

AAUDIO_SERVICE_NAME 定义在 AAudioService.h 中，如下所示。

<3>. frameworks/av/services/oboeservice/AAudioService.h

```
#define AAUDIO_SERVICE_NAME   "media.aaudio"
```

至此可知 AAudioService 服务的名字为“media.aaudio”，通过 dumpsys 或者 service 命令查看服务是否创建成功，如下所示。

```
blueline:/ # dumpsys -l | grep media.aaudio
    media.aaudio
```

通过上面的代码，addService()已经将“media.aaudio”服务成功注册到 ServiceManager 中，客户端可以通过 getService()获取此服务对象，然后使用其内的功能函数。

至此，AAudioService 服务初始化完成，并等待客户端获取使用。

2.7 OpenSL ES 原理与实战

➢ 阅读目标：

❶ 理解 OpenSL ES 框架播放、录音等功能调用流程。

❷ 理解 OpenSL ES 框架播放、录音等功能基本用法。

OpenSL ES 是为嵌入式系统的免费、跨平台、硬件加速的音频 API。OpenSL ES 是从 Android 2.3 版本开始引入的，它应用在嵌入式移动平台多媒体设备上，为开发人员提供了一种标准化的、高性能的、低延迟的方法来访问音频功能，实现了硬件和软件音频功能的直接跨平台部署，减少了工作量，并提高了音频开发效率。

Android NDK 软件包中包括 OpenSL ES 1.0.1 版本的 Android 专用实现。利用这个库，可以轻松地编写合成器、数字音频工作站、卡拉 OK、游戏以及其他实时应用，可以使用 C 或 C++实现高性能、低延迟的音频。

接下来首先分别开发播放和录音的应用实例，介绍它们的用法，然后结合应用实例来分析 OpenSL ES 关键数据结构体，最后单步分析 OpenSL ES 播放和录音的工作机制。

图 2-16 所示为 OpenSL ES 硬件和软件实现框架图。

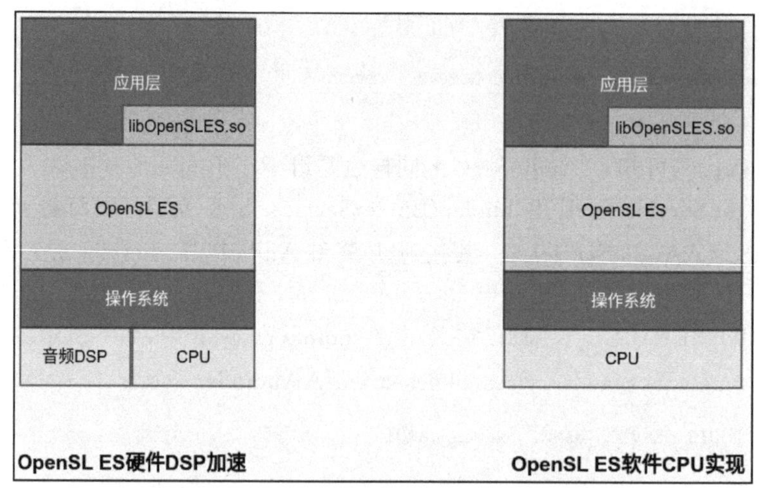

图 2-16 OpenSL ES 硬件和软件实现框架图

2.7.1 Android 平台 OpenSL ES 支持功能

1. OpenSL ES 实现所支持的对象与接口

表 2-1 所列为 OpenSL ES 的 Android NDK 实现支持的对象与接口功能。

表 2-1 OpenSL ES 的 Android NDK 实现支持的对象与接口功能

功 能	音频播放器	音频录音机	引 擎	输出混音
低音增强	是	否	否	是
缓冲区队列	是	否	否	否
缓冲区队列数据定位器	是:源	否	否	否
动态接口管理	是	是	是	是
效果送出	是	否	否	否
引擎	否	否	是	否
环境混响	否	否	否	是
均衡器	是	否	否	是
I/O 设备数据定位器	否	是:源	否	否
元数据提取	是:解码为 PCM	否	否	否
静音独奏	是	否	否	否
对象	是	是	是	是
输出混合定位器	是:接收器	否	否	否
播放	是	否	否	否
播放速率	是	否	否	否
预提取状态	是	否	否	否
预设混响	否	否	否	是
录制	否	是	否	否
跳转	是	否	否	否
URI 数据定位器	是:源	否	否	否
虚拟环绕音效	是	否	否	是
音量	是	否	否	否

2. OpenSL ES 支持的音频格式

- WAV PCM;
- WAV alaw;
- WAV ulaw;
- MP3 Ogg Vorbis;
- AAC LC;
- HE-AACv1 (AAC+);
- HE-AACv2(增强型 AAC+);
- AMR;
- FLAC。

3. OpenSL ES 支持格式限制

- AAC 格式必须位于 MP4 或 ADTS 容器内。
- OpenSL ES for Android 不支持 MIDI。
- 未验证 WMA 是否与 OpenSL ES for Android 兼容。
- OpenSL ES 的 Android NDK 实现不支持直接播放 DRM 或加密内容。如需播放受保护的音频内容，必须先在应用中将其解密，然后才能使用强制实施任何 DRM 限制的应用播放音频内容。

4. PCM 播放支持的配置属性

- 支持 8 位无符号或 16 位有符号格式。
- 支持单声道或立体声。
- 支持小端字节排序。
- 支持的采样率：8 000 Hz、11 025 Hz、12 000 Hz、16 000 Hz、22 050 Hz、24 000 Hz、32 000 Hz、44 100 Hz、48 000 Hz。

2.7.2 OpenSL ES 关键数据结构

OpenSL ES API 主要使用到的结构体为 SLObjectItf、SLEngineItf、SLDataSource、SLDataLocator_AndroidFD、SLDataFormat_MIME、SLDataSink、SLDataLocator_OutputMix、SLPlayItf、SLPrefetchStatusItf、SLInterfaceID 等类型。接下来分别介绍部分关键数据结构体定义。

1. SLObjectItf 结构体定义

SLObjectItf 结构体表示为所有对象提供了基本的实用程序方法。这些功能包括对象的销毁、实现和恢复，接口指针的获取，运行时错误的回调以及异步操作的终止。

结构体 SLObjectItf 用来定义 OpenSL ES 创建对象的接口功能函数，定义的函数全部为回调函数。比如 RegisterCallback()回调函数，真正实现在 frameworks/wilhelm/src/itf/ IObject. cpp 中的 IObject_RegisterCallback，在 SlCreateEngine(…)被调用的时候，调用 construct(pCEngine_class, exposedMask, NULL)函数，实现注册 SLObjectItf 中的全部回调函数，等待播放器或者录音使用的时候调用。

SLObjectItf 结构体内定义的函数功能如下。

SLresult (* Realize)：表示同步或异步地将对象从未实现状态转换为已实现状态。

SLresult (* Resume)：表示同步或异步地将对象从挂起状态转换为已实现状态。

SLresult (* GetState)：表示获取当前对象状态。

SLresult (* GetInterface)：表示获取对象公开的接口。

SLresult (* RegisterCallback)：表示当运行时发生错误或异步操作终止时在执行的对象上注册一个回调。

void (* Destroy)：表示销毁此对象。

SLresult (* SetPriority)：表示设置对象优先级。

SLresult（ * GetPriority）：表示获取对象优先级。

2. SLEngineItf 结构体定义

SLEngineItf 表示公开了所有 OpenSL ES 对象类型的创建方法，此对象类型是 API 的入口点。一个实现应该能够创建至少一个这样的对象，但是尝试创建更多的实例可能会失败。引擎对象支持通过 SLEngineItf 接口创建所有 API 对象，并通过 SLEngineCapabilitiesItf 接口查询实现的功能。

SLEngineItf 结构体定义 OpenSL ES 引擎对象接口。

SLEngineItf 结构体内定义的函数功能如下。

SLresult（ * CreateAudioPlayer）：表示创建一个音频播放器对象。

SLresult（ * CreateAudioRecorder）：表示创建一个音频记录器。

SLresult（ * CreateOutputMix）：表示创建一个输出混音器。

SLresult（ * CreateMetadataExtractor）：表示创建一个元数据提取器对象。

SLresult（ * QueryNumSupportedInterfaces）：表示查询支持的可用接口个数。

SLresult（ * QuerySupportedInterfaces）：表示查询支持的接口。

SLresult（ * QueryNumSupportedExtensions）：表示查询支持的扩展数量。

3. SLDataSource 结构体定义

SLDataSource 结构体用来描述播放器输入文件的信息，例如多媒体文件播放的起始位置、文件长度、类型、文件描述符等信息。其定义如下所示。

<1>. frameworks/wilhelm/include/SLES/OpenSLES. h

```
typedef struct SLDataSource_ {
    void * pLocator;
    void * pFormat;
} SLDataSource;
```

SLDataSource 结构体的用法如下所示。

```
SLDataLocator_AndroidFD locatorFd;
SLDataFormat_MIME       mime;
SLDataSource              audioSource;

intfd = open(path, O_RDONLY);
locatorFd. locatorType = SL_DATALOCATOR_ANDROIDFD;
locatorFd. fd = (SLint32) fd;
locatorFd. length = SL_DATALOCATOR_ANDROIDFD_USE_FILE_SIZE; //length:all mp3 size.
locatorFd. offset = 0; //音频文件起始地址

mime. formatType = SL_DATAFORMAT_MIME;
mime. mimeType        = (SLchar * )NULL;
```

```
13 mime.containerType = SL_CONTAINERTYPE_UNSPECIFIED;
14 audioSource.pFormat  = (void * )&mime;
15 audioSource.pLocator = (void * )&locatorFd;
```

由第 7～12 行代码可知，SLDataSource 的成员变量 pFormat 和 pLocator 指向了媒体文件 fd、媒体文件长度 length、媒体文件偏移 offset、媒体文件类型 mimeType 等，用于播放器播放传入的参数，将结构体使用(void *)转换赋值给此结构体。

4. SLDataLocator_AndroidFD 和 SLDataFormat_MIME 结构体定义

SLDataLocator_AndroidFD 是基于文件描述符的数据定位器定义的，locatorType 必须是 SL DATALOCATOR ANDROIDFD。

SLDataFormat_MIME 是基于 MIME 类型的数据格式定义的，其中 formatType 必须是 SL DATAFORMAT MIME。

<1>. frameworks/wilhelm/include/SLES/OpenSLES. h

SLDataLocator_AndroidFD 结构体定义如下所示。

```
typedef struct SLDataLocator_AndroidFD_ {
    SLuint32          locatorType;
    SLint32           fd;
    SLAint64          offset;
    SLAint64          length;
} SLDataLocator_AndroidFD;
```

locatorType：表示 Android 文件描述符数据定位器。

fd：表示打开文件描述符。

offset：表示媒体文件偏移地址。

length：表示媒体文件大小。

SLDataFormat_MIME 结构体定义如下所示。

```
typedef struct SLDataFormat_MIME_ {
    SLuint32      formatType;
    SLchar *      mimeType;
    SLuint32      containerType;
} SLDataFormat_MIME;
```

formatType：表示格式类型，此结构的格式类型必须始终为 SL_DATAFORMAT_MIME。

mimeType：表示字符串数据的 mime 类型。

containerType：表示数据的容器类型。

5. SLDataSink 结构体定义

SLDataSink 结构体表示用来描述录音设备的信息，例如录音时的通道数、采样率、采样位数以及定义 Android 的缓冲区队列信息等。其定义如下所示。

<1>. frameworks/wilhelm/include/SLES/OpenSLES. h

```
typedef struct SLDataSink_ {
    void * pLocator;
    void * pFormat;
} SLDataSink;
```

SLDataSink 结构体的用法如下所示。

```
1 SLDataLocator_AndroidSimpleBufferQueue loc_bq =
2     {SL_DATALOCATOR_ANDROIDSIMPLEBUFFERQUEUE, 2};
3 SLDataFormat_PCM format_pcm = {SL_DATAFORMAT_PCM, 1 , SL_SAMPLINGRATE_16,
4     SL_PCMSAMPLEFORMAT_FIXED_16, SL_PCMSAMPLEFORMAT_FIXED_16,
5     SL_SPEAKER_FRONT_CENTER, SL_BYTEORDER_LITTLEENDIAN};
6 SLDataSink audioSnk = {&loc_bq, &format_pcm};
```

由第 6 行代码可知,SLDataSink 的成员变量 pFormat 和 pLocator 存储了输入设备的采样率、采样位数、通道数、大小端等信息,用于录音时传入的参数,将结构体 SLDataFormat_PCM 和 SLDataLocator_AndroidSimpleBufferQueue 的变量使用(void *)转换赋值给此结构体。

下面介绍 SLDataLocator_AndroidSimpleBufferQueue 和 SLDataFormat_PCM 类型。

6. SLDataLocator_AndroidSimpleBufferQueue 和 SLDataFormat_PCM 结构体定义

SLDataLocator_AndroidSimpleBufferQueue 表示缓冲区队列定义,其中 locatorType 必须为 SL_DATALOCATOR_ANDROIDSIMPLEBUFFERQUEUE。

SLDataFormat_PCM 表示基于 PCM 类型的数据格式定义,其中 formatType 必须为 SL_DATAFORMAT_PCM。

<1>. frameworks/wilhelm/include/SLES/OpenSLES. h

SLDataLocator_AndroidSimpleBufferQueue 结构体的定义如下所示。

```
typedef struct SLDataLocator_AndroidSimpleBufferQueue {
    SLuint32      locatorType;
    SLuint32      numBuffers;
} SLDataLocator_AndroidSimpleBufferQueue;
```

locatorType:表示定义 Android 简单缓冲队列数据定位器。

numBuffers:表示有几个队列缓冲区。

结构体 SLDataFormat_PCM 的定义如下所示。

```
typedef struct SLDataFormat_PCM_ {
    SLuint32      formatType;
    SLuint32      numChannels;
```

```
    SLuint32    samplesPerSec;
    SLuint32    bitsPerSample;
    SLuint32    containerSize;
    SLuint32    channelMask;
    SLuint32    endianness;
} SLDataFormat_PCM;
```

formatType：表示媒体格式类型，此结构的格式类型必须始终为 SL_DATAFORMAT_PCM。

numChannels：表示数据中出现的音频通道数。多声道音频总是交错在数据缓冲区中。

samplesPerSec：表示数据的音频采样率。

bitsPerSample：表示样本中的实际数据位数。

containerSize：表示 PCM 数据容器的大小（以位为单位），例如 24 位数据在 32 位容器中。容器内的数据是左对齐的。为了获得最佳性能，建议容器大小为本机数据类型的大小。

channelMask：表示声道掩码指示音频声道到扬声器位置的映射。

endianness：表示音频数据的字节顺序。

7. SLDataLocator_OutputMix 结构体定义

SLDataLocator_OutputMix 表示设备输出混音操作，其中 locatorType 必须为SL_DATALOCATOR_OUTPUTMIX。其定义如下所示。

<1>. frameworks/wilhelm/include/SLES/OpenSLES. h

```
typedef struct SLDataLocator_OutputMix {
    SLuint32      locatorType;
    SLObjectItf   outputMix;
} SLDataLocator_OutputMix;
```

locatorType：表示混音类型，它必须是此结构的 SL_DATALOCATOR_OUTPUTMIX。

outputMix：表示从引擎检索到的 OutputMix 对象。

8. SLPlayItf 结构体定义

SLPlayItf 表示是一个控制对象播放状态的接口集合。

接下来介绍 SLPlayItf 结构体定义的功能函数的作用。

SLresult (* SetPlayState)：表示请求播放器设置到给定的播放状态。

SLresult (* GetPlayState)：表示获取播放器的当前播放状态。

SLresult (* GetDuration)：表示获取当前音频内容的持续时间，以毫秒为单位。

SLresult (* GetPosition)：表示返回相对于内容开头的当前的播放位置。

SLresult (* RegisterCallback)：表示设置播放回调函数。

9. SLRecordItf 结构体定义

SLRecordItf 是一个控制对象记录状态的接口集合，具体定义如下所示。

SLRecordItf 结构体定义的功能函数的作用与 SLRecordItf 结构体定义的回调函数的作用是一致的。

SLresult (* SetRecordState)：表示设置录音机到给定的记录状态。

SLresult (* GetRecordState)：表示获取录音机的当前记录状态。

SLresult (* SetDurationLimit)：表示以毫秒为单位设置当前内容的持续时间。

2.7.3 OpenSL ES 引擎播放过程

首先介绍 OpenSL ES 的播放调用流程，去掉不影响播放的冗余代码，不受其干扰，使用精简的播放流程，便于深入学习其内部工作原理，这也是本书的一个原则。所谓万变不离其宗，掌握了最根本的知识点，就可应对千变万化。全书所有实例都用 C++ native 代码呈现，就是为了剥离 Java 代码的干扰，便于读者理解。

图 2－17 所示为 OpenSL ES 播放流程，它到底与 Android 平台有什么联系呢？作为一个系统工程师，需要了解其工作原理，揭开 OpenSL ES 高性能音频的神秘面纱。

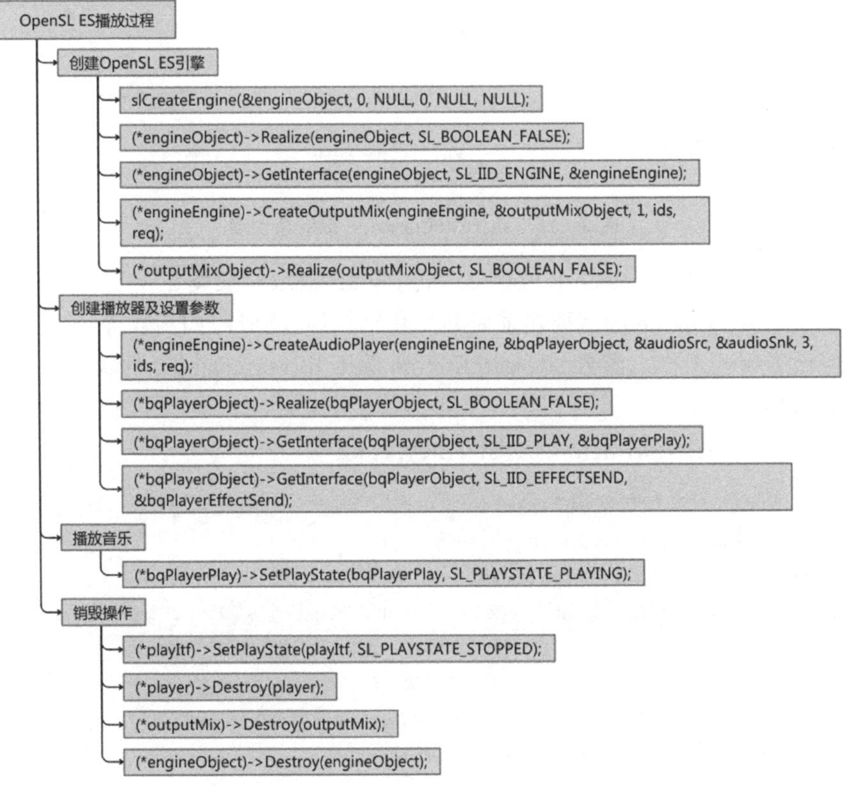

图 2－17 OpenSL ES 播放流程

下面分析 OpenSL ES 播放流程，首先是如何创建引擎对象过程。

1. 创建引擎对象过程

```
slCreateEngine(&engineObject, 0, NULL , 0, NULL, NULL);
```

slCreateEngine 创建 OpenSL ES 引擎对象过程，主要工作分为两部分：

➢ 第一步：通过函数 objectIDtoClass 和对象 ID 获取对象类。

➢ 第二步：调用函数 liCreateEngine 创建 OpenSL ES 引擎。

整体步骤如图 2-18 所示，接下来详细拆解分析每一个步骤。

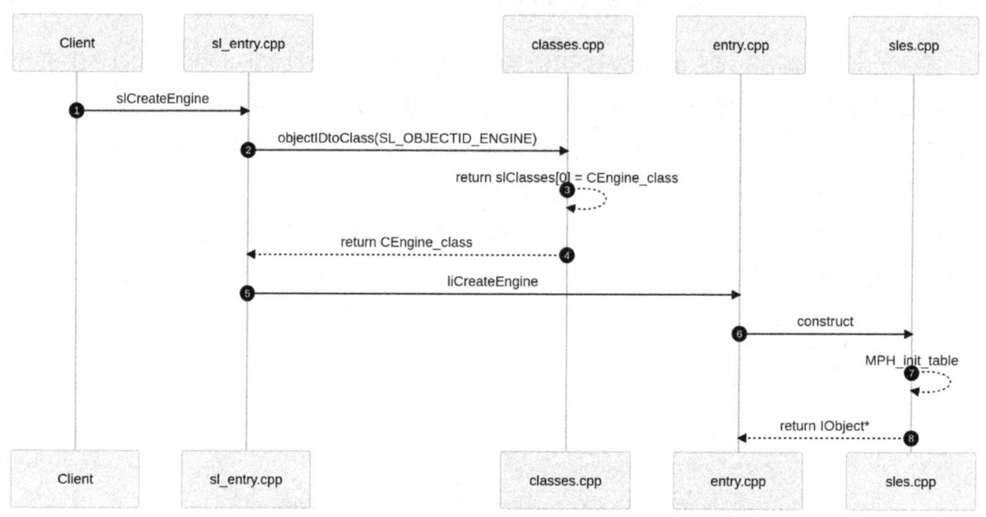

图 2-18 slCreateEngine 引擎对象创建

➢ 第一步：通过函数 objectIDtoClass 和对象 ID 获取对象类。

函数 slCreateEngine 的主要功能是初始化结构体、注册回调函数等，接下来分析它内部到底做了哪些工作。函数 slCreateEngine 调用 liCreateEngine 的实现，函数 liCreateEngine 如下所示。

<1>. frameworks/wilhelm/src/sl_entry. cpp

```
SL_API SLresult SLAPIENTRY slCreateEngine(
    SLObjectItf * pEngine, SLuint32 numOptions,
    const SLEngineOption * pEngineOptions, SLuint32 numInterfaces,
    const SLInterfaceID * pInterfaceIds, const SLboolean * pInterfaceRequired)
{
SL_ENTER_GLOBAL
    result = liCreateEngine(pEngine, numOptions, pEngineOptions,
        numInterfaces, pInterfaceIds,
        pInterfaceRequired,
        objectIDtoClass(SL_OBJECTID_ENGINE));//SL_OBJECTID_ENGINE = 0x1001;
```

```

    SL_LEAVE_GLOBAL
}
```

函数 liCreateEngine 的参数 SL_OBJECTID_ENGINE 是一个对象 ID,函数 objectIDtoClass 通过这个 ID 来创建并返回引擎类对象。OpenSL ES 引擎对象的 ID 等于 0x1001,定义如下所示。

<2>. frameworks/wilhelm/include/SLES/OpenSLES. h

```
#define SL_OBJECTID_ENGINE           ((SLuint32) 0x00001001)
#define SL_OBJECTID_LEDDEVICE        ((SLuint32) 0x00001002)
#define SL_OBJECTID_VIBRADEVICE      ((SLuint32) 0x00001003)
#define SL_OBJECTID_AUDIOPLAYER      ((SLuint32) 0x00001004)
#define SL_OBJECTID_AUDIORECORDER    ((SLuint32) 0x00001005)
......
```

从上面的定义中不仅看到了创建 OpenSL ES 引擎对象的 ID 为 0x1001,还有 LED 对象的 ID 为 0x1002,振动传感器的 ID 为 0x1003,播放器的 ID 为 0x1004,录音机对象的 ID 为 0x1005.

那么函数 objectIDtoClass 如何实现通过对象的 ID 来获取 OpenSL ES 引擎对象呢? 它的实现如下所示。

<3>. frameworks/wilhelm/src/classes. cpp

```
LI_API constClassTable * objectIDtoClass(SLuint32 objectID){

    assert(NULL != slClasses[0]);
    SLuint32 slObjectID0 = slClasses[0]->mSLObjectID;
    if ((slObjectID0 < = objectID) &&
       ((slObjectID0 + sizeof(slClasses)/sizeof(slClasses[0])) >objectID)) {
        return slClasses[objectID - slObjectID0];
    }
    assert(NULL != xaClasses[0]);
    SLuint32 xaObjectID0 = xaClasses[0]->mXAObjectID;
    if ((xaObjectID0 < = objectID) &&
       ((xaObjectID0 + sizeof(xaClasses)/sizeof(xaClasses[0])) >objectID)) {
        return xaClasses[objectID - xaObjectID0];
    }
    return NULL;
}

```

函数 objectIDtoClass 的参数 objectID 就是传进来的 SL_OBJECTID_ENGINE,由第<1>步它的定义可知,它的值为 0x1001,我们可以先对它有点印象,因为下面要用到宏变量。

第 4 行将 slClasses 结构体的第 0 号元素的 mSLObjectID 成员变量赋值给了 slObjectID0，然后做逻辑判断，最后将传进来的 0x1001 减去 slObjectID0 的值作为结构体数组的下标。先说结论，其实 slClasses[0]-> mSLObjectID 等于 0x1001，返回的是 slClasses[0]。

那么 slClasses 是什么类型呢？我们继续看它的定义，如下所示。

<4>. frameworks/wilhelm/src/classes. cpp

```
static const ClassTable * const slClasses[] = {
    &CEngine_class,
    &CLEDDevice_class,
    &CVibraDevice_class,
};
```

slClasses[0]-> mSLObjectID 表示 slClasses 使用的是结构体的第 0 个元素，即是 CEngine_class，等同于 slClasses[0] = CEngine_class。此时已经变成需要找到 CEngine_class-> mSLObjectID 的值是什么。接下来看 CEngine_class 的定义，如下所示。

<5>. frameworks/wilhelm/src/sles_allinclusive. h

```
typedef struct {
    const struct iid_vtable * mInterfaces;
    SLuint32 mInterfaceCount;
    const signed char * mMPH_to_index;
    const char * const mName;
    size_t mSize;
    SLuint16 mSLObjectID;
    XAuint16 mXAObjectID;
    AsyncHook mRealize;
    AsyncHook mResume;
    VoidHook mDestroy;
    PreDestroyHook mPreDestroy;
} ClassTable;
```

ClassTable 结构体用来描述引擎对象接口索引与对象的关联关系、接口数量、OpenSL ES 对象 ID、OpenMAX AL 对象 ID，以及定义引擎的 Realize、Resume、Destory 等回调函数接口。

ClassTable 结构体的成员变量 mSLObjectID 就是我们要找的，是结构体中的第六个元素，我们可以根据 mSLObjectID 的定义位置，在初始化 CEngine_class 结构体中找到赋值给它的变量。

CEngine_class 结构体的初始化如下所示。

<6>. frameworks/wilhelm/src/classes. cpp

```
1   static const ClassTable CEngine_class = {
2       Engine_interfaces,
3       INTERFACES_Engine,
4       MPH_to_Engine,
5       "Engine",
6       sizeof(CEngine),
7       SL_OBJECTID_ENGINE,
8       XA_OBJECTID_ENGINE,
9       CEngine_Realize,
10      CEngine_Resume,
11      CEngine_Destroy,
12      CEngine_PreDestroy
13  };
```

根据 ClassTable 结构体的定义，可知 mSLObjectID 是结构体的第六个元素，通过观察发现，第 7 行就是 ClassTable 结构体的第六个元素，它的值已知是 0x1001，如下所示。

```
LI_API const ClassTable * objectIDtoClass(SLuint32 objectID){
    assert(NULL != slClasses[0]);
    SLuint32 slObjectID0 = slClasses[0]->mSLObjectID;
    if ((slObjectID0 < = objectID) &&
       ((slObjectID0 + sizeof(slClasses)/sizeof(slClasses[0])) >objectID)) {
        return slClasses[objectID - slObjectID0];
    }
}
```

所以 return slClasses[objectID - slObjectID0]等同于 return slClasses[0]。那么返回的 slClasses[0]究竟是什么呢？

其实在结构体数组 slClasses[]中的第 0 号元素是 CEngine_class，返回的即是 ClassTable 类的对象 CEngine_class。

结论：

函数 liCreateEngine 传入的最后一个参数 objectIDtoClass(SL_OBJECTID_ENGINE)，经过调用转换后即是 ClassTable 类的对象 CEngine_class，即函数 objectIDtoClass 通过对象 ID 获取对象 CEngine_class。

➢ 第二步：调用函数 liCreateEngine 创建 OpenSL ES 引擎。

接下来我们继续看 liCreateEngine 的初始化过程，liCreateEngine 如下所示。

```
liCreateEngine(pEngine, numOptions, pEngineOptions,
               numInterfaces, pInterfaceIds,
               pInterfaceRequired,
               CEngine_class);
```

调用函数 liCreateEngine 的实现如下所示。

<1>. frameworks/wilhelm/src/entry. cpp

```
1  LI_API SLresult liCreateEngine(SLObjectItf * pEngine, SLuint32 numOptions,
2      const SLEngineOption * pEngineOptions, SLuint32 numInterfaces,
3      const SLInterfaceID * pInterfaceIds, const SLboolean * pInterfaceRequired,
4      const ClassTable * pCEngine_class)
5  {
6      CEngine * thiz = theOneTrueEngine;
7      thiz = (CEngine * ) construct(pCEngine_class, exposedMask, NULL);
8      * pEngine = &thiz->mObject.mItf;
9  }
```

函数第 6 行调用 construct 创建一个引擎对象 CEngine，并赋值给 pEngine 指针返回。那么函数 construct 具体做了什么呢？其实现如下所示。

<2>. frameworks/wilhelm/src/sles. cpp

```
1   IObject * construct(const ClassTable * clazz, unsigned exposedMask, SLEngineItf engine)
2   {
3       IObject * thiz;
4
5       thiz->mEngine = (CEngine * ) thiz;
6       thiz->mClass = clazz;
7       const struct iid_vtable * x = clazz->mInterfaces;
8       const struct MPH_init * mi = &MPH_init_table[x->mMPH];
9       Void Hook init = mi->mInit;
10      void * self = (char * ) thiz + x->mOffset;
11      return thiz;
12  }
```

第 3 行定义一个 IObject 类型的指针 thiz，紧接着将 ClassTable 指针类型的 clazz 赋值，第 7 行将 clazz 中的成员变量 mInterfaces 赋值给 iid_vtable 指针类型 x，然后在第 8 行又使用 iid_vtable 的成员变量 mMPH。要弄清楚这些，首先分析一下它们的结构体的组成，图 2 - 19 所示为 IObject 结构体的定义。

IObject 结构体的成员变量包括 CEngine 结构体和 ClassTable 结构体等，第 5 行将结构体变量 thiz 赋值给 IObject 的结构体成员变量 mEngine，是因为 CEngine 结构体的首地址是 IObject，也就是说，CEngine 结构体和它的成员变量 IObject 是一个地址。

函数 construct 第 6 行将结构体对象 clazz 赋值给结构体 IObject 的成员变量 mClass。

函数 construct 第 7 行将 ClassTable 成员 mInterfaces 变量赋值给 iid_vtable 的成员变量 x。通过 ClassTable 结构体的定义，mInterfaces 的类型其实就是 iid_vtable，它是 ClassTable 结构体的第一个成员变量。从初始化中看到，成员变量 mInterfaces 对

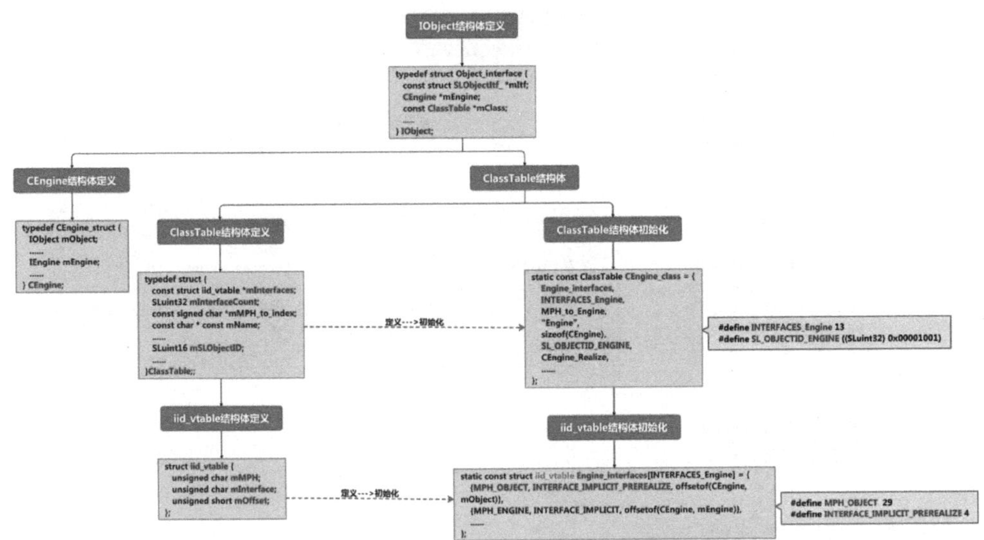

图 2 - 19　IObject 结构体的定义

应的是 Engine_interfaces。

iid_vtable 结构体的第一个元素 mMPH 对应的是结构体数组 Engine_interfaces 的成员变量 MPH_ENGINE，从定义中可知 MPH_ENGINE＝29；mInterface 对应的是 INTERFACE_IMPLICIT_PREREALIZE，它的值为 4；mOffset 对应的是 offsetof(CEngine, mObject)，根据 INTERFACES_Engine 可知，Engine_interfaces 结构体数组中一共有 13 个对应的引擎接口的成员。

根据结构数组 Engine_interfaces 的初始化，函数 construct 第 8 行可以将 MPH_init_table[x->mMPH]翻译为 MPH_init_table[MPH_ENGINE]，进一步展开得到 MPH_init_table[29]，也就是 29 作为 MPH_init_table 数组的下标来访问对应的变量。那么 MPH_init_table 的具体实现是什么呢？MPH_init_table 的具体实现如图 2 - 20 所示。

结构体数组 MPH_init_table 定义了初始化所有回调函数。因为 MPH_init_table 传入的是 MPH_ENGINE，它的值为 29，所以在 MPH_init_table 中找到下标为第 29 位、元素为 IObject_init 函数的位置，然后赋值给 MPH_init 的对象 mi。

函数 construct 第 9 行“Void Hook init ＝ mi->mInit;”意思是将函数 IObject_init 的地址赋值给回调函数 VoidHook，它的参数是 void * 类型，使用的时候直接调用 Init (void *)。

接下来分析函数 IObject_init 的实现，如下所示。

<3>. frameworks/wilhelm/src/itf/IObject.cpp

```
void IObject_init(void * self)
{
    IObject * thiz = (IObject * ) self;
```

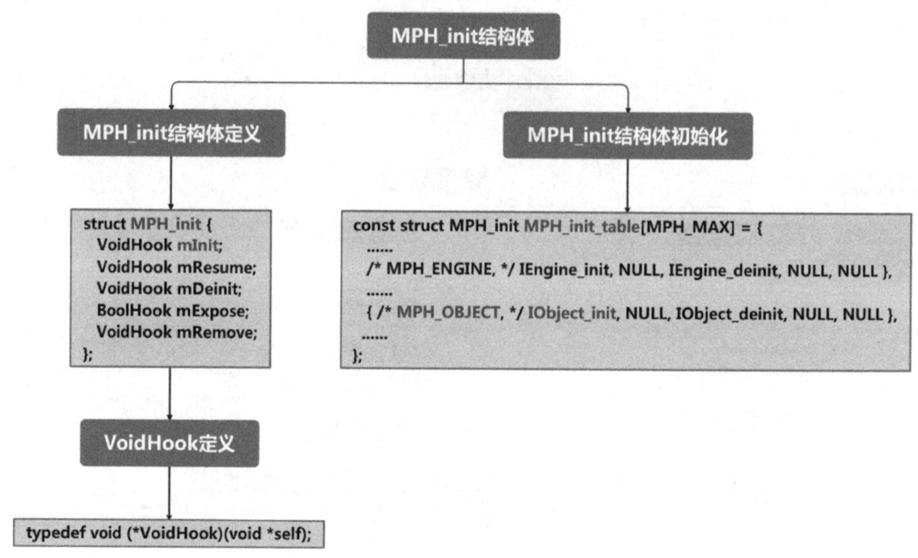

图 2-20　MPH_init 结构体定义与结构体数组 MPH_init_table 初始化

```
4       thiz->mItf = &IObject_Itf;
5   }
```

第 3 行将传入参数的 void * 转换成 IObject * 类型，紧接着使用 IObject 的成员变量指向了 &IObject_Itf，根据图 2-18 可知，IObject_Itf 的类型是 SLObjectItf_ * 。

IObject_Itf 结构体的初始化如下所示。

```
static const struct SLObjectItf_ IObject_Itf = {
    IObject_Realize,
    IObject_Resume,
    IObject_GetState,
    IObject_GetInterface,
    IObject_RegisterCallback,
    IObject_AbortAsyncOperation,
    IObject_Destroy,
    IObject_SetPriority,
    IObject_GetPriority,
    IObject_SetLossOfControlInterfaces
};
```

在 SLObjectItf_中是所有引擎对象回调函数的实现，比如函数 IObject_Realize 的具体实现，如下所示。

```
static SLresult IObject_Realize(SLObjectItf self, SLboolean async)
{
    IObject * thiz = (IObject * ) self;
```

```
    const ClassTable * clazz = thiz->mClass;
    AsyncHook realize = clazz->mRealize;
    slObjectCallback callback = thiz->mCallback;
}
```

其实到这里是 OpenSL ES 和 Android 平台交互的地方，这到后面再说。我们还是回到函数 construct，继续往下分析。

<4>. frameworks/wilhelm/src/sles. cpp

```
1  IObject * construct(const ClassTable * clazz, unsigned exposedMask, SLEngineItf engine)
2  {
3      IObject * thiz;
4
5      thiz->mEngine = (CEngine * ) thiz;
6      thiz->mClass = clazz;
7      const struct iid_vtable * x = clazz->mInterfaces;
8      const struct MPH_init * mi = &MPH_init_table[x->mMPH];
9      Void Hook init = mi->mInit;
10     void * self = (char * )thiz + x->mOffset;
11     ( * init)(self);
12     return thiz;
13 }
```

经过对函数 IObject_init 的分析，我们已经知道 init 和 mi-> mInit 已经指向 IObject_init 的实现。

第 10 行通过偏移找到结构体数组 MPH_init_table 中所有的回调函数，然后进行注册，最后将 thiz 返回，请注意返回的类型为 IObject * 。

结构体数组 MPH_init_table 函数，一共 93 组回调函数注册，如下所示。

```
const struct MPH_init MPH_init_table[MPH_MAX] = {
    { I3DCommit_init, NULL, NULL, NULL, NULL },
    { I3DDoppler_init, NULL, NULL, NULL, NULL },
    { I3DGrouping_init, NULL, I3DGrouping_deinit, NULL, NULL },
    { I3DLocation_init, NULL, NULL, NULL, NULL },
};
```

通过结构体 iid_vtablem 的下标 MPH，将结构体数组中的 MPH_init_table 逐个遍历注册回调函数。

函数 construct 返回的是 IObject * ，但是在 liCreateEngine 函数中定义返回的却是 CEngine * 类型，函数 liCreateEngine 的实现如下所示。

<5>. frameworks/wilhelm/src/entry. cpp

```
LI_API SLresult liCreateEngine(
    SLObjectItf * pEngine, SLuint32 numOptions,
```

```
3        const SLEngineOption * pEngineOptions,
4        SLuint32 numInterfaces,
5        const SLInterfaceID * pInterfaceIds,
6        const SLboolean * pInterfaceRequired,
7        const ClassTable * pCEngine_class)
8    {
9        CEngine * thiz = theOneTrueEngine;
10       thiz = (CEngine * ) construct(pCEngine_class, exposedMask, NULL);
11       * pEngine = &thiz->mObject.mItf;
12   }
```

第 9 行定义 thiz 为 CEngine * 类型，第 10 行函数返回的是 IObject *，然后将 thiz-> mObject. mItf 赋值给 SLObjectItf 类型的 pEngine。接下来看一个简化图，它描述了结构体 CEngine、IObject、SLObjectItf 的关系，如图 2 - 21 所示。

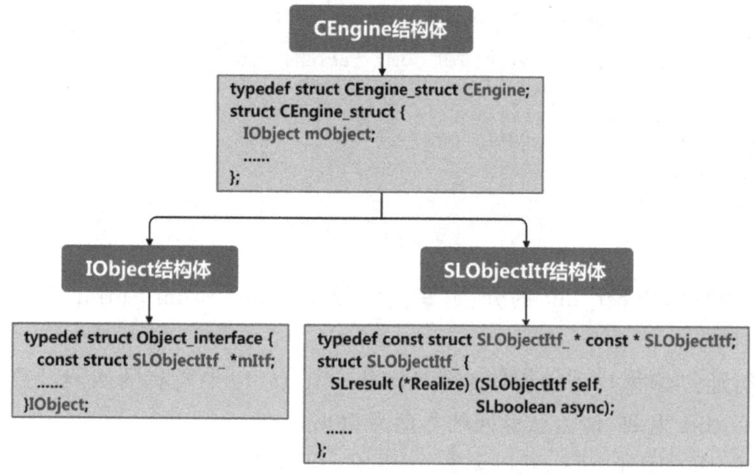

图 2 - 21　结构体 CEngine、IObject、SLObjectItf 的关系

第一个问题：CEngine * 类型和 IObject * 类型是如何转换的？

图 2 - 21 中的结构体 CEngine 的首地址就是成员变量 mObject，它的类型是 IObject。简而言之，结构体 CEngine 和 IObject 使用的是同一个地址，所以 CEngine * 类型和 IObject * 类型相互转换是没有问题的。

第二个问题："* pEngine = &thiz-> mObject. mItf;"类型之间是如何转换的？

接着看图 2 - 21，发现结构体 IObject 的首地址是成员变量 mItf，而 mItf 是 SLObjectItf 类型，也就是说，结构体 IObject 和 SLObjectItf 使用的是同一个地址。在第一个问题中知道 CEngine 和 IObject 使用的是同一个地址，所以得出以下结论：

结构体 CEngine、IObject、SLObjectItf，它们三个的地址是同一个，所以函数 liCreateEngine 通过第一个参数返回的是 &thiz-> mObject. mItf，即引擎对象里已注册的所有回调函数的地址，最终返回给用户使用，结构体 SLObjectItf 定义接口如下所示。

<6>. frameworks/wilhelm/include/SLES/OpenSLES.h

```
struct SLObjectItf_ {
    SLresult (*Realize) (
        SLObjectItf self,
        SLboolean async
    );
    SLresult (*Resume) (
        SLObjectItf self,
        SLboolean async
    );
};
```

最终 slCreateEngine 创建出引擎对象 engineObject，给应用程序使用，回到第一步，如下所示。

```
static SLObjectItf engineObject;
slCreateEngine(&engineObject, 0, NULL , 0, NULL, NULL);
```

总结：

创建引擎对象的目的是为了初始化和注册系统所需要的所有回调函数，以便提供给上层使用。

2. 实现引擎对象过程

```
(*engineObject)->Realize(engineObject, SL_BOOLEAN_FALSE);
```

创建 OpenSL ES 实现引擎对象的过程，主要工作分为两步：

- 第一步：将引擎对象 ID 映射到对应类。
- 第二步：调用回调函数 CEngine_Realize，获取 android 侧的 AudioService 服务。

整体步骤如图 2-22 所示，接下来详细讲解每一个步骤。

函数 Realize 是引擎对象 SLObjectItf 的一个成员函数，在图 2-20 的基础上补充 Realize 对应的回调函数图，如图 2-23 所示。

- 第一步：将引擎对象 ID 映射到对应类。

slCreateEngine 创建 OpenSL ES 引擎对象时，已经注册了它的 SLObjectItf 类的成员函数 IObject_Realize，(*engineObject)-> Realize 的调用会进入函数 IObject_Realize 的实现。

进入函数 IObject_Realize()内部，可以看到它都做了哪些工作。其实现如下所示。

<1>. frameworks/wilhelm/src/itf/IObject.cpp

```
static SLresult IObject_Realize(SLObjectItf self, SLboolean async)
{
    IObject *thiz = (IObject *) self;
    const ClassTable *clazz = thiz->mClass;
```

```
    objectIDtoClass(SL_OBJECTID_ENGINE);

    if (async && (SL_OBJECTID_ENGINE != clazz->mSLObjectID)) {
        state = SL_OBJECT_STATE_REALIZING_1;

    } else {
        state = SL_OBJECT_STATE_REALIZING_2;
    }
    switch (state) {
    case SL_OBJECT_STATE_REALIZING_2:
        {
            AsyncHook realize = clazz->mRealize;
            result = (NULL != realize) ? (*realize)(thiz, async) :SL_RESULT_SUCCESS;
            slObjectCallback callback = thiz->mCallback;
            void *context = thiz->mContext;
            object_unlock_exclusive(thiz);
            if (async && (NULL != callback)) {
(*callback)(&thiz->mItf, context, SL_OBJECT_EVENT_ASYNC_TERMINATION, result, state, NULL);
            }
        }
        break;
    }
}
```

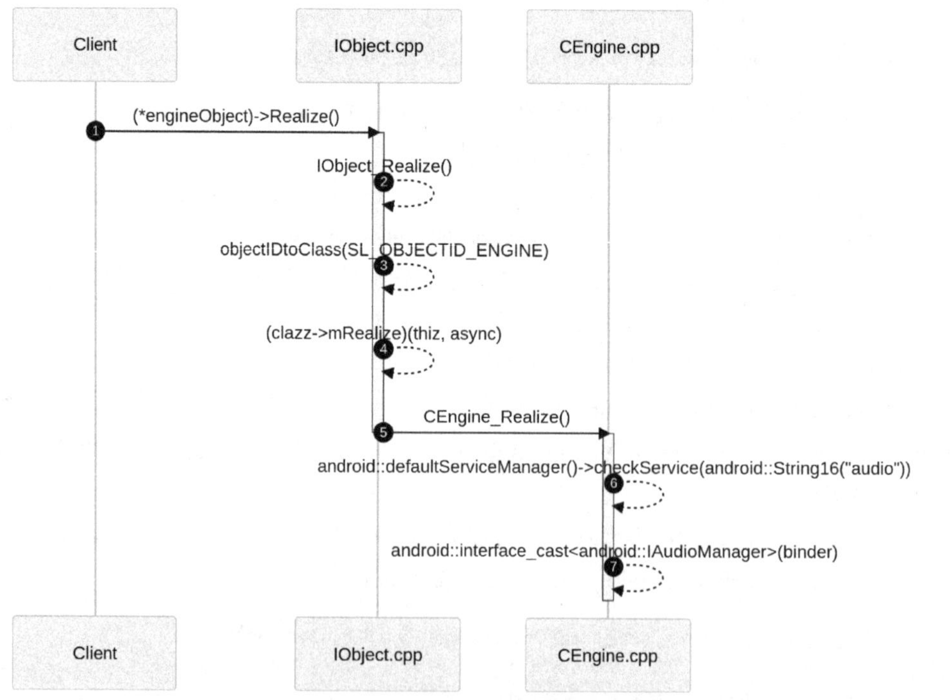

图 2-22　引擎对象实现过程

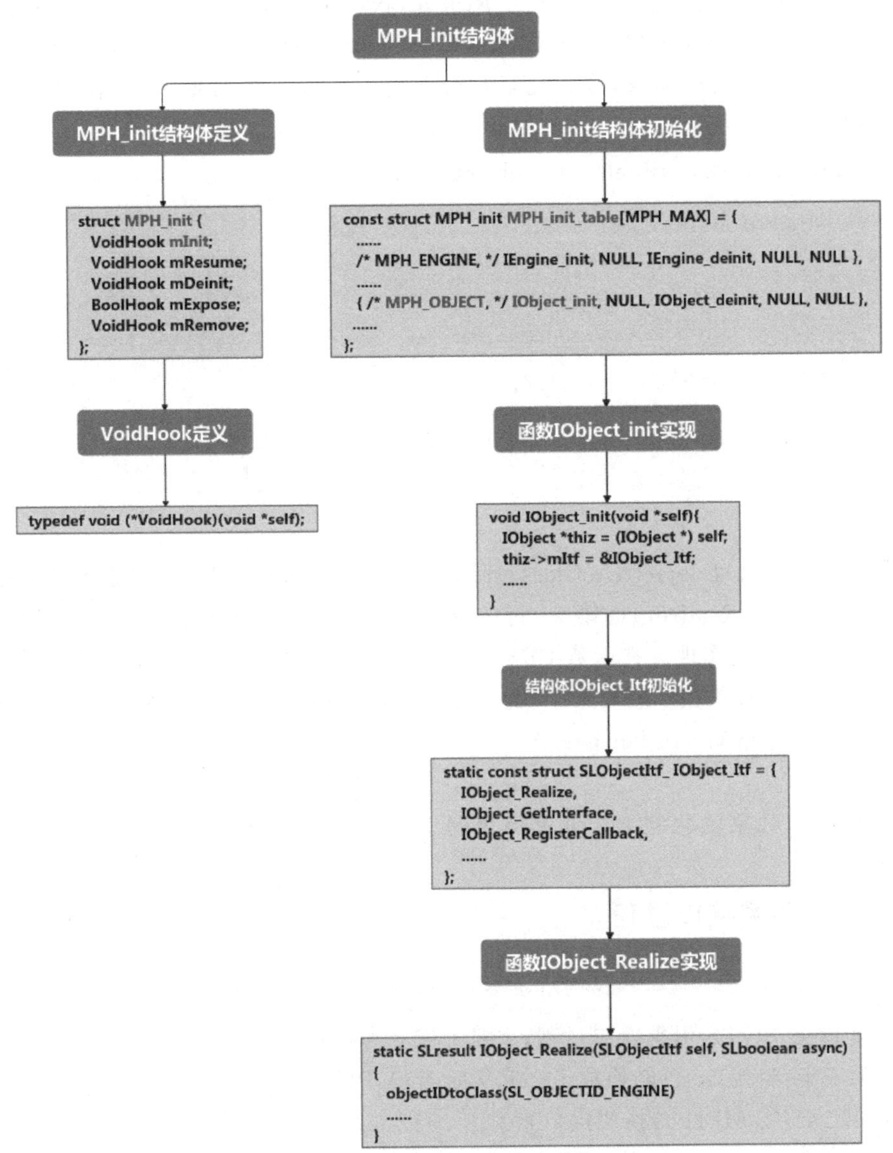

图 2-23 MPH_init 结构体的定义与初始化

函数 IObject_Realize()的第二个参数 async 用来表示是否是异步引擎，传进来的是 SL_BOOLEAN_FALSE，所以实现的是同步引擎。

第 7 行判断 async 是 false，那么走 else 分支，state 的值为 SL_OBJECT_STATE_REALIZING_2，因此进入 SL_OBJECT_STATE_REALIZING_2 分支。

第 16 行结构体 ClassTable 的成员函数 mRealize，其实定义的是一个函数指针，用来指向已实现的函数，将它赋值给 realize，也可以表述为 realize 指向了 mRealize。总之是 realize 保存了 mRealize 的地址，可以访问它指向的实现。

➢ 第二步：调用回调函数 CEngine_Realize，获取 android 侧的 AudioService 服务。

IObject_Realize()函数第 17 行调用(＊realize)(thiz，async)是获取 android 侧 AudioService 的 binder 服务，因为在第 5 行调用了获取引擎对象，其中在 ClassTable 类中调用了它的成员函数 CEngine_Realize 的实现，代码实现如下。

<1>. frameworks/wilhelm/src/objects/CEngine. cpp

```
SLresult CEngine_Realize(void * self, SLboolean async)
{
    android::sp<android::IBinder>binder =
    android::defaultServiceManager()->checkService(android::String16("audio"));
    if (binder == 0) {
    } else {
        thiz->mAudioManager = android::interface_cast<android::IAudioManager>(binder);
    }
}
```

图 2－24 所示为 objectIDtoClass()函数注册回调函数的流程，理解起来更容易。

函数 IObject_Realize()的第 21 行的调用，其实会调用到已经注册好的回调函数 CEngine_Realize 的实现。在函数 CEngine_Realize()中，主要做了两件事：第一件是查询 AudioService 服务在不在；第二件是获取 AudioService 服务，并存入到 CEngine 结构体的成员变量 mAudioManager 中。

总结：

实现引擎对象的目的，说简单点就是为了获取 Android 平台的 AudioService 服务。

3. 获取引擎接口过程

```
(*engineObject)->GetInterface(engineObject, SL_IID_ENGINE, (void*)&EngineItf);
```

创建 OpenSL ES 引擎接口过程，主要工作分为三步。

➢ 第一步：将接口 ID 转换成最小完美哈希(MPH)。

➢ 第二步：将 MPH 转换成接口索引。

➢ 第三步：通过接口索引找到引擎接口对应的 GUID，进而获取引擎接口对象。

整体步骤如图 2－25 所示，接下来详细拆解分析每一个步骤。

➢ 第一步：将接口 ID 转换成最小完美哈希(MPH)。

在函数 slCreateEngine 中已经注册其回调函数，在实现引擎对象中已经介绍过，它是在函数 construct 的结构体数组 MPH_init_table 中定义并被一一遍历注册的。注册函数 IObject_GetInterface 的实现如下所示。

<1>. frameworks/wilhelm/src/itf/IObject. cpp

```
static const struct SLObjectItf_ IObject_Itf = {
    IObject_Realize,
```

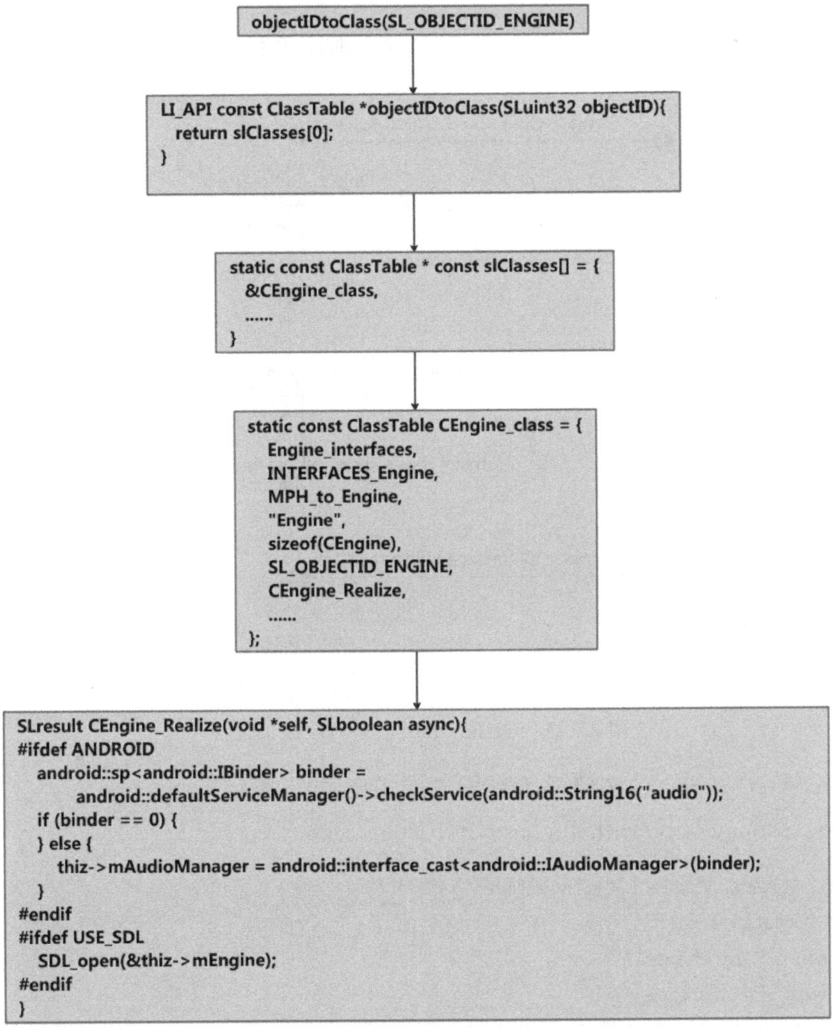

```
objectIDtoClass(SL_OBJECTID_ENGINE)
```

```
LI_API const ClassTable *objectIDtoClass(SLuint32 objectID){
  return slClasses[0];
}
```

```
static const ClassTable * const slClasses[] = {
  &CEngine_class,
  ......
}
```

```
static const ClassTable CEngine_class = {
    Engine_interfaces,
    INTERFACES_Engine,
    MPH_to_Engine,
    "Engine",
    sizeof(CEngine),
    SL_OBJECTID_ENGINE,
    CEngine_Realize,
    ......
};
```

```
SLresult CEngine_Realize(void *self, SLboolean async){
#ifdef ANDROID
   android::sp<android::IBinder> binder =
         android::defaultServiceManager()->checkService(android::String16("audio"));
   if (binder == 0) {
   } else {
      thiz->mAudioManager = android::interface_cast<android::IAudioManager>(binder);
   }
#endif
#ifdef USE_SDL
   SDL_open(&thiz->mEngine);
#endif
}
```

图 2-24 objectIDtoClass( )函数注册回调函数的流程

```
        IObject_Resume,
        IObject_GetState,
        IObject_GetInterface,
        IObject_RegisterCallback,
        IObject_AbortAsyncOperation,
        IObject_Destroy,
        IObject_SetPriority,
        IObject_GetPriority,
        IObject_SetLossOfControlInterfaces
};
```

所以调用(* engineObject)->GetInterface 函数，就会直接进入已经注册的回调函

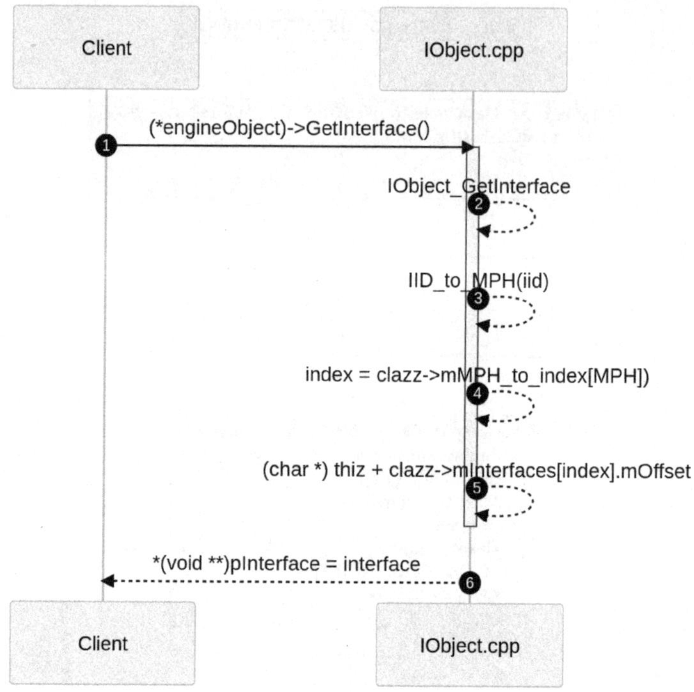

图 2-25　GetInterface 获取引擎接口过程

数 IObject_GetInterface。接下来我们看它的实现，如下所示。

<2>. frameworks/wilhelm/src/itf/IObject.cpp

```
static SLresult IObject_GetInterface(
    SLObjectItf self,
    const SLInterfaceID iid,
    void * pInterface)
{
    IObject * thiz = (IObject * ) self;
    const ClassTable * clazz = thiz->mClass;
    int MPH, index;

    MPH = IID_to_MPH(iid);
    index = clazz->mMPH_to_index[MPH];
    switch (thiz->mInterfaceStates[index]){
    case INTERFACE_EXPOSED:
    interface = (char * ) thiz + clazz->mInterfaces[index].mOffset;

     * (void * * )pInterface = interface;
    }
}
```

第 6 行将结构体 self 对象通过(IObject *)转换，使指针 thiz 指向它，因为结构体 SLObjectItf 是结构体 IObject 的首地址的成员函数，所以通过地址类型转换 IObject 可以使用此地址来调用自己的成员函数和成员变量。

第 7 行 IObject 将已初始化的 mClass 直接赋值给 clazz 使用，还记得吗？它是在创建引擎对象时，在 objectIDtoClass(SL_OBJECTID_ENGINE)中初始化的。如果不记得了，可以查阅图 2-18。

第 10 行调用 IID_to_MPH(iid) 是将 SLInterfaceID 映射到它的最小完美哈希值(MPH)，其中的 iid 传入的实参是 SL_IID_ENGINE，SL_IID_ENGINE 的初始化如下所示。

<3>. frameworks/wilhelm/src/sl_iid.cpp

```
const SLInterfaceID SL_IID_ENGINE = &SL_IID_array[MPH_ENGINE];
```

原来 SL_IID_ENGINE 是数组 SL_IID_array 赋值的，那么索引 MPH_ENGINE 的值是什么呢？MPH_ENGINE 的定义如下所示。

<4>. frameworks/wilhelm/src/MPH.h

```
#define MPH_ENGINE                    16
```

MPH_ENGINE 是数组的 SL_IID_array 索引下标，它的值为 16，所以找到下标为 16 的一组哈希值。SL_IID_array 数组的定义如下所示。

<5>. frameworks/wilhelm/src/OpenSLES_IID.cpp

```
const struct SLInterfaceID_ SL_IID_array[MPH_MAX] = {
    // SL_IID_ENGINE
    { 0x8d97c260, 0xddd4, 0x11db, 0x958f, { 0x00, 0x02, 0xa5, 0xd5, 0xc5, 0x1b } },
}
```

将引擎接口类 ID 为 SL_IID_ENGINE 的值传入函数 IID_to_MPH，转换成最小完美哈希(MPH)，IID_to_MPH 的实现如下。

<6>. frameworks/wilhelm/src/autogen/IID_to_MPH.cpp

```
int IID_to_MPH(const SLInterfaceID iid)
{
    if (&SL_IID_array[0] <= iid && &SL_IID_array[MPH_MAX] > iid){
        return iid - &SL_IID_array[0];
    }
}
```

因为 SL_IID_ENGINE 等于 &SL_IID_array[MPH_ENGINE]，而 MPH_ENGINE 作为数组 SL_IID_array 的下标，取出第 16 位元素，所以函数 IID_to_MPH 的参数 iid 可以写为 &SL_IID_array[16]，那么 iid − &SL_IID_array[0]等于它们的位移值 16，就是接口 ID 需要转换的 MPH。

➢ 第二步：将 MPH 转换成接口索引。

接着 IObject_GetInterface 函数的第 11 行进行分析，它的作用是将最小完美哈希（MPH）转换成接口索引，如下所示。

```
index = clazz->mMPH_to_index[MPH];
```

根据图 2-18，ClassTable 结构体的成员变量 mMPH_to_index 对应的初始化数组为 MPH_to_Engine，它的实现如下所示。

<1>. frameworks/wilhelm/src/MPH_to.c

```
const signed char MPH_to_Engine[MPH_MAX] = {
#ifdef USE_DESIGNATED_INITIALIZERS
    [0 ... MPH_MAX - 1] = -1,
    [MPH_OBJECT] = 0,
    [MPH_DYNAMICINTERFACEMANAGEMENT] = 1,
    [MPH_ENGINE] = 2,
    [MPH_ENGINECAPABILITIES] = 3,
};
```

根据生成的最小完美哈希（MPH = 16），将 MPH 作为下标传给数组，获取到对应的元素值，在初始化数组中找到[MPH_ENGINE] = 2，因为 MPH_ENGINE 的值为 16，正是传入的下标值，所以将 MPH 转换成索引值为 2，即 index=2。

➢ 第三步：通过接口索引找到引擎接口对应的 GUID，进而获取引擎接口对象。

接着进入 thiz->mInterfaceStates[index]的 switch 逻辑，走 INTERFACE_EXPOSED 分支，因为 thiz->mInterfaceStates[index]可以写为 thiz->mInterfaceStates[2]，并且 thiz->mInterfaceStates[2]的值等于 2，所以进入 INTERFACE_EXPOSED 分支，那么为什么 thiz->mInterfaceStates[2]等于 2 呢？接下来将看到它的初始化在函数 construct 中，如下所示。

<1>. frameworks/wilhelm/src/sles.cpp

```
IObject *construct(const ClassTable *clazz, unsigned exposedMask, SLEngineItf engine)
{
    IObject *thiz;
    thiz->mClass = clazz;

    const struct iid_vtable *x = clazz->mInterfaces;
    SLuint8 *interfaceStateP = thiz->mInterfaceStates;
    SLuint32 index;

    for (index = 0; index < clazz->mInterfaceCount; ++index, ++x, exposedMask >>= 1) {
        const struct MPH_init *mi = &MPH_init_table[x->mMPH];

```

```
13          void * self = (char * )thiz + x->mOffset;
14          ......
15
16          Bool Hook expose;
17          state = (exposedMask & 1) && ((NULL == (expose = mi->mExpose))
18              || ( * expose)(self)) ? INTERFACE_EXPOSED :INTERFACE_INITIALIZED;
19          * interfaceStateP ++ = state;
20      }
21  }
```

第 7 行定义了一个 SLuint8 * 类型(SLuint8 原型为 unsigned char)的 interfaceStateP 指向了 IObject 的成员变量 mInterfaceStates,它其实是一个 unsigned char 数组。在 for 循环中,clazz-> mInterfaceCount 的初始化是在结构体数组 Engine_interfaces 下标第 2 个元素 MPH_ENGINE,所以 interfaceStateP 指针自加等于 2 是指向 thiz-> mInterfacesStates,也就是 thiz-> mInterfaceStates[2]=2。

而在函数 IObject_GetInterface 第 14 行将接口索引映射到该接口,将接口 ID 映射到公开该接口的类中的偏移量。

```
interface = (char * )thiz + clazz->mInterfaces[index].mOffset;
```

通过 ClassTable 的成员变量 mInterfaces 的索引偏移,获取到 MPH_ENGINE,因为 index 等于 2。这一步其实就是找到引擎接口 SLEngineItf 的对象,从而返回,这里是关键的一步。紧接着就可以调用 CreateOutputMix 等功能函数。

<2>. frameworks/wilhelm/src/classes.cpp

```
1  static const structiid_vtable Engine_interfaces[INTERFACES_Engine] = {
2      {MPH_OBJECT, INTERFACE_IMPLICIT_PREREALIZE,offsetof(CEngine, mObject)},
3      {MPH_DYNAMICINTERFACEMANAGEMENT, INTERFACE_IMPLICIT,
4          offsetof(CEngine, mDynamicInterfaceManagement)},
5      {MPH_ENGINE, INTERFACE_IMPLICIT,offsetof(CEngine, mEngine)}
6      ......
7  };
```

第 5 行 index 值为 2 的就是 MPH_ENGINE,即我们需要获取的 OpenSL ES 的引擎接口。

在函数 IObject_GetInterface 中的第 16 行获取引擎接口后,赋值给 pInterface 并返回,代码如下所示。

```
* (void * * )pInterface = interface;
```

最后将引擎对象转换成 void * * 再取值,返回给应用使用。

总结:IObject_GetInterface 通过接口 ID。

- 第一步:通过接口 ID 转换成 MPH(最小完美哈希)。
- 第二步:通过 MPH 转换成接口索引。

➢ 第三步：通过接口索引找到引擎接口对应的 GUID，这样就能找到引擎接口的对象。

4. 创建混音对象过程

```
(*EngineItf)->CreateOutputMix(EngineItf, &outputMix, 1, iidArray, required);
```

OpenSL ES 创建混音对象过程，主要工作分为三步：

➢ 第一步：通过混音对象 ID 获取 ClassTable 初始化的输出混音类。

➢ 第二步：函数 construct 构造类 COutputMix 的实例对象。

➢ 第三步：返回实例化的混音对象。

整体步骤如图 2-26 所示，接下来详细拆解分析每个步骤。

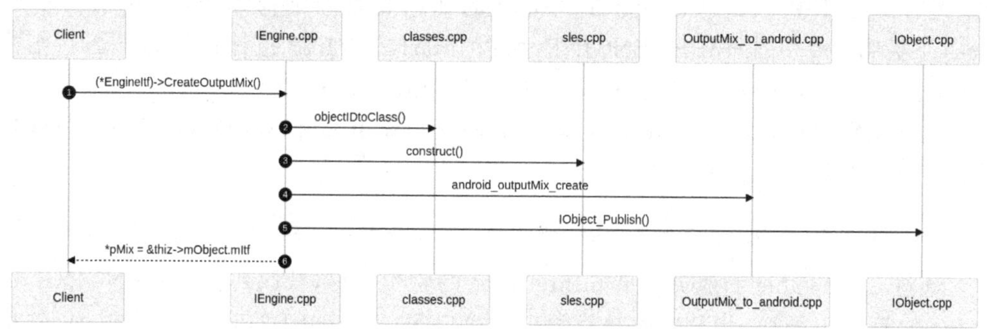

图 2-26　CreateOutputMix 创建混音对象过程

➢ 第一步：通过混音对象 ID 获取 ClassTable 初始化的输出混音类。

用户程序调用函数 CreateOutputMix，进入已经注册的回调函数中，如下所示。

<1>. frameworks/wilhelm/src/itf/IEngine.cpp

```
voidI Engine_init(void * self)
{
    IEngine * thiz = (IEngine * ) self;
    thiz->mItf = &IEngine_Itf;
}
```

将结构体 SLEngineItf 的对象 IEngine_Itf 包含所有回调函数实现赋值给 thiz->mItf，使之指向 &IEngine_Itf，然后将它在结构体数组 MPH_init_table 中被遍历后一一注册。结构体对象 IEngine_Itf 的实现如下所示。

```
static const struct SLEngineItf_ IEngine_Itf = {
    IEngine_CreateLEDDevice,
    IEngine_CreateVibraDevice,
    IEngine_CreateOutputMix,
};
```

第 4 行应用程序调用的 CreateOutputMix 对应回调函数实现 IEngine_CreateOutputMix，它的实现如下所示。

<2>. frameworks/wilhelm/src/itf/IEngine. cpp

```
1   static SLresult IEngine_CreateOutputMix(SLEngineItf self,
2       SLObjectItf * pMix, SLuint32 numInterfaces,
3       const SLInterfaceID * pInterfaceIds,
4       const SLboolean * pInterfaceRequired)
5   {
6       const ClassTable * pCOutputMix_class = objectIDtoClass(SL_OBJECTID_OUTPUTMIX);
7       COutputMix * thiz = (COutputMix * ) construct(pCOutputMix_class, exposedMask, self);
8       ......
9
10  #ifdef ANDROID
11      android_outputMix_create(thiz);
12  #endif
13      IObject_Publish(&thiz->mObject);
14      ......
15
16      * pMix = &thiz->mObject.mItf;
17  }
```

第 6 行调用 objectIDtoClass(SL_OBJECTID_OUTPUTMIX)，通过 SL_OBJECTID_OUTPUTMIX 映射为对应的 ClassTable 类或结构体，SL_OBJECTID_OUTPUTMIX 的定义如下所示。

<3>. frameworks/wilhelm/include/SLES/OpenSLES. h

```
#define SL_OBJECTID_OUTPUTMIX     ((SLuint32) 0x00001009)
```

因为知道 SL_OBJECTID_OUTPUTMIX=0x1009，所以在 objectIDtoClass 中找到 ClassTable 数组的第 9 个元素，如下所示。

<4>. frameworks/wilhelm/src/classes. cpp

```
static const ClassTable * const slClasses[] = {
    &COutputMix_class,
};
```

ClassTable 结构体的对象 COutputMix_class 初始化如下所示。

```
static const ClassTable COutputMix_class = {
    OutputMix_interfaces,
    INTERFACES_OutputMix,
    MPH_to_OutputMix,
    "OutputMix",
```

```
        sizeof(COutputMix),
        SL_OBJECTID_OUTPUTMIX,
        XA_OBJECTID_OUTPUTMIX,
        COutputMix_Realize,
        COutputMix_Resume,
        COutputMix_Destroy,
        COutputMix_PreDestroy
};
```

初始化完成后的 COutputMix_class，通过 pCOutputMix_class 指针指向它，就可以使用其内部的成员变量，然后将 pCOutputMix_class 传给函数 construct 来构造 COutputMix 类。

➢ 第二步：函数 construct 构造类 COutputMix 的实例对象。

在函数 IEngine_CreateOutputMix 的第 7 行通过已经初始化的 COutputMix_class 构造出 COutputMix 类，如下所示。

```
7 COutputMix * thiz = (COutputMix * ) construct(pCOutputMix_class, exposedMask, self);
```

其实在前面已经分析过 construct，再简略分析一下是如何构造出 COutputMix 类的。

```
1  IObject * construct(const ClassTable * clazz,
2              unsigned exposedMask,
3              SLEngineItf engine)
4  {
5      IObject * thiz;
6      thiz->mClass = clazz;
7      ……
8
9      const struct iid_vtable * x = clazz->mInterfaces;
10     for (index = 0; index <clazz->mInterfaceCount; ++ index, ++ x, exposedMask>> = 1) {
11         const struct MPH_init * mi = &MPH_init_table[x->mMPH];
12         void * self = (char * )thiz + x->mOffset;
13         VoidHook init = mi->mInit;
14     }
15     ( * init)(self);
16
17     return thiz;
18 }
```

第 9 行 clazz-> mInterfaces 对应的结构体 iid_vtable 的对象 OutputMix_interfaces 初始化，mInterfaceCount 对应 INTERFACES_OutputMix，它表示对象 OutputMix_interfaces 有多少个元素需要初始化，INTERFACES_OutputMix 的值为 12。然后在一个 for 循环中，将 x-> mMPH 传入 MPH_init_table 作为下标索引，来遍历结构体数

组 MPH_init_table，在++x 等于 2 时，就是 OutputMix_interfaces 的第二组元素，如下所示。

```
{MPH_OUTPUTMIX, INTERFACE_IMPLICIT,offsetof(COutputMix, mOutputMix)},
```

其中 MPH_OUTPUTMIX=30，MPH_OUTPUTMIX 是结构体 iid_vtable 的成员变量 mMPH 的初始化变量，然后在结构体数组 MPH_init_table 中找到第 30 个元素，如下所示。

```
{ /* MPH_OUTPUTMIX, */IOutputMix_init, NULL, NULL, NULL, NULL },
```

IOutputMix_init 结构体包含 OutputMix 类的实现，其中 mi->mInit 对应的就是 IOutputMix_init，(*init)(self)即初始化 IOutputMix_init 内部的回调函数，self 是结构体 IObject 的对象指针，它自己的 SLObjectItf_类型成员变量与 mItf 是同一个地址，因为 mItf 是 IObject 的首地址，所以返回的 thiz 与 self(即 mItf)是同一个地址。

IOutputMix_init 结构体的初始化如下所示。

<1>. frameworks/wilhelm/src/itf/IOutputMix. cpp

```
void IOutputMix_init(void * self)
{
    IOutputMix * thiz = (IOutputMix * ) self;
    thiz->mItf = &IOutputMix_Itf;
    thiz->mCallback = NULL;
    thiz->mContext = NULL;
}

static const struct SLOutputMixItf_ IOutputMix_Itf = {
    IOutputMix_GetDestinationOutputDeviceIDs,
    IOutputMix_RegisterDeviceChangeCallback,
    IOutputMix_ReRoute
};
```

最后将 ClassTable 的对象赋值给 IObject 的成员变量 mClass，并返回 IObject 对象。

➤ 第三步：返回实例化的混音对象。

IEngine_CreateOutputMix 函数中的第 16 行如下所示。

```
16  * pMix = &thiz->mObject.mItf;
```

第 16 行返回实例化的混音对象，mItf 是 SLObjectItf 类型，即是引擎对象。

总结：

CreateOutputMix 的核心工作，在函数 construct 构造类 COutputMix 的实例对象，初始化 IOutputMix_init 中的回调函数，然后将 SLObjectItf_类型对象返回。

5. 混音初始化过程

```
(*outputMix)->Realize(outputMix, SL_BOOLEAN_FALSE);
```

OpenSL ES 实现混音过程，主要工作在 AudioFlinger 侧完成，初始化均衡器、初始化低音增强、初始化预设混响、初始化环境混响、初始化音频频谱可视化。

整体步骤如图 2-27 所示。

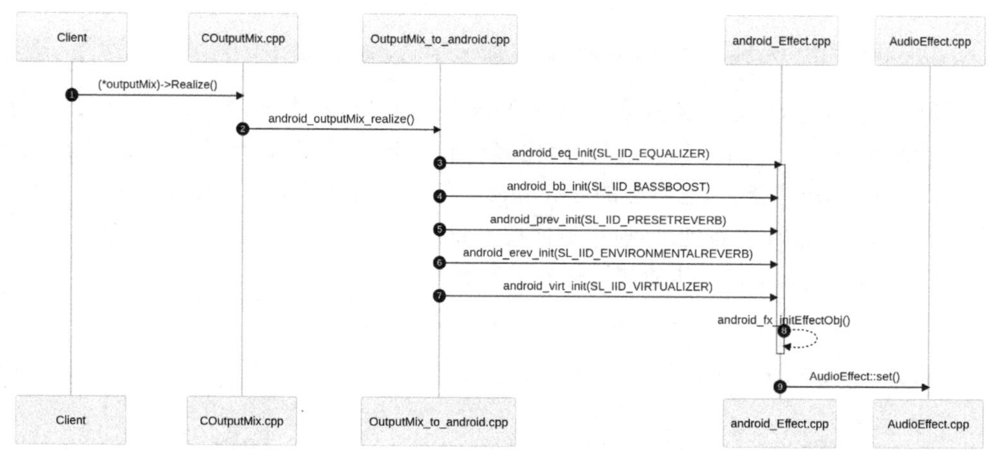

图 2-27　Realize 实现混音初始化过程

经过创建混音对象过程，将混音回调函数注册后，调用函数 Realize 对应的回调函数为 COutputMix_Realize，它实现了一个输出混音器，如下所示。

<1>. frameworks/wilhelm/src/objects/COutputMix. cpp

```
SLresult COutputMix_Realize(void * self, SLboolean async)
{
#ifdef ANDROID
    COutputMix * thiz = (COutputMix *) self;
    result = android_outputMix_realize(thiz, async);
#endif
    return result;
}
```

函数 COutputMix_Realize 内部调用 android_outputMix_realize，它将调用 android 内部的实现，如下所示。

<2>. frameworks/wilhelm/src/android/OutputMix_to_android. cpp

```
SLresult android_outputMix_realize(COutputMix * om, SLboolean async) {
    android_eq_init(AUDIO_SESSION_OUTPUT_MIX, &om->mEqualizer);
    android_bb_init(AUDIO_SESSION_OUTPUT_MIX, &om->mBassBoost);
    android_prev_init(&om->mPresetReverb);
    android_erev_init(&om->mEnvironmentalReverb);
```

```
    android_virt_init(AUDIO_SESSION_OUTPUT_MIX,&om->mVirtualizer);
}
```

函数 android_eq_init、android_bb_init、android_prev_init、android_erev_init、android_virt_init 最终是通过 android_fx_initEffectObj 接口调用 Android 侧的 AudioEffect 的实例进行混音初始化工作，接续图 2-27 部分，衔接 AudioFlinger 流程如图 2-28 所示。

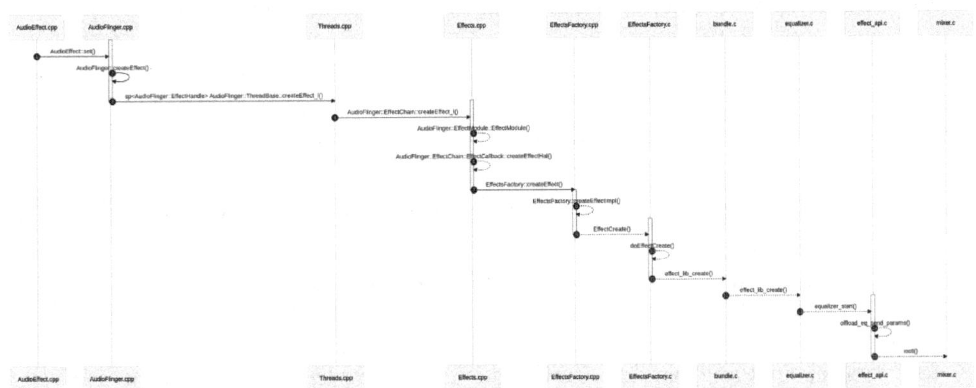

图 2-28 OpenSL ES 混音初始化与 AudioFlinger 衔接部分

➢ 第一步：初始化均衡器。

```
COutputMix *om;
&om->mEqualizer.mEqDescriptor.type = SL_IID_EQUALIZER;
android_eq_init(AUDIO_SESSION_OUTPUT_MIX /*sessionId*/, &om->mEqualizer);
```

➢ 第二步：初始化低音增强。

```
COutputMix *om;
&om->mBassBoost.mBassBoostDescriptor.type = SL_IID_BASSBOOST;
android_bb_init(AUDIO_SESSION_OUTPUT_MIX /*sessionId*/, &om->mBassBoost);
```

➢ 第三步：初始化预设混响。

```
COutputMix *om;
&om->mPresetReverb.mPresetReverbDescriptor.type
android_prev_init(&om->mPresetReverb);
```

➢ 第四步：初始化环境混响。

```
COutputMix *om;
&om->mEnvironmentalReverb.mEnvironmentalReverbDescriptor.type = SL_IID_ENVIRONMENTALRE-
VERB;
android_erev_init(&om->mEnvironmentalReverb);
```

➢ 第五步：初始化音频频谱可视化。

```
COutputMix * om;
&om->mVirtualizer.mVirtualizerDescriptor.type = SL_IID_VIRTUALIZER;
android_virt_init(AUDIO_SESSION_OUTPUT_MIX /* sessionId */,&om->mVirtualizer);
```

以上五步最终调用函数 android_fx_initEffectObj 进行初始化，进入 AudioFlinger 中创建音效的实例。下面以函数 android_fx_initEffectObj 为入口，分析 AudioFlinger 侧混音初始化流程。

<1>. frameworks/wilhelm/src/android/android_Effect.cpp

```
1 bool android_fx_initEffectObj(
2             audio_session_t sessionId,
3             android::sp<android::AudioEffect>& effect,
4             const effect_uuid_t * type) {
5     effect = android::sp<android::AudioEffect>::make(attributionSource);
6 
7     effect->set(type, EFFECT_UUID_NULL, 0, 0, 0,sessionId, 0);
8 }
```

第 5 行通过 sp <android::AudioEffect>::make()创建 AudioEffect 对象，因为 AudioEffect 继承自 RefBase，其中实现的模板类帮助自动生成任意类的对象，十分方便。

第 7 行调用 AudioEffect 对象的 set 函数，将 OpenSL ES 传递过来的 type 和 sessionId 传给 AudioFlinger 服务来处理音效的初始化工作。下面进入到 AudioFlinger 服务中，AudioEffect 类成员函数 set 的实现如下所示。

<2>. frameworks/av/media/libaudioclient/AudioEffect.cpp

```
status_t AudioEffect::set(const effect_uuid_t * type,
            const effect_uuid_t * uuid,
            int32_t priority,
            effect_callback_t cbf,
            void* user,
            audio_session_t sessionId,
            audio_io_handle_t io,
            const AudioDeviceTypeAddr& device,
            bool probe)
{
    const sp<IAudioFlinger>& audioFlinger = AudioSystem::get_audio_flinger();
    mIEffectClient = new EffectClient(this);
    media::CreateEffectRequest request;
    request.desc = VALUE_OR_RETURN_STATUS(
              legacy2aidl_effect_descriptor_t_EffectDescriptor(mDescriptor));
    request.client = mIEffectClient;
    media::CreateEffectResponse response;
```

```
18     mStatus = audioFlinger->createEffect(request, &response);
19 }
```

第 11～17 行获取 AudioFlinger 服务并初始化 request 对象，CreateEffectRequest 类是 aidl 接口继承 Binder 自动生成的 Server 端服务，然后调用 AudioFlinger 的成员函数 createEffect 创建音效对象。函数 createEffect 的实现如下所示。

<3>. frameworks/av/services/audioflinger/AudioFlinger. cpp

```
status_t AudioFlinger::createEffect(
    const media::CreateEffectRequest& request,
        media::CreateEffectResponse * response)
{
    ThreadBase * thread = checkRecordThread_l(io);
    thread->createEffect_l(client, effectClient, priority, sessionId,
            &descOut, &enabledOut, &lStatus, pinned, probe);
}
```

在函数 createEffect 中，通过 createEffect_l 函数继续创建音效对象，其参数含义如下。

第一个参数 client 是 AudioFlinger::Client 指针对象，它的构造函数主要是 MemoryDealer 类申请内存。第二个参数 effectClient 是 IEffectClient 的对象，它其实创建了一个 aidl 的 binder 服务，用以与 server 端交互。第三个参数 priority 表示音频效果优先级。第四个参数 sessionId 表示音频会话 ID 的 audio_session_t。第五个参数 &descOut 指向表示音频效果描述符的 effect_descriptor_t。第六个参数 &enabledOut 表示音频效果是否启用。第七个参数 &lStatus 表示音频效果状态。第八个参数 pinned 表示音频效果是否被固定。第九个参数 probe 表示音频效果是否正在被探测。继续调用 createEffect_l 函数创建音效对象。

函数 createEffect_l 的实现如下所示。

<4>. frameworks/av/services/audioflinger/Threads. cpp

```
sp<AudioFlinger::EffectHandle> AudioFlinger::ThreadBase::createEffect_l(
        const sp<AudioFlinger::Client>& client,
        const sp<IEffectClient>& effectClient,
        int32_t priority,
        audio_session_t sessionId,
        effect_descriptor_t * desc,
        int * enabled,
        status_t * status,
        bool pinned,
        bool probe)
{
```

```
12      sp<EffectModule>effect;
13      sp<EffectHandle>handle;
14      status_t lStatus;
15      sp<EffectChain>chain;
16      audio_unique_id_t effectId = AUDIO_UNIQUE_ID_USE_UNSPECIFIED;
17
18      chain = getEffectChain_l(sessionId);
19      if (chain == 0) {
20          chain = newEffectChain(this, sessionId);
21          addEffectChain_l(chain);
22          chain->setStrategy(getStrategyForSession_l(sessionId));
23          chainCreated = true;
24      } else {
25          effect = chain->getEffectFromDesc_l(desc);
26      }
27      chain->createEffect_l(effect, desc, effectId, sessionId, pinned);
28  }
```

EffectChain 类表示与一个音频会话相关的一组效果。每个输出混音器线程(PlaybackThread)都可以有任意数量的 EffectChain 对象。带有会话的 ID AUDIO session OUTPUT MIX 的 EffectChain 包含应用于输出混合的全局效果。EffectChain 维护一个有序的效果模块列表,其顺序与效果处理顺序相对应。

第 18 行代码请求音频会话检查已经存在的音效链。每一个音频会话 ID 都对应一个音效链,getEffectChain_l 函数通过会话 ID 获取对应的音效链。在 getEffectChain_l 函数内部通过遍历成员变量 mEffectChains 中对应的 sessionId 来匹配传进来的 sessionId,从而返回 sessionId 对应的音效链,即返回 mEffectChains[i]。mEffectChains 的定义如下所示。

```
Vector<sp<EffectChain>>mEffectChains;
```

mEffectChains 是一个 Vector 容器,它里面的内容是 sp<EffectChain>。

函数 AudioFlinger::ThreadBase::createEffect_l 的第 20 行,如果当前会话没有对应的音效链,则为当前的会话创建一个新的音效链对象。在第 21 行将此对象添加到音效链中,然后通过 setStrategy 函数设置此音效链的策略,再将 chainCreated 变量设置为 ture。

函数 AudioFlinger::ThreadBase::createEffect_l 的第 27 行将初始化完成的参数传递给 EffectChain 类的成员函数 createEffect_l,继续其创建工作。函数 createEffect_l 的实现如下所示。

<5>. frameworks/av/services/audioflinger/Effects.cpp

```
status_t AudioFlinger::EffectChain::createEffect_l(
    sp<EffectModule>& effect,
```

```
3       effect_descriptor_t * desc,
4       int id,
5       audio_session_t sessionId,
6       bool pinned)
7   {
8   Mutex::Autolock _l(mLock);
9
10  effect = new EffectModule(mEffectCallback,
11                          desc, id, sessionId, pinned, AUDIO_PORT_HANDLE_NONE);
12      status_t lStatus = effect->status();
13      if (lStatus == NO_ERROR) {
14          lStatus = addEffect_ll(effect);
15      }
16      return lStatus;
17  }
```

在函数 createEffect_l 中，第 10 和 11 行实例化 EffectModule 类来实例化音效模块对象，如果获取返回状态是 NO_ERROR，则将新创建的音效模块对象添加到 mEffects 中，它的存放内容就是所有音效模块的列表，将其添加后，调用 EffectModule 类的成员函数 configure 并配置效果，mEffects 的定义如下所示。

```
Vector<sp<EffectModule>> mEffects;
```

mEffects 是一个 Vector 容器，里面存放所有的已存在的音效模块对象的列表。

那么 EffectModule 类实例化具体做了什么工作呢？EffectModule 类的实现如下所示。

```
AudioFlinger::EffectModule::EffectModule(
            const sp<AudioFlinger::EffectCallbackInterface>& callback,
    effect_descriptor_t * desc,
    int id,
    audio_session_t sessionId,
    bool pinned,
    audio_port_handle_t deviceId)
    :EffectBase(callback, desc, id, sessionId, pinned),
    mConfig{{}, {}},
    mStatus(NO_INIT),
    mMaxDisableWaitCnt(1),
    mDisableWaitCnt(0),
    mOffloaded(false),
    mAddedToHal(false)
#ifdef FLOAT_EFFECT_CHAIN
    ,mSupportsFloat(false)
```

```
17  #endif
18  {
19      ALOGV("Constructor %p pinned %d", this, pinned);
20      int lStatus;
21
22      // create effect engine from effect factory
23      mStatus = callback->createEffectHal(
24                  &desc->uuid, sessionId, deviceId, &mEffectInterface);
25      if (mStatus != NO_ERROR) {
26      return;
27      }
28
29      lStatus = init();
30      if (lStatus < 0) {
31          mStatus = lStatus;
32          goto Error;
33      }
34
35      setOffloaded(callback->isOffload(), callback->io());
36  }
```

在 EffectModule 构造函数中，第 23 行请求在 Auido HAL 中创建音效引擎，第一个参数 uuid 是唯一的音效 ID，其实 uuid 就是一组 10 个元素的数据。uuid 的结构体类型为 audio_uuid_t，它的定义如下所示。

```
typedef struct audio_uuid_s {
    uint32_t timeLow;
    uint16_t timeMid;
    uint16_t timeHiAndVersion;
    uint16_t clockSeq;
    uint8_t node[6];
} audio_uuid_t;
```

例如，定义一个音效 uuid 被用于音效实例化，如下所示。

```
{
    static const effect_uuid_t EFFECT_UIID_EQUALIZER = {
        0x0bed4300, 0xddd6, 0x11db, 0x8f34, {0x00, 0x02, 0xa5, 0xd5, 0xc5, 0x1b}};
    effect_descriptor_t descriptor;
    media::CreateEffectRequest request;
    request.desc = VALUE_OR_RETURN_STATUS(
        legacy2aidl_effect_descriptor_t_EffectDescriptor(descriptor));
    audioFlinger->createEffect(request, &response);
}

```

在 EffectModule 构造函数中，第 29 行 init 函数的作用是通过 EffectHalInterface 类的成员函数 command 向 HAL 发送初始化音效引擎命令 EFFECT_CMD_INIT，从而达到在客户端初始化服务端音效引擎的效果。第 35 行调用 setOffloaded 函数，其内部实现向效果引擎发送 EFFECT_CMD_OFFLOAD 命令，设置效果线程是否为 offload 状态。

我们的主流程在 EffectModule 构造函数中的 createEffectHal 函数的调用如下所示。

```
status_t AudioFlinger::EffectChain::EffectCallback::createEffectHal(
    const effect_uuid_t * pEffectUuid,
int32_t sessionId, int32_t deviceId,
    sp<EffectHalInterface> * effect) {
    status_t status = NO_INIT;
    sp<EffectsFactoryHalInterface>effectsFactory = mAudioFlinger.getEffectsFactory();
    if (effectsFactory != 0) {
        status = effectsFactory->createEffect(pEffectUuid, sessionId, io(), deviceId, effect);
    }
    return status;
}
```

在函数 createEffectHal 中，主要通过调用 EffectsFactory 类的成员函数 createEffect 创建音效引擎。createEffect 函数的实现如下所示。

<6>. hardware/interfaces/audio/effect/all—versions/default/EffectsFactory.cpp

```
#if MAJOR_VERSION <= 5
Return<void>EffectsFactory::createEffect(
    const Uuid& uuid,
    int32_t session, int32_t ioHandle,
    EffectsFactory::createEffect_cb _hidl_cb) {

return createEffectImpl(uuid, session, ioHandle, AUDIO_PORT_HANDLE_NONE, _hidl_cb);
}
#else
Return<void>EffectsFactory::createEffect(
    const Uuid& uuid, int32_t session, int32_t ioHandle,
    int32_t device,
    EffectsFactory::createEffect_cb _hidl_cb) {

    return createEffectImpl(uuid, session, ioHandle, device, _hidl_cb);
}
#endif
```

当 MAJOR_VERSION≤5 时会走＃if 分支，因为 Android12>5，所以走＃else 分支，此时代码进入 createEffectImpl 函数实现部分。createEffectImpl 函数的实现如下所示。

```
1  Return<void>EffectsFactory::createEffectImpl(
2      const Uuid& uuid,
3      int32_t session,
4      int32_t ioHandle,
5      int32_t device,
6      createEffect_cb _hidl_cb) {
7      effect_uuid_t halUuid;
8      UuidUtils::uuidToHal(uuid, &halUuid);
9      effect_handle_t handle;
10     Result retval(Result::OK);
11     status_t status;
12     if (session == AUDIO_SESSION_DEVICE) {
13         status = EffectCreateOnDevice(&halUuid, device, ioHandle, &handle);
14     } else {
15         status = EffectCreate(&halUuid, session, ioHandle, &handle);
16     }
17     return Void();
18 }
```

在 createEffectImpl 函数中，第 7 行将 hidl 类型的 uuid 转换成 Audio HAL 能识别的 halUuid，因为 hidl 的 uuid 本质是一个 std::vector <T> 容器类型，所以需要作转换，其实就是将其从 Vector 容器中遍历提取出来。然后将转换后的 halUuid 作为参数传给 EffectCreate 函数。EffectCreate 函数的实现如下所示。

<7>. frameworks/av/media/libeffects/factory/EffectsFactory.c

```
int EffectCreate(const effect_uuid_t * uuid,
        int32_t sessionId, int32_t ioId,
        effect_handle_t * pHandle) {

    return doEffectCreate(uuid, sessionId, ioId, AUDIO_PORT_HANDLE_NONE, pHandle);
}
```

在 EffectCreate 函数中，通过 doEffectCreate 函数的主要功能加载音效 xml 配置文件，来创建音效引擎。doEffectCreate 函数的实现如下所示。

```
int doEffectCreate(
    const effect_uuid_t * uuid,
    int32_t sessionId,
    int32_t ioId,
    int32_t deviceId,
```

```
6    effect_handle_t * pHandle)
7    {
8        init();
9
10       l->desc->create_effect(uuid, sessionId, ioId, &itfe);
11   }
```

在函数 doEffectCreate 中，在第 8 行调用函数 init()加载/vendor/etc/audio_effects.xml 音效配置文件，在此配置文件中定义音效库文件，其中包含音效的软实现和硬件实现。每个音效库都对应唯一的 uuid，所以可以通过 uuid 来加载某个音效库。

比如，以/vendor/lib64/soundfx/libdownmix.so 库文件举例，看看它是怎样和 uuid 对应的，配置文件如下所示。

```
<libraries>
  <library name = "downmix" path = "libdownmix.so"/>
<libraries>

<effects>
  < effect name = "downmix" library = "downmix" uuid = "93f04452 - e4fe - 41cc - 91f9 -
e475b6d1d69f"/>
<effects>
```

在 audio_effects.xml 文件中，可以看出 libdownmix.so 为路径，downmix 为动态库的名字，音效的名字和动态库的名字都为 downmix，它的 uuid 为 93f04452 - e4fe - 41cc - 91f9 - e475b6d1d69f。

在函数 doEffectCreate 中，第二个工作继续实例化音效对象，函数 create_effect 的实现如下所示。

<8>. hardware/qcom/audio/post_proc/bundle.c

```
__attribute__ ((visibility ("default")))
audio_effect_library_t AUDIO_EFFECT_LIBRARY_INFO_SYM = {
    .tag = AUDIO_EFFECT_LIBRARY_TAG,
    .version = EFFECT_LIBRARY_API_VERSION,
    .name = "Offload Effects Bundle Library",
    .implementor = "The Android Open Source Project",
    .create_effect = effect_lib_create,
    .release_effect = effect_lib_release,
    .get_descriptor = effect_lib_get_descriptor,
};
```

函数 create_effect 对应的回调函数为 effect_lib_create，这就是真正的对应的音效库接口的实现。effect_lib_create 函数的实现如下所示。

```
int effect_lib_create(
    const effect_uuid_t * uuid,
    int32_t sessionId,
    int32_t ioId,
    effect_handle_t * pHandle) {
effect_context_t * context;
if (memcmp(uuid, &equalizer_descriptor.uuid,
        sizeof(effect_uuid_t)) == 0) {

        equalizer_context_t * eq_ctxt = (equalizer_context_t * )
          calloc(1, sizeof(equalizer_context_t));
        context = (effect_context_t * )eq_ctxt;
        context->ops.init = equalizer_init;
        context->ops.reset = equalizer_reset;
        context->ops.set_parameter = equalizer_set_parameter;
}
```

在 effect_lib_create 函数中，分别对应了上层均衡器、低音增强、频谱可视化、预设混响等具体的实现功能。

总结：

OpenSL ES 混音初始化的核心工作，就是通过 AudioFlinger 创建音效实例化对象，然后向 Audio HAL 请求创建对应的音效引擎。音效引擎包括软实现和硬件实现，在 HAL 中注册对应的引擎的均衡器、低音增强、预设混响等回调函数，然后等待响应客户端的音效命令请求。

6. 创建音频播放器过程

```
    ( * EngineItf)->CreateAudioPlayer(EngineItf, &player, &audioSource, &audioSink, 2, ii-
dArray, required);
```

创建音频播放器的过程，主要工作分为三步：

- 第一步：通过 objectIDtoClass 函数将对象 ID 转换成对应类。
- 第二步：通过 construct 函数构造一个 AudioPlayer 实例。
- 第三步：通过 android_audioPlayer_create 函数创建播放器实例。

整体步骤如图 2-29 所示，接下来详细讲解每一个步骤。

- 第一步：通过 objectIDtoClass 函数将对象 ID 转换成对应类。
- 第二步：通过 construct 函数构造一个 AudioPlayer 实例。

第一步和第二步前面已经对 objectIDtoClass 和 construct 函数详细分析过，这里着重分析第三步，即如何通过 Framewok 框架创建音频播放器实例。

- 第三步：通过 android_audioPlayer_create 函数创建播放器实例。

在客户端通过调用 SLEngineItf 的成员函数 CreateAudioPlayer 来创建音频播放器实例，成员函数 CreateAudioPlayer 通过已经注册的回调函数 IEngine_CreateAudio-

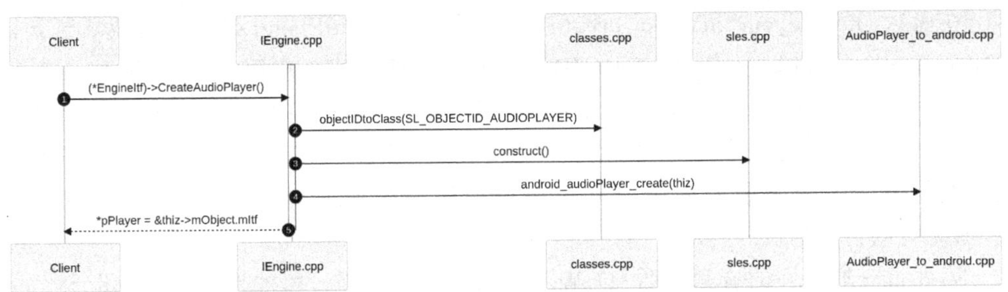

图 2-29 CreateAudioPlayer 创建音频播放器过程

Player 来请求创建播放器，IEngine_CreateAudioPlayer 函数的实现如下所示。

<1>. frameworks/wilhelm/src/itf/IEngine. cpp

```
1 static SLresult IEngine_CreateAudioPlayer(……)
2 {
3     const ClassTable * pCAudioPlayer_class = objectIDtoClass(SL_OBJECTID_AUDIOPLAYER);
4     CAudioPlayer * thiz = (CAudioPlayer * ) construct(pCAudioPlayer_class, exposedMask,
  self);
5  # ifdef ANDROID
6     android_audioPlayer_create(thiz);
7  # endif
8 }
```

在函数 IEngine_CreateAudioPlayer 中，第 3 行将 objectID 转换成对应的音频播放器类，第 4 行构造注册播放器所需要的回调函数等。第 6 行进入 android native 层创建播放器，在 android_audioPlayer_create 函数中其实是使用 TrackPlayerBase 来进行音频资源的播放。android_audioPlayer_create 函数的实现如下所示。

<2>. frameworks/wilhelm/src/android/AudioPlayer_to_android. cpp

```
void android_audioPlayer_create(CAudioPlayer * pAudioPlayer) {
    pAudioPlayer->mAndroidObjState = ANDROID_UNINITIALIZED;
    pAudioPlayer->mSessionId = (audio_session_t) android::AudioSystem::newAudioUniqueId(
        AUDIO_UNIQUE_ID_USE_SESSION);
    pAudioPlayer->mPIId = PLAYER_PIID_INVALID;

    pAudioPlayer->mStreamType = ANDROID_DEFAULT_OUTPUT_STREAM_TYPE;
    pAudioPlayer->mPerformanceMode = ANDROID_PERFORMANCE_MODE_DEFAULT;

    pAudioPlayer->mTrackPlayer = new android::TrackPlayerBase();
    assert(pAudioPlayer->mTrackPlayer != 0);

    pAudioPlayer->mAuxSendLevel = 0;
    pAudioPlayer->mAmplFromDirectLevel = 1.0f; // matches initial mDirectLevel value
}
```

在函数 android_audioPlayer_create 中，第 1 行 CAudioPlayer 结构体的成员变量初始化 mAndroidObjState 为 ANDROID_UNINITIALIZED，它用于定义关于 android 端的数据的 OpenSL ES、OpenMAX AL 对象初始化和准备的状态，表示当前播放器还没有被初始化创建的状态。然后是 ANDROID_PREPARING 状态，表示当前正在准备的状态，即将播放或者暂停。最后是 ANDROID_READY 状态，表示已经准备完成，随时可以再次播放。

第 3 行获取唯一的音频会话 ID，确定播放器该属于哪一组效果会话，AudioSystem 类成员函数 newAudioUniqueId 分配一个新的唯一 ID 作为音频会话 ID 或 I/O 句柄。如果 AudioFlinger 服务不存在，则返回 AUDIO UNIQUE ID ALLOCATE。

第 5 行 mPIId 表示播放器接口 ID，是在系统中唯一的标识符，这里对其初始化为 PLAYER_PIID_INVALID。

第 7 行 mStreamType 表示识别 Android 音频流类型，将它初始化为 ANDROID_DEFAULT_OUTPUT_STREAM_TYPE 类型，它的定义对应 AUDIO_STREAM_MUSIC，表示流音乐类型，它与 AUDIO_STREAM_SYSTEM、AUDIO_STREAM_ASSISTANT 属于"STRATEGY_MEDIA"媒体策略组。

第 8 行 mPerformanceMode 表示 OpenSL ES 需要设置的播放模式，默认初始化为 ANDROID_PERFORMANCE_MODE_DEFAULT，为高性能模式。它的真正定义为 ANDROID_PERFORMANCE_MODE_LATENCY，即低延时模式。此外，还可以设置低功耗、低延时音效等模式。

第 10 行 mTrackPlayer 表示通过 TrackPlayerBase 来实现播放 PCM 音频，通过其成员函数 init 初始化，函数 start 开始播放，还有音量设置等操作，但是函数 init、start 真正播放使用的还是调用 AudioTrack 引擎。

总结：

OpenSL ES 创建音频播放器，最终是通过 TrackPlayerBase 类实例化来实现播放的功能。TrackPlayerBase 继承自 PlayerBase 类，PlayerBase 类继承自 android::media::BnPlayer。其实 TrackPlayerBase 内部也是通过 AudioTrack 来播放 PCM 数据的，虽然 BnPlayer 也有定义 Binder 服务，但在系统中并没有启动和使用，Android 系统服务中也没有注册它的 Binder 服务。

7. 实现音频播放器过程

```
(*player)->Realize(player, SL_BOOLEAN_FALSE);
```

实现音频播放器过程，通过 android_audioPlayer_realize 函数根据要播放的数据类型，创建不同的播放器引擎，主要工作分为五步：

- 第一步：AudioTrack 类实例化与初始化。
- 第二步：LocAVPlayer 类实例化与初始化。
- 第三步：StreamPlayer 类实例化与初始化。
- 第四步：AudioToCbRenderer 类实例化与初始化。

➢ 第五步：AacBqToPcmCbRenderer 类实例化与初始化。

整体步骤如图 2 - 30 所示，接下来详细讲解每一个步骤。

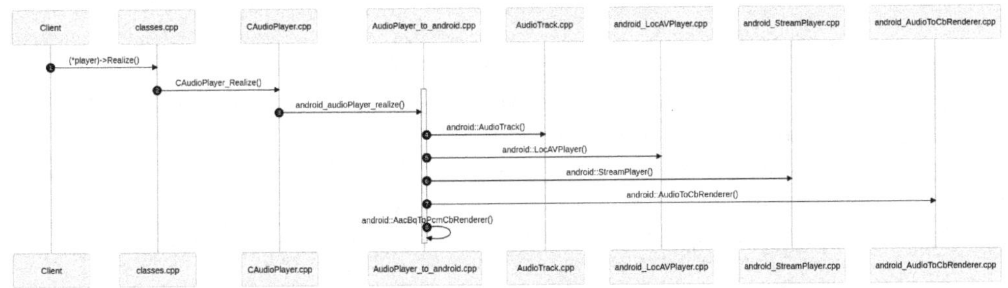

图 2 - 30　实现音频播放器的过程

根据“6. 创建音频播放器过程”创建音频播放器 objectIDtoClass 初始化，Realize 对应的回调函数为 CAudioPlayer_Realize，它的实现如下所示。

➢ 第一步：AudioTrack 类实例化与初始化工作。

<1>. frameworks/wilhelm/src/objects/CAudioPlayer. cpp

```
1   SLresult CAudioPlayer_Realize(void * self, SLboolean async)
2   {
3       CAudioPlayer * thiz = (CAudioPlayer * ) self;
4   #ifdef ANDROID
5       result = android_audioPlayer_realize(thiz, async);
6   #endif
7
8   #ifdef USE_SNDFILE
9       result = SndFile_Realize(thiz);
10  #endif
11  }
```

在回调函数 CAudioPlayer_Realize 中，可以看出 OpenSL ES 支持多个平台，第 5 行即是我们需要分析的 Android 平台，第 9 行是支持的 Linux 平台。调用函数 android_audioPlayer_realize 的实现如下所示。

<2>. frameworks/wilhelm/src/android/AudioPlayer_to_android. cpp

```
SLresult android_audioPlayer_realize(
    CAudioPlayer * pAudioPlayer, SLboolean async)
{    case AUDIOPLAYER_FROM_PCM_BUFFERQUEUE:{
        audio_output_flags_t policy;
        switch (pAudioPlayer->mPerformanceMode) {
        case ANDROID_PERFORMANCE_MODE_POWER_SAVING:
            policy = AUDIO_OUTPUT_FLAG_DEEP_BUFFER;
```

```
8                break;
9            case ANDROID_PERFORMANCE_MODE_NONE:
10               policy = AUDIO_OUTPUT_FLAG_NONE;
11               break;
12           case ANDROID_PERFORMANCE_MODE_LATENCY_EFFECTS:
13               policy = AUDIO_OUTPUT_FLAG_FAST;
14               break;
15           case ANDROID_PERFORMANCE_MODE_LATENCY:
16           default:
17               policy = (audio_output_flags_t)(AUDIO_OUTPUT_FLAG_FAST | AUDIO_OUTPUT_FLAG_RAW);
18               break;
19           }
20       }
21
22       android::AudioTrack * pat = new android::AudioTrack(
23           pAudioPlayer->mStreamType,
24           sampleRate,
25           sles_to_android_sampleFormat(df_pcm),
26           channelMask,
27           0,
28           policy,
29           audioTrack_callBack_pullFromBuffQueue,
30           (void *)pAudioPlayer,
31           notificationFrames,
32           pAudioPlayer->mSessionId);
33
34       pat->setCallerName(ANDROID_OPENSLES_CALLER_NAME);
35       android::status_t status = pat->initCheck();
36
37       pAudioPlayer->mTrackPlayer->init(pat,
38           android::PLAYER_TYPE_SLES_AUDIOPLAYER_BUFFERQUEUE,
39           usageForStreamType(pAudioPlayer->mStreamType),
40           pAudioPlayer->mSessionId);
41
42       checkAndSetPerformanceModePost(pAudioPlayer);
43   }
```

在 android_audioPlayer_realize 函数中，走 AUDIOPLAYER_FROM_PCM_BUFFERQUEUE 分支实例化 AudioTrack，此分支用来播放已经解码后的 PCM 数据。第 3～18 行通过 mPerformanceMode 字段来判断音频的播放模式，并将 OpenSL ES 设置的 flag 与 HAL 侧的 flag 对应，在 HAL 侧根据 flag 的值来设置不同的音频播放模

式。例如在 OpenSL ES 设置 ANDROID_PERFORMANCE_MODE_POWER_SAVING，其在 HAL 对应 AUDIO_OUTPUT_FLAG_DEEP_BUFFER，然后赋值到 stream_out 结构体的变量 usecase 中。

第 22 行实例化 AudioTrack 对象，第一个参数 pAudioPlayer-> mStreamType 表示流类型，例如将某个音频流设置为 AUDIO_STREAM_MUSIC 类型。第二个参数 sampleRate 表示采样率。第三个参数 sles_to_android_sampleFormat(df_pcm)表示音频格式，这里将 OpenSL ES 转换成 Android 需要的格式，常见的有 8 位、16 位、24 位等音频格式。第四个参数 channelMask 表示通道掩码，传入通道数，通过函数 audio_channel_out_mask_from_count 转换成对应的通道掩码。第五个参数 frameCount 表示音频轨道 PCM 缓冲区的最小值，0 表示使用默认值。第六个参数 flags 已经介绍过。第七个参数 audioTrack_callBack_pullFromBuffQueue 是一个回调函数，如果不为 null，则定期调用此函数以 TRANSFER CALLBACK 模式提供新数据并通知标记，位置更新等。第八个参数 pAudioPlayer 是自定义的 void * 私有数据，供回调函数使用。第九个参数 notificationFrames 表示每次 PCM 数据在缓冲区中被消耗时，都会调用回调函数。第十个参数 pAudioPlayer-> mSessionId 表示指定的会话 ID，0 表示默认值。其实 AudioTrack 构造函数的参数不止 10 个，其他的参数不太常用，使用默认值即可。

第 34 行设置调用者的名字，宏变量 ANDROID_OPENSLES_CALLER_NAME 的名字为“opensles”。

第 37 行 TrackPlayerBase 类的成员函数 init 初始化，添加 AudioDeviceCallback 回调函数，当 AudioTrack 路由到的音频设备更新时，调用者将得到通知，并设置 playerIId 字段，将 AudioTrack 与 AudioService 管理的接口相关联。在 init 函数初始化完成后，就可以调用 TrackPlayerBase 的成员函数 playerStart 来进行音频播放，在 playerStart 函数调用 AudioTrack 类的成员函数 start 时实现播放任务。所以真正实现播放的是由 AudioTrack 完成的。

TrackPlayerBase 类关系图如图 2-31 所示。

通过图 2-31 可知，TrackPlayerBase 类继承自 PlayerBase 类，也就是继承 PlayerBase 类的所有功能函数，同时依赖调用 AudioTrack 类功能函数完成播放工作。

第 42 行根据赋值给字段 mPerformanceMode 实际的值，向 AudioTrack 设置此 flag 以更新性能模式。

➢ 第二步：LocAVPlayer 类实例化与初始化。

在 android_audioPlayer_realize 函数中，走 AUDIOPLAYER_FROM_URIFD 分支对应 LocAVPlayer，LocAVPlayer 调用 android MediaPlayer 类来实现，LocAVPlayer 类关系图如图 2-32 所示。

通过图 2-32 可知，LocAVPlayer 类继承自 GenericMediaPlayer 类，GenericMediaPlayer 类用到的主要功能是阻塞等待数据，直到 MediaPlayer 准备好以后播放。GenericMediaPlayer 类又继承自 GenericPlayer，而 GenericPlayer 类用到的主要功能是注册消息处理以及通知的工作。

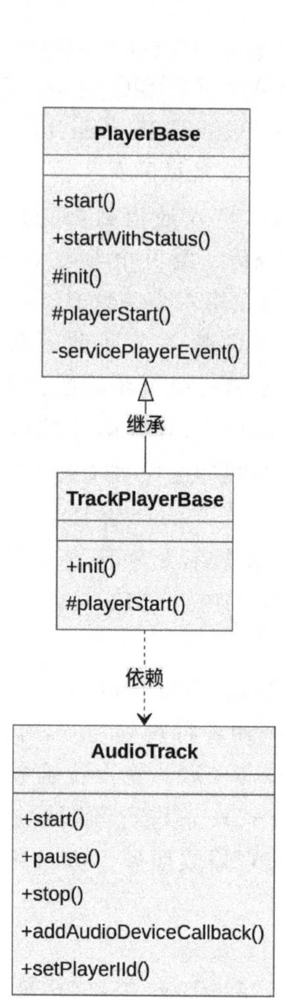

图 2-31　TrackPlayerBase 类关系图

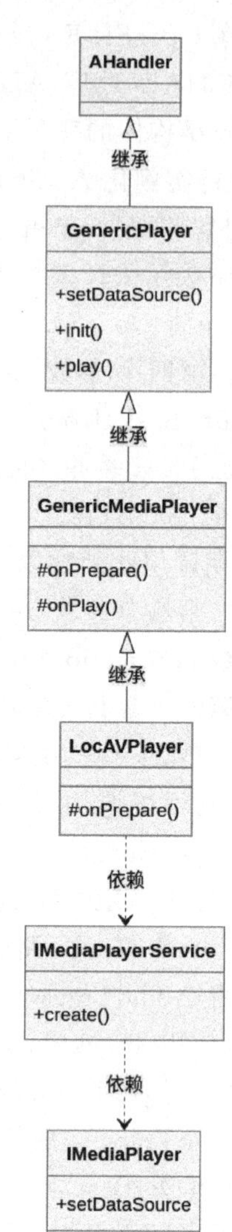

图 2-32　LocAVPlayer 类关系图

在 LocAVPlayer 类中使用 MediaPlayer 服务需要解码的音频，例如 mp3、aac、ogg 等类型的音频数据。

通过图 2-32 便于理解 AUDIOPLAYER_FROM_URIFD 分支代码流程。AUDIOPLAYER_FROM_URIFD 分支代码如下所示。

```
SLresult android_audioPlayer_realize(
        CAudioPlayer * pAudioPlayer,
SLboolean async) {
case AUDIOPLAYER_FROM_URIFD:{
```

```
5       pAudioPlayer->mAPlayer = new android::LocAVPlayer(&app, false);
6       pAudioPlayer->mAPlayer->init(sfplayer_handlePrefetchEvent,
7               (void *)pAudioPlayer);
8       switch (pAudioPlayer->mDataSource.mLocator.mLocatorType) {
9       case SL_DATALOCATOR_URI:{
10          const char *uri = (const char *)pAudioPlayer->mDataSource.mLocator.mURI.URI;
11          if (! isDistantProtocol(uri)) {
12                  const char *pathname = uri;
13  if (! strncasecmp(pathname, "file://", 7)) {
14      pathname += 7;
15  }
16  int fd = ::open(pathname, O_RDONLY);
17  if (fd>= 0) {
18
19      struct stat statbuf;
20       pAudioPlayer->mAPlayer->setDataSource(fd, 0, statbuf.st_size, true);
21      break;
22      (void) ::close(fd);
23  }
24         }
25         pAudioPlayer->mAPlayer->setDataSource(uri);
26      } break;
27      case SL_DATALOCATOR_ANDROIDFD:{
28          int64_t offset = (int64_t)pAudioPlayer->mDataSource.mLocator.mFD.offset;
29          pAudioPlayer->mAPlayer->setDataSource(
30              (int)pAudioPlayer->mDataSource.mLocator.mFD.fd,offset ==
31              SL_DATALOCATOR_ANDROIDFD_USE_FILE_SIZE ?
32              (int64_t)PLAYER_FD_FIND_FILE_SIZE :
33              offset,(int64_t)pAudioPlayer->mDataSource.mLocator.mFD.length);
34      }
35          break;
36      }
37    }
38  }
```

在 AUDIOPLAYER_FROM_URIFD 分支中，第 5 行通过实例化 LocAVPlayer 类创建一个对象。第 6 行调用 init 函数初始化，init 真正的实现在 GenericPlayer 类中，因为 mAPlayer 定义的类型是 android::sp <android::GenericPlayer>，在 GenericPlayer 类

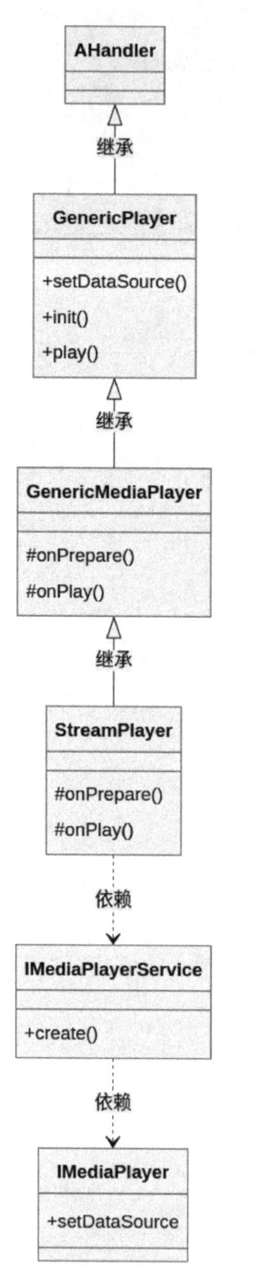

图 2－33　StreamPlayer 类关系图

中的成员函数 init 的主要工作是创建一个 ALooper 实例，然后通过 ALooper 的成员函数 registerHandler 将 GenericPlayer 类的对象传进去，相当于做了一个绑定，因为 GenericPlayer 继承自 AHandler 类，当 AMessage 发送消息时，AHandler 类处理函数 onMessageReceived 会被调用，可以在 onMessageReceived 函数中处理消息任务。

接下来第 9 行和第 27 行会判断当前传入的音频是什么类型，如果是一个 URI 链接则进入第 9 行，如果是一个文件则会进入第 27 行的分支去处理。它们在打开文件后的操作是一致的，打开文件后调用 setDataSource 设置输入源文件，将要播放的文件偏移、文件描述符、文件长度传给 MediaPlayer，在播放的时候调用 MediaPlayer 的成员函数 start 进行播放，到这里设置数据源的工作已完成。

➢ 第三步：StreamPlayer 类实例化与初始化。

在 android_audioPlayer_realize 函数中，StreamPlayer 类主要实现流播放器，也是调用 android MediaPlayer 类来实现的。StreamPlayer 类关系图如图 2－33 所示。

通过图 2－33 可以看出，StreamPlayer 类实现流播放器的方式，与 LocAVPlayer 类是一模一样的，只不过 StreamPlayer 用到了 IMediaPlayer 播放音频流的工作模式。

StreamPlayer 初始化流播放器代码如下所示。

```
SLresult android_audioPlayer_realize(
    CAudioPlayer * pAudioPlayer,
SLboolean async) {
```

```
4   case AUDIOPLAYER_FROM_TS_ANDROIDBUFFERQUEUE:{
5   android::StreamPlayer * splr = new android::StreamPlayer(&app, false,
6           &pAudioPlayer->mAndroidBufferQueue,
7           pAudioPlayer->mCallbackProtector);
8   pAudioPlayer->mAPlayer = splr;
9   splr->init(sfplayer_handlePrefetchEvent, (void * )pAudioPlayer);
10  }
11      break;
12  }
```

在 android_audioPlayer_realize 函数中，AUDIOPLAYER_FROM_TS_ANDROIDBUFFERQUEUE 分支中，第 5 行实例化 StreamPlayer 类，然后在第 9 行调用 init 函数初始化消息处理，这在上述 LocAVPlayer 类中已经介绍过。

➢ 第四步：AudioToCbRenderer 类实例化与初始化。

在 android_audioPlayer_realize 函数中，AudioToCbRenderer 实例化如下所示。

```
SLresult android_audioPlayer_realize(
        CAudioPlayer * pAudioPlayer,
    SLboolean async) {
    case AUDIOPLAYER_FROM_URIFD_TO_PCM_BUFFERQUEUE:{
        android::AudioToCbRenderer * decoder = new android::AudioToCbRenderer(&app);
        pAudioPlayer->mAPlayer = decoder;
        decoder->setDataPushListener(adecoder_writeToBufferQueue, pAudioPlayer);
        decoder->init(sfplayer_handlePrefetchEvent, (void * )pAudioPlayer);

        switch (pAudioPlayer->mDataSource.mLocator.mLocatorType) {
        case SL_DATALOCATOR_URI:
            decoder->setDataSource(
                (const char * )pAudioPlayer->mDataSource.mLocator.mURI.URI);
        break;
        case SL_DATALOCATOR_ANDROIDFD:{
        int64_t offset = (int64_t)pAudioPlayer->mDataSource.mLocator.mFD.offset;
        decoder->setDataSource(
            (int)pAudioPlayer->mDataSource.mLocator.mFD.fd,
            offset == SL_DATALOCATOR_ANDROIDFD_USE_FILE_SIZE ?
            (int64_t)PLAYER_FD_FIND_FILE_SIZE :offset,
            (int64_t)pAudioPlayer->mDataSource.mLocator.mFD.length);
}
    break;
    default:
    SL_LOGE(ERROR_PLAYERREALIZE_UNKNOWN_DATASOURCE_LOCATOR);
    break;
```

```
27            }
28        }
29        break;
30    }
```

第 5 行对 AudioToCbRenderer 实例化对象，接着第 7 行为输出缓冲区队列配置回调函数。第 8 行注册消息处理，并配置回调函数，其实 AudioToCbRenderer 类的实现和 StreamPlayer、LocAVPlayer 类的实现流程基本一致，只是在解码的时候略有不同。

➢ 第五步：AacBqToPcmCbRenderer 类实例化与初始化。

在 android_audioPlayer_realize 函数中，AacBqToPcmCbRenderer 用于解码 AAC 音频类型数据，解码后输出 PCM 原始数据，其实例化代码如下所示。

```
SLresult android_audioPlayer_realize(
            CAudioPlayer * pAudioPlayer,
    SLboolean async) {
    case AUDIOPLAYER_FROM_ADTS_ABQ_TO_PCM_BUFFERQUEUE:{
            android::AacBqToPcmCbRenderer * bqtobq = new android::AacBqToPcmCbRenderer(&app,
                &pAudioPlayer->mAndroidBufferQueue);

        bqtobq->setDataPushListener(adecoder_writeToBufferQueue, pAudioPlayer);
        pAudioPlayer->mAPlayer = bqtobq;

        pAudioPlayer->mAPlayer->init(sfplayer_handlePrefetchEvent, (void *)pAudioPlayer);
    }
    break;
}
```

在 android_audioPlayer_realize 函数中，AacBqToPcmCbRenderer 的实例化及初始化播放器与 AudioToCbRenderer、StreamPlayer、LocAVPlayer 类实现流程基本一致。

8. 实现播放过程

```
(*playItf)->SetPlayState(playItf, SL_PLAYSTATE_PLAYING);
```

SetPlayState 函数设置状态为 SL_PLAYSTATE_PLAYING 时开始播放音频，它只有一个主流程，调用 AudioTrack 成员函数 start 开始播放。

➢ AudioTrack 类实例化与初始化。

接下来详细分析如何调用 AudioTrack 来进行播放，整体步骤如图 2-34 所示。

➢ OpenSL ES 调用 AudioTrack 播放工作。

在创建引擎对象过程讲解中，已经详细分析过 objectIDtoClass 的初始化类的过

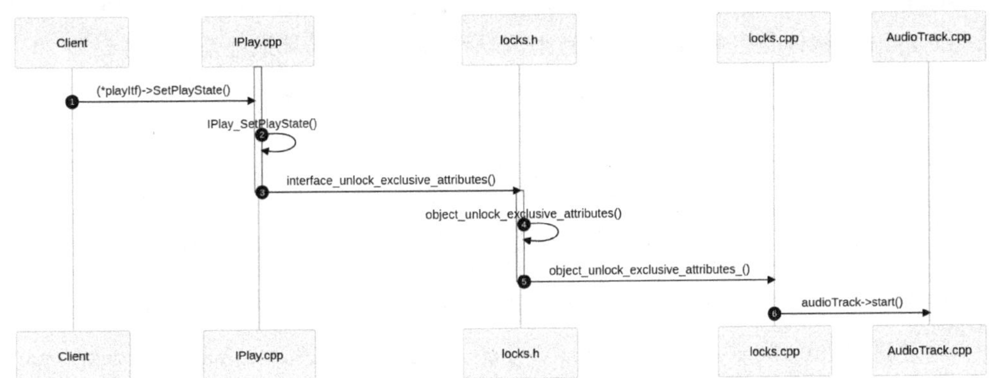

图 2-34 实现播放的过程

程，所以知道函数 SetPlayState 对应的回调函数为 IPlay_SetPlayState。IPlay_SetPlayState 函数的实现如下所示。

<1>. frameworks/wilhelm/src/itf/IPlay.cpp

```
static SLresult IPlay_SetPlayState(
    SLPlayItf self,
    SLuint32 state)
{
    switch (state) {
    case SL_PLAYSTATE_STOPPED:
    case SL_PLAYSTATE_PAUSED:
    case SL_PLAYSTATE_PLAYING:
        {
            IPlay * thiz = (IPlay * ) self;
            unsigne dattr = ATTR_NONE;
            result = SL_RESULT_SUCCESS;
#ifdef USE_OUTPUTMIXEXT
            CAudioPlayer * audioPlayer = (SL_OBJECTID_AUDIOPLAYER == InterfaceToObjectID(thiz)) ?
(CAudioPlayer * ) thiz->mThis :NULL;
#endif
            interface_lock_exclusive(thiz);
            SLuint32 oldState = thiz->mState;
            attr = ATTR_PLAY_STATE;
            interface_unlock_exclusive_attributes(thiz, attr);
        }
    }
}
```

在 IPlay_SetPlayState 函数中，第 10 行 thiz 指针指向 SLPlayItf 类型对象 self，因为 SLPlayItf 结构体是 IPlay 结构体的首地址，所以它们的结构体地址是一样的。第 20 行将 IPlay 类对象指针 thiz 和播放状态 attr 传给 interface_unlock_exclusive_attributes 函数，interface_unlock_exclusive_attributes 函数的实现如下所示。

<2>. frameworks/wilhelm/src/locks. h

```
#define interface_unlock_exclusive_attributes(thiz, attr) \
    object_unlock_exclusive_attributes(InterfaceToIObject(thiz), (attr))
extern void object_unlock_exclusive_attributes(IObject *thiz, unsigned attr);
```

通过将宏 interface_unlock_exclusive_attributes 展开来调用 object_unlock_exclusive_attributes 函数，它的实现如下所示。

<3>. frameworks/wilhelm/src/locks. cpp

```
1  void object_unlock_exclusive_attributes(IObject *thiz, unsigned attributes)
2  {
3      SLuint32 objectID = IObjectToObjectID(thiz);
4      SLuint32 index = objectID;
5      android::sp<android::AudioTrack> audioTrack;
6      if (SL_OBJECTID_AUDIOPLAYER == objectID) {
7          CAudioPlayer *ap = (CAudioPlayer *) thiz;
8          if (ap->mDeferredStart) {
9              audioTrack = ap->mTrackPlayer->mAudioTrack;
10             ap->mDeferredStart = false;
11         }
12     }
13     if (audioTrack != 0) {
14         audioTrack->start();
15         audioTrack.clear();
16     }
17 }
```

在 object_unlock_exclusive_attributes 函数中，第 5 行定义一个 AudioTrack 的强指针对象，在第 9 行将已经实例化的 mAudioTrack 对象赋值给 audioTrack，紧接着在第 14 行就调用 audioTrack 成员函数开始播放音频操作，这时播放器已经可以听到播放音乐的声音了。到此已经分析完成 OpenSL ES 播放音频的全部内容，OpenSL ES 播放的工作流程相信您已经理解得差不多了，接下来写一个示例来实战一下。

2.7.4 OpenSL ES 引擎解码音频实战

本小节将基于 Android 12 开发一个应用实例，通过 OpenSL ES 的 API 来完成音乐播放。OpenSL 支持多种播放模式，其中高性能模式可以借助硬件资源，来满足低延时、对反应速度要求高的需求。本小节将介绍通过 OpenSL ES 使用高通的 Adsp 播放音频。

为了减少代码量的干扰，本书所有代码示例尽量使用 native 层代码，来帮助读者去除一些冗余的代码，真正看到底层原理内容。

播放模块目录结构如下：

```
.
├── Android.bp
└── opensl_es_playback.cpp
```

此模块由 Android.bp 和 opensl_es_playback.cpp 两部分组成。Android 12 版本使用 Android.bp 来编译构建代码，在 opensl_es_playback.cpp 中主要介绍 OpenSL ES 播放音频数据代码示例。接下来将分别介绍此模块代码内容。

1. opensl_es_playback.cpp 播放音频示例

```
include <stdlib.h>
include <stdio.h>
include <string.h>
include <unistd.h>
include <sys/time.h>
include <fcntl.h>
include <SLES/OpenSLES.h>
include <SLES/OpenSLES_Android.h>
include <utils/Log.h>

#define MAX_NUMBER_INTERFACES 3

static SLObjectItf engineObject;
static SLEngineItf EngineItf;
static SLSeekItf fdPlayerSeek;

SLObjectItf   player, outputMix;
SLDataSource                audioSource;
SLDataLocator_AndroidFD locatorFd;
SLDataFormat_MIME        mime;

SLDataSink                  audioSink;
SLDataLocator_OutputMix   locator_outputmix;

SLPlayItf                   playItf;
SLPrefetchStatusItf       prefetchItf;
```

```
SLboolean required[MAX_NUMBER_INTERFACES];
SLInterfaceID iidArray[MAX_NUMBER_INTERFACES];

void playback(const char * path){

    slCreateEngine(&engineObject, 0, NULL , 0, NULL, NULL);

    (*engineObject)->Realize(engineObject, SL_BOOLEAN_FALSE);

    (*engineObject)->GetInterface(engineObject, SL_IID_ENGINE, (void *)&EngineItf);
    for (inti = 0 ; i <MAX_NUMBER_INTERFACES ; i++ ) {
        required[i] = SL_BOOLEAN_FALSE;
        iidArray[i] = SL_IID_NULL;
    }

    (*EngineItf)->CreateOutputMix(EngineItf, &outputMix, 1, iidArray, required);

    (*outputMix)->Realize(outputMix, SL_BOOLEAN_FALSE);

    locator_outputmix.locatorType = SL_DATALOCATOR_OUTPUTMIX;
    locator_outputmix.outputMix = outputMix;
    audioSink.pLocator = (void *)&locator_outputmix;
    audioSink.pFormat = NULL;

    required[0] = SL_BOOLEAN_TRUE;
    required[1] = SL_BOOLEAN_TRUE;
    required[2] = SL_BOOLEAN_TRUE;
    iidArray[0] = SL_IID_PREFETCHSTATUS;
    iidArray[1] = SL_IID_EQUALIZER;
    iidArray[2] = SL_IID_ANDROIDCONFIGURATION;

    int fd = open(path, O_RDONLY);
    locatorFd.locatorType = SL_DATALOCATOR_ANDROIDFD;
    locatorFd.fd = (SLint32) fd;
    locatorFd.length = SL_DATALOCATOR_ANDROIDFD_USE_FILE_SIZE; //length:all mp3 size.
    locatorFd.offset = 0; //offset = 0;起始地址.

    mime.formatType = SL_DATAFORMAT_MIME;
    mime.mimeType = (SLchar *)NULL;
    mime.containerType = SL_CONTAINERTYPE_UNSPECIFIED;
    audioSource.pFormat = (void *)&mime;
    audioSource.pLocator = (void *)&locatorFd;
```

```
    (*EngineItf)->CreateAudioPlayer(EngineItf, &player, &audioSource, &audioSink, 3, iidArray, required);

    SLAndroidConfigurationItf playerConfig;
    (*player)->GetInterface(player, SL_IID_ANDROIDCONFIGURATION, &playerConfig);
    SLresult result;
    SLuint32 performanceMode = SL_ANDROID_PERFORMANCE_LATENCY;
    result = (*playerConfig)->SetConfiguration(playerConfig,
                             SL_ANDROID_KEY_PERFORMANCE_MODE,
                             &performanceMode,
                             sizeof(SLuint32));
    if(result != SL_RESULT_SUCCESS)
        printf("SetConfiguration failed with result %d\n",result);

    (*player)->Realize(player, SL_BOOLEAN_FALSE);

    (*player)->GetInterface(player, SL_IID_PLAY, (void*)&playItf);

    (*player)->GetInterface(player, SL_IID_PREFETCHSTATUS, (void*)&prefetchItf);


    (*playItf)->SetPlayState( playItf, SL_PLAYSTATE_PAUSED );

    SLuint32prefetchStatus = SL_PREFETCHSTATUS_UNDERFLOW;
    while(prefetchStatus != SL_PREFETCHSTATUS_SUFFICIENTDATA) {
        usleep(100 * 1000); //sleep 100ms.

        (*prefetchItf)->GetPrefetchStatus(prefetchItf, &prefetchStatus);
    }

    SLmillisecond durationInMsec = SL_TIME_UNKNOWN;
    (*playItf)->GetDuration(playItf, &durationInMsec);

    if(durationInMsec == SL_TIME_UNKNOWN)
        durationInMsec = 500 * 1000;//500s


    (*playItf)->SetPlayState(playItf, SL_PLAYSTATE_PLAYING);
    usleep(durationInMsec * 1000);

    (*playItf)->SetPlayState(playItf, SL_PLAYSTATE_STOPPED);
```

```
110
111         (*player)->Destroy(player);
112
113         (*outputMix)->Destroy(outputMix);
114
115         (*engineObject)->Destroy(engineObject);
116     }
117
118     int main(intargc, char* const argv[]){
119         fprintf(stdout, "usage:\"%s /sdcard/my.mp3\" \n", argv[0]);
120         char *file_name = argv[1];
121
122         playback(file_name);
123         return 0;
124     }
125
```

在 playback 函数中通过 OpenSL ES API 播放音频文件，第 34～44 行的主要工作是，slCreateEngine 函数创建一个 OpenSL ES 对象引擎，创建完成以后，紧接着函数 Realize 实现对象引擎。完成引擎创建与实现以后，使用 SLObjectItf 类的成员函数 GetInterface 传入 SL_IID_ENGINE 开始获取引擎接口，其实是在创建引擎时注册的回调函数，调用 SLEngineItf 类的成员函数 CreateOutputMix 创建输出混音对象，调用 SLObjectItf 类的成员函数 Realize 实现混音对象的操作。

第 70 行使用 CreateAudioPlayer 函数创建音频播放器。

第 83～87 行实现音频播放器，获取音频播放接口，获取预取状态接口。

第 72～81 行设置 SL_ANDROID_PERFORMANCE_LATENCY 模式启动高通 Adsp 播放音频，在 Audio HAL 中打印 log 来验证是否设置成功，打印日志如下所示。

```
    E/audio_hw_primary:start_output_stream:enter:usecase(3:compress-offload-playback)
devices(0x2)
```

可以看到，usecase 为 compress-offload-playback，说明已经设置高通 Adsp 解码成功。另外，也可以使用 OpenSL ES 的 API 函数 SetConfiguration 来验证获取是否设置成功。

第 90～107 行首先调用 SLPlayItf 类的成员函数 SetPlayState 开始播放操作，因为要获取整段音频的时长，所以第 90 行需要先设置暂停播放等待预取数据，为了帮助获取足够的数据，第 94 行延时了 100 ms 时间，然后获取音频的整段时长，最后开始播放音频。

2. Android.bp 编译脚本

```
cc_binary {
    name:"opensl_es_play",
    srcs:["opensl_es_playback.cpp"],
```

```
    shared_libs:[
        "libutils",
        "liblog",
        "libandroid",
        "libOpenSLES",
    ],
}
```

编译脚本 Android. bp,用来编译 opensl_es_playback. cpp 源文件。

接下来编译上述源代码,然后在设备上运行来验证效果。

```
#mm -j12
```

编译成功后,在 out/target/product/blueline/system/bin 目录下会看到应用程序 opensl_es_play,然后将应用程序复制到 Android 设备上运行,看一下音乐是否正常播放。

```
130|blueline:/data/debug # ./opensl_es_play /sdcard/Music/Sun.mp3
usage: "./opensl_es_play /sdcard/my.mp3"
durationInMsec = 299389
```

应用程序运行以后,创建 OpenSL ES 引擎、创建音频播放器、获取 mp3 音频数据。从数据看,这段音频一共 299 389 ms,转换到分钟后,大概 5 min 的时长。播放完成后,会销毁和退出主程序。

2.7.5 OpenSL ES 引擎录音过程

Opensl ES 的录音调用流程和播放流程基本相同。本小节分析在录音过程中独有的工作部分。图 2 - 35 所示为 OpenSL ES 录音流程。

接下来分析创建录音机、实现录音机和开始录音的过程。

1. 创建录音机过程

```
    ( * engineEngine )-> CreateAudioRecorder ( engineEngine, &recorderObject, &audioSrc,
&audioSnk, 1, id, req);
```

CreateAudioRecorder 创建 OpenSL ES 录音机过程,主要工作分为两步:

- 第一步:函数 objectIDtoClass 通过 SL_OBJECTID_AUDIORECORDER 获取对象类。
- 第二步:调用 android_audioRecorder_create 函数初始化录音机。

整体步骤如图 2 - 36 所示,接下来对每一步逐步分析。

- 第一步:函数 objectIDtoClass 通过 SL_OBJECTID_AUDIORECORDER 获取对象类。

在客户端调用函数(* engineEngine)-> CreateAudioRecorder,其对应的回调函数

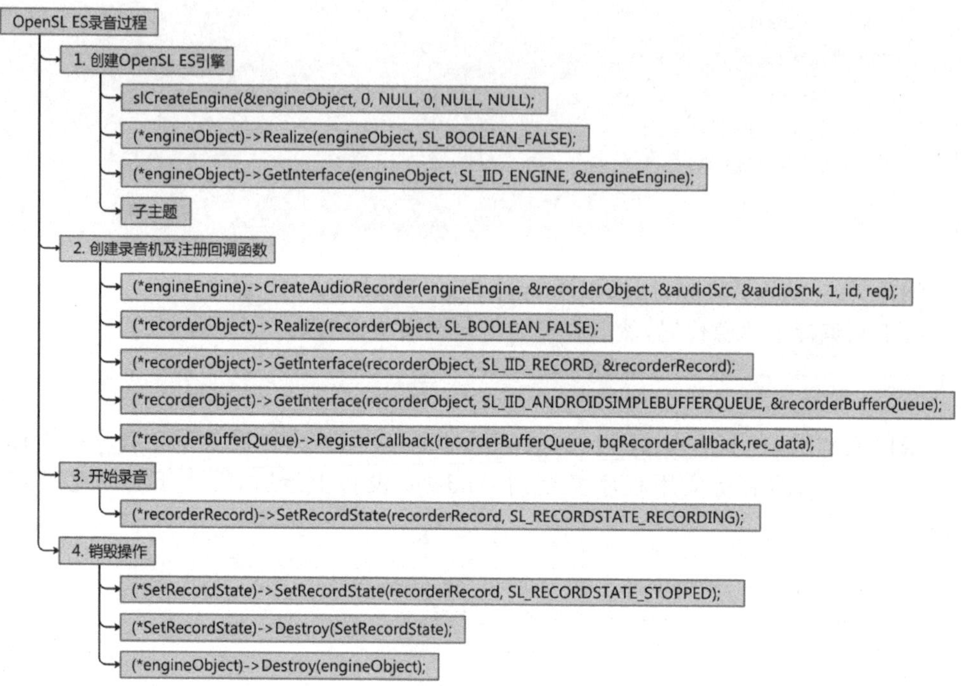

图 2-35 OpenSL ES 录音流程

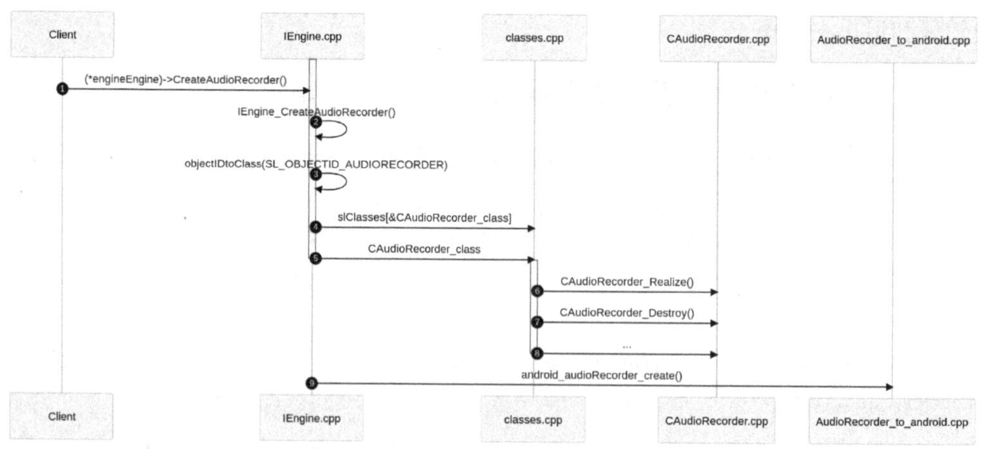

图 2-36 CreateAudioRecorder 创建录音机

为 IEngine_CreateAudioRecorder;在回调函数中调用 objectIDtoClass 函数,它的主要功能是初始化结构体、注册回调函数。IEngine_CreateAudioRecorder 函数的实现如下所示。

<1>. frameworks/wilhelm/src/itf/IEngine. cpp

```
static SLresult IEngine_CreateAudioRecorder(
    SLEngineItf self,
```

```
3       SLObjectItf * pRecorder,
4       SLDataSource * pAudioSrc,
5       SLDataSink * pAudioSnk,
6       SLuint32 numInterfaces,
7       const SLInterfaceID * pInterfaceIds,
8       const SLboolean * pInterfaceRequired)
9   {
10      const ClassTable * pCAudioRecorder_class =
11      objectIDtoClass(SL_OBJECTID_AUDIORECORDER);
12
13      CAudioRecorder * thiz = (CAudioRecorder * ) construct(
14      pCAudioRecorder_class, exposedMask,self);
15
16  #ifdef ANDROID
17      android_audioRecorder_create(thiz);
18  #endif
19  }
```

在函数 IEngine_CreateAudioRecorder 中，第 11 行调用 objectIDtoClass 函数将 ID 转换为对应的类对象，其传入的参数 SL_OBJECTID_AUDIORECORDER 的值为 0x1005，在其函数内部返回 ClassTable 类型的结构体数组的第四个元素，即 CAudioRecorder_class 结构体对象，在它里面对回调函数初始化和定义函数接口等，如 CAudioRecorder_Realize、CAudioRecorder_Resume、CAudioRecorder_Destroy 等回调函数初始化。第 13～14 行构造录音机对象的过程在 CreateEngine 创建引擎对象时已经分析过，这里不再赘述。

➤ 第二步：调用 android_audioRecorder_create 函数初始化录音机。

在函数 IEngine_CreateAudioRecorder 中，第 17 行 android_audioRecorder_create 函数初始化录音机参数，它的实现如下所示。

<1>. frameworks/wilhelm/src/android/AudioRecorder_to_android.cpp

```
SLresult android_audioRecorder_create(CAudioRecorder * ar) {

    const SLDataSource * pAudioSrc = &ar->mDataSource.u.mSource;
    const SLDataSink * pAudioSnk = &ar->mDataSink.u.mSink;
    SLresult result = SL_RESULT_SUCCESS;

    const SLuint32sourceLocatorType = * (SLuint32 * )pAudioSrc->pLocator;
    const SLuint32sinkLocatorType = * (SLuint32 * )pAudioSnk->pLocator;

    if ((SL_DATALOCATOR_IODEVICE == sourceLocatorType) &&
        (SL_DATALOCATOR_ANDROIDSIMPLEBUFFERQUEUE == sinkLocatorType)) {
```

```
12
13            ar->mAndroidObjType = AUDIORECORDER_FROM_MIC_TO_PCM_BUFFERQUEUE;
14            ar->mAudioRecord.clear();
15            ar->mCallbackProtector = new android::CallbackProtector();
16            ar->mRecordSource = AUDIO_SOURCE_DEFAULT;
17            ar->mPerformanceMode = ANDROID_PERFORMANCE_MODE_DEFAULT;
18        } else {
19            result = SL_RESULT_CONTENT_UNSUPPORTED;
20        }
21    }
```

在函数 IEngine_CreateAudioRecorder 中，第 7～8 行获取音频输入和输出源的类型，以此输入源和输出源类型判断进入 if 判断语句。第 13 行 mAndroidObjType 表示录音从输入设备数据源到 PCM 缓冲队列数据，即从麦克风录音的数据类型是 PCM 原始数据。第 16 行表示设置默认输入设备，一般为麦克风；也可以选择输入设备为收音机、通话设备等。第 17 行表示设置当前录音模式，可以设置为低功耗模式，也可以设置为高性能模式。

2. 实现录音机过程

```
(*recorderObject)->Realize(recorderObject, SL_BOOLEAN_FALSE);
```

Realize 实现 OpenSL ES 录音机过程，这个过程比较简单，在 Realize 的回调函数中实现只有一个主流程。

➤ CAudioRecorder_Realize 通过 AudioRecod 创建录音机过程。

OpenSL ES 实现录音机过程如图 2-37 所示。

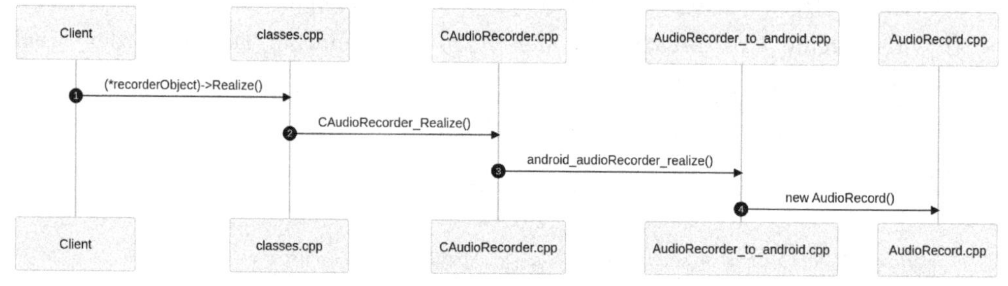

图 2-37　OpenSL ES 实现录音机过程

通过图 2-37 可知，客户端调用 Realize()函数对应的回调函数 CAudioRecorder_Realize，它的实现如下所示。

<1>. frameworks/wilhelm/src/objects/CAudioRecorder.cpp

```
SLresult CAudioRecorder_Realize(void *self, SLboolean async)
{
```

```
3  #ifdef ANDROID
4      CAudioRecorder *thiz = (CAudioRecorder *) self;
5      result = android_audioRecorder_realize(thiz, async);
6  #endif
7      return result;
8  }
```

在函数 CAudioRecorder_Realize 中，第 3～6 行 OpenSL ES 针对 Android 平台实现录音机，将 CAudioRecorder 指针对象传入 android_audioRecorder_realize 函数，它的实现如下所示。

<2>. frameworks/wilhelm/src/android/AudioRecorder_to_android.cpp

```
SLresult android_audioRecorder_realize(CAudioRecorder * ar, SLboolean async) {
    const SLDataFormat_PCM *df_pcm = &ar->mDataSink.mFormat.mPCM;
    uint32_t sampleRate = sles_to_android_sampleRate(df_pcm->samplesPerSec);

    checkAndSetPerformanceModePre(ar);

    audio_input_flags_t policy;
    switch (ar->mPerformanceMode) {
    case ANDROID_PERFORMANCE_MODE_NONE:
    case ANDROID_PERFORMANCE_MODE_POWER_SAVING:
        policy = AUDIO_INPUT_FLAG_NONE;
        break;
    case ANDROID_PERFORMANCE_MODE_LATENCY_EFFECTS:
        policy = AUDIO_INPUT_FLAG_FAST;
        break;
    case ANDROID_PERFORMANCE_MODE_LATENCY:
    default:
        policy = (audio_input_flags_t)(AUDIO_INPUT_FLAG_FAST | AUDIO_INPUT_FLAG_RAW);
        break;
    }

    audio_channel_mask_t channelMask = sles_to_audio_input_channel_mask(df_pcm->channelMask);

    AttributionSourceState attributionSource;
    attributionSource.uid = VALUE_OR_FATAL(android::legacy2aidl_uid_t_int32_t(getuid()));
    attributionSource.pid = VALUE_OR_FATAL(android::legacy2aidl_pid_t_int32_t(getpid()));
    attributionSource.token = android::sp<android::BBinder>::make();

    ar->mAudioRecord = new android::AudioRecord(
        ar->mRecordSource,
```

```
31            sampleRate,
32            sles_to_android_sampleFormat(df_pcm),
33            channelMask,
34            attributionSource,
35            0,
36            audioRecorder_callback,
37            (void * )ar,
38            0,
39            AUDIO_SESSION_ALLOCATE,
40            android::AudioRecord::TRANSFER_CALLBACK,
41            policy);
42
43        ar->mAudioRecord->setCallerName(ANDROID_OPENSLES_CALLER_NAME);
44    }
```

在函数 android_audioRecorder_realize 中,第 2 行 df_pcm 表示 PCM 数据格式定义的结构体对象,它包含 PCM 数据的格式类型、声道数、采样率、采样位数等。第 3 行 sles_to_android_sampleRate 函数的作用是将 OpenSL ES 中格式的采样率转换成 Android 需要的采样率。第 5 行 checkAndSetPerformanceModePre 函数的作用是,在创建 AudioRecord 之前,确定基于当前效果接口是否允许设置性能模式。第 7~20 行将 OpenSL ES 的录音模式转换成 Android 能识别的格式。

第 22 行 sles_to_audio_input_channel_mask 函数的作用是,返回一个 Android 输入通道掩码,即在 AudioRecord 构造函数中使用的格式。

第 24~27 行将当前的用户 ID、进程号和 token 传给 attributionSource 对象,用于实例化 AudioRecord 类。

第 29~41 行是实例化 AudioRecord 类。第一个参数 ar->mRecordSource 表示选择要录制的音频输入设备,默认参数为 AUDIO_SOURCE_DEFAULT。第二个参数 sampleRate 表示音频录制的采样率。第三个参数 sles_to_android_sampleFormat(df_pcm)表示先转为 Android 需要的音频格式,再传入 AudioRecord 构造函数,AUDIO_FORMAT_PCM_16_BIT 表示 16 位的采样格式。第四个参数 channelMask 表示音频通道掩码,它是通过传入的音频通道数转换得到的,目前 Android 12 实现最大支持 12 个通道,但是需要 HAL 层和硬件器件的支持,否则单是 Framework 支持,录音设备也不会正常工作。第五个参数 attributionSource 表示当前进程的一些属性,因为高版本 Android 会对访问麦克风设备的进程进行权限检查,通过这些属性来判断它是否可以访问麦克风。第六个参数 0 表示使用默认值,它表示录音时获取 PCM 数据最小缓冲区的大小。第七个参数 audioRecorder_callback 是一个回调函数,如果不为空,这个函数将被周期性调用,以 TRANSFER CALLBACK 模式使用新数据,并通知标记、位置更新等。第八个参数(void *)ar 表示私有数据,用于第七个参数回调函数使用。其他参数不常用,略过,最后一个参数 policy 表示录音模式。

3. 开始录音过程

```
( * recorderRecord)->SetRecordState(recorderRecord, SL_RECORDSTATE_RECORDING);
```

SetRecordState 设置 OpenSL ES 开始录音的状态，其对应回调函数 IRecord_SetRecordState 被调用。

➢ IRecord_SetRecordState 通过 AudioRecod 开始录音过程。

OpenSL ES 开始录音过程如图 2-38 所示。

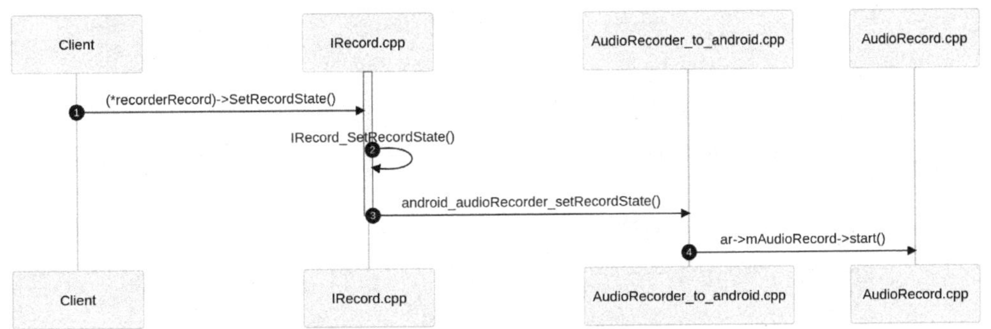

图 2-38　OpenSL ES 开始录音过程

➢ IRecord_SetRecordState 通过 AudioRecod 开始录音过程。

通过图 2-38 可知，SetRecordState 对应的回调函数是 IRecord_SetRecordState，它的实现如下所示。

<1>. frameworks/wilhelm/src/itf/IRecord. cpp

```
1   static SLresult IRecord_SetRecordState(SLRecordItf self, SLuint32 state)
2   {
3       switch (state) {
4       case SL_RECORDSTATE_STOPPED:
5       case SL_RECORDSTATE_PAUSED:
6       case SL_RECORDSTATE_RECORDING:
7           {
8               IRecord * thiz = (IRecord * ) self;
9               interface_lock_exclusive(thiz);
10              thiz->mState = state;
11  #ifdef ANDROID
12              android_audioRecorder_setRecordState(InterfaceToCAudioRecorder(thiz), state);
13  #endif
14          }
15  }
```

在函数 IRecord_SetRecordState 中，如果客户端设置了 SL_RECORDSTATE_RECORDING 标志，则进入对应的 case，第 10 行将当前需要录音的状态值赋值给 thiz->

mState，并传给 android_audioRecorder_setRecordState 函数，它的实现如下所示。

<2>. frameworks/wilhelm/src/android/AudioRecorder_to_android.cpp

```
void android_audioRecorder_setRecordState(CAudioRecorder * ar, SLuint32 state) {
    SL_LOGV("android_audioRecorder_setRecordState( %p, %u) entering", ar, state);

    if (ar->mAudioRecord == 0) {
        return;
    }

    switch (state) {
    case SL_RECORDSTATE_STOPPED:
        ar->mAudioRecord->stop();
        break;
    case SL_RECORDSTATE_PAUSED:
        ar->mAudioRecord->stop();
        break;
    case SL_RECORDSTATE_RECORDING:
        ar->mAudioRecord->start();
        break;
    }
}
```

在函数 android_audioRecorder_setRecordState 中，如果 ar->mAudioRecord 为空，则直接退出此函数。因为传入的 state 为 SL_RECORDSTATE_RECORDING，所以调用 ar->mAudioRecord->start()进入 AudioRecord 类的成员函数 start 开始录音。至此，录音流程已经分析完成。

虽然我们已经了解了 OpenSL ES 的录音流程，但是如果在 Android 12 或者更高版本基于 native 开发一个这样的程序，可能还会出现一些莫名其妙的错误。下面举一个实战的例子，帮助读者解决不必要的麻烦和减少调试时间。

2.7.6 OpenSL ES 引擎录音实战

本小节将基于 Android 12 开发一个应用实例，通过 OpenSL ES 的 API 来完成录制音频数据。下面介绍使用 OpenSL ES 录制音频数据。

由于 Android 版本的不断迭代，特别是多媒体相关的外设权限管理越来越严格，对于麦克风和摄像头的访问，会对用户越来越透明化，每个应用的权限都需要用户在安装的时候来授权。用 OpenSL ES 的 Native 访问麦克风还是有一些问题的，目前 Android 12 不允许 OpenSL ES 的录音 API 直接访问麦克风，需要做一些设置修改。下面具体看一下 OpenSL ES 是如何通过访问录音设备来进行录音的。

录音模块目录结构如下：

```
.
├── Android.bp
└── opensl_es_record.cpp
```

此模块由 Android. bp 和 opensl_es_record. cpp 两个部分组成。与播放音频一样，使用 Android. bp 来编译构建代码，在 opensl_es_record. cpp 中主要介绍 OpenSL ES 如何录制音频数据代码示例，接下来将分别介绍此模块代码的内容。

1. opensl_es_record. cpp 录音示例

```
#include <stdlib.h>
#include <stdio.h>
#include <string.h>
#include <unistd.h>
#include <SLES/OpenSLES.h>
#include <SLES/OpenSLES_Android.h>
#include <pthread.h>
#include <thread>

using namespace std;

static SLObjectItf engineObject = NULL;
static SLEngineItf engineEngine;

static SLObjectItf recorderObject = NULL;
static SLRecordItf recorderRecord;
static SLAndroidSimpleBufferQueueItf recorderBufferQueue;

#define SL_ANDROID_SPEAKER_QUAD (SL_SPEAKER_FRONT_LEFT | SL_SPEAKER_FRONT_RIGHT \
    | SL_SPEAKER_BACK_LEFT | SL_SPEAKER_BACK_RIGHT)

#define SL_ANDROID_SPEAKER_5DOT1 (SL_SPEAKER_FRONT_LEFT | SL_SPEAKER_FRONT_RIGHT \
    | SL_SPEAKER_FRONT_CENTER | SL_SPEAKER_LOW_FREQUENCY| SL_SPEAKER_BACK_LEFT \
    | SL_SPEAKER_BACK_RIGHT)

#define SL_ANDROID_SPEAKER_7DOT1 (SL_ANDROID_SPEAKER_5DOT1 | SL_SPEAKER_SIDE_LEFT \
    | SL_SPEAKER_SIDE_RIGHT)

#define FRAMES_SIZE 1024

typedef struct Record_Data{
```

```
    FILE    * file;
    short   buffer[FRAMES_SIZE];
    char    path_name[128];
    int     frame_size;
    int     sample;
    int     channel;
    int     format;
} Record_Data;

Record_Data * rec_data = (Record_Data * )malloc(sizeof(Record_Data));

void bqRecorderCallback(SLAndroidSimpleBufferQueueItf bq, void * context){
    Record_Data * data = (Record_Data * )context;
    fwrite(data->buffer, sizeof(char), rec_data->frame_size, data->file);
    fflush(data->file);
}

void opensl_record(int sampleRate, int numChannel, int format){
    slCreateEngine(&engineObject, 0, NULL, 0, NULL, NULL);

    ( * engineObject)->Realize(engineObject, SL_BOOLEAN_FALSE);

    ( * engineObject)->GetInterface(engineObject, SL_IID_ENGINE, &engineEngine);

    SLuint32 mSampleRate = 0,channelMask = 0;

    mSampleRate = sampleRate * 1000;

    if (numChannel == 1) {
        channelMask = SL_SPEAKER_FRONT_CENTER;
    }else if(numChannel == 2){
        channelMask = SL_SPEAKER_FRONT_LEFT | SL_SPEAKER_FRONT_RIGHT;
    }else if(numChannel == 3){
        channelMask = SL_SPEAKER_FRONT_LEFT | SL_SPEAKER_FRONT_RIGHT | SL_SPEAKER_
FRONT_CENTER;
    }else if(numChannel == 4){
        channelMask = SL_ANDROID_SPEAKER_QUAD;
    }else if(numChannel == 5){
        channelMask = SL_ANDROID_SPEAKER_QUAD | SL_SPEAKER_FRONT_CENTER;
    }else if(numChannel == 6){
        channelMask = SL_ANDROID_SPEAKER_5DOT1;
    }else if(numChannel == 7){
```

```
            channelMask = SL_ANDROID_SPEAKER_5DOT1 | SL_SPEAKER_BACK_CENTER;
        }else if(numChannel == 8){
            channelMask = SL_ANDROID_SPEAKER_7DOT1;
        }

        SLDataLocator_IODevice loc_dev = {SL_DATALOCATOR_IODEVICE, SL_IODEVICE_AUDIOIN-
    PUT, SL_DEFAULTDEVICEID_AUDIOINPUT, NULL};
        SLDataSource audioSrc = {&loc_dev, NULL};

        SLDataLocator_AndroidSimpleBufferQueue loc_bq =
            {SL_DATALOCATOR_ANDROIDSIMPLEBUFFERQUEUE, 2};
        SLDataFormat_PCM format_pcm;
        format_pcm.formatType = SL_DATAFORMAT_PCM;
        format_pcm.numChannels = static_cast<SLuint32>(numChannel);
        format_pcm.samplesPerSec = mSampleRate;
        format_pcm.bitsPerSample = format;
        format_pcm.containerSize = format;
        format_pcm.channelMask = channelMask;
        format_pcm.endianness = SL_BYTEORDER_LITTLEENDIAN;

        SLDataSink audioSnk = {&loc_bq, &format_pcm};

        const SLInterfaceID id[1] = {SL_IID_ANDROIDSIMPLEBUFFERQUEUE};
        const SLboolean req[1] = {SL_BOOLEAN_TRUE};
        (*engineEngine)->CreateAudioRecorder(engineEngine,
            &recorderObject, &audioSrc, &audioSnk, 1, id, req);
        (*recorderObject)->Realize(recorderObject, SL_BOOLEAN_FALSE);

        (*recorderObject)->GetInterface(recorderObject, SL_IID_RECORD, &recorderRecord);

        (*recorderObject)->GetInterface(recorderObject,
            SL_IID_ANDROIDSIMPLEBUFFERQUEUE, &recorderBufferQueue);
        (*recorderBufferQueue)->RegisterCallback(
            recorderBufferQueue, bqRecorderCallback,rec_data);
        (*recorderRecord)->SetRecordState(recorderRecord, SL_RECORDSTATE_RECORDING);
    }

    void read_record_data_task(){
        while(1){
            (*recorderBufferQueue)->Enqueue(recorderBufferQueue,
            rec_data->buffer, rec_data->frame_size);
        }
```

```
114 }
115 int main(intargc, char * const argv[]){
116     if(argc <5){
117         printf("usage:./test /sdcard/test.pcm sample_rate channel format\n");
118         return -1;
119     }
120
121     FILE * file = fopen(argv[1], "w");
122
123     rec_data->file = file;
124     rec_data->sample = atoi(argv[2]);
125     rec_data->channel = atoi(argv[3]);
126     rec_data->format = atoi(argv[4]);
127     rec_data->frame_size = FRAMES_SIZE;
128     memcpy(rec_data->path_name, argv[1], strlen(argv[1]));
139     opensl_record(rec_data->sample, rec_data->channel, rec_data->format);
130
131     thread t1(read_record_data_task);
132     t1.join();
133     return 0;
134 }
```

在 main 函数中首先将录音需要的文件名、采样率、通道数、采样格式等信息通过 argv 参数传递给 opensl_record 函数，在 opensl_record 函数中的主要工作与播放过程中的基本一致。

第 50～54 行，首先使用 slCreateEngine 函数创建 OpenSL ES 引擎，接着实现引擎函数，这一步其实是一些回调函数初始化工作，然后获取创建其他对象所需的引擎接口。

第 58～85 行将传入的采样率、通道数、采样格式进行转换，应将其转换成 OpenSL ES 需要的格式，在 format_pcm 结构体中，其成员变量 formatTyp 表示音频格式类型，这里设置的是 SL_DATAFORMAT_PCM，对应的是采集 PCM 原始数据。numChannels 表示通道数，通常设置为单通道或立体声式。bitsPerSample 表示采样格式，通常设置为 16 位，containerSize 表示容器大小，通常和 bitsPerSample 的设置一致。channelMask 为通道掩码。

在第 60～76 行做掩码转换。endianness 表示数据格式，设置为小端模式。

第 96～106 行首先调用 CreateAudioRecorder 函数创建录音机，然后调用 Realize 函数实现录音机、获取接口、注册回调函数、开始录音等操作。开始录音以后调用 Enqueue 将缓冲区编入队列，当有数据时便会调用已经注册的回调函数 bqRecorderCallback，在回调函数中将音频数据写入文件，以便用来检验音频数据是否有效。为了不使 bqRecorderCallback 回调函数阻塞主进程，应将录音数据处理函数放在一个线程中去执行,以减少等待时间,提高录音效率。

2. Android.bp 编译脚本

```
cc_binary {
    name:"opensl_es_record",
    srcs:["opensl_es_record.cpp"],

    shared_libs:[
        "libutils",
        "liblog",
        "libandroid",
        "libOpenSLES",
    ],
    cflags:[
    "-Werror",
    "-Wall",
    "-Wno-unused-parameter",
    "-Wno-unused-variable",
    "-Wno-deprecated-declarations",
    "-Wno-unused-function",
    "-Wno-implicit-function-declaration",
    ],
}
```

Android.bp 编译脚本,用来编译 opensl_es_record.cpp 源文件。

接下来编译上述源代码,然后在设备上运行来查看效果。

```
#mm -j12
```

编译成功后,在 out/target/product/blueline/system/bin 目录下会看到应用程序 opensl_es_record,然后将应用程序复制到 Android 设备上运行,看看 test.pcm 是否正常播放。

```
130|blueline:/data/debug # ./opensl_es_record /sdcard/Music/test.pcm 16000 1 16
Write file: /sdcard/Music/test.pcm
```

在 Android 12 源码、设备 pixel 3 环境验证,录制 16 kHz、单通道、16 位的音频数据,录制成功后导出音频文件,可以正常播放出来。

经过测试,Android 12 已经支持大于两个声道以上的录音,Android 12 最大支持 12 个通道,但是需要底层硬件设备的支持。这也是一个 Android 迭代中的改进策略,Android 7.1 是不支持的,需要修改其源码来支持。

3. 在 Android 12 中修改 OpenSL ES 源码支持 native 录音

虽然在上一步中看到 OpenSL ES 已经可以正常录音,但实际上作者在源码中做了修改，因为 Andoroid 12 会对访问麦克风的 uid 和 pid 进行检测，不符合策略的一律使其静音，在开发中也遇到了此问题，下了不少功夫才修复此问题。

在访问麦克风时，在 Android 比较老的版本中，AudioRecord 默认传入的参数为 AUDIO_SOURCE_MIC 类型，但是在 Android 12 中必须传入 AUDIO_SOURCE_HOTWORD，它可以优先使用音频源，在没有 UI 的后台程序时使用，因为 AUDIO_SOURCE_HOTWORD 对于程序允许捕获时不在顶端，如果 native 使用正常的 AUDIO_SOURCE_MIC 来录音，会导致录音后没有声音。

下面是 AudioPolicyService 服务对 AUDIO_SOURCE_HOTWORD 标志判断的操作。

<1>. frameworks/av/services/audiopolicy/service/AudioPolicyService. cpp

```
void AudioPolicyService::updateUidStates_l(){
    bool isA11yOnTop = mUidPolicy->isA11yOnTop();
    if (current->attributes.source != AUDIO_SOURCE_HOTWORD) {
        onlyHotwordActive = false;
    }
    else if (source == AUDIO_SOURCE_HOTWORD) {
        if (onlyHotwordActive
    && canCaptureIfInCallOrCommunication(current)) {
            allowCapture = true;
        }
    }

    setAppState_l(current,allowCapture ?
        apmStatFromAmState(mUidPolicy->getUidState(currentUid)) :
        APP_STATE_IDLE);
}

void AudioPolicyService::setAppState_l(sp<AudioRecordClient>client, app_state_t state)
{
    sp<IAudioFlinger>af = AudioSystem::get_audio_flinger();
    if (af) {
        bool silenced = state == APP_STATE_IDLE;
        if (client->silenced != silenced) {
            if (client->active) {
                if (silenced) {
    finishRecording(client->attributionSource, client->attributes.source);
            } else {
            af->setRecordSilenced(client->portId, silenced);
            client->silenced = silenced;
        }
    }
```

在函数 AudioPolicyService::updateUidStates_l 中，判断 source 是否等于 AUDIO_

SOURCE_HOTWORD 标志，如果是，则进入 if 判断，最终 allowCapture = true，接着调用 setAppState_l 函数。

在函数 setAppState_l 中，首先判断 client-> silenced != silenced 是否为真，如果为真，则进入 if 语句，然后调用 af-> setRecordSilenced 函数，这会导致录制的音频因静音而没有声音。可以看一下 setRecordSilenced 的实现，它真正的执行是在 AudioFlinger 中。它的实现如下所示。

<2>. frameworks/av/services/audioflinger/AudioFlinger. cpp

```
void AudioFlinger::setRecordSilenced(
        __unusedaudio_port_handle_t portId,
        __unused bool silenced)
{
    AutoMutex lock(mLock);
    for (size_t i = 0; i <mRecordThreads.size(); i++) {
        mRecordThreads[i]-> setRecordSilenced(portId, silenced);
    }
    for (size_t i = 0; i <mMmapThreads.size(); i++) {
        mMmapThreads[i]-> setRecordSilenced(portId, silenced);
    }
}
```

函数 setRecordSilenced 为静音函数，经过此函数处理过的录音数据是静音文件。

既然知道了导致 OpenSL ES 不能正常录音的原因，那么就需要对 OpenSL ES 源码进行修改，修改位置如下所示。

<3>. frameworks/wilhelm/src/android/AudioRecorder_to_android. cpp

```
1   SLresult android_audioRecorder_realize(CAudioRecorder * ar,
2               SLboolean async) {
3       SL_LOGV("android_audioRecorder_realize(%p) entering", ar);
4
5       SLresult result = SL_RESULT_SUCCESS;
6
7   + ar-> mRecordSource = AUDIO_SOURCE_HOTWORD;
8
9       assert(ar-> mDataSink. mLocator. mLocatorType == SL_DATALOCATOR_ANDROIDSIMPLEBUFFER-
    QUEUE);
10          const SLDataFormat_PCM * df_pcm = &ar-> mDataSink. mFormat. mPCM;
11      }
```

在函数 android_audioRecorder_realize 中，添加第 7 行代码，使默认的 AudioRecord 输入源改为 AUDIO_SOURCE_HOTWORD 标志，即可在 Android 12 版本中使用 OpenSL ES Native 代码正常录音。

2.8 AAudioService 原理与实战

➢ 阅读目标：

❶ 理解 AAudioService 服务基本用法。

❷ 理解 AAudioService 与 OpenSL ES 基本用法的区别。

在 2.5 节分析 AAudioService 服务注册过程时已经大概介绍过 AAudio，AAudio 是比较易用的高性能音频库，它的目的是要替换 OpenSL ES 引擎，因为 OpenSL ES 引擎使用起来过于复杂。

通过 2.7 节 OpenSL ES 原理与实战的讲解，可以了解到 OpenSL ES 理解起来和使用起来都比较复杂，所以谷歌又在 Android 系统的迭代中开发了新的替代项目。AAudio 更简单易用且高效，它仅支持播放和录制音频原始 PCM 数据，不具备编解码功能。但是，OpenSL ES 具有编解码能力，可以播放 mp3、aac、wav 等格式的文件。

接下来还是按照先分析原理，再讲解实战例子的方式，来分析 AAudio 原理，一步步地深入理解其工作过程。

2.8.1 Android 平台 AAudio 支持的功能

1. AAudio 支持的音频采样格式

AAudio 所支持的音频采样格式如下：

AAUDIO_FORMAT_PCM_I16；

AAUDIO_FORMAT_PCM_FLOAT；

AAUDIO_FORMAT_PCM_I24_PACKED；

AAUDIO_FORMAT_PCM_I32。

2. AAudio 音频流共享模式

音频流共享模式分为 AAUDIO_SHARING_MODE_EXCLUSIVE 和 AAUDIO_SHARING_MODE_SHARED。

(1) AAUDIO_SHARING_MODE_EXCLUSIVE

该模式表示音频流对其音频设备进行独占访问，该设备不可供任何其他音频流使用。如果音频设备已在使用当中，则音频流可能无法对其进行独占访问。独占音频流的延迟时间往往较短，但连接断开的可能性也较大。如果不再需要独占音频流，应尽快予以关闭，以便其他应用访问该设备。独占音频流可以最大限度地缩短延迟时间。

(2) AAUDIO_SHARING_MODE_SHARED

该模式允许 AAudio 混音，AAudio 会将分配给同一设备的所有共享流混音，默认情况下为 AAUDIO_SHARING_MODE_SHARED 模式。

3. AAudio 设置性能模式

AAudio 有三种模式。

(1) AAUDIO_PERFORMANCE_MODE_NONE

该模式是系统默认设置的模式，这种模式适用于在延迟时间与节能之间取得平衡的基本流。

(2) AAUDIO_PERFORMANCE_MODE_LOW_LATENCY

该模式使用较小的缓冲区和经优化的数据路径，以减少延迟时间，例如游戏或键盘合成器。

(3) AAUDIO_PERFORMANCE_MODE_POWER_SAVING

该模式使用较大的内部缓冲区，以及以延迟时间为代价换取节能优势的数据路径，例如流式音频或 MIDI 文件播放器。

通过调用函数 setPerformanceMode 来选择性能模式，通过调用 getPerformanceMode 函数来获取当前的模式。

2.8.2 AAudio 引擎播放音频过程

本小节从 AAudio 播放的过程来讲解它的工作原理，从点到面讲解它的运行过程，让读者由浅入深地掌握它在 Android 系统中发挥的作用。AAuido 和 OpenSL ES 相对来说使用简单，但是其工作过程却不简单。接下来我们将一步步分析其每个功能的作用，以及如何在 native 层面高效地使用它。AAudio 引擎播放音频过程及关键函数如图 2-39所示。

AAudio 引擎播放音频是有限制的，AAudio 引擎只支持 PCM 原始数据播放，所以测试时需要准备一个 PCM 数据的音频文件，只是采样率、采样格式、通道数都有限制。接下来先分析 AAudio 播放的工作过程，在熟悉它的工作流程后，再分析它的使用和限制。

1. 创建 AudioStreamBuilder 过程

```
AAudio_createStreamBuilder(&builder);
```

AAudio_createStreamBuilder 的主要工作是创建 AudioStreamBuilder 对象，然后将其转换为 Audio_createStreamBuilder 类型；当再调用的时候，需要将其类型转换回来。所以 AAudio_createStreamBuilder 的主要工作分为两步：

- 第一步：创建 AudioStreamBuilder 对象。
- 第二步：将 AudioStreamBuilder 对象类型转换为 AAudio_createStreamBuilder 类型。

接下来详细讲解每一个步骤。为了便于理解 AudioStreamBuilder 所处的位置，先看一下 AudioStreamBuilder 类关系图，如图 2-40 所示。

通过图 2-40 可以看出，AudioStreamBuilder 的交互过程还是比较复杂的。下面

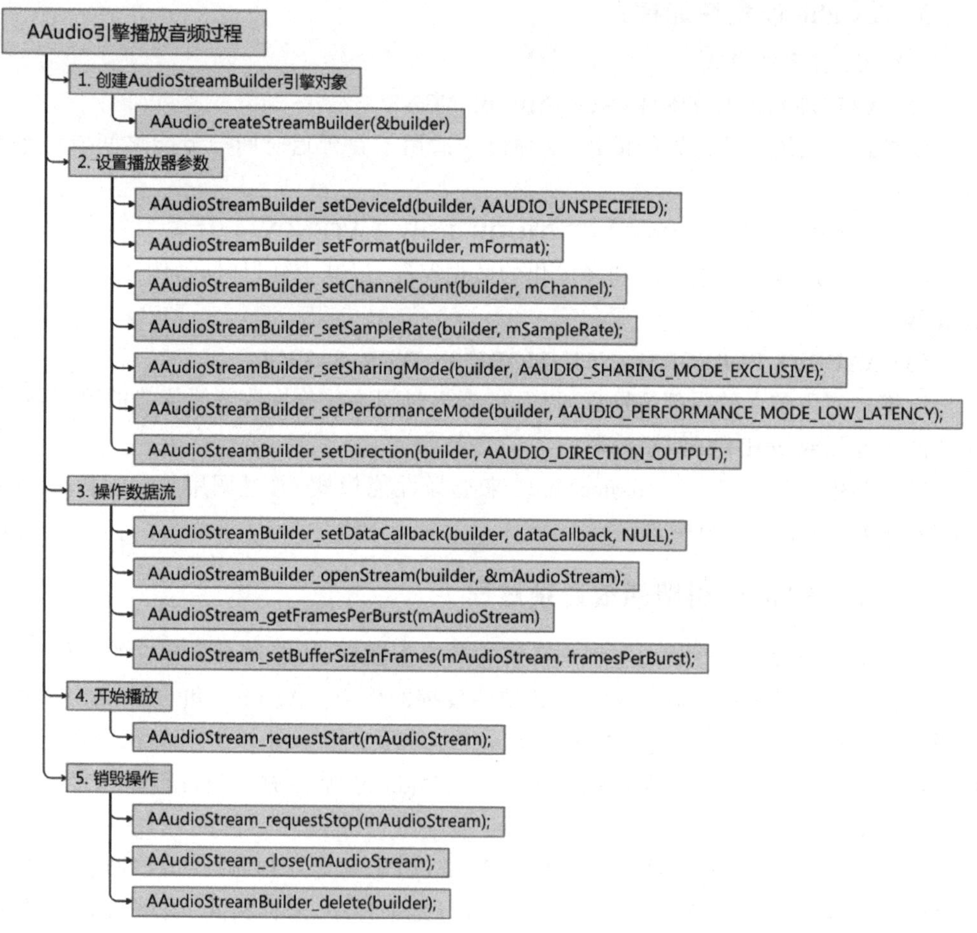

图 2-39　AAudio 引擎播放音频过程及关键函数

通过对 AudioStreamBuilder 引擎播放过程的分析拆解，来了解其内部结构和运行原理。

➢ 第一步：创建 AudioStreamBuilder 对象。

<1>. frameworks/av/media/libaaudio/src/core/AAudioAudio. cpp

```
AAUDIO_APIaaudio_result_t AAudio_createStreamBuilder(AAudioStreamBuilder * * builder)
{
    AudioStreamBuilder *audioStreamBuilder = new(std::nothrow) AudioStreamBuilder();
    if (audioStreamBuilder == nullptr) {
        return AAUDIO_ERROR_NO_MEMORY;
    }
    *builder = (AAudioStreamBuilder *) audioStreamBuilder;
    return AAUDIO_OK;
}
```

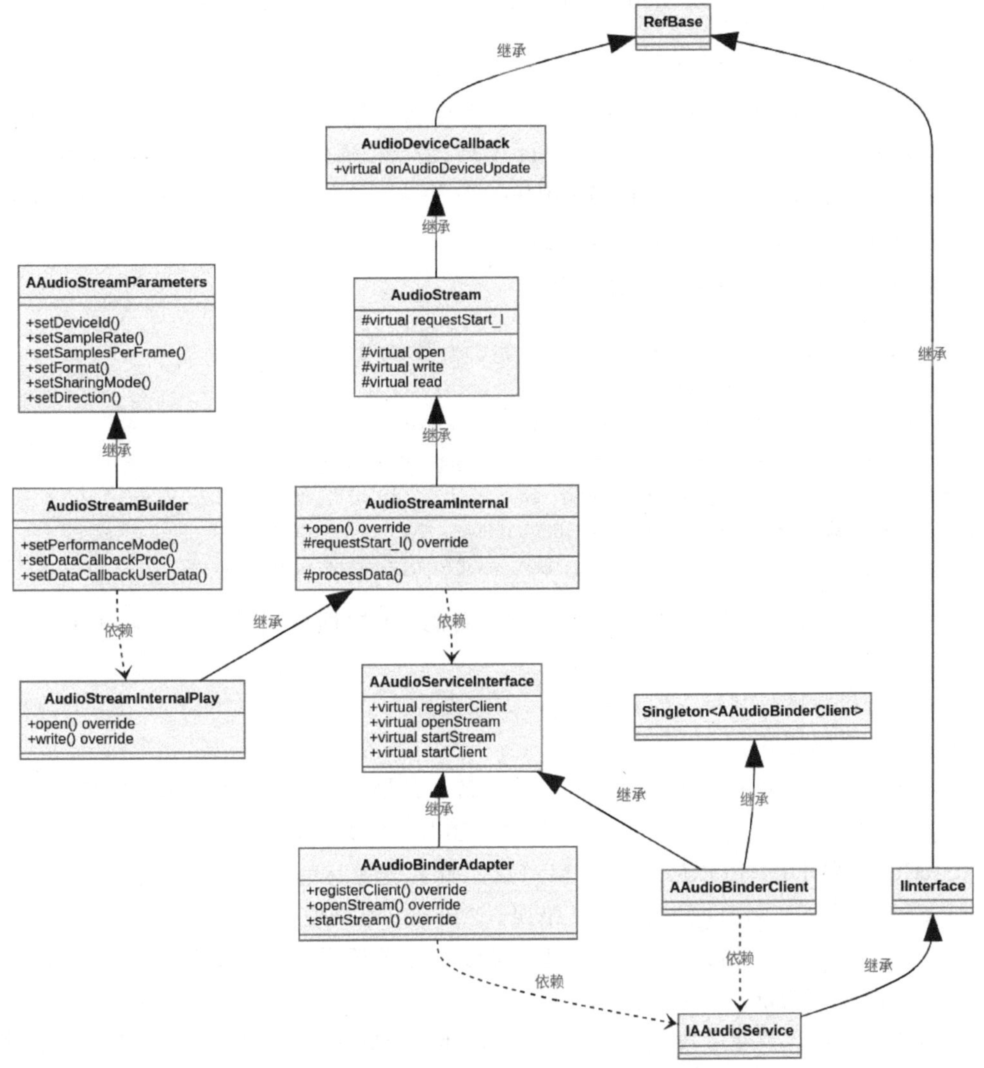

图 2-40 AudioStreamBuilder 类关系图

在函数 AAudio_createStreamBuilder 中,第 3 行创建 AudioStreamBuilder 类对象,在它里面真正创建 AAudio 引擎,然后可以进行播放、录音、设置参数等操作。由图 2-40 可知,AudioStreamBuilder 类继承自 AAudioStreamParameters 类,在 AAudioStreamParameters 类实现函数中,会对 AudioStreamBuilder 设置的参数进行有效性判断,如果参数超过系统设定的阈值,则返回错误。

➢ 第二步:将 AudioStreamBuilder 对象类型转换为 AAudio_createStreamBuilder 类型。

在函数 AAudio_createStreamBuilder 中,第 7 行将 AudioStreamBuilder 类型转换为 AAudioStreamBuilder 类型。根据 AAudioStreamBuilder 的定义,其实它是一个结构体,并且只有定义,而没有实现。它的定义如下所示。

<1>. frameworks/av/media/libaaudio/include/aaudio/AAudio.h

```
typedef struct AAudioStreamBuilderStruct  AAudioStreamBuilder;
```

AAudioStreamBuilder 的作用相当于一个全局变量，将 AudioStreamBuilder 实例化后的对象转换成 AAudioStreamBuilder 类型，最后传递出去供外部使用；当再需要调用 AudioStreamBuilder 类中的成员函数和成员变量时，需要再将 AAudioStreamBuilder 类型转换成 AudioStreamBuilder 类型。

2. 设置 AAudio 播放参数过程

```
1  AAudioStreamBuilder_setDeviceId(builder, AAUDIO_UNSPECIFIED);
2  AAudioStreamBuilder_setFormat(builder, mFormat);
3  AAudioStreamBuilder_setChannelCount(builder, mChannel);
4  AAudioStreamBuilder_setSampleRate(builder, mSampleRate);
5  AAudioStreamBuilder_setSharingMode(builder, AAUDIO_SHARING_MODE_EXCLUSIVE);
6  AAudioStreamBuilder_setPerformanceMode(builder, AAUDIO_PERFORMANCE_MODE_LOW_LATENCY);
7  AAudioStreamBuilder_setDirection(builder, AAUDIO_DIRECTION_OUTPUT);
```

AAudio 引擎需要设置的参数有：音频设备的 ID、数据格式、通道数、采样率、数据流共享模式、设备数据流方向、性能模式。

第 1 行设置播放时所选的音频设备，如果设置为 AAUDIO_UNSPECIFIED，则表示使用默认音频设备。

第 2 行设置音频采样格式，AAudio 只支持 4 种格式，分别是 AUDIO_FORMAT_PCM_16_BIT、AUDIO_FORMAT_PCM_32_BIT、AUDIO_FORMAT_PCM_24_BIT_PACKED、AAUDIO_FORMAT_PCM_I32。如果设置其他格式，则报错返回 AAUDIO_ERROR_INVALID_FORMAT 错误。Android 官网说 AAudio 还支持 AAUDIO_FORMAT_IEC61937 格式，但是作者基于 AOSP12 源码没有找到这种格式，所以还是以 AOSP12 源码为准。

第 3 行设置音频通道数，最小通道数是 SAMPLES_PER_FRAME_MIN=1，最大通道数是 SAMPLES_PER_FRAME_MAX=12。如果设置超过 12 的最大通道数，则返回 AAUDIO_ERROR_OUT_OF_RANGE 错误。

第 4 行设置采样率，最小采样率支持 SAMPLE_RATE_HZ_MIN=8 000，最大采样率支持 SAMPLE_RATE_HZ_MAX= 1 600 000。如果超出范围，则返回 AAUDIO_ERROR_INVALID_RATE 错误。

第 5 行设置共享模式，它分为 AAUDIO_SHARING_MODE_EXCLUSIVE 独占模式和 AAUDIO_SHARING_MODE_SHARED 共享模式，在 2.7.1 小节已经介绍过，这里不再赘述。

第 6 行设置高性能模式，它支持 3 种模式：AAUDIO_PERFORMANCE_MODE_NONE 表示默认模式；AAUDIO_PERFORMANCE_MODE_POWER_SAVING 表示低功耗模式，设置此模式可以延长电池使用时间；AAUDIO_PERFORMANCE_

MODE_LOW_LATENCY 表示高性能模式，虽然可以减少音频延迟，但是会加速电池的消耗。

第 7 行设置音频数据的输出方向，AAUDIO_DIRECTION_OUTPUT 表示音频数据将传输出设备，比如通过扬声器输出播放；AAUDIO_DIRECTION_INPUT 表示音频数据将传入到设备中，比如通过麦克风输入录音。

这 7 个参数设置调用的函数的路径都是一样的，所以分析一个接口的调用过程，就等于明白了 7 个接口。下面以 AAudioStreamBuilder_setDeviceId 设置设备 ID 举例，来分析它的流程。AAudioStreamBuilder_setDeviceId 设置过程如图 2-41 所示。

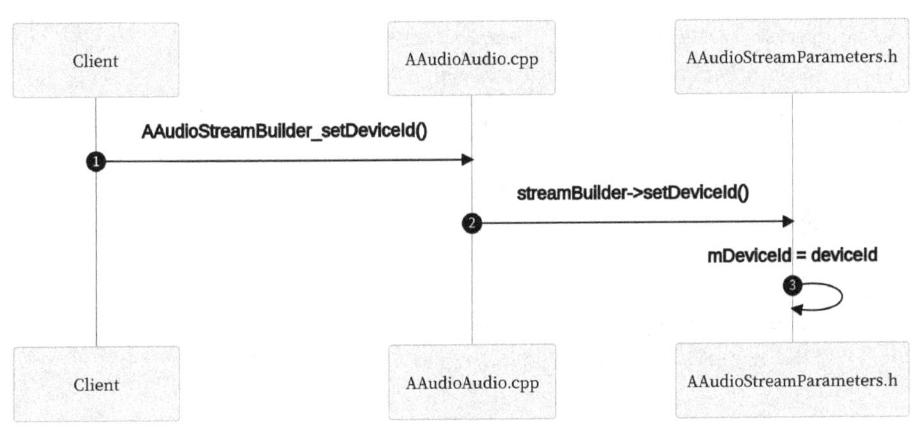

图 2-41　AAudioStreamBuilder_setDeviceId 设置过程

在 AAudioStreamBuilder_setDeviceId 函数中，首先将 AAudioStreamBuilder 对象的 builde 通过 convertAAudioBuilderToStreamBuilder 函数转换成 AudioStreamBuilder 类型，然后调用它的成员函数 setDeviceId 设置设备 ID。AAudioStreamBuilder_setDeviceId 函数的实现如下所示。

<1>. frameworks/av/media/libaaudio/src/core/AAudioAudio. cpp

```
AAUDIO_API void AAudioStreamBuilder_setDeviceId(
    AAudioStreamBuilder * builder,
    int32_t deviceId)
{
    AudioStreamBuilder * streamBuilder = convertAAudioBuilderToStreamBuilder(builder);
    streamBuilder->setDeviceId(deviceId);
}
```

可以看出，builder 转换成 AudioStreamBuilder 类型以后，调用它的成员函数 setDeviceId。setDeviceId 函数的实现如下所示。

<2>. frameworks/av/media/libaaudio/src/core/AAudioStreamParameters. h

```
class AAudioStreamParameters {
public:
```

```
3      AAudioStreamParameters();
4      virtual ~AAudioStreamParameters();
5      void setDeviceId(int32_t deviceId) {
6          mDeviceId = deviceId;
7      }
8
9      void setSampleRate(int32_t sampleRate) {
10         mSampleRate = sampleRate;
11     }
12
13     void setSamplesPerFrame(int32_t samplesPerFrame) {
14         mSamplesPerFrame = samplesPerFrame;
15     }
16
17     void setFormat(audio_format_t audioFormat) {
18         mAudioFormat = audioFormat;
19     }
20
21     void setSharingMode(aaudio_sharing_mode_t sharingMode) {
22         mSharingMode = sharingMode;
23     }
24 };
```

从图 2 - 40 所示的关系图可知，AudioStreamBuilder 类继承自 AAudioStreamParameters 类，所以 AudioStreamBuilder 调用它的成员函数 setDeviceId，其实会调用它的父类的 setDeviceId 函数。

第 6 行将传入进来的 deviceId 赋值给成员变量 mDeviceId，其他参数也是一样的方式。比如：第 21 行 setSharingMode 函数设置共享模式也是一样的，将 sharingMode 传给成员变量 mSharingMode，这些参数其实保存在 AAudioStreamParameters 的成员变量中，当调用 AAudioStreamBuilder_openStream 函数时，通过 AAudioStreamParameters 类的 getDeviceId 函数取出来使用，因为这些成员变量被定义为私有的，定义如下所示。

```
class AAudioStreamParameters {
public:
    AAudioStreamParameters();
private:
    int32_t                   mSamplesPerFrame     = AAUDIO_UNSPECIFIED;
    int32_t                   mSampleRate          = AAUDIO_UNSPECIFIED;
    int32_t                   mDeviceId            = AAUDIO_UNSPECIFIED;
    aaudio_sharing_mode_t     mSharingMode         = AAUDIO_SHARING_MODE_SHARED;
};
```

3. AAudio 设置数据流

```
1  AAudioStreamBuilder_setDataCallback(builder, dataCallback, NULL);
2  AAudioStreamBuilder_openStream(builder, &mAudioStream);
3  int framesPerBurst = AAudioStream_getFramesPerBurst(mAudioStream);
4  AAudioStream_setBufferSizeInFrames(mAudioStream, framesPerBurst);
```

第1行 AAudioStreamBuilder_setDataCallback 注册回调函数，第一个参数是 AAudioStreamBuilder 的指针对象 builder，用于与 AudioStreamBuilder 类型转换。第二个参数是回调函数，通过调用成员函数 setDataCallbackProc 将 dataCallback 传给成员变量 mDataCallbackProc，它是一个函数指针。当有数据时，底层会主动通过 dataCallback 回调函数返回给上层数据。第三个参数是用户数据，这里设置为空。

第2行是 AAudioStreamBuilder_openStream 打开数据流过程，这里分为普通数据流传输和共享内存传输。下面会重点分析它的工作原理。

第3～4行获取缓冲区大小，设置最小缓冲区大小，这样可以减少传输过程中的延迟。

AAudioStreamBuilder_openStream 打开音频流的主要工作分为两步：

- 第一步：AAudio 通过 AudioTrack 方式打开音频流。
- 第二步：AAudio 通过独占模式打开音频流。

接下来详细讲解每一个步骤。图2-42所示是 AAudio 通过 AudioTrack 方式打开音频流。

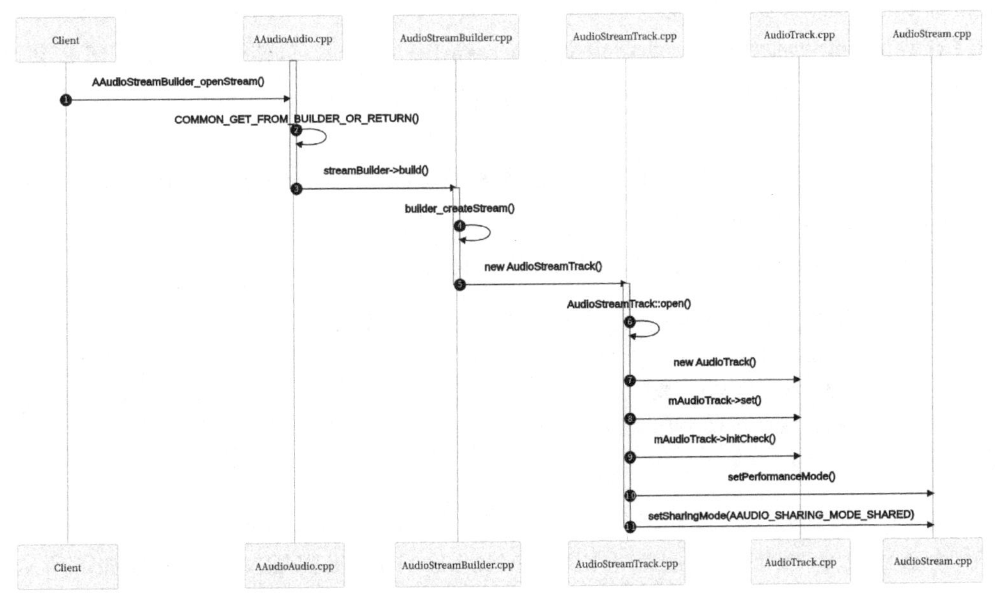

图2-42 AAudio 通过 AudioTrack 方式打开音频流

通过图2-42可以看出，AAudio 使用传统的播放方式打开音频设备，然后向设备设置参数，接下来分析其详细过程。

➢ 第一步：AAudio 通过 AudioTrack 方式打开音频流。

<1>. frameworks/av/media/libaaudio/src/core/AAudioAudio. cpp

```
1  AAUDIO_API aaudio_result_t  AAudioStreamBuilder_openStream(
2      AAudioStreamBuilder * builder,
3      AAudioStream * * streamPtr)
4  {
5      AudioStream * audioStream = nullptr;
6      aaudio_stream_id_t id = 0;
7
8      AudioStreamBuilder * streamBuilder = COMMON_GET_FROM_BUILDER_OR_RETURN(streamPtr);
9      aaudio_result_t result = streamBuilder->build(&audioStream);
10     if (result == AAUDIO_OK) {
11         * streamPtr = (AAudioStream * ) audioStream;
12         id = audioStream->getId();
13     } else {
14         * streamPtr = nullptr;
15     }
16     return result;
17 }
```

在 AAudioStreamBuilder_openStream 函数中，第 8 行将 AAudioStream 类型的二级指针 streamPtr 传给宏函数 COMMON_GET_FROM_BUILDER_OR_RETURN，或许有些读者会感觉很奇怪，明明定义的 streamPtr 指针为空，传进来空指针怎么会返回出 AudioStreamBuilder 的实例呢？不是应该将 AAudioStreamBuilder 类型的 builder 指针传进去，转换成 AudioStreamBuilder 类型指针吗？

带着这些问题，我们接着往下看。首先来看 COMMON_GET_FROM_BUILDER_OR_RETURN 宏函数的实现，如下所示。

<2>. frameworks/av/media/libaaudio/src/core/AAudioAudio. cpp

```
1  #define COMMON_GET_FROM_BUILDER_OR_RETURN(resultPtr) \
2      CONVERT_BUILDER_HANDLE_OR_RETURN() \
3      if ((resultPtr) == nullptr) { \
4          return AAUDIO_ERROR_NULL; \
5      }
```

在 COMMON_GET_FROM_BUILDER_OR_RETURN 宏函数中，第 2 行又定义了一个宏函数 CONVERT_BUILDER_HANDLE_OR_RETURN，它的实现如下所示。

<3>. frameworks/av/media/libaaudio/src/core/AAudioAudio. cpp

```
#define CONVERT_BUILDER_HANDLE_OR_RETURN() \
    convertAAudioBuilderToStreamBuilder(builder);
```

通过上面的代码可以看出，COMMON_GET_FROM_BUILDER_OR_RETURN 宏函数内部调用了函数 convertAAudioBuilderToStreamBuilder，传入的参数就是 AAudioStreamBuilder_openStream 函数的第一个参数，即 AAudioStreamBuilder 定义的 builder 指针。接着往下看 convertAAudioBuilderToStreamBuilder 的实现，如下所示。

<4>. frameworks/av/media/libaaudio/src/core/AAudioAudio. cpp

```
static AudioStreamBuilder * convertAAudioBuilderToStreamBuilder(
    AAudioStreamBuilder * builder)
{
    return (AudioStreamBuilder * ) builder;
}
```

在 convertAAudioBuilderToStreamBuilder 类型转换函数中，正是我们所预料的，将传进来的 builder 指针对象转换成 AudioStreamBuilder 类指针，用来调用它自己的功能函数。所以在遇到宏函数时，第一步要做的就是将它全部展开，因为这样才能看到它的全貌，到这里我们已经看到了返回的是 AudioStreamBuilder 类指针对象。下面我们看它接下来做什么。

回到 AAudioStreamBuilder_openStream 函数的第 9 行，调用 AudioStreamBuilder 类的成员函数 build，在 build 函数中打开音频设备后，尝试使用共享内存的独占模式来与上层传输音频数据，如果不成功，则退回传统的方式来传输。build 函数的实现如下所示。

<5>. frameworks/av/media/libaaudio/src/core/AudioStreamBuilder. cpp

```
aaudio_result_t AudioStreamBuilder::build(AudioStream * * streamPtr) {
    aaudio_result_t result = validate();
    if (result != AAUDIO_OK) {
        return result;
    }
    aaudio_policy_t mmapPolicy = AudioGlobal_getMMapPolicy();

    if (mmapPolicy == AAUDIO_UNSPECIFIED) {
        mmapPolicy = AAudioProperty_getMMapPolicy();
    }

    if (mmapPolicy == AAUDIO_UNSPECIFIED) {
        mmapPolicy = AAUDIO_MMAP_POLICY_DEFAULT;
    }

    int32_t mapExclusivePolicy = AAudioProperty_getMMapExclusivePolicy();
    if (mapExclusivePolicy == AAUDIO_UNSPECIFIED) {
```

```
        mapExclusivePolicy = AAUDIO_MMAP_EXCLUSIVE_POLICY_DEFAULT;
    }

    aaudio_sharing_mode_t sharingMode = getSharingMode();
    if ((sharingMode == AAUDIO_SHARING_MODE_EXCLUSIVE)
        && (mapExclusivePolicy == AAUDIO_POLICY_NEVER)) {
        sharingMode = AAUDIO_SHARING_MODE_SHARED;
        setSharingMode(sharingMode);
    }

    bool allowMMap = mmapPolicy != AAUDIO_POLICY_NEVER;
    bool allowLegacy = mmapPolicy != AAUDIO_POLICY_ALWAYS;

    if (getPerformanceMode() != AAUDIO_PERFORMANCE_MODE_LOW_LATENCY) {
        allowMMap = false;
    }

    if (getSessionId() != AAUDIO_SESSION_ID_NONE) {
        allowMMap = false;
    }

    if (! allowMMap && ! allowLegacy) {
        return AAUDIO_ERROR_ILLEGAL_ARGUMENT;
    }

    setPrivacySensitive(false);
    if (mPrivacySensitiveReq == PRIVACY_SENSITIVE_DEFAULT) {
        aaudio_input_preset_t preset = getInputPreset();
        if (preset == AAUDIO_INPUT_PRESET_CAMCORDER
        || preset == AAUDIO_INPUT_PRESET_VOICE_COMMUNICATION) {
            setPrivacySensitive(true);
        }
    } else if (mPrivacySensitiveReq == PRIVACY_SENSITIVE_ENABLED) {
        setPrivacySensitive(true);
    }

    android::sp<AudioStream> audioStream;
    result = builder_createStream(getDirection(), sharingMode, allowMMap, audioStream);
    if (result == AAUDIO_OK) {
        result = audioStream->open(*this);
        if (result != AAUDIO_OK) {
        bool isMMap = audioStream->isMMap();
```

```
60            if (isMMap && allowLegacy) {
61        result = builder_createStream(getDirection(), sharingMode, false, audioStream);
62        if (result == AAUDIO_OK) {
63            result = audioStream->open( * this);
64        }
66        return result;
67    }
```

在函数 build 中,第 2 行调用 AAudioStreamParameters 中的 validate 成员函数对设备 ID、会话 ID、共享模式、采样率、采样格式等做检查,如果超出范围,则返回相应的错误。

第 6～19 行获取共享内存音频策略,下面会以此判断是否以共享内存的方式传输数据流,可以看到第 28 行 mmapPolicy 不等于 AAUDIO_POLICY_NEVER 为真,则 allowMMap 等于 true,使用共享内存方式传输音频。

第 29 行 mmapPolicy 不等于 AAUDIO_POLICY_ALWAYS 为真,则 allowLegacy 等于 true,使用传统方式传输音频。

第 31 行判断,如果 getPerformanceMode 不等于 AAUDIO_PERFORMANCE_MODE_LOW_LATENCY 低延时模式,则 allowMMap 等于 false。

第 35 行,如果 getSessionId()获取的会话 ID 不等于 AAUDIO_SESSION_ID_NONE,则 allowMMap 等于 false。

第 43～52 行为是否设置隐私敏感模式,但没有明确说明的时候是关闭的。录像机和通信模式下默认是隐私敏感模式。

第 55 行 builder_createStream 函数尝试第一次创建音频流是以共享内存的独占模式,这时候它的第三个参数 allowMMap 等于 true。

第 56 行 result 等于 AAUDIO_OK,则调用它的 open 函数设备。如果 open 函数打开设备失败,则使用传统的方式创建音频流。注意看 builder_createStream 函数的第三个参数为 false,故使用 AudioTrack 的方式。

接下来继续分析 builder_createStream 函数做了哪些工作,这是我们关注的核心。builder_createStream 函数的实现如下所示。

<6>. frameworks/av/media/libaaudio/src/core/AudioStreamBuilder. cpp

```
static aaudio_result_t builder_createStream(
        aaudio_direction_t direction,
        aaudio_sharing_mode_t sharingMode,
        bool tryMMap,
        android::sp<AudioStream>&stream) {
    aaudio_result_t result = AAUDIO_OK;
    switch (direction) {

```

```
9   case AAUDIO_DIRECTION_INPUT://1
10      if (tryMMap) {
11          stream = new AudioStreamInternalCapture(AAudioBinderClient::getInstance(), false);
12          } else {
13          stream = newAudioStreamRecord();
14          }
15          break;
16
17          case AAUDIO_DIRECTION_OUTPUT://0
18          if (tryMMap) {
19              stream = newAudioStreamInternalPlay(AAudioBinderClient::getInstance(), false);
20          } else {
21              stream = newAudioStreamTrack();
22          }
23      return result;
24  }
```

在 builder_createStream 函数中，第 9～14 行是 AAudio 的录音模式。它有两种方式录音，一种是 AudioStreamInternalCapture 共享内存的独占模式，另一种是 AudioStreamRecord 传统模式。

第 17～21 行是 AAudio 的播放模式，AudioStreamTrack 是传统模式，AudioStreamInternalPlay 则是共享内存的独占模式。下面分析的是播放的工作流程，先看 AudioStreamTrack 的工作内容，它的 open 函数的实现如下所示。

<7>. frameworks/av/media/libaaudio/src/legacy/AudioStreamTrack.cpp

```
1 aaudio_result_t AudioStreamTrack::open(const AudioStreamBuilder& builder)
2 {
3     result = AudioStream::open(builder);
4     mAudioTrack = new AudioTrack();
5     mAudioTrack->set(AUDIO_STREAM_DEFAULT,getSampleRate(),format,channelMask,……);
6     setPerformanceMode(actualPerformanceMode);
7     setSharingMode(AAUDIO_SHARING_MODE_SHARED);
8     return AAUDIO_OK;
9 }
```

在 AudioStreamTrack 类的 open 函数中，第 5 行创建 AudioTrack 对象，并通过 set 函数设置已经获取的参数。第 6～7 行设置回调函数、播放模式以及数据流传输模式，到这里 AAudio 通过 AudioTrack 方式打开音频流过程已经完成，下一步等待数据传输给底层。接下来重点讲解 AAudio 独占模式，看它是怎么通过共享内存方式传递数据的。虽然 AudioTrack 也是通过共享内存方式传递数据，但是 AudioTrack 不是以独占模式打开音频设备的。

➤ 第二步:AAudio 通过独占模式打开音频流。

在 builder_createStream 函数中,我们已经将 AudioStreamTrack 实例的 open 过程分析完,那么 AudioStreamInternalPlay 类 open 过程是怎样的呢? 接着往下看。

<1>. frameworks/av/media/libaaudio/src/core/AudioStreamBuilder.cpp

```
1   static aaudio_result_t builder_createStream(
2       aaudio_direction_t direction,
3       aaudio_sharing_mode_t sharingMode,
4       bool tryMMap,
5       android::sp<AudioStream>&stream) {
6       ……
7       case AAUDIO_DIRECTION_OUTPUT:
8           if (tryMMap) {
9               stream = newAudioStreamInternalPlay(AAudioBinderClient::getInstance(), false);
10          } else {
11              stream = newAudioStreamTrack();
12          }
13          break;
14  }
```

接着讲解 AAudio 独占模式的过程。在 builder_createStream 函数中,另一路在第 9 行走实例化 AudioStreamInternalPlay 的路径,为了在开始前有个整体的了解,先看下面的时序图,由于流程太长,将其分解为两个图,分别为图 2-43、图 2-44。

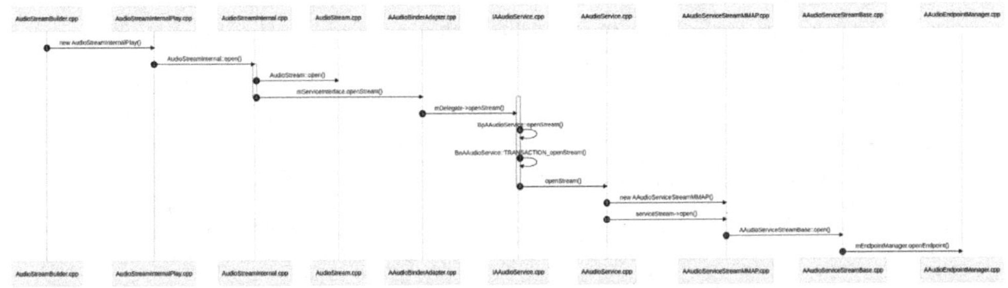

图 2-43 AAudio 独占模式打开音频流(1)

我们先看图 2-43。从 AudioStreamInternalPlay 类的实例化开始,它的成员函数 open 的实现如下所示。

<2>. frameworks/av/media/libaaudio/src/client/AudioStreamInternalPlay.cpp

```
aaudio_result_t AudioStreamInternalPlay::open(const AudioStreamBuilder &builder) {
    aaudio_result_t result = AudioStreamInternal::open(builder);
    if (result == AAUDIO_OK) {
        result = mFlowGraph.configure(getFormat(),
```

```
5            getSamplesPerFrame(),
6            getDeviceFormat(),
7            getDeviceChannelCount());
8
9            if (result != AAUDIO_OK) {
10               safeReleaseClose();
11           }
12           int32_tnumFrames = kRampMSec * getSampleRate() / AAUDIO_MILLIS_PER_SECOND;
13           mFlowGraph.setRampLengthInFrames(numFrames);
14       }
15       return result;
16   }
```

在 open 函数中，第 2 行调用 AudioStreamInternal 类的 open 函数来实现，这是我们要进入分析的路径。第 4～6 行设置格式、采样率、通道数等。第 12～13 行设置采样率，将其限制在通用值，防止其溢出。

<3>. frameworks/av/media/libaaudio/src/client/AudioStreamInternal.cpp

```
aaudio_result_t AudioStreamInternal::open(
        const AudioStreamBuilder &builder) {
        aaudio_result_t result = AAUDIO_OK;
        int32_t framesPerBurst;
        int32_t framesPerHardwareBurst;
        AAudioStreamRequest request;
        AAudioStreamConfiguration configurationOutput;
       ……

        result = AudioStream::open(builder);
        if (result < 0) {
            return result;
        }

        const int32_tburstMinMicros = AAudioProperty_getHardwareBurstMinMicros();
        request.getConfiguration().setFormat(AUDIO_FORMAT_PCM_FLOAT);
        AttributionSourceState attributionSource;
        attributionSource.uid = VALUE_OR_FATAL(android::legacy2aidl_uid_t_int32_t(getuid()));
        attributionSource.pid = VALUE_OR_FATAL(android::legacy2aidl_pid_t_int32_t(getpid()));
        attributionSource.packageName = builder.getOpPackageName();
        attributionSource.attributionTag = builder.getAttributionTag();
        attributionSource.token = sp<android::BBinder>::make();

```

```
24          request.setAttributionSource(attributionSource);
25          request.setSharingModeMatchRequired(isSharingModeMatchRequired());
26          request.setInService(isInService());
27
28          request.getConfiguration().setDeviceId(getDeviceId());
29          request.getConfiguration().setSampleRate(getSampleRate());
30          request.getConfiguration().setSamplesPerFrame(getSamplesPerFrame());
31          request.getConfiguration().setDirection(getDirection());
32          request.getConfiguration().setSharingMode(getSharingMode());
33
34          request.getConfiguration().setUsage(getUsage());
35          request.getConfiguration().setContentType(getContentType());
36          request.getConfiguration().setInputPreset(getInputPreset());
37          request.getConfiguration().setPrivacySensitive(isPrivacySensitive());
38
39          request.getConfiguration().setBufferCapacity(builder.getBufferCapacity());
40
41          mDeviceChannelCount = getSamplesPerFrame()
42
43          mServiceStreamHandle = mServiceInterface.openStream(request, configurationOut-
    put);
44          if (mServiceStreamHandle <0
45                  && request.getConfiguration().getSamplesPerFrame() == 1
46                  && getDirection() == AAUDIO_DIRECTION_OUTPUT
47                  && ! isInService()) {
48              request.getConfiguration().setSamplesPerFrame(2);
49              mServiceStreamHandle = mServiceInterface.openStream(request, configura-
    tionOutput);
50              }
51              if (mServiceStreamHandle <0) {
52                  return mServiceStreamHandle;
53          }
54          result = mEndPointParcelable.resolve(&mEndpointDescriptor);
55      }
```

AudioStreamInternal::open 函数中，第 10 行 open 将 builder 对象中的参数保存到 AudioStream 类的成员变量中，因为 builder 对象的内容有可能被覆盖。第 15 行读取系统属性“aaudio.hw_burst_min_usec”，获取 DMA burst 的最小时间，此处是指 DMA 传输每个 burst 数据的最小时间间隔，通过 getprop 发现是 2 000 μs，这里指 DMA 每 2 000 μs 向 MMAP 缓冲区写一个 burst 的数据，底层获取共享内存数据进行播放。

注意：

DMA burst 传输：

burst：指 DMA 每次传输数据的数量。如需传输 32 个字节，DMA 可能分为 4 次，一次传输 8 个字节，这里的 4 次就称为 burst。

transfer size：指传输数据的位宽。例如 8 位、16 位、32 位等。

burst size：指一次传输几个位宽的数据。

第 15～41 行设置设备属性，例如 18～19 行需要将自己的 uid 和 pid 传入，因为访问声音设备需要做权限检查。

第 43 行调用 openStream 函数实现打开流操作，如果打开失败，第 49 行会重新打开，并从单声道切换到立体声输出。如果再次打开失败，则返回 mServiceStreamHandle 给客户端，mServiceStreamHandle 是一个 int 类型。如果打开成功，则调用 configurationOutput. validate 函数，做输出参数有效性检查。如果 mServiceStreamHandle 不小于 0，则表明 openStream 函数已经打开音频设备。

openStream 函数的主要工作内容可以分为两点：

➢ 打开/dev/snd/ * 音频设备；

➢ 创建共享内存。

openStream 函数的根本任务其实就是以上两点，那么客户端是怎么拿到 fd 的呢？

答案是从 mServiceInterface 对象 getStreamDescription 成员函数获取 fd。其实 mServiceInterface 就是一个 binder 客户端的代理，负责与服务端通信，也就是通过 binder 通信拿到的 fd。

第 54 行调用 resolve 函数做一些映射地址偏移、buffer 大小解析和检查后，上层就可以向从 mmap 出来的缓冲区写入数据，底层拿到以后就可以直接播放。

以上是对 openStream 函数做了一个简单的总结，我们已经了解了它主要是干什么的，下面继续分析它的工作流程。openStream 函数的实现如下所示。

<4 >. frameworks/av/media/libaaudio/src/binding/AAudioBinderAdapter. cpp

```
1  aaudio_handle_t AAudioBinderAdapter::openStream(
2          const AAudioStreamRequest& request,
3      AAudioStreamConfiguration& config) {
4      aaudio_handle_t result;
5      StreamParameters params;
6      Status status = mDelegate->openStream(request.parcelable(),
7          &params,
8          &result);
9      if (! status.isOk()) {
10         result = AAudioConvert_androidToAAudioResult(statusTFromBinderStatus(status));
11     }
12     config = params;
13     return result;
14 }
```

在函数 openStream 中，第 6 行调用 mDelegate 对象的 openStream 实现，其中

mDelegate是AAudioService服务类对象，在IAAudioService.h中定义了纯虚函数openStream，BpAAudioService继承自BpInterface<IAAudioService>，所以调用mDelegate->openStream时首先调用BpAAudioService的openStream函数，在它内部调用remote()->transact(BnAAudioService::TRANSACTION_openStream...)函数进入BnAAudioService::onTransact中所对应的case，对应的case为BnAAudioService::TRANSACTION_openStream。这就是Binder Bpxxx代理到Bnxxx服务端的通信过程。

接着在BnAAudioService中调用openStream(in_request, &out_paramsOut, &_aidl_return)函数，需要注意的是它的参数，这有助于了解在茫茫的代码世界中它下一步的去向，服务端Bnxxx在接到客户端打开数据流的请求后，在服务端去调用真正的执行者，接下来继续看真正打开数据流的执行者在哪里。我们看一下openStream函数的实现。

<5>. frameworks/av/services/oboeservice/AAudioService.cpp

```
Status AAudioService::openStream(
    const StreamRequest &_request,
    StreamParameters * _paramsOut,
    int32_t * _aidl_return) {
    ……
    if (sharingMode == AAUDIO_SHARING_MODE_EXCLUSIVE
    && AAudioClientTracker::getInstance().isExclusiveEnabled(pid)) {
        bool inService = false;
        if (isCallerInService()) {
            inService = request.isInService();
        }
        serviceStream = new AAudioServiceStreamMMAP( * this, inService);
        result = serviceStream->open(request);
        if (result != AAUDIO_OK) {
            ALOGW("openStream(), could not open in EXCLUSIVE mode");
            serviceStream.clear();
        }
    }
    if (sharingMode == AAUDIO_SHARING_MODE_SHARED) {
        serviceStream =  new AAudioServiceStreamShared( * this);
        result = serviceStream->open(request);
    } else if (serviceStream.get() == nullptr && ! sharingModeMatchRequired) {
        aaudio::AAudioStreamRequest modifiedRequest = request;
```

```
27            modifiedRequest.getConfiguration().setSharingMode(AAUDIO_SHARING_MODE_SHARED);
28            serviceStream = new AAudioServiceStreamShared( * this);
29            result = serviceStream->open(modifiedRequest);
30        }
31    }
```

在 AAudioService::openStream 函数中，第 6 行判断变量 sharingMode 是否等于 AAUDIO_SHARING_MODE_EXCLUSIVE，如果相等，则表明是独占模式，进入第 9 行判断当前 uid、pid 是否有权限访问，如果都为真，则返回 true。第 10 行判断当前 AAudioService 服务是否为真，因为流数据是被 AAudioService 服务内部调用打开的。一切就绪后，实例化 AAudioServiceStreamMMAP 类。第 13 行使用独占模式打开数据流，如果打开失败，则做一些清除处理后，第 22 行判断是否是共享模式，如果是共享模式，则创建 AAudioServiceStreamShared 实例。如果 serviceStream 服务为空，并且 sharingModeMatchRequired 为 false，则调用 setSharingMode 设置为共享模式，然后创建 AAudioServiceStreamShared 实例，并打开流数据。

接下来具体分析独占模式打开数据流的过程，因为它是 AAudio 引擎的核心，共享模式流程和独占模式差不多，就不再赘述。AAudioServiceStreamMMAP::open 函数的实现如下所示。

<6>. frameworks/av/services/oboeservice/AAudioServiceStreamMMAP.cpp

```
aaudio_result_t AAudioServiceStreamMMAP::open(
        const aaudio::AAudioStreamRequest &request) {
    sp<AAudioServiceStreamMMAP>keep(this);

    if (request.getConstantConfiguration().getSharingMode() != AAUDIO_SHARING_MODE_EXCLUSIVE) {
            ALOGE("%s()sharingMode mismatch %d", __func__,
            request.getConstantConfiguration().getSharingMode());
            return AAUDIO_ERROR_INTERNAL;
        }

        aaudio_result_t result = AAudioServiceStreamBase::open(request);
        if (result != AAUDIO_OK) {
            return result;
        }

        sp<AAudioServiceEndpoint>endpoint = mServiceEndpointWeak.promote();
        if (endpoint == nullptr) {
            ALOGE("%s() has no endpoint", __func__);
            return AAUDIO_ERROR_INVALID_STATE;
        }
```

```
21
22          result = endpoint->registerStream(keep);
23          if (result != AAUDIO_OK) {
24              return result;
25          }
26          setState(AAUDIO_STREAM_STATE_OPEN);
27      }
```

在函数 AAudioServiceStreamMMAP::open 中，第 5～9 行首先判断是否是独占模式，如果不是，则返回 AAUDIO_ERROR_INTERNAL 错误码。第 11 行传入 request 请求参数打开音频流。

第 16 行将 mServiceEndpointWeak 弱指针提升为强指针，否则有可能释放掉。

第 22 行将 keep 指针对象通过 registerStream 函数存放在 vector <android::sp <AAudioServiceStreamBase>>的 vector 中，keep 作为其元素之一。为什么 AAudioServiceStreamMMAP 类可以直接转换成 AAudioServiceStreamBase 类呢？因为 AAudioServiceStreamMMAP 类继承自 AAudioServiceStreamBase 类。

这时候第 26 行就调用 setState 函数设置 AAUDIO_STREAM_STATE_OPEN 到 AAudioServiceStreamBase 类的成员变量 mState，表示流已经打开，可以开始使用了。

那么 AAudioServiceStreamBase::open 函数做了哪些工作呢？继续往下看。

<7>. frameworks/av/services/oboeservice/AAudioServiceStreamBase.cpp

```
aaudio_result_t AAudioServiceStreamBase::open(
    constaaudio::AAudioStreamRequest &request) {
        AAudioEndpointManager &mEndpointManager = AAudioEndpointManager::getInstance();
        aaudio_result_t result = AAUDIO_OK;

        mMmapClient.attributionSource = request.getAttributionSource();
        mMmapClient.attributionSource.uid = VALUE_OR_FATAL(
            legacy2aidl_uid_t_int32_t(IPCThreadState::self()->getCallingUid()));
        mMmapClient.attributionSource.pid = VALUE_OR_FATAL(
             legacy2aidl_pid_t_int32_t(IPCThreadState::self()->getCallingPid()));

          {
             std::lock_guard<std::mutex> lock(mUpMessageQueueLock);
             if (mUpMessageQueue != nullptr) {
                 ALOGE("%s() called twice", __func__);
                 return AAUDIO_ERROR_INVALID_STATE;
             }

             mUpMessageQueue = std::make_shared<SharedRingBuffer>();
             result = mUpMessageQueue->allocate(sizeof(AAudioServiceMessage),
```

```
21                 QUEUE_UP_CAPACITY_COMMANDS);
22                 if (result != AAUDIO_OK) {
23                     goto error;
24                 }
25
26                 mServiceEndpoint = mEndpointManager.openEndpoint(mAudioService,
27                 request);
28                 if (mServiceEndpoint == nullptr) {
29                     result = AAUDIO_ERROR_UNAVAILABLE;
30                     goto error;
31                 }
32                 mServiceEndpointWeak = mServiceEndpoint;
33                 mFramesPerBurst = mServiceEndpoint->getFramesPerBurst();
34                 copyFrom( * mServiceEndpoint);
35             }
36             return result;
37         }
```

在函数 AAudioServiceStreamBase::open 中，第 3 行首先获取 AAudioEndpointManager 类的实例对象，然后接着将属性、uid 和 pid 存入内部类 AudioClient 的 mMmapClient 对象中，在 AAudioServiceEndpointMMAP 的 open 函数和 startStream 函数中使用。

第 19～23 行在共享内存区域申请一块循环 buffer，用于数据传递。

第 26～33 行首先打开设备操作，接着将 mServiceEndpoint 保存到一个弱指针 mServiceEndpointWeak 中，我们将使用它来访问设备，然后获取 burst 并保存到 mFramesPerBurst 成员变量中。

接下来讲解 mEndpointManager.openEndpoint()函数的实现。

<8>. frameworks/av/services/oboeservice/AAudioEndpointManager.cpp

```
sp<AAudioServiceEndpoint> AAudioEndpointManager::openEndpoint(
        AAudioService &audioService,
    const aaudio::AAudioStreamRequest &request) {
    if (request.getConstantConfiguration().getSharingMode() == AAUDIO_SHARING_MODE_EXCLUSIVE) {
            sp<AAudioServiceEndpoint> endpointToSteal;
            sp<AAudioServiceEndpoint> foundEndpoint =
                openExclusiveEndpoint(audioService, request, endpointToSteal);
            if (endpointToSteal.get()) {
                endpointToSteal->releaseRegisteredStreams();
            }
            return foundEndpoint;
```

```
12          } else {
13              return openSharedEndpoint(audioService, request);
14          }
15      }
```

在函数 AAudioEndpointManager::openEndpoint 中，第 4 行判断当前打开设备的模式是不是独占模式，如果是，则以独占模式打开设备；如果不是，则以共享模式打开设备。我们还是走独占模式这一路径继续往下分析，进入 openExclusiveEndpoint 函数看一下是如何实现的。

<9>. frameworks/av/services/oboeservice/AAudioEndpointManager.cpp

```
sp<AAudioServiceEndpoint> AAudioEndpointManager::openExclusiveEndpoint(
            AAudioService &aaudioService,
        const aaudio::AAudioStreamRequest &request,
        sp<AAudioServiceEndpoint> &endpointToSteal) {

        std::lock_guard<std::mutex> lock(mExclusiveLock);

        const AAudioStreamConfiguration &configuration = request.getConstantConfiguration();

        sp<AAudioServiceEndpoint> endpoint = findExclusiveEndpoint_l(configuration);

        sp<AAudioServiceEndpointMMAP> endpointMMap = new AAudioServiceEndpointMMAP(aaudioService);
        ALOGV("%s(), no match so try to open MMAP %p for dev %d",
        __func__, endpointMMap.get(), configuration.getDeviceId());
        endpoint = endpointMMap;

        aaudio_result_t result = endpoint->open(request);
        if (result != AAUDIO_OK) {
            endpoint.clear();
        } else {
        mExclusiveStreams.push_back(endpointMMap);
        mExclusiveOpenCount++;
        }

        if (endpoint.get() != nullptr) {

            endpoint->setOpenCount(endpoint->getOpenCount() + 1);
            endpoint->setForSharing(request.isSharingModeMatchRequired());
        }

```

```
31        return endpoint;
32    }
```

在 AAudioEndpointManager::openExclusiveEndpoint 函数中，第 8 行找到已经存在的设备，第 12 行实例化 AAudioServiceEndpointMMAP 类。紧接着打开已经存在的音频设备，并将已经打开的 endpointMMap 实例保存在 mExclusiveStreams 中，它的定义为 vector <android::sp <AAudioServiceEndpointMMAP>> 。

第 27 行增加 endpoint 的引用计数。第 28 行如果设备在多个流之间共享，则 setForSharing 的参数为 true；如果是独享，则为 false。

到这里图 2-43 所示部分的流程已经分析完了，下面继续分析图 2-44 所示部分。

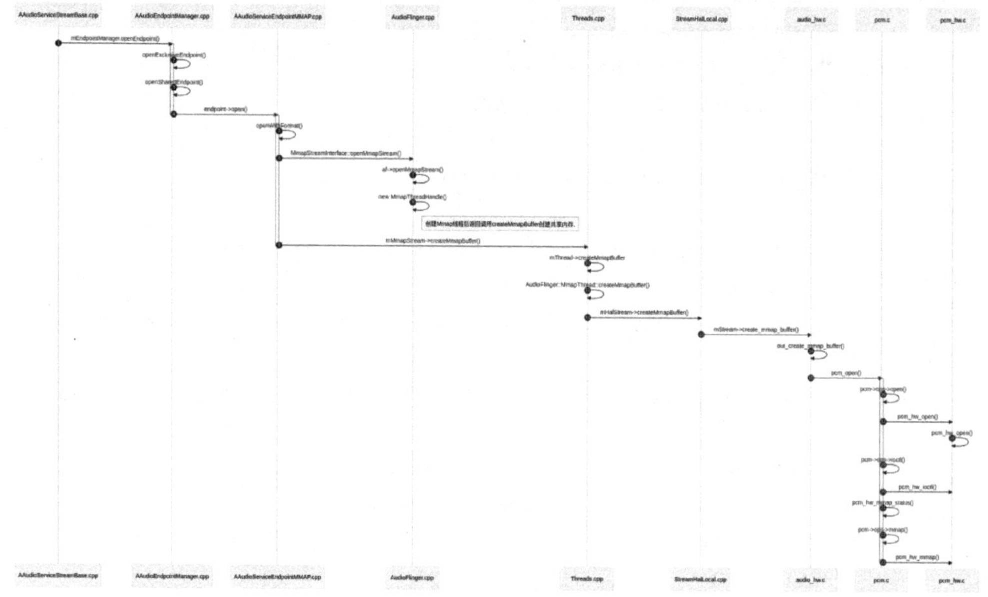

图 2-44　AAudio 独占模式打开音频流(2)

接着从 AAudioEndpointManager::openExclusiveEndpoint 函数中调用 endpoint->open()继续分析讲解，它的实现如下所示。

<10>. frameworks/av/services/oboeservice/AAudioServiceEndpointMMAP. cpp

```
aaudio_result_t AAudioServiceEndpointMMAP::open(
        const aaudio::AAudioStreamRequest &request) {
    audio_format_t audioFormat = getFormat();
    if (audioFormat == AUDIO_FORMAT_PCM_FLOAT) {
        audioFormat = AUDIO_FORMAT_PCM_32_BIT;
    }
    result = openWithFormat(audioFormat);
```

在 AAudioServiceEndpointMMAP::open 函数中，如果 audioFormat 等于 AUDIO_FORMAT_PCM_FLOAT，则将 AUDIO_FORMAT_PCM_32_BIT 赋值给 audioFormat，因为 Float 类型不能直接被 HAL 支持，所以使用 32 bit 格式。

第 7 行 openWithFormat 函数打开设置的格式，如果打开成功，则返回 result。如果打开失败，则继续尝试用 AUDIO_FORMAT_PCM_32_BIT 和 AUDIO_FORMAT_PCM_24_BIT_PACKED 格式打开。

进入 openWithFormat 函数，它的实现如下所示。

<11>. frameworks/av/services/oboeservice/AAudioServiceEndpointMMAP. cpp

```
aaudio_result_t AAudioServiceEndpointMMAP::openWithFormat(
    audio_format_t audioFormat) {
        status_t status = MmapStreamInterface::openMmapStream(……);
        status = mMmapStream->createMmapBuffer(minSizeFrames, &mMmapBufferinfo);
    }
```

在 AAudioServiceEndpointMMAP::openWithFormat 函数中，获取 audio 属性、设备 ID、采样率、音频方向等参数并传入 openMmapStream 函数，通过共享内存方式打开音频流，在 AudioFlinger 创建 MmapThreadHandle 线程后，调用 createMmapBuffer 函数打开设备，创建共享内存。我们先来看 openMmapStream 函数的工作内容。

AudioFlinger::MmapThreadHandle::createMmapBuffer 函数的实现如下所示。

<12>. frameworks/av/services/audioflinger/Threads. cpp

```
1 status_t AudioFlinger::MmapThreadHandle::createMmapBuffer(int32_t minSizeFrames,
2                               struct audio_mmap_buffer_info * info)
3 {
4     return mThread->createMmapBuffer(minSizeFrames, info);
5 }
```

这个函数很简单，第 4 行调用 MmapThread 的成员函数 createMmapBuffer，继续往下执行。

<13>. frameworks/av/services/audioflinger/Threads. cpp

```
status_t AudioFlinger::MmapThread::createMmapBuffer(
        int32_tminSizeFrames,
        struct audio_mmap_buffer_info * info){
    if (mHalStream == 0) {
        return NO_INIT;
    }
    mStandby = true;
    returnm HalStream->createMmapBuffer(minSizeFrames, info);
}
```

在函数 AudioFlinger::MmapThread::createMmapBuffer 中，第 8 行调用 createMmapBuffer，由 Framework 进入 HAL 层。

<14>. frameworks/av/media/libaudiohal/impl/StreamHalLocal. cpp

```
1  status_t StreamOutHalLocal::createMmapBuffer(
2          int32_tminSizeFrames,
3      struct audio_mmap_buffer_info * info) {
4
5          if (mStream->create_mmap_buffer == NULL) return INVALID_OPERATION;
6
7          return mStream->create_mmap_buffer(mStream, minSizeFrames, info);
8      }
```

在 StreamOut::createMmapBuffer 函数中，第 5 行判断 create_mmap_buffer 函数指针是否为空，如果不为空，则不经过 HIDL 的 IPC 通信，直接进入 HAL 层调用 create_mmap_buffer 对应的回调函数实现。

<15>. hardware/qcom/audio/hal/audio_hw. c

```
static int adev_open_output_stream(struct audio_hw_device * dev,
                                   audio_io_handle_t handle,
                                   audio_devices_t devices,
                                   audio_output_flags_t flags,
                                   struct audio_config * config,
                                   struct audio_stream_out * * stream_out,
                                   const char * address __unused)
{
    out->stream.create_mmap_buffer = out_create_mmap_buffer;
}
```

在函数 adev_open_output_stream 中注册回调函数，adev_open_output_stream 函数的实现如下所示。

<16>. hardware/qcom/audio/hal/audio_hw. c

```
static int adev_open_output_stream(struct audio_hw_device * dev,
                                   audio_io_handle_t handle,
                                   audio_devices_t devices,
                                   audio_output_flags_t flags,
                                   struct audio_config * config,
                                   struct audio_stream_out * * stream_out,
                                   const char * address __unused)
{
    ......
    out->stream.create_mmap_buffer = out_create_mmap_buffer;
    ......
}
```

初始时，在 out_create_mmap_buffer 函数中注册回调函数，out_create_mmap_buffer 函数的实现如下所示。

<17>. hardware/qcom/audio/hal/audio_hw. c

```
1  static int out_create_mmap_buffer(const struct audio_stream_out * stream,
2                                    int32_tmin_size_frames,
3                                    struct audio_mmap_buffer_info * info)
4  {
5      if (out->usecase != USECASE_AUDIO_PLAYBACK_MMAP || ! out->standby) {
6          ret = -ENOSYS;
7          goto exit;
8      }
9      out->pcm_device_id = platform_get_pcm_device_id(out->usecase, PCM_PLAYBACK);
10     out->pcm = pcm_open(adev->snd_card, out->pcm_device_id,
11         (PCM_OUT | PCM_MMAP | PCM_NOIRQ | PCM_MONOTONIC), &out->config);
12     ……
13 }
```

在函数 out_create_mmap_buffer 中，判断 usecase 是否等于 USECASE_AUDIO_PLAYBACK_MMAP，接着获取 PCM_PLAYBACK 类型的 device id。第 10～11 行调用 pcm_open 函数打开声卡设备，第一个参数是需要打开声卡设备节点，第二个参数是具体打开哪个设备，第三个参数是以共享内存方式传输数据。

接下来看一下 pcm_open 函数的实现。

<18>. external/tinyalsa/pcm. c

```
struct pcm * pcm_open(unsigned int card, unsigned int device,
                      unsigned int flags, structpcm_config * config)
{
    struct pcm * pcm;
    struct snd_pcm_info info;
    struct snd_pcm_hw_params params;
    struct snd_pcm_sw_params sparams;
    pcm->config = * config;
    pcm->flags = flags;
    pcm->fd = pcm->ops->open(card, device, flags, &pcm->data, pcm->snd_node);
    if (pcm->ops->ioctl(pcm->data, SNDRV_PCM_IOCTL_INFO, &info)) {
        goto fail_close;
    }
    pcm->subdevice = info.subdevice;
    if (pcm->ops->ioctl(pcm->data, SNDRV_PCM_IOCTL_HW_PARAMS, &params)) {
        goto fail_close;
```

```
    }
    rc = pcm_hw_mmap_status(pcm);
}
```

在函数 pcm_open 中，主要做了三件事：打开音频设备；通过 ioctl 向 kernel 设置硬件信息；调用 pcm_hw_mmap_status 创建共享内存。我们接着往下看这些被封装函数的庐山真面目。pcm->ops->open、pcm->ops->ioctl、pcm_hw_mmap_status 会通过回调函数，最后进入 pcm_hw.c 中。再看一下在 pcm_hw.c 文件中对这三个函数的实现。

<19>. external/tinyalsa/pcm_hw.c

```
{
    .open = pcm_hw_open,
    .close = pcm_hw_close,
    .ioctl = pcm_hw_ioctl,
    .mmap = pcm_hw_mmap,
    .munmap = pcm_hw_munmap,
    .poll = pcm_hw_poll,
}
```

注意，pcm->ops->open 对应 pcm_hw_open 函数，pcm->ops->ioctl 对应 pcm_hw_ioctl 函数，以及 pcm_hw_mmap_status 内部调用的 pcm->ops->mmap 对应 pcm_hw_mmap 函数，那么这三个函数的实现分别是什么呢？如下所示。

<20>. external/tinyalsa/pcm_hw.c

```
static int pcm_hw_open(unsigned int card, unsigned int device,
              unsigned int flags, void **data,
              __attribute__((unused)) void *node)
{
    struct pcm_hw_data *hw_data;
    char fn[256];
    int fd;
    hw_data = calloc(1, sizeof(*hw_data));
    snprintf(fn, sizeof(fn), "/dev/snd/pcmC%uD%u%c", card, device,flags & PCM_IN ? 'c' : 'p');
    fd = open(fn, O_RDWR|O_NONBLOCK);
    hw_data->snd_node = node;
    hw_data->card = card;
    hw_data->device = device;
    hw_data->fd = fd;
    *data = hw_data;
    return fd;
}
```

在函数 pcm_hw_open 中，调用系统函数 open 打开声卡设备。然后将设备信息保存到 hw_data 结构体对象中，最后返回 fd。同样函数 pcm_hw_ioctl 调用系统函数 ioctl 与 kernel 通信，设置参数和从硬件设备获取参数。

<21>. external/tinyalsa/pcm_hw.c

```
1 static void * pcm_hw_mmap(
2     void * data, void * addr,
3     size_t length, int prot,
4     int flags, off_t offset){
5         struct pcm_hw_data * hw_data = data;
6
7         return mmap(addr, length, prot, flags, hw_data->fd, offset);
8     }
```

在函数 pcm_hw_mmap 中，第 7 行调用 mmap 映射内存空间，其中 hw_data->fd 就是 pcm_open 函数打开音频设备获取的 fd；mmap 函数映射完共享内存后，通过 AAudio Binder 服务把 fd 发送给应用层的代理对象，最后再给到应用，应用程序就可以向这个共享内存中循环写数据，底层拿到 PCM 数据后就一层层送给扬声器播放出来。

到这里 AAudioStreamBuilder_openStream 已经介绍了两种打开音频流的方式，一种是 AudioTrack，另一种是独占模式。接下来看一下启动播放的过程。

4. AAudio 开启播放过程

```
AAudioStream_requestStart(mAudioStream);
```

我们介绍开启播放时使用 AudioTrack 的路径讲解，因为独占模式与直接访问 HAL 层的方式基本一致。选其一进行讲解，读者可以举一反三，有了对打开过程的了解，播放过程就轻车熟路了。

AAudioStream_requestStart 的主要工作是获取创建 AAudio 服务端，创建好 fd 后，向循环 buffer 中写数据。以下为 AAudio 调用 AudioTrack 播放的过程，如图 2-45 所示。

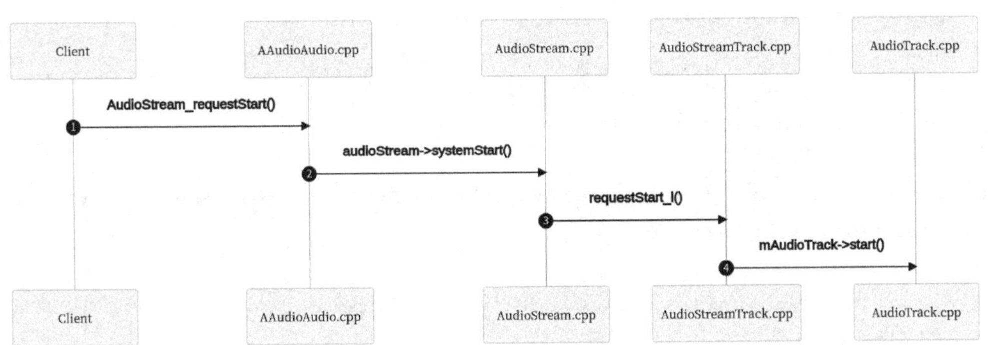

图 2-45 AAudio 开启播放过程

通过图 2-45 可以看出，函数 AAudioStream_requestStart 的工作路径和 AAudio-

StreamBuilder_openStream 打开过程的路径是一致的，不再过多赘述，读者可以通过时序图自行查看其过程。

2.8.3 AAudio 引擎独占模式播放 PCM 实战

本小节将基于 AAudio 引擎 API 开发一个播放 PCM 音频的应用实例，AAudio 引擎 API 最大的优点是，代码使用起来特别简单。与 OpenSL ES 引擎的 API 相比，代码量能减少一半，它支持高性能模式，而且还是独占模式播放，对于延时要求比较苛刻的场景基本能够胜任。

AAudio 播放模块目录结构如下：

```
.
├── aaudio_playback.cpp
└── Android.bp
```

此模块由 aaudio_playback.cpp 和 Android.bp 两个部分组成。接下来分析介绍此模块代码内容。

1. aaudio_playback.cpp 播放 PCM 音频示例

```
#include <stdio.h>
#include <unistd.h>
#include <sys/types.h>
#include <sys/stat.h>
#include <fcntl.h>
#include <string.h>
#include <stdlib.h>
#include <aaudio/AAudio.h>

int mfd;
int32_t mSampleRate{44100};
int16_t mChannel{2};
aaudio_format_t mFormat{AAUDIO_FORMAT_PCM_I16};
AAudioStream * mAudioStream{nullptr};

aaudio_data_callback_result_t dataCallback(AAudioStream * stream,void * userData,void * audioData, int32_t numFrames) {

    int size = read(mfd, audioData, numFrames * mChannel * (mFormat == AAUDIO_FORMAT_PCM_I16 ? 2 :1));
    if (size <= 0) {
        printf("AAudioEngine::dataCallback, file reach eof!! \n");
        return AAUDIO_CALLBACK_RESULT_STOP;
```

```
    }
    return AAUDIO_CALLBACK_RESULT_CONTINUE;
}

void aaudio_play(char * filePath) {

    AAudioStreamBuilder * builder = nullptr;

    mfd = open(filePath, O_RDONLY);
    AAudio_createStreamBuilder(&builder);

    AAudioStreamBuilder_setDeviceId(builder, AAUDIO_UNSPECIFIED);
    AAudioStreamBuilder_setFormat(builder, mFormat);
    AAudioStreamBuilder_setChannelCount(builder, mChannel);
    AAudioStreamBuilder_setSampleRate(builder, mSampleRate);
    AAudioStreamBuilder_setSharingMode(builder, AAUDIO_SHARING_MODE_EXCLUSIVE);
    AAudioStreamBuilder_setPerformanceMode(builder, AAUDIO_PERFORMANCE_MODE_LOW_LATENCY);
    AAudioStreamBuilder_setDirection(builder, AAUDIO_DIRECTION_OUTPUT);
    AAudioStreamBuilder_setDataCallback(builder, dataCallback, NULL);

    AAudioStreamBuilder_openStream(builder, &mAudioStream);
    int framesPerBurst = AAudioStream_getFramesPerBurst(mAudioStream);
    AAudioStream_setBufferSizeInFrames(mAudioStream, framesPerBurst);

    AAudioStream_requestStart(mAudioStream);
    usleep(500 * 1000 * 1000);

    AAudioStream_requestStop(mAudioStream);
    AAudioStream_close(mAudioStream);
    AAudioStreamBuilder_delete(builder);
    close(mfd);
}

int main(int argc, char * argv[]){
    if(argc <2){
        fprintf(stdout, "usage:\"%s /sdcard/play.pcm\"\n", argv[0]);
        return -1;
    }

    char * file_name = argv[1];
    aaudio_play(file_name);
    return 0;
}
```

在 aaudio_play 函数中，第 30 行打开需要播放的 pcm 文件，测试文件为 16 bit，立体声，采样率为 44 100。打开音频文件后，创建 AAudio_createStreamBuilder 的对象 builder，可以理解为一个全局变量，用来存放 AudioStreamBuilder 类对象。

第 33～40 行设置设备 ID、格式、通道数、采样率、性能模式、共享模式、设置方向等参数。这里要注意的是，若播放设置为独占模式，则需要将 AAudioStreamBuilder_setSharingMode 的第二个参数设置为 AAUDIO_SHARING_MODE_EXCLUSIVE。在讲述打开流数据的时候，我们已经详细分析过如何使用独占模式，底层逻辑虽然很复杂，但是上层使用时只需要设置一个参数，非常方便。

第 42 行打开音频流后，第 43 行查询应该读或写的缓冲区大小，以获得最小延迟，这可能与实际硬件设备 burst size 匹配，也可能不匹配。有些 burst size 可以动态变化，这些设备往往具有高延迟。

获取 burst size 后，将缓冲区大小设置为 brust size。它可以通过改变阻塞发生的阈值来调整缓冲区的延迟，为我们提供最小可能的延迟。

接着调用 AAudioStream_requestStart 开始播放，第 47 行延时 500 s，足够一首歌曲播放完成。在 dataCallback 回调函数会被循环调用，在第 18 行将已经打开的 mfd 数据写入到 audioData 中，底层通过共享内存读取到数据后传递 driver，再传给硬件播放。

2. Android.bp 编译脚本

```
cc_binary {
    name:"aaudio_playback",
    srcs:["aaudio_playback.cpp"],
    shared_libs:[
    "libaaudio",
    "libandroid",
    ],
    cflags:[
    " - Werror",
    " - Wall",
    " - Wno - unused - parameter",
    " - Wno - unused - variable",
    " - Wno - deprecated - declarations",],
}
```

编译脚本 Android.bp，用来编译 aaudio_playback.cpp 源文件。

接下来编译上述源代码，然后在设备上运行来验证效果。

```
#mm  -j12
```

编译成功后，在 out/target/product/blueline/system/bin 目录下会看到应用程序 aaudio_play，然后将应用程序复制到 Android 设备上运行，看音乐是否正常播放。

```
130|blueline:/data/debug # ./aaudio_playback /sdcard/Music/Young.pcm
```

应用程序成功运行起来以后，就能听到声音，说明 AAudio 成功地打开了音频设备，并且数据流已经正常运转起来了。

通过对 AAudio 引擎播放流程和例子的学习，我们对 AAudio 运行过程有了一个基本的掌握和认识，在开发中遇到关于 AAudio 播放的问题，相信解决起来应该手到擒来，只要主干流程理顺了，开发工作就变成工作量的问题。限于 AAudio 复杂度，本书只能将大的主干流程梳理呈现，细枝末节可以顺着主干流程分析。

2.8.4 AAudio 引擎录音实战

在 2.7.2 小节中已经讲解了 AAudio 引擎播放音频过程，AAudio 引擎录音过程与播放过程高度一致，这里就不再重复讲解其过程了。

AAudio 引擎录音分为两种模式：一种是通过 AudioRecord 录音，另一种是通过独占模式共享内存的方式录音。独占模式与播放一样，直接从 Framework 调用 HAL 层，是一种低延时、高效率的录音模式。

本小节中将基于 AAudio 引擎 API 开发一个录制 PCM 音频的应用实例。AAudio 引擎录音模块目录结构如下：

```
.
├── aaudio_record.cpp
└── Android.bp
```

此模块由 aaudio_record.cpp 和 Android.bp 两个部分组成。接下来介绍此模块代码内容。

1. aaudio_record.cpp 录音示例

```
#include <stdio.h>
#include <unistd.h>
#include <sys/types.h>
#include <sys/stat.h>
#include <fcntl.h>
#include <string.h>
#include <stdlib.h>
#include <aaudio/AAudio.h>

FILE *mfile;
int32_tmSampleRate{44100};
int16_tmChannel{2};
aaudio_format_t mFormat{AAUDIO_FORMAT_PCM_I16};
```

```
AAudioStream * mAudioStream{nullptr};

aaudio_data_callback_result_t dataCallback(AAudioStream * stream, void * userData, void * audioData, int32_t numFrames) {
    int size = fwrite(audioData, sizeof(short) * mChannel, numFrames , mfile);
    if (size < = 0) {
        printf("AAudioEngine::dataCallback, file reach eof!! \n");
        return AAUDIO_CALLBACK_RESULT_STOP;
    }
    return AAUDIO_CALLBACK_RESULT_CONTINUE;
}

void aaudio_recoder(char * filePath) {
    AAudioStreamBuilder * builder = nullptr;

    mfile = fopen(filePath, "w");
    AAudio_createStreamBuilder(&builder);

    AAudioStreamBuilder_setDeviceId(builder, AAUDIO_UNSPECIFIED);
    AAudioStreamBuilder_setFormat(builder, mFormat);
    AAudioStreamBuilder_setChannelCount(builder, mChannel);
    AAudioStreamBuilder_setSampleRate(builder, mSampleRate);

    AAudioStreamBuilder_setSharingMode(builder, AAUDIO_SHARING_MODE_EXCLUSIVE);
    AAudioStreamBuilder_setPerformanceMode(builder, AAUDIO_PERFORMANCE_MODE_LOW_LATENCY);
    AAudioStreamBuilder_setDirection(builder, AAUDIO_DIRECTION_INPUT);
    AAudioStreamBuilder_setDataCallback(builder, dataCallback, NULL);
    AAudioStreamBuilder_openStream(builder, &mAudioStream);
    int framesPerBurst = AAudioStream_getFramesPerBurst(mAudioStream);
    AAudioStream_setBufferSizeInFrames(mAudioStream, framesPerBurst);
    AAudioStream_requestStart(mAudioStream);
    usleep(500 * 1000 * 1000);

    AAudioStream_requestStop(mAudioStream);
    AAudioStream_close(mAudioStream);
    AAudioStreamBuilder_delete(builder);
    fclose(mfile);
}

int main(int argc, char * argv[]){
    if(argc <2){
        fprintf(stdout, "usage:\" % s /sdcard/recoder.pcm\" \n", argv[0]);
        return -1;
```

```
56      }
57      char * file_name = argv[1];
58      aaudio_recoder(file_name);
59      return 0;
60  }
```

第 11～13 行设置需要录音的采样率为 44 100 Hz，通道数为 2，格式为 AAUDIO_FORMAT_PCM_I16。

在函数 aaudio_recoder 中，设置录制参数与设置播放参数差不多，第 36 行设置为独占模式，当前情况下只有一个音频流占用麦克风设备，不使用时需要关闭它，以免影响其他应用的使用。第 37 行设置低延时模式 AAUDIO_PERFORMANCE_MODE_LOW_LATENCY，能在录制过程中达到最小延时。第 38 行是与播放不同的地方，播放是将流推到输出设备，而录音是输入设备，所以将它设置为 AAUDIO_DIRECTION_INPUT。

在回调函数 dataCallback 中，当麦克风有数据上来时，会将数据通过共享内存写入 audioData 中，我们需要将 audioData 中的数据写入到 mfile 对应的文件中，以此来验证我们的数据是否为有效数据。

2. Android.bp 编译脚本

```
cc_binary {
    name:"aaudio_record",
    srcs:["aaudio_record.cpp"],
    shared_libs:[
    "libaaudio",
    "libandroid",
    ],
    cflags:[
    " - Werror",
    " - Wall",
    " - Wno - unused - parameter",
    " - Wno - unused - variable",
    " - Wno - deprecated - declarations",],
}
```

编译脚本 Android.bp，用来编译 aaudio_record.cpp 源文件。

接下来编译上述源代码，然后在设备上运行来验证效果。

```
#mm -j12
```

编译成功后，在 out/target/product/blueline/system/bin 目录下会看到应用程序 aaudio_record，然后将应用程序复制到 Android 设备上运行，接着看一下是否可以正常录音。

```
130|blueline:/data/debug #
130|blueline:/data/debug # ./aaudio_record /sdcard/Music/test.pcm
```

应用程序成功运行起来以后，就可以测试录音了。录音完成以后，将 test.pcm 复制出来，可以使用 Audition 或者其他工具来验证录制的音频数据是否正确。

2.9 Oboe 原理与实战

➢ 阅读目标：

❶ 理解 Oboe 与 AAudioService 的关系与区别。

❷ 理解 Oboe 与 OpenSL ES 的关系与区别。

Oboe 是一个开源 C++库，用来在 Android 上构建高性能音频应用。它的好处是可以实现应用程序与硬件设备和 Android 版本组合，实现尽可能低的音频延迟。Oboe 引擎运行在 Android API 8.x 以及更高版本的设备上来调用 AAudio。对于运行较低版本的设备，Oboe 使用 OpenSL ES。所以，可以根据 Android 版本来切换使用 AAudio 或 OpenSL ES 引擎。

Oboe 音频流仅接受 float 或有符号 16 位整数的 PCM 数据。Oboe 不支持 8 bit unsigned、24 bit packed、32 bit 等格式，只支持 PCM 数据；不提供解封装和解码的能力，可以使用 MediaCodec 或者第三方的 ffmpeg 进行解封装或解码。

图 2-46 所示为 AAudio、OpenSL ES、OBOE 架构关系图。

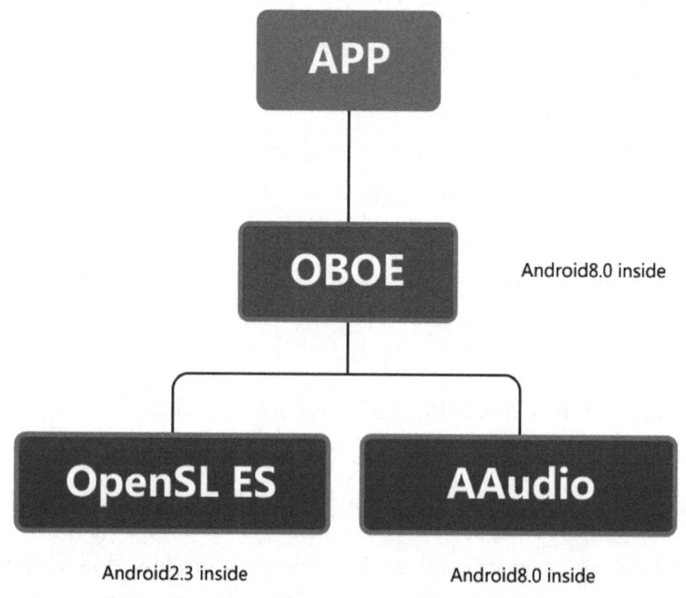

图 2-46　AAudio、OpenSL ES、OBOE 架构关系图

目前，对于 Android 高性能音频架构，OpenSL ES 和 AAudio 是 OBOE 的支撑，OBOE 是基于 OpenSL ES 和 AAudio 框架之上的产物，OBOE 可以根据对 Android 版本的判断，来选择使用 AAudio 引擎，还是使用 OpenSL ES 引擎。在低于 Android 8.0 的设备上，会选择 OpenSL ES 播放与录音操作。因为 OpenSL ES 实在过于复杂，不利于开发者使用，会导致开发效率低下，所以 Google 一直在迭代 Android 高性能音频方案。

2.9.1 Oboe 使用 AAudio 引擎

在前面的 2.6 节、2.7 节讲解了 OpenSL ES 和 AAudio 引擎基本的播放和录音流程，对它们工作流程的大的脉络已经基本清楚。本小节将讲解 Oboe 与 OpenSL、AAudio 的联系。它们三个究竟是怎么联系起来的呢？以及它们之间的调用规则是怎样的呢？本小节将一一解答这些问题，主要目的是打通 Oboe 与 AAudio、OpenSL ES 引擎的联系。

OpenStream 使用 AAudio 引擎过程

```
builder->openStream(stream);
```

为了进一步直观了解 openStream 函数，先看一下它调用 AAudio 引擎的时序图，如图 2-47 所示。

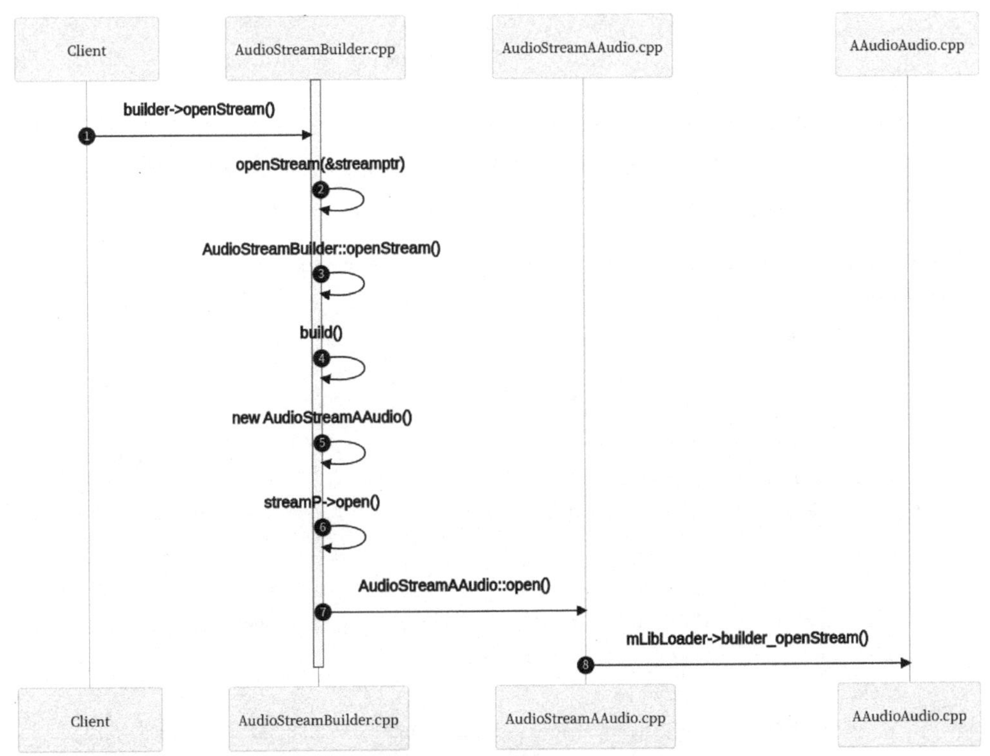

图 2-47 openStream 调用 AAudio 引擎的时序图

从图 2-47 可知，客户端调用 openStream 函数会进入 AudioStreamBuilder.cpp，还记不记得在 AAudio 的介绍中也有 AudioStreamBuilder.cpp 源文件，难道直接就使用 AAudio 的 API 了？

其实不然，在 Android 12 源码下，在 frameworks 和 external 中都有这个文件，就是我们所说的 Oboe 在 external 目录下。下面看具体流程。

<1>. external/oboe/src/common/AudioStreamBuilder.cpp

```
1  Result AudioStreamBuilder::openStream(
2          std::shared_ptr<AudioStream>&sharedStream) {
3      sharedStream.reset();
4      auto result = isValidConfig();
5      if (result != Result::OK) {
6          return result;
7      }
8      AudioStream * streamptr;
9      result = openStream(&streamptr);
10     if (result == Result::OK) {
11         sharedStream.reset(streamptr);
12         streamptr->setWeakThis(sharedStream);
13     }
14     return result;
15 }
```

在 AudioStreamBuilder::openStream 函数中，第 8 行定义一个指针对象 streamptr，然后又取了它的地址传递给第 9 行的 openStream，它的实现如下所示。

<2>. external/oboe/src/common/AudioStreamBuilder.cpp

```
Result AudioStreamBuilder::openStream(AudioStream * * streamPP) {
    ......
    AudioStream * streamP = nullptr;

    if (streamP == nullptr) {
        streamP = build();
        if (streamP == nullptr) {
            return Result::ErrorNull;
        }
    }
    bool wasMMapOriginallyEnabled = AAudioExtensions::getInstance().isMMapEnabled();
    bool wasMMapTemporarilyDisabled = false;
    if (wasMMapOriginallyEnabled) {
        boolisMMapSafe = QuirksManager::getInstance().isMMapSafe(childBuilder);
        if (! isMMapSafe) {
    AAudioExtensions::getInstance().setMMapEnabled(false);
```

```
17      wasMMapTemporarilyDisabled = true;
18          }
19      }
20      result = streamP->open();
21      if (wasMMapTemporarilyDisabled) {
22          AAudioExtensions::getInstance().setMMapEnabled(wasMMapOriginallyEnabled);
23      }
24      ……
25      *streamPP = streamP;
26  }
```

在函数 AudioStreamBuilder::openStream 中，第 3 行定义对象指针 streamP，第 6 行通过 build 函数获取 AudioStream 对象指针，然后第 20 行调用 open 函数打开数据流，在第 25 行将 streamP 传给 * streamPP，最终通过它传递给上层应用，在打开设备的流后，开启播放。我们的重点在 build 函数中，在它里面实现打开流数据的功能，我们一起看看它的实现，来揭开 Oboe 的神秘面纱。

<3>. external/oboe/src/common/AudioStreamBuilder.cpp

```
1   AudioStream *AudioStreamBuilder::build() {
2       AudioStream *stream = nullptr;
3       if (isAAudioRecommended() && mAudioApi != AudioApi::OpenSLES) {
4           stream = newAudioStreamAAudio(*this);
5       } else if (isAAudioSupported() && mAudioApi == AudioApi::AAudio) {
6           stream = newAudioStreamAAudio(*this);
7       } else {
8           if (getDirection() == oboe::Direction::Output) {
9               stream = newAudioOutputStreamOpenSLES(*this);
10          } else if (getDirection() == oboe::Direction::Input) {
11              stream = newAudioInputStreamOpenSLES(*this);
12          }
13      }
14      return stream;
15  }
```

在函数 AudioStreamBuilder::build 中，我们看到在这里会通过版本号判断是走 AAudio 引擎还是走 OpenSL ES 引擎。这也是 Android 对 AAudio 和 OpenSL ES 的兼容，所以 Google 官方推荐使用 Oboe，因为 Oboe 已经替我们做了很多事，不必在源码中再增加自定义的逻辑判断。

第 3 行 isAAudioRecommended 函数会判断当前 SDK 版本是不是大于或等于 API 27，如果 SDK 版本大于或等于 API 27，也就是 Android 8.1，并且设备中存在 libaaudio.so 库文件，通过 dlopen 打开后，dlsym 一一获取 AAudio 的内部函数为真，OBOE_ENABLE_AAUDIO 的值必须为 1，最后 mAudioApi != AudioApi::Open-

SLES 都为真，则第 4 行进入 AAudio 的世界。因为在 API 27 版本以下，AAudio 在 Android 8.0 刚刚引入，还不太稳定，为了保险起见，还是建议在 API 27 及以上使用为好。

第 5 行也是进行逻辑判断，判断是否进入使用 AAudio，但是它与第 3 行不同的是，它不会判断 SDK 版本号；它的另一个条件是 mAudioApi == AudioApi::AAudio。因为没有对 SDK 版本号的判断，如果将 AAudio 在 Android 8.0 上使用可能会出现问题。

如果当前设备不支持 AAudio，则会进入 8～12 行，如果是输出设备，则调用 new AudioOutputStreamOpenSLES 创建引擎；如果是输入设备，则调用 new AudioInputStreamOpenSLES 创建引擎。

我们继续分析 Oboe 使用 AAudio 引擎的情况。AudioStreamAAudio 的成员函数 open 的实现如下所示。

<4>. external/oboe/src/aaudio/AudioStreamAAudio.cpp

```
1  Result AudioStreamAAudio::open() {
2      ……
3      AAudioStreamBuilder * aaudioBuilder;
4      result = static_cast<Result>(mLibLoader->createStreamBuilder(&aaudioBuilder));
5      if (result != Result::OK) {
6          return result;
7      }
8      ……
9      {
10         AAudioStream * stream = nullptr;
11         result = static_cast<Result>(mLibLoader->builder_openStream(aaudioBuilder, &stream));
12         mAAudioStream.store(stream);
13     }
14 }
```

在函数 AudioStreamAAudio::open 中，第 4 行首先通过 dlopen 打开动态链接库 libaaudio.so，然后通过 dlsym 函数获取动态库中的函数，并使用函数指针指向它们。比如 createStreamBuilder 就是一个函数指针，它指向 libaaudio.so 中的 AAudio_createStreamBuilder 函数，第 4 行就是等于调用 AAudio_createStreamBuilder 而进入 AAudio。第 11 行也是一样，函数指针 builder_openStream 指向 AAudioStreamBuilder_openStream 函数，它的实现如下所示。

<5>. external/oboe/src/aaudio/AAudioLoader.cpp

```
#define LIB_AAUDIO_NAME "libaaudio.so"
int AAudioLoader::open() {
    mLibHandle = dlopen(LIB_AAUDIO_NAME, RTLD_NOW);

    createStreamBuilder = load_I_PPB("AAudio_createStreamBuilder");
```

```
    builder_openStream = load_I_PBPPS("AAudioStreamBuilder_openStream");
    return 0;
}
```

那么它们真正的调用 AAudioStreamBuilder_openStream 等函数的地方在哪里呢？如下所示。

<6>. frameworks/av/media/libaaudio/src/core/AAudioAudio. cpp

```
AAUDIO_APIaaudio_result_t  AAudioStreamBuilder_openStream(
    AAudioStreamBuilder * builder,
    AAudioStream * * streamPtr)
{
    AudioStream * audioStream = nullptr;
    aaudio_stream_id_t id = 0;

    AudioStreamBuilder * streamBuilder = COMMON_GET_FROM_BUILDER_OR_RETURN(streamPtr);
    aaudio_result_t result = streamBuilder->build(&audioStream);
    return result;
}
```

到这里是不是很熟悉？我们终于回到 AAudio 真正实现的部分，以上流程就是 Oboe 到 AAudio 连接部分，至此我们理顺了它们之间的联系。下面我们分析 Oboe 与 OpenSL ES 引擎的联系和调用规则。

2.9.2 Oboe 使用 OpenSL ES 引擎

OpenStream 使用 OpenSL ES 引擎过程

```
builder->openStream(stream);
```

openStream 函数使用 OpenSL ES 引擎时序图如图 2-48 所示。

<1>. external/oboe/src/common/AudioStreamBuilder. cpp

```
Result AudioStreamBuilder::openStream(AudioStream * * streamPP) {
    AudioStream * streamP = nullptr;
    if (streamP == nullptr) {
        streamP = build();
        if (streamP == nullptr) {
            return Result::ErrorNull;
        }
    }
    result = streamP->open();
}
AudioStream * AudioStreamBuilder::build() {
    AudioStream * stream = nullptr;
```

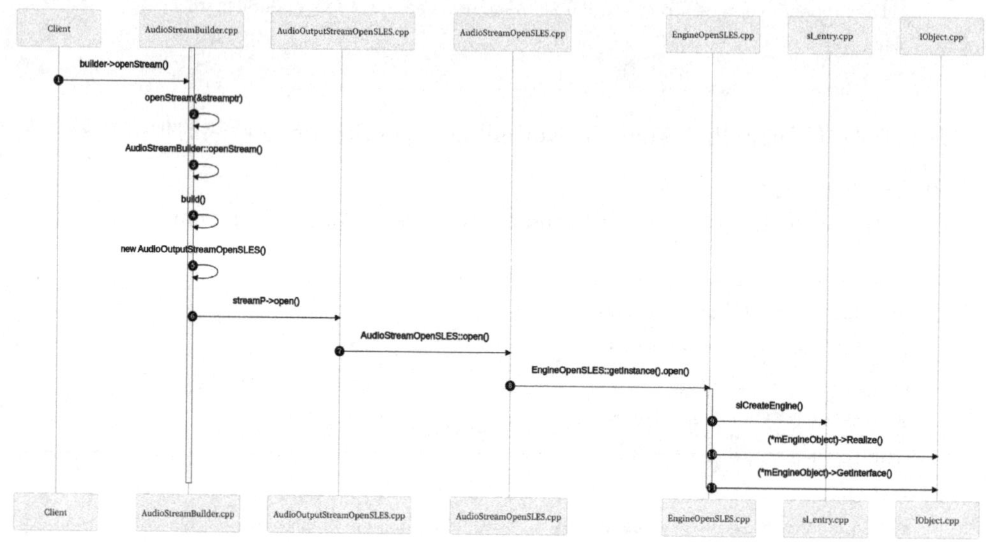

图 2-48　openStream 函数使用 OpenSL ES 引擎时序图

```
    if (isAAudioRecommended() && mAudioApi != AudioApi::OpenSLES) {
        stream = new AudioStreamAAudio(*this);
    } else if (isAAudioSupported() && mAudioApi == AudioApi::AAudio) {
        stream = new AudioStreamAAudio(*this);
    } else {
        if (getDirection() == oboe::Direction::Output) {
            stream = new AudioOutputStreamOpenSLES(*this);
        } else if (getDirection() == oboe::Direction::Input) {
            stream = new AudioInputStreamOpenSLES(*this);
        }
    }
    return stream;
}
```

在 AudioStreamBuilder::openStream 函数中调用 build 函数，我们以 OpenSL ES 音频输出为例，分析 AudioOutputStreamOpenSLES 打开流的过程。AudioOutputStreamOpenSLES 类成员函数 open 的实现如下所示。

<2>. external/oboe/src/opensles/AudioOutputStreamOpenSLES.cpp

```
Result AudioOutputStreamOpenSLES::open() {
    logUnsupportedAttributes();

    SLAndroidConfigurationItf configItf = nullptr;

    if (getSdkVersion() < __ANDROID_API_L__ && mFormat == AudioFormat::Float){
        return Result::ErrorInvalidFormat;
```

```
8     }
9
10    if (mFormat == AudioFormat::Unspecified){
11        mFormat = (getSdkVersion() <__ANDROID_API_L__) ?
12        AudioFormat::I16 :AudioFormat::Float;
13    }
14
15    Result oboeResult = AudioStreamOpenSLES::open();
16 }
```

在函数 AudioOutputStreamOpenSLES::open()中，第 2 行记录不支持的属性，如果有不支持的属性，会通过日志输出。第 6 行表示如果 SDK 版本小于 21，并且格式是 float 类型，返回无效参数，但是 API 小于 21，则允许 float 类型转换到 int16 类型格式。第 10～13 行如果 API 小于 21，则使用 I16 格式；如果 API 大于或等于 21，则使用 Float 格式。第 15 行调用 AudioStreamOpenSLES::open 函数创建 OpenSL ES 引擎。下面来看 AudioStreamOpenSLES::open()的实现。

<3>. external/oboe/src/opensles/AudioStreamOpenSLES. cpp

```
1  Result AudioStreamOpenSLES::open() {
2      SLresult result = EngineOpenSLES::getInstance().open();
3      if (SL_RESULT_SUCCESS != result) {
4          return Result::ErrorInternal;
5      }
6      ......
7
8      if (mSampleRate == kUnspecified) {
9          mSampleRate = DefaultStreamValues::SampleRate;
10     }
11     if (mChannelCount == kUnspecified) {
12         mChannelCount = DefaultStreamValues::ChannelCount;
13     }
14
15     mSharingMode = SharingMode::Shared;
16     return Result::OK;
17 }
```

在函数 AudioStreamOpenSLES::open()中，第 2 行创建引擎对象、实现引擎、获取引擎接口。第 8～12 行如果未指定值，则设置采样默认值为 DefaultStreamValues::SampleRate，设置通道数默认值为 DefaultStreamValues::ChannelCount。

我们继续分析 EngineOpenSLES 类的成员函数 open，它的实现如下所示。

<4>. external/oboe/src/opensles/EngineOpenSLES. cpp

```
1  SLresult EngineOpenSLES::open() {
2      std::lock_guard<std::mutex> lock(mLock);
3
4      SLresult result = SL_RESULT_SUCCESS;
5      if (mOpenCount++ == 0) {
6
7          result = slCreateEngine(&mEngineObject, 0, NULL, 0, NULL, NULL);
8          if (SL_RESULT_SUCCESS != result) {
9              goto error;
10         }
11
12         result = (*mEngineObject)->Realize(mEngineObject, SL_BOOLEAN_FALSE);
13         if (SL_RESULT_SUCCESS != result) {
14             goto error;
15     }
16 }
```

在函数 EngineOpenSLES::open 中，第 7 行创建 OpenSL ES 引擎对象，创建引擎对象以后，调用(*mEngineObject)->Realize 实现引擎，最后调用获取引擎接口。这就回到了我们之前讲解过的 OpenSL ES。到此我们已经明白了 Oboe 与 OpenSL ES 的联系。

2.9.3 Oboe 播放音频实战

通过前两小节的学习，我们已经了解到 Oboe 与 AAudio、OpenSL ES 的联系和调用规则。下面将通过一个应用实例来学习使用 Oboe 播放音频，加深对 Oboe 的理解。

Oboe 播放模块目录结构如下：

```
.
├── Android.bp
└── oboe_playback.cpp
```

此模块由 Android.bp 和 oboe_playback.cpp 两部分组成。接下来介绍此模块代码内容。

1. oboe_playback.cpp 播放 PCM 音频示例

```
#include <oboe/AudioStreamBuilder.h>
#include <oboe/AudioStream.h>
#include <unistd.h>
#include <sys/types.h>
#include <math.h>

```

```
using namespace oboe;

FILE * file = nullptr;
int index = 0;
long fileLength = 0;
int kChannelCount = 2;
int kSampleRate = 44100;
AudioFormat kFormat = oboe::AudioFormat::I16;
std::mutex    mLock;
std::shared_ptr < oboe::AudioStream > stream;

class AudioPlay :public oboe::AudioStreamCallback{
public:
    oboe::DataCallbackResult onAudioReady(
        oboe::AudioStream * audioStream,
    void * audioData,
    int32_t numFrames) override;

    void startPlay(char * path);
};

oboe::DataCallbackResult AudioPlay::onAudioReady(
        oboe::AudioStream * audioStream,
        void * audioData,
        int32_tnumFrames) {

    fread(audioData, numFrames * sizeof(int16_t) * kChannelCount , 1, file);
    index + = numFrames * sizeof(int16_t) * kChannelCount;

    if (index < fileLength)
    return oboe::DataCallbackResult::Continue;
    else
    return oboe::DataCallbackResult::Stop;
}

void AudioPlay::startPlay(char * path){
    file = fopen(path, "rb + ");
    if (file != nullptr) {
        int fd1 = fileno(file);
        fileLength = lseek(fd1, 0, SEEK_END);
        fseek(file, 0, SEEK_SET);
    }
```

```
49
50        std::lock_guard<std::mutex> lock(mLock);
51        oboe::AudioStreamBuilder *builder = new oboe::AudioStreamBuilder();
52        builder->setSharingMode(oboe::SharingMode::Exclusive);
53        builder->setPerformanceMode(oboe::PerformanceMode::LowLatency);
54        builder->setChannelCount(kChannelCount);
55        builder->setSampleRate(kSampleRate);
56        builder->setSampleRateConversionQuality(oboe::SampleRateConversionQuality::Medium);
57        builder->setFormat(kFormat);
58        builder->setDataCallback(this);
59        builder->openStream(stream);
60
61        stream->requestStart();
62    }
63
64    int main(intargc, char *argv[]){
65        if(argc <2){
66            fprintf(stdout, "usage:\"%s /sdcard/play.pcm\"\n", argv[0]);
67            return -1;
68        }
69
70        char *file_name = argv[1];
71        AudioPlay *play = new AudioPlay;
72        play->startPlay(file_name);
73        usleep(500 * 1000 * 1000);
74        stream->requestStop();
75        fclose(file);
76    }
```

在 AudioPlay::startPlay 函数中，首先打开需要播放的音频文件，如果变量 file 不为空，则获取已打开文件的长度 fileLength。第 47 行设置文件偏移到起始位置。第 51 行创建 AudioStreamBuilder 对象，接下来设置播放参数，Oboe 也是支持独占模式和性能模式的设置。第 56 行设置 setSampleRateConversionQuality 是 AAudio 和 OpenSL ES 引擎所没有的，它表示指定 Oboe 采样率转换的质量，oboe::SampleRateConversionQuality::Medium 表示中等质量的转换，oboe::SampleRateConversionQuality::Best 表示最高质量的转换，这可能会消耗更多的 CPU 资源。

AudioPlay 类继承自 AudioStreamCallback 类，当第 58 行设置回调函数后，在调用 stream->requestStart 函数开始播放的时候，会周期性调用 AudioPlay::onAudioReady 函数，通过它将上层的数据传递给底层，在第 33 行 fread 从 file 中读取音频数据到 audioData 中，循环地读取数据以给底层进行播放。

2. Android. bp 编译脚本

```
cc_binary {
    name:"oboe_playback",
    srcs:[
        "oboe_playback.cpp",
    ],
    sdk_version:"current",
    stl:"libc++_static",
    header_libs:["jni_headers"],
    include_dirs:[
        "external/oboe/include",
    ],
    shared_libs:[
        "liblog",
        "libOpenSLES",
    "libaaudio",
    "libandroid",
    ],
    static_libs:[
        "oboe",
    ],
    cflags:[
        "-Wall",
        "-Werror",
        "-Wno-unused-parameter",
        "-Wno-unused-variable",
    "-Wno-deprecated-declarations",],
}
```

编译脚本 Android. bp,用来编译 oboe_playback. cpp 源文件。

编译上述源代码,然后在设备上运行来验证效果。

```
#mm -j12
```

编译成功后,在 out/target/product/blueline/system/bin 目录下会看到应用程序 oboe_play,然后将应用程序复制到 Android 设备上运行,看一下音乐是否能正常播放。

```
130|blueline:/data/debug # ./oboe_playback /sdcard/Music/Young.pcm
```

应用程序成功运行起来以后,就能听到声音,说明 Oboe 成功地打开了音频设备,并且数据流已经正常运转起来。

2.9.4 Oboe 录音实战

下面通过 Oboe 录音的应用实例来加深对 Oboe 的理解。

Oboe 录音模块目录结构如下：

```
.
├── Android.bp
└── oboe_recorder.cpp
```

此模块由 Android. bp 和 oboe_recorder. cpp 两部分组成。接下来介绍此模块代码的内容。

1. oboe_recorder. cpp 播放 PCM 音频示例

```
#include <oboe/AudioStreamBuilder.h>
#include <oboe/AudioStream.h>
#include <unistd.h>
#include <sys/types.h>
#include <thread>

using namespace oboe;

int kChannelCount = 2;
int kSampleRate = 16000;
AudioFormat kFormat = oboe::AudioFormat::I16;

static FILE * outFile;
std::shared_ptr<oboe::AudioStream> stream;

class AudioRecord :public oboe::AudioStreamCallback{
    public:
    void startRecord();
    oboe::DataCallbackResult onAudioReady(oboe::AudioStream * audioStream, void * audioData, int32_t numFrames);
};

void startOfThread(AudioRecord * ar) {
    ar->startRecord();
}

oboe::DataCallbackResult AudioRecord::onAudioReady(oboe::AudioStream * audioStream, void * audioData, int32_t numFrames) {
```

```
    if(numFrames > 0){
        fwrite(audioData, sizeof(int16_t), numFrames * kChannelCount, outFile);
        return oboe::DataCallbackResult::Continue;
    }else{
        return oboe::DataCallbackResult::Stop;
    }
}

void AudioRecord::startRecord() {
    oboe::AudioStreamBuilder * builder = new oboe::AudioStreamBuilder();

    builder->setDirection(oboe::Direction::Input);
    builder->setAudioApi(oboe::AudioApi::AAudio);
    builder->setPerformanceMode(oboe::PerformanceMode::LowLatency);
    builder->setSharingMode(oboe::SharingMode::Exclusive);
    builder->setFormat(kFormat);
    builder->setSampleRate(kSampleRate);
    builder->setChannelCount(kChannelCount);
    builder->setDataCallback(this);

    builder->openStream(stream);
    stream->requestStart();
}

int main(intargc, char * argv[]){
    if(argc < 2){
        fprintf(stdout, "usage:\" %s /sdcard/record.pcm\" \n", argv[0]);
        return -1;
    }

    outFile = fopen(argv[1], "w");
    AudioRecord * rec = new AudioRecord;

    std::thread th(startOfThread, rec);
    th.detach();

    usleep(500 * 1000 * 1000);
    stream->requestStop();
    fclose(outFile);
}
```

在函数 AudioRecord::startRecord 中，首先创建 AudioStreamBuilder 实例，然后第 38 行 setDirection 设置输出的方向为 oboe::Direction::Input，表示输入设备。第 39 行调用 setAudioApi 设置 oboe::AudioApi::AAudio 录音引擎为 AAudio，即使不指定设置 setAudioApi，系统也会首先尝试使用 AAudio。如果不可用，则使用 OpenSL ES；也可以指定为 oboe::AudioApi::OpenSLES。第 28 行回调函数使用 fwrite 将录音数据从 audioData 变量写入到 outFile 对应的文件中，录音停止后，将音频数据复制出来，验证数据是否正确。

2. Android.bp 编译脚本

```
cc_binary {
    name:"oboe_recorder",
    srcs:[
        "oboe_recoder.cpp",
    ],
    sdk_version:"current",
    stl:"libc++_static",
    header_libs:["jni_headers"],
    include_dirs:[
        "external/oboe/include",
    ],
    shared_libs:[
        "liblog",
        "libOpenSLES",
    ],
    static_libs:[
        "oboe",
    ],
    cflags:[
        "-Wall",
        "-Werror",
        "-Wno-unused-parameter",
        "-Wno-unused-variable",
    "-Wno-deprecated-declarations",],
}
```

编译脚本 Android.bp，用来编译 oboe_recorder.cpp 源文件。

编译上述源代码，然后在设备上运行来验证效果。

```
#mm -j12
```

编译成功后，在 out/target/product/blueline/system/bin 目录下会看到应用程序 oboe_recorder，然后将应用程序复制到 Android 设备上运行，看一下音乐是否能正常播放。

```
blueline:/data/debug # ./oboe_recorder /sdcard/Music/test.pcm
```

应用程序成功运行起来以后，就可以对着麦克风说出录音的内容。录音完成以后，将 test.pcm 复制出来，可以使用 Audition 或者其他工具来验证录制的音频数据是否正确。

第3章 相机篇

Android 音频系统是一个庞大架构，因为它跟其他外设模块，如蓝牙、USB、HDMI 等有紧密的联系。Android 随着版本的不断迭代，也加入了很多新的音频服务模块，架构上也有新的变化，我们以 Android 12 为基准来分析它各个模块的结构和实现。

图 3-1 所示为 Android 音频基本层次结构图。

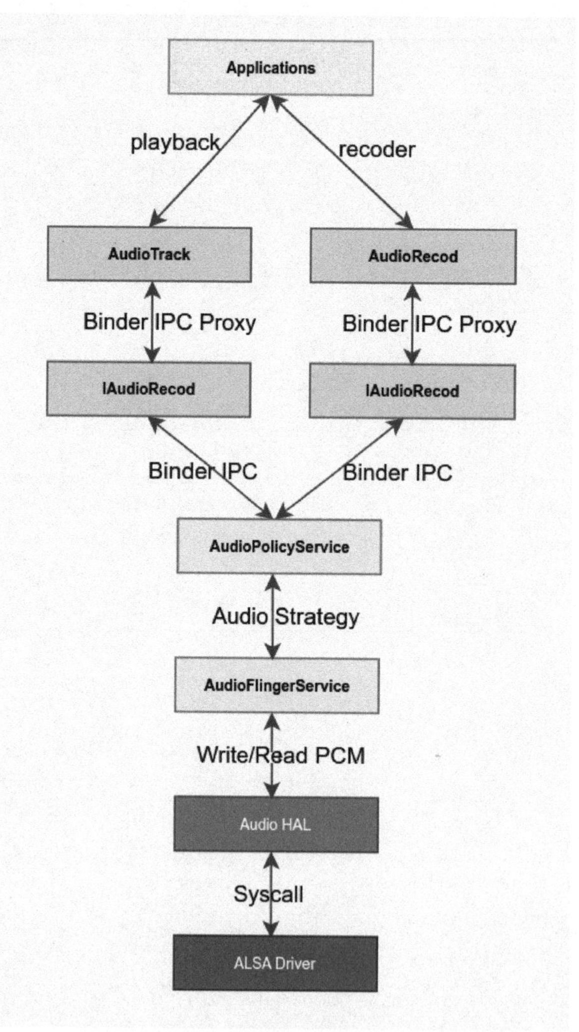

图 3-1 Android 音频基本层次结构图

3.1 相机基础知识

➢ 阅读目标：理解相机相关基础概念、术语、缩写。

3.1.1 PAL 制式

PAL 全称为 Phase Alternating Line，即相位交替线，是一个由德国人发明的电视制式标准，于 1967 年开始使用。PAL 制式每秒刷新 50 次，每秒传输 625 行分辨率的图像。PAL 制式主要使用于欧洲、澳大利亚、南非和南美部分地区，我国也采用 PAL 制式。

3.1.2 NTSC 制式

NTSC 全称为 National Television System Committee，即国家电视系统委员会，是一个由美国人发明的电视制式标准，于 1953 年开始使用。NTSC 制式每秒刷新 60 次，每秒传输 525 行分辨率的图像。NTSC 制式主要使用于北美、日本和部分其他国家。

3.1.3 逐行扫描

逐行扫描指每一帧图像的每一行像素点由电子束顺序依次扫描，即从屏幕的顶部到底部，一行一行地扫描显示。

3.1.4 隔行扫描

隔行扫描指显示屏在显示一幅图像时，先扫描奇数行，全部完成奇数行扫描后再扫描偶数行，因此每幅图像需扫描两次才能完成。

3.1.5 帧

一幅静止的图像被称作一帧(Frame)，我们看到电视或电影的连续画面，其实是由一帧一帧的图像组成的，按照一定的速度播放出来。

3.1.6 场

场的概念源于显像管电视(CRT 电视)刚制造出来的时候，由于传送信号带宽不够的原因，无法在规定时间内将一帧图像显示在屏幕上，帧率只要达到 24 帧/秒就能做到流畅，电影的播放速度是 24 帧/秒。

中国使用的是 PAL 制式，PAL 制式的电视是 25 帧/秒，NTSC 制式的电视是 30 帧/秒(美国使用 NTSC 制式)，电视的每帧画面是由若干条水平方向的扫描线组成的，PAL 制式为 625 行/帧，NTSC 制式为 525 行/帧。

如果 PAL 制式的电视没办法在屏幕上每秒显示 25 帧(即 625 行/帧)，那怎么办呢？于是就出现了场的概念，将一帧图像分成两个半幅的图像，图像是一先一后地显示，由于视觉暂留效应，人的眼睛看到的是平滑的画面，而不是半帧半帧的图像，由于这种方式图像间隔时间较长，所以 CRT 电视机显示画面时会产生闪烁的现象。

将一帧的电视画面分成奇数场和偶数场两次扫描（早期的 CRT 电视使用隔行扫描），第一次扫描出 1、3、5、7、…奇数行组成的奇数场，第二次扫描出 2、4、6、8、…偶数行组成的偶数场。所以每一幅图像经过两个场的扫描，即一帧等于两场。

目前的计算机和液晶电视机是逐行扫描的。由于技术的提升，即使用逐行扫描，计算机也可以一次将所有帧在显示器上显示，不再需要进行第二次扫描，所以使用场扫描的设备也逐渐被替代。

3.1.7 显示分辨率

显示分辨率，是分辨率的简称，指在显示器上显示的像素个数。一块显示器可以显示的总的像素数，是以每行像素数乘以每列像素数来计算的。

例如：显示器的分辨率为 1 920×1 080，表示显示器可以显示 1 920 行、1 080 列，共可显示 2 073 600 个像素。如果设置显示的分辨率超过 1 920×1 080，则会设置失败。

3.1.8 图像分辨率

图像分辨率指图像中存储的信息量，是每英寸图像内有多少个像素点，分辨率的单位为 PPI(Pixels Per Inch)，通常叫作像素每英寸。分辨率越高，则图片越清晰，说明每英寸存储的像素点越多。

3.1.9 ISO

ISO 即感光度，指相机的感光器件对光线的敏感度。ISO 值越高，代表感光器件越敏感，但同时也加大了画面出现噪点的可能性。

3.1.10 光　圈

光圈指相机镜头中能够控制光线进入的孔径的大小，数字值越大，代表光圈越小；数字值越小，代表光圈越大。

3.1.11 快　门

快门指控制相机感光器件曝光时间的元件，快门速度越快，表示曝光时间越短，可以减少运动模糊。

3.1.12 白平衡

白平衡用于控制图像中白色部分的色温，调整白平衡可以使照片看上去更真实。

3.1.13 RAW 格式

RAW 格式数据是指将光信号转化为数字信号的原始数据，是未经压缩和转换的数据。

3.2 Camera 模块层级关系

➢ 阅读目标：理解相机模块结构间的层级关系。

图 3-2 所示为 Android 12 版本高通平台 Camera 各个模块层级关系图。

如图 3-2 所示，在 Android 12 系统中，Camera 架构基本层次分为应用框架、AIDL、Native 框架、HIDL 服务、HAL 层代码架构，因为 Pixel 3 使用的芯片是高通的 SDM845，所以 Camra HAL 使用的是高通的架构。目前 Camera HAL 使用高通最新的相机架构 CameraX，以前的旧版本架构为 mm-camera，不过高通的 CameraX 架构是闭源的。Android 8.0 或更高版本必须实现 HIDL API，所以本章借助 AIDL 和 HIDL 服务了解 Camera 系统，同时也学习 Android 的 Binder IPC 通信。

了解新的相机架构和实现细节，关键需要读者掌握 AIDL 和 HIDL 通信的核心实现，只有了解一个模块的核心骨架脉络，再去研究其外在的细枝末节，才可以帮助我们省去很多的精力，不至于如雾里看花一样；要弄明白一个模块，还是得重新看代码。本章主要讲解 AIDL、HIDL 通信在 Camera 系统中的应用，使读者能尽快理解 Camera 系统这个“庞然大物”。

在 Camera 系统中，主要的服务有三个，第一个是 CameraService 服务，是基于 AIDL 注册的，它注册在 servicemanager 管理服务中的名字为“media.camera”。它是由 cameraserver 启动的，它的唯一识别接口描述符为 android.hardware.ICameraService，主要通过 Camera Binder IPC 通信与底层建立 Camera 连接、获取相机参数、闪光灯等操作。

Camera 系统中第二个主要服务是 android.frameworks.cameraservice.service@2.0::I CameraService/default，它是在 hwservicemanager 管理服务中注册的 HIDL 服务，它是在 CameraService 第一个启动的成员函数 onFirstRef()中注册的服务，主要用于 CameraService 服务与 Camera HAL 交互通信的功能。

Camera 系统中第三个主要服务是 android.hardware.camera.provider@2.4::ICameraProvider/legacy/0，它是在 vendor.camera-provider-2-4 服务中，在 Android 系统启动时，由 init 进程启动的。它也是一个 HIDL 服务，主要的工作也是承上启下建立与上层 CameraService 和底层 Camera Hal 的连接通信。

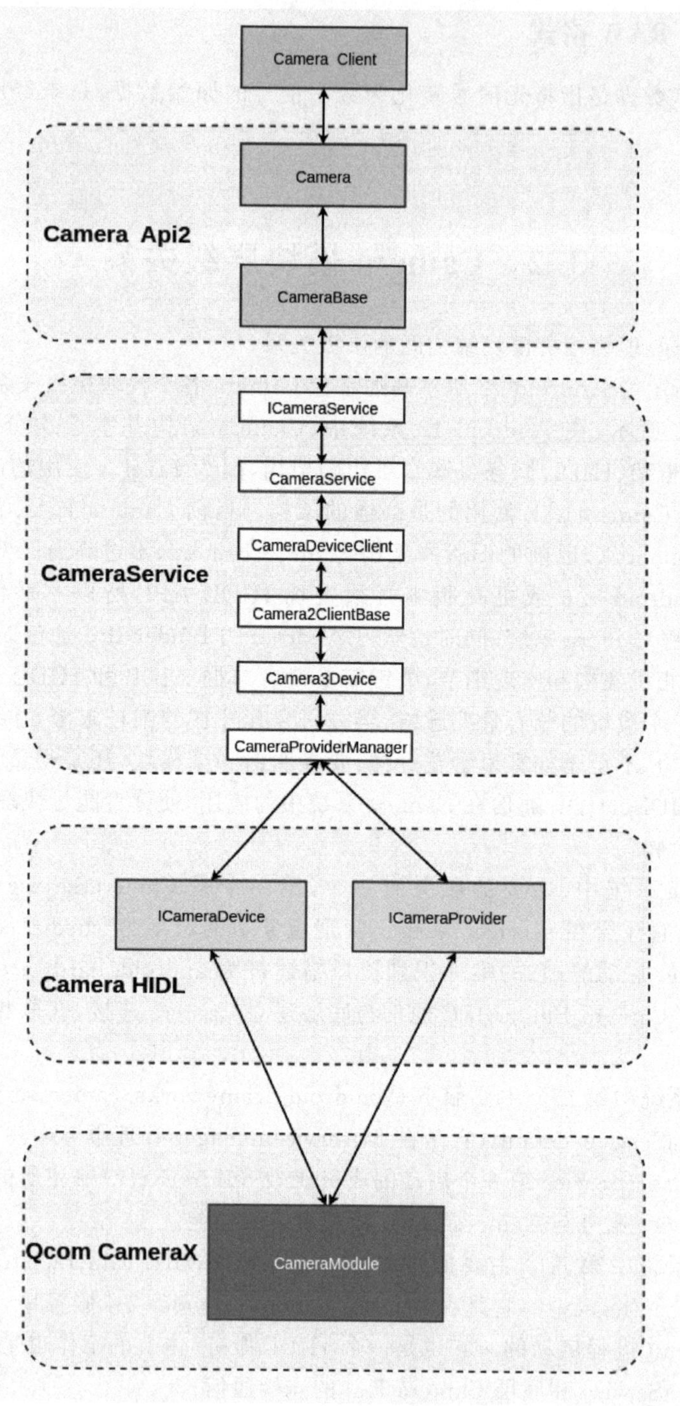

图 3-2　Camera 各个模块层级关系图

3.3 Camera 核心服务一:media. camera

➤ 阅读目标:

❶ 理解 cameraserver. rc 并启动 CameraServer 过程,注册 media. camera 服务。

❷ 理解 CameraServer 启动过程。

首先 Android 系统的 init 进程通过解析 cameraserver. rc 文件,启动一个名为 CameraServer 的服务,它真正的执行程序是/system/bin/cameraserver。

接着在 CameraServer 服务内部,向 ServiceManager 注册服务名为 media. camera 的 CameraService 服务,在 media. camera 服务内部还有一些 HIDL 服务注册的工作内容。

以下为 CameraServer 启动过程的工作内容,如图 3-3 所示。

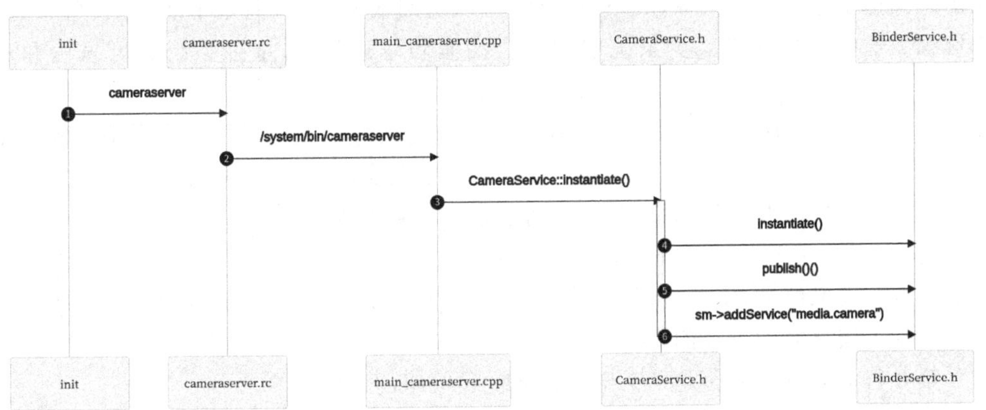

图 3-3 CameraServer 启动过程

CameraServer 进程是在 init 进程通过解析 cameraserver. rc,并且作为 CameraServer 用户启动的,它的实现如下所示。

3.3.1 init 进程解析 cameraserver. rc

<1>. frameworks/av/media/audioserver/cameraserver. rc

```
service cameraserver /system/bin/cameraserver
class main
user cameraserver
group audio camera inputdrmrpc
ioprio rt 4
task_profiles CameraServiceCapacity MaxPerformance
rlimit rtprio 10 10
```

Android 设备上对应文件位置:/system/etc/init/cameraserver.rc。

第 1 行/system/bin/cameraserver 是二进制程序启动,service 后面的 cameraserver 表示启动的服务名字叫 cameraserver。

第 2 行 class main 用来描述系统的主要进程类别,表示系统的主要服务和进程。cameraserver 是属于 main 类型的服务,一个命名为 main 类型的服务可以同时启动或者同时停止运行。如果没有通过 class 指定服务的类型的名字,则服务默认在 default 类中。

第 3 行 user cameraserver 表示指定服务的运行用户为 cameraserver,服务将以 cameraserver 权限运行。

第 4 行 group audio camera…表示指定了服务所在的用户组。它是系统为不同的进程分配的特定的用户组(user group),主要用于限制和控制它们的权限和访问能力。通过分配这些特殊的用户组,Android 系统可以更好地控制和管理进程的权限和访问能力,保证系统的安全性和稳定性。例如,camera 用户组可以访问相机硬件资源,但不能访问其他敏感资源。同样,input 用户组可以访问输入设备,但是不能访问存储和网络资源。这些限制可以减少系统中的安全漏洞和恶意行为,增强系统的可靠性和安全性。

第 5 行 ioprio rt 4 表示设置了服务的 I/O 优先级为 4,是一种用于进程调度的优先级,表示实时应用程序的优先级。用于在系统中需要实时响应和操作的应用程序,如音频播放、视频播放、游戏等,系统为其保留了最大的系统资源。

通过分配 ioprio rt 4 优先级,Android 系统可以更好地保证实时应用程序的性能和响应速度。在系统中,实时应用程序对于用户体验的重要性非常高,因此保证这些应用程序的优先级是非常重要的。

第 6 行 task_profiles 是一个定义任务优化策略的选项。

CameraServiceCapacity 优化模式主要用于相机服务,可以让系统在保证相机功能正常运行的前提下,尽量节约电量和系统资源。这个模式会限制处理器的频率和其他系统资源的分配,以延长电池寿命和提高系统稳定性。

MaxPerformance 优化模式则是更加注重性能和响应速度,可以让系统尽可能地发挥性能潜力,以实现更快的响应速度和更好的用户体验。此模式会让处理器以最高频率运行,并优先分配系统资源,以达到最大的性能输出。

在分别使用这两个任务优化模式时,需要根据实际情况和系统需求进行选择。例如,在需要拍照或录像等相机操作时,选择 CameraServiceCapacity 模式可以更好地延长电池寿命和保持系统稳定性;而在需要高性能计算或游戏等场景中,选择 MaxPerformance 模式则可以提高系统响应速度和计算效率。

第 7 行 rlimit 表示是一种资源限制,用于限制进程可以使用的某些资源的数量。其中,rlimit rtprio 10 10 表示实时优先级的限制,它限制了进程使用实时优先级所允许的最大值。其中,第一个 10 表示软限制,第二个 10 表示硬限制。rlimit rtprio 10 10 的意思是,软限制和硬限制的实时优先级都被限制为 10,即进程不能使用比 10 更高的实时优先级，以确保它们不会对其他系统资源造成过大的压力或者影响系统的稳定性。

既然 init 进程会将/system/bin/cameraserver 可执行程序启动起来，那么我们看一下它是怎么实现的。

3.3.2 CameraServer 的启动过程

CameraServer 服务的真正执行者/system/bin/cameraserver 是可执行程序，init 的进程启动名为 cameraserver 的服务，然后在 cameraserver 服务内部，向 ServiceManager 注册服务名为 media.camera 的 Camera 服务，它的实现如下所示。

<1>. frameworks/av/camera/cameraserver/main_cameraserver.cpp

```
1 int main(intargc __unused, char * * argv __unused){
2     hardware::configureRpcThreadpool(5, false);
3     sp<ProcessState>proc(ProcessState::self());
4     sp<IServiceManager>sm = defaultServiceManager();
5     CameraService::instantiate();
6     ProcessState::self()->startThreadPool();
7     IPCThreadState::self()->joinThreadPool();
8 }
```

第 5 行调用 CameraService 类的成员函数 instantiate 创建名为 media.camera 的 CameraService 服务。第 6 行调用函数 startThreadPool 将启动线程池。第 7 行调用 joinThreadPool 将当前线程加入到线程池中，并且等待任务被分配执行。

接下来我们进入 CameraService 类看一下它做了哪些工作。

<2>. frameworks/av/services/camera/libcameraservice/CameraService.h

```
class CameraService :
    public BinderService<CameraService>,
    public virtual ::android::hardware::BnCameraService,
    public virtual IBinder::DeathRecipient,
    public virtual CameraProviderManager::StatusListener
{
    friend class BinderService<CameraService>;
    friend class CameraOfflineSessionClient;
public:
    class Client;
    class BasicClient;
    class OfflineClient;

    static char const * getServiceName() { return "media.camera"; }
    CameraService();
    virtual  ~CameraService();
    ......
};
```

在 CameraService 类的头文件 CameraService.h 中，第 2 行 CameraService 类继承自 BinderService <CameraService> 模板类，CameraService 的 instantiate 函数的实现在 BinderService.h 中。第 7 行将 BinderService <CameraService> 模板类设置为 CameraService 的友元类，目的是为了让模板类访问 CameraService 的成员函数或成员变量，我们看一下 BinderService 模板类的实现。

<3>. frameworks/native/libs/binder/include/binder/BinderService.h

```
1   template <typename SERVICE>
2   class BinderService{
3   public:
4   static status_t publish(bool allowIsolated = false,
5   int dumpFlags = IServiceManager::DUMP_FLAG_PRIORITY_DEFAULT) {
6       sp<IServiceManager> sm(defaultServiceManager());
7       return sm->addService(String16(SERVICE::getServiceName()), new SERVICE(), allowIsolated, dumpFlags);
8   }
9
10  static void publishAndJoinThreadPool(bool allowIsolated = false,
11              int dumpFlags = IServiceManager::DUMP_FLAG_PRIORITY_DEFAULT) {
12          publish(allowIsolated, dumpFlags);
13          joinThreadPool();
14    }
15    static void instantiate() { publish(); }
16    static status_t shutdown() { return NO_ERROR; }
17  };
```

第 1 行传入模板类 BinderService 的参数 SERVICE 其实就是 CameraService。第 15 行是 instantiate 函数的实现，所以 CameraService::instantiate()函数就是继承自模板类 BinderService 的，在 instantiate 函数中调用函数 publish，而函数 publish 的实现在第 4 行。

第 6 行获取 ServiceManager 服务，然后在第 7 行通过 addService 向 ServiceManager 服务中注册名字为 media.camera 的 CameraService 服务，函数 getServiceName 的实现在 CameraService.h 中。第 7 行第一个参数可以写成 CameraService::getServiceName()，因为在 CameraService 类中将 BinderService 模板类设置成了它的友元函数，所以在这里可以直接访问 CameraService 类的成员函数 getServiceName。

注册名为 media.camera 的 CameraService 服务是通过 Binder 驱动提供的/dev/binder 设备节点注册的，通过 service list 可以查询到服务名字，如下所示。

```
blueline:/ # service list | grep media.camera
104     media.camera: [android.hardware.ICameraService]
```

到这里在 ServiceManager 中注册 media.camera 服务就已经完成了，那么在运行起来 media.camera 服务后，在其中又做了哪些工作呢？

下一节将分析 CameraService 是怎么创建 HIDL 服务的。

3.4 Camera 核心服务二：android.hardware.camera.provider@2.4::ICameraProvider/legacy/0

➤ 阅读目标：理解 vendor.camera-provider-2-4 的启动过程，并注册 HIDL 服务 android.hardware.camera.provider@2.4::ICameraProvider/legacy/0。

init 进程通过解析 android.hardware.camera.provider@2.4-service_64.rc 文件，启动一个名为 vendor.camera-provider-2-4 的服务，它真正的执行程序是/vendor/bin/hw/android.hardware.camera.provider@2.4-service_64。

以下为 vendor.camera-provider-2-4 服务启动过程的工作内容，如图 3－4 所示。

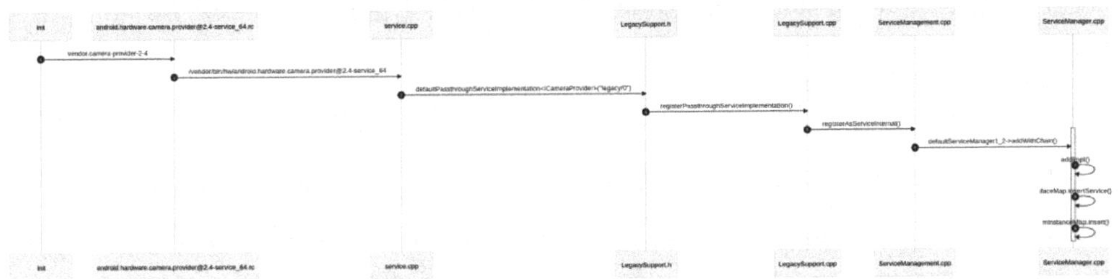

图 3－4 vendor.camera-provider-2-4 服务启动过程的工作内容

android.hardware.camera.provider@2.4-service_64 进程是在 init 进程通过解析 android.hardware.camera.provider@2.4-service_64.rc，并且作为 cameraserver 用户启动的，它的实现如下所示。

<1>. hardware/interfaces/camera/provider/2.4/default/android.hardware.camera.provider@2.4-service_64.rc

```
1  service vendor.camera-provider-2-4
2          /vendor/bin/hw/android.hardware.camera.provider@2.4-service_64
3      interface android.hardware.camera.provider@2.4::ICameraProvider legacy/0
4      class hal
5      user cameraserver
6      group audio camera input drmrpc
7      ioprio rt 4
8      capabilities SYS_NICE
9      task_profiles CameraServiceCapacity MaxPerformance
10
```

第 1～2 行表示一个服务名为 vendor.camera-provider-2-4，它真正的文件执行路径为/vendor/bin/hw/android. hardware. camera. provider@2. 4-service_64。

第 3 行 interface 后面，表示定义的服务的接口，表明该服务实现了 android. hardware. camera. provider@2. 4 包中接口的 ICameraProvider 类。

第 4 行 class hal 表示指定服务的类型为 hal，即硬件抽象层，用于与底层硬件设备进行交互。

其他字段在讲解 camerasever. rc 时已经阐述过，不再赘述。

我们先看一下 vendor. camera-provider-2-4 服务是不是已经在 Android 系统中启动了，如下所示。

```
1|blueline:/data/debug # service list | grep vendor.camera-provider-2-4

1|blueline:/data/debug #
```

我们发现 ServiceManager 列表中竟然没有一个叫作 vendor. camera-provider-2-4 的服务。我们再看一下 android. hardware. camera. provider@2. 4-service_64 的进程在不在，因为它是 vendor. camera-provider-2-4 服务的真正执行者，如下所示。

```
blueline:/ # ps -ef|grep android.hardware.camera.provider@2.4-service_64
cameraserver  1037     1 0 23:47:35 ?     00:00:01 android.hardware.camera.provider@2.4-service_64
```

从进程的角度来看，android. hardware. camera. provider@2. 4-service_64 进程确实已经在运行了，这时候打开相机也可以正常地拍照和录像，但是为什么 service 启动的服务 vendor. camera-provider-2-4 找不到呢？我们带着问题继续往下看。

下面继续讲解 vendor. camera-provider-2-4 服务的启动过程。

<2>. hardware/interfaces/camera/provider/2. 4/default/service. cpp

```
int main()
{
    android::ProcessState::initWithDriver("/dev/vndbinder");
    status_t status;
    if (kLazyService) {
        status = defaultLazyPassthroughServiceImplementation<ICameraProvider>("legacy/0", 6);
    } else {
        status = defaultPassthroughServiceImplementation<ICameraProvider>("legacy/0", 6);
    }
    return status;
}
```

在 main 函数中，因为 kLazyService 等于 false，所以走 defaultPassthroughServiceImplementation 分支通过直通模式注册服务，其中参数 legacy/0 表示服务名，6 表示线程数量。它的实现如下所示。

<3>. system/libhidl/transport/include/hidl/LegacySupport. h

```
1  template <class Interface, class ExpectInterface = Interface>
2  __attribute__((warn_unused_result)) status_t defaultPassthroughServiceImplementation(
3      const std::string& name,size_t maxThreads = 1) {
4      configureRpcThreadpool(maxThreads, true);
5          status_t result = registerPassthroughServiceImplementation<Interface, ExpectInterface>(name);
6
7          if (result != OK) {
8              return result;
9          }
10
11         joinRpcThreadpool();
12         return UNKNOWN_ERROR;
13 }
14
15
16 template <class Interface, class ExpectInterface = Interface>
17 __attribute__((warn_unused_result)) status_t registerPassthroughServiceImplementation(
18         const std::string& name = "default") {
19             return registerPassthroughServiceImplementation(Interface::descriptor,
20             ExpectInterface::descriptor, name);
21 }
```

第5行调用 registerPassthroughServiceImplementation 函数实现服务注册，它的实现在第16行，其内部又调用 registerPassthroughServiceImplementation 函数。从第16行类模板定义可以看出，Interface 类和 ExpectInterface 类是相同的，都是传进来的 ICameraProvider 类，ICameraProvider::descriptor 的接口描述符为 android. hardware. camera. provider@2. 4::ICameraProvider，接口描述符是一个字符串，用于唯一标识一个接口。而 name 表示要注册的实例化名字，传入的实例化名字为 legacy/0，通过工具查看注册 HIDL 服务格式为接口描述符＋实例化名字的形式，即组成 HIDL 的服务名。

第11行 joinRpcThreadpool()内部调用 IPCThreadState::self()->joinThreadPool()，其作用是将当前线程加入到线程池中并且等待任务被分配执行，服务等待客户端的访问交互。

接下来继续看直通模式实现服务注册 registerPassthroughServiceImplementation 函数，它的实现如下所示。

<4>. system/libhidl/transport/LegacySupport. cpp

```
1   __attribute__((warn_unused_result)) status_t registerPassthroughServiceImplementation(
2       const std::string&interfaceName, const std::string& expectInterfaceName,
3       const std::string&serviceName) {
4
5       return details::registerPassthroughServiceImplementation(
6               interfaceName, expectInterfaceName,
7               [](constsp<IBase>& service, const std::string& name) {
8                   return details::registerAsServiceInternal(service, name);
9               },
10          serviceName);
11  }
```

从 registerPassthroughServiceImplementation 函数，我们发现代码转入 HIDL 服务中，说明我们要注册的服务是通过 HIDL 来实现注册的，那么它和 ServiceManager 注册的服务有什么区别呢？

在 Android 12 中有三个 binder 管理服务，分别是 servicemanager、hwservicemanager、vndservicemanager，而 HIDL 服务就是通过 hwservicemanager 管理服务调用设置的，也就是说，所有的 HIDL 都是在 hwservicemanager 服务注册，最终调用 HidlService 注册的。而 hwservicemanager 的 binder 管理服务是通过/dev/hwbinder 设备节点与 binder 驱动通信的，所以它与 ServiceManager 还是有区别的，因为 ServiceManager 是通过/dev/binder 设备节点与 binder 驱动通信的。

在第 5～10 行调用 registerPassthroughServiceImplementation 函数，其中第一个和第 2 个参数是描述符的名字，在上面第<3>步我们已经分析过，第二个参数是一个 C++的 lambda 表达式，在 lambda 表达式中调用了 registerAsServiceInternal 函数。第三个是服务名。

接着看 registerAsServiceInternal 函数的实现。

<5>. system/libhidl/transport/ServiceManagement.cpp

```
status_t registerAsServiceInternal(const sp<IBase>& service, const std::string& name) {
        if (service == nullptr) {
        return UNEXPECTED_NULL;
    }

    sp<IServiceManager1_2> sm = defaultServiceManager1_2();
    if (sm == nullptr) {
        return INVALID_OPERATION;
    }

    const std::string descriptor = getDescriptor(service.get());
    if (kEnforceVintfManifest && ! isTrebleTestingOverride()) {
        using Transport = IServiceManager1_0::Transport;
```

```
14          Return<Transport>transport = sm->getTransport(descriptor, name);
15          Return<void>ret = service->interfaceChain([&](const auto& chain) {
16                registered = sm->addWithChain(name.c_str(), service, chain).withDefault
   (false);
17          });
18    }
```

第 6 行调用 defaultServiceManager1_2 函数获取 hwservicemanager 对象实例，其函数内部调用 * new sp<IServiceManager1_2>获取实例，而 IServiceManager1_2 通过 using 使用的是 android::hidl::manager::V1_2::IServiceManager，其实就是 HIDL 实现的 IServiceManager。第 11 行获取接口类的接口描述符类型。第 14 行将列的接口描述符和服务名传入 getTransport 函数，从而获取到当前的传输方式。Transport 是一个 enum 类型，它的定义如下所示。

```
enum class Transport :uint8_t {
    EMPTY = 0,
    HWBINDER = 1 ,
    PASSTHROUGH = 2 ,
};
```

函数 registerAsServiceInternal 中第 15～17 行 interfaceChain 函数的参数是一个 C++的 lambda 表达式，在 lambda 表达式中调用 sm->addWithChain 注册服务。

函数 addWithChain 的实现如下所示。

<6>. system/hwservicemanager/ServiceManager. cpp

```
1 Return<bool>ServiceManager::addWithChain(
2                const hidl_string& name,
3           const sp<IBase>& service,
4           const hidl_vec<hidl_string>& chain) {
5       auto callingContext = getBinderCallingContext();
6       return addImpl(name, service, chain, callingContext);
7 }
```

函数 addWithChain 中，第 5 行首先获取当前进程 ID 和会话 ID 标识符，并返回保存到 callingContext 中。

第 6 行调用 addImpl 函数，并将获取的 callingContext、name 等参数传入。

<7>. system/hwservicemanager/ServiceManager. cpp

```
bool ServiceManager::addImpl(……) {
    for(size_t i = 0; i <interfaceChain.size(); i++) {
        const std::string fqName = interfaceChain[i];
        PackageInterfaceMap &ifaceMap = mServiceMap[fqName];
        HidlService * hidlService = ifaceMap.lookup(name);
        if (hidlService == nullptr) {
```

```
                ifaceMap.insertService(std::make_unique<HidlService>(fqName, name, service, callingContext.pid));
            } else {
                hidlService->setService(service, callingContext.pid);
            }
            ifaceMap.sendPackageRegistrationNotification(fqName, name);
        }
}
```

在函数 addImpl 中，在 for 循环中将类接口描述符和服务名注册到 hwservicemanager 的 binder 管理服务中。首先遍历 interfaceChain 中的所有类接口描述符。接着调用 ifaceMap.lookup(name)，如果没有找到当前的服务名，即 hidlService 为空，则调用 ifaceMap.insertService 函数，将当前的新的服务注册到 hwservicemanager；如果当前 name 服务已经存在，则调用 hidlService->setService 将此服务设置给 HidlService 类的成员变量 mService 中，在需要的时候，使用 getService 函数获取服务即可。

我们继续看 insertService 函数。它将传入的服务名和类接口描述符放到哪里了？insertService 的实现如下所示。

<8>. system/hwservicemanager/ServiceManager.cpp

```
1 void ServiceManager::PackageInterfaceMap::insertService(
2         std::unique_ptr<HidlService>&&service) {
3     mInstanceMap.insert({service->getInstanceName(), std::move(service)});
4 }
```

在函数 insertService 中，第 3 行调用 mInstanceMap.insert 做了一个插入的操作，那么 mInstanceMap 是一个什么类型呢？它的定义如下所示。

<9>. system/hwservicemanager/ServiceManager.h

```
struct ServiceManager :public V1_2::IServiceManager, hidl_death_recipient {
private:
    bool addImpl(const std::string& name,
        const sp<IBase>& service,
        const hidl_vec<hidl_string>& interfaceChain,
        const AccessControl::CallingContext& callingContext);
    HidlService * lookup(const std::string& fqName, const std::string& name);
    using InstanceMap = std::map<std::string, std::unique_ptr<HidlService>>;
    struct PackageInterfaceMap {
    void insertService(std::unique_ptr<HidlService>&&service);
    private:
    InstanceMap mInstanceMap{};
  };
};
```

由第 12 行可知 mInstanceMap 为 InstanceMap 类型，那么 InstanceMap 定义是什么呢？可以看一下第 8 行 using 定义类型别名 InstanceMap，它的实现为 std::map <std::string, std::unique_ptr <HidlService>>，它是 C++的一个容器，容器内第一个存储的是服务名，第二个存储的是服务的类的实例化。也就是说，在 hwservicemanager 管理服务注册的服务，都成对地存储在 map 容器中，客户端使用的时候，使用 ServiceManager::PackageInterfaceMap::getInstanceMap 函数从 map 容器中获取即可。

因为 hwservicemanager 和 servicemanager 使用的 binder 驱动不同，故注册的管理服务也不同，它的 HIDL 服务名获取不能使用 service 或者 dumpsys 工具，而可以使用 lshal 获取。既然我们已经在 hwservicemanager 管理服务程序传入了类的接口描述符名为 android. hardware. camera. provider@2. 4::ICameraProvider 和实例名为/legacy/0，那么它所注册的 HIDL 服务是什么形式的呢？我们一起使用 lshal 看一下。

```
blueline:/ # lshal | grep android.hardware.camera.provider@2.4::ICameraProvider
DM,FC Y android.hardware.camera.provider@2.4::ICameraProvider/legacy/0
```

我们看到所注册的 HIDL 服务，显示形式是类接口描述符+服务名的形式，所以我们看到 hwservicemanager 和 servicemanager 管理服务的不同形式。

3.5 Camera 核心服务三：android. frameworks. cameraservice. service@2. 2::ICameraService/default

➤阅读目标：理解 HIDL 服务 android. frameworks. cameraservice. service@2. 2::ICameraService/default 核心服务注册过程。

HIDL 服务 android. frameworks. cameraservice. service@2. 2::ICameraService/default 是由 cameraserver 进程注册 HIDL 服务，它用于与 Camera HAL 之间的通信，它是在 hwservicemanager 管理服务程序中注册的，在它里面可以查询到。

以下为 android. frameworks. cameraservice. service@2. 2::ICameraService/default 服务注册的时序图，如图 3-5 所示。

在向 ServiceManager 注册 CameraService 服务后，CameraService 服务被启动起来，并且在它内部注册名为 android. frameworks. cameraservice. service@2. 2::ICameraService/default 的 HIDL 服务。首先启动的是 CameraService::onFirstRef 函数，启动 Camera 一系列相关初始化和服务工作。

1. 获取 ICameraService 服务实例化过程

<1>. frameworks/av/services/camera/libcameraservice/CameraService. cpp

```
void CameraService::onFirstRef()
{
    BnCameraService::onFirstRef();
```

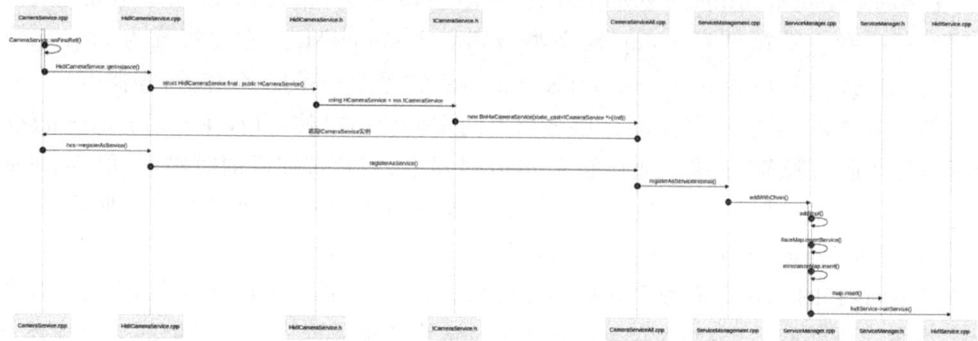

图 3－5　android. frameworks. cameraservice. service@2. 2::ICameraService/default 服务注册过程

```
4
5       BatteryNotifier& notifier(BatteryNotifier::getInstance());
6       notifier.noteResetCamera();
7       notifier.noteResetFlashlight();
8
9       status_t res = INVALID_OPERATION;
10
11      res = enumerateProviders();
12      if (res == OK) {
13          mInitialized = true;
14      }
15
16      mUidPolicy = new UidPolicy(this);
17      mUidPolicy->registerSelf();
18      mSensorPrivacyPolicy = new SensorPrivacyPolicy(this);
19      mSensorPrivacyPolicy->registerSelf();
20      mInjectionStatusListener = new InjectionStatusListener(this);
21      mAppOps.setCameraAudioRestriction(mAudioRestriction);
22      sp<HidlCameraService> hcs = HidlCameraService::getInstance(this);
23      if (hcs->registerAsService() != android::OK) {
24          ALOGE("%s:Failed to register default android.frameworks.cameraservice.service
    @1.0",
25          __FUNCTION__);
26      }
27      CameraServiceProxyWrapper::pingCameraServiceProxy();
28  }
```

第 5～7 行 BatteryNotifier 服务用于记录媒体服务器中的电池寿命事件。第 11 行调用 enumerateProviders 函数，在它内部主要的工作是实例化 CameraProviderManager 和 CameraFlashlight 对象，用于相机和闪光灯的服务操作。

第 22～23 行先调用 HidlCameraService::getInstance(this)获取服务对象，然后再调用 hcs->registerAsService 函数注册 HIDL 服务。

第 27 行 pingCameraServiceProxy 函数获取 media.camera.proxy 服务，然后在其内部调用 pingForUserUpdate 函数，通过给 CameraService 服务代理发送 ping 消息的方式，来获取和更新 CameraService 的有效用户。

下面看函数 HidlCameraService::getInstance 是如何获取服务对象，然后向 hwservicemanager 管理服务注册的。HidlCameraService::getInstance 函数的实现如下所示。

<2>. frameworks/av/services/camera/libcameraservice/hidl/HidlCameraService.cpp

```
1  sp<HidlCameraService> HidlCameraService::getInstance(android::CameraService * cs) {
2      gHidlCameraService = new HidlCameraService(cs);
3
4      return gHidlCameraService;
5  }
```

第 2 行实例化 HidlCameraService，并将 cs 指针作为参数传入，然后将 gHidlCameraService 对象返回。

通过头文件的定义可知，HidlCameraService 类继承自 HCameraService 类，又因为 using HCameraService = frameworks::cameraservice::service::V2_2::ICameraService，所以 HCameraService 是 frameworks::cameraservice::service::V2_2::ICameraService 的别名，而它的头文件 ICameraService.h 是通过 ICameraService.hal 自动生成的。我们直接看 ICameraService.h 对应的 CameraServiceAll.cpp 的实现。

<3>. out/soong/.intermediates/frameworks/hardware/interfaces/cameraservice/service/2.2/android.frameworks.cameraservice.service@2.2_genc++/gen/android/frameworks/cameraservice/service/2.2/CameraServiceAll.cpp

```
const char * ICameraService::descriptor("android.frameworks.cameraservice.service@2.2::ICameraService");

__attribute__((constructor)) static void static_constructor() {
    ::android::hardware::details::getBnConstructorMap().set(ICameraService::descriptor,
            [](void * iIntf) -> ::android::sp<::android::hardware::IBinder> {
                return new BnHwCameraService(static_cast<ICameraService *>(iIntf));
            });
    ::android::hardware::details::getBsConstructorMap().set(ICameraService::descriptor,
        [](void * iIntf) -> ::android::sp<::android::hidl::base::V1_0::IBase> {
```

```
10              return new BsCameraService(static_cast<ICameraService *>(iIntf));
11          });
12  }
13
14      __attribute__((destructor))static voidstatic_destructor() {
15          ::android::hardware::details::getBnConstructorMap().erase(ICameraService::descriptor);
16          ::android::hardware::details::getBsConstructorMap().erase(ICameraService::descriptor);
17  }
```

第 1 行定义类接口描述符为 android.frameworks.cameraservice.service@2.2::ICameraService，ICameraService 为接口名，android.frameworks.cameraservice.service@2.2 为包名。在 frameworks/hardware/interfaces/cameraservice/service/2.2/ICameraService.hal 中的定义如下所示。

```
1  package android.frameworks.cameraservice.service@2.2;
2  import android.frameworks.cameraservice.service@2.1::ICameraService;
3  interface ICameraService extends @2.1::ICameraService{
4
5  };
```

在第 1 行使用 package 定义 android.frameworks.cameraservice.service@2.2 为包名，interface 定义 ICameraService 为接口名。

我们继续分析 static_constructor 函数。它被__attribute__((constructor))修饰，此属性用于标记普通函数和构造函数，在程序加载和执行之前自动执行该函数，也就是说，它不需要 main 函数的调用，直接由系统调用自动执行，并且它的构造函数是在 main 函数之前执行的。

在 static_constructor 函数内部，第 4～7 行实例化 BnHwCameraService 对象，并通过 getBnConstructorMap().set 函数，将类接口描述符 android.frameworks.cameraservice.service@2.2::ICameraService 和 new BnHwCameraService 实例化的 ICameraService 对象插入到 map 容器中，并将实例化的对象转换成::android::sp<::android::hardware::IBinder>类型返回。那么 getBnConstructorMap.set 函数设置过程是怎样的呢？我们先看 getBnConstructorMap 的实现是什么。

<4>. system/libhidl/transport/Static.cpp

```
BnConstructorMap& getBnConstructorMap() {
    static BnConstructorMap& map = *new BnConstructorMap();
    return map;
}

BsConstructorMap& getBsConstructorMap() {
```

```
7        static BsConstructorMap& map = *new BsConstructorMap();
8        return map;
9    }
```

第1行，首先看 getBnConstructorMap 的定义。它内部实例化 BnConstructorMap 对象 map，然后将其返回，getBnConstructorMap 的类型为 BnConstructorMap。我们接下来看一下 BnConstructorMap 的实现。

<5>. system/libhidl/transport/include/hidl/Static.h

```
1  using BnConstructorMap = ConcurrentMap<std::string, std::function<sp<IBinder>(void*)>>;
2  BnConstructorMap& getBnConstructorMap();
3
4  using BsConstructorMap = ConcurrentMap<std::string,
5      std::function<sp<::android::hidl::base::V1_0::IBase>(void*)>>;
6  BsConstructorMap& getBsConstructorMap();
```

由第1行可知，BnConstructorMap 是一个类型的别名，等号后面是它真正的实现，一个是 string 类型，一个是由 function 定义的函数对象。第2行使用 BnConstructorMap 类型定义一个 getBnConstructorMap()函数对象。

还有一个问题，ConcurrentMap 是一个什么类型呢？我们看一下它的实现。

<6>. system/libhidl/transport/include/hidl/ConcurrentMap.h

```
1   template<typename K, typename V>
2   class ConcurrentMap {
3       ......
4
5       public:
6       void set(K &&k, V &&v) {
7           std::unique_lock<std::mutex>_lock(mMutex);
8           mMap[std::forward<K>(k)] = std::forward<V>(v);
9   }
10
11      // get with the given default value.
12      const V &get(const K &k, const V &def) const {
13      std::unique_lock<std::mutex>_lock(mMutex);
14      const_iterator iter = mMap.find(k);
15      if (iter == mMap.end()) {
16          return def;
17      }
18          return iter->second;
19  }
20
```

```
21        size_type erase(const K &k) {
22            std::unique_lock<std::mutex> _lock(mMutex);
23            return mMap.erase(k);
24        }
25
26        size_type eraseIfEqual(const K& k, const V& v) {
27            std::unique_lock<std::mutex> _lock(mMutex);
28            const_iterator iter = mMap.find(k);
29            if (iter == mMap.end()) {
30                return 0;
31            }
32            if (iter->second == v) {
33                mMap.erase(iter);
34                return 1;
35            } else {
36            return 0;
37            }
38        }
39        ......
40
41    private:
42        mutable std::mutexmMutex;
43        std::map<K, V>mMap;
44    };
```

ConcurrentMap 是一个模板类，首先看 6～9 行模板类 ConcurrentMap 的 set 函数，它的两个参数都可以传入值，并且因为是一个泛型类型，可以传入任意类型的参数。它可以传入一个 key 键和一个 value 值。第 8 行将 v 值存入 mMap 对应的 k 键中。第 43 行 mMap 的类型是一个 C++容器类型，map 容器存放键值对。

getBnConstructorMap. set()函数的作用就是将一对键值对存入 map 容器中，k 对应的是 android. frameworks. cameraservice. service@2. 2::ICameraService 类接口描述符，v 对应的就是 sp <IBinder>类型指针对象。

总结一下。在 ICameraService 类中的静态构造函数 static_constructor()，它所做的工作就是将 ICameraService 服务的类接口描述符和实例化的 BnHwCameraService 类型转为 sp <IBinder>的指针对象，插入到一个 map 容器中，并返回 ICameraService 服务对象。又因为 HCameraService 是 frameworks::cameraservice::service::V2_2::ICameraService 服务的别名，而 HidlCameraService 又继承自 HCameraService，最终将实例化对象返回给 HidlCameraService 使用。

在 static_constructor 函数中，通过 new BnHwCameraService 实例化，获取 ICameraService 对象赋值给 HidlCameraService 指针对象。那么拿到 ICameraService 服务对象后，它又做了哪些工作呢？我们继续分析 hcs->registerAsService 的注册流程。

2. hcs-> registerAsService 注册过程

<1>. frameworks/av/services/camera/libcameraservice/CameraService. cpp

```
1  sp<HidlCameraService> hcs = HidlCameraService::getInstance(this);
2  if (hcs->registerAsService() != android::OK) {
       ......
4  }
```

第 2 行通过拿到的 HidlCameraService 实例,调用它的成员函数 registerAsService 注册服务。

<2>. out/soong/. intermediates/frameworks/hardware/interfaces/cameraservice/service/2. 2/android. frameworks. cameraservice. service@2. 2_genc++/gen/android/frameworks/cameraservice/service/2. 2/CameraServiceAll. cpp

```
::android::status_t ICameraService::registerAsService(const std::string &serviceName) {
    return ::android::hardware::details::registerAsServiceInternal(this, serviceName);
}
```

在 ICameraService::registerAsService 函数中,传入 const string 类型的服务名,到这里会有一个问题出现:在调用 hcs-> registerAsService()函数时,明明没有传递服务名之类的参数,调入到 ICameraService::registerAsService()怎么多了个参数呢?

对于这个问题,我们看一下 ICameraService 中 registerAsService 函数的定义是什么。

<3>. out/soong/. intermediates/frameworks/hardware/interfaces/cameraservice/service/2. 2/android. frameworks. cameraservice. service@2. 2_genc++_headers/gen/android/frameworks/cameraservice/service/2. 2/ICameraService. h

```
namespace android {
    namespace frameworks {
        namespace cameraservice {
            namespace service {
                namespace V2_2 {

                    struct ICameraService :
                    public ::android::frameworks::cameraservice::service::V2_1::ICameraService {
                        __attribute__ ((warn_unused_result))::android::status_t
                        registerAsService(const std::string &serviceName = "default");

                    };
                }
```

```
14                }
15            }
16        }
17    }
```

第 9~10 行，在 ICameraService 类中，定义 registerAsService 成员函数的参数是被默认参数初始化的，它的默认初始化参数是 default，所以 hcs-> registerAsService()没有传入服务名，而使用默认的初始化参数。

我们接着往下看：：android：：hardware：：details：：registerAsServiceInternal 函数的实现。

<4>. system/libhidl/transport/ServiceManagement. cpp

```
status_t registerAsServiceInternal(const sp<IBase>& service, const std::string& name) {
    sp<IServiceManager1_2> sm = defaultServiceManager1_2();
    const std::string descriptor = getDescriptor(service.get());
    if (kEnforceVintfManifest && ! isTrebleTestingOverride()) {
        using Transport = IServiceManager1_0::Transport;
        Return<Transport> transport = sm->getTransport(descriptor, name);
    bool registered = false;
    Return<void> ret = service->interfaceChain([&](const auto& chain) {
        registered = sm->addWithChain(name.c_str(), service, chain).withDefault(false);
    });
    if (registered) {
        onRegistrationImpl(descriptor, name);
    }
}
```

在函数 registerAsServiceInternal 中的实现与 3.4 节 Camera 核心服务二是一样的流程，不再重复。

总结一下。调用 hcs-> registerAsService 函数注册 ICameraService 服务，最终将 android.frameworks.cameraservice.service@2.2::ICameraService/default 服务名和 HidlService 指针对象存入一个 map 容器中。下面使用 lshal 命令来验证一下我们的猜测。

```
blueline:/ # lshal | grep android.frameworks.cameraservice.service@2.2
FM    Y android.frameworks.cameraservice.service@2.2::ICameraService/default
```

通过 lshal 命令，我们看到 ICameraService 服务已经注册到 hwservicemanager 管理服务中。

3.6 Camera 通过 AIDL、HIDL 与底层通信过程

➢ 阅读目标：

❶ 理解 Camera 如何通过 AIDL、HIDL 建立与底层通信过程。

❷ 理解 Camera2 到 CameraService 使用 AIDL 通信过程。

❸ 理解 Camera HIDL 到 Camera HAL 使用 HIDL 通信过程。

通常开发者只是调用 Camera api2 来使用 Camera，对其基本的调用过程不甚了解，本节以 Camera connect 为例，追溯一下 connect 是如何打开相机的，中间都经历了哪些过程，做了哪些工作。

图 3-6 所示为 connect 函数连接摄像头的时序图。

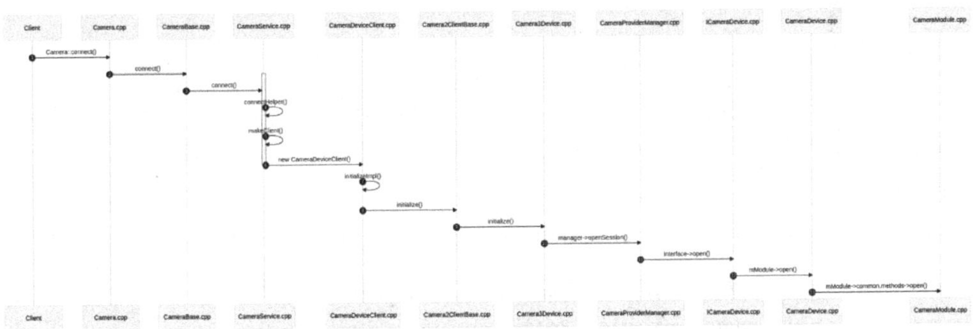

图 3-6 connect 函数连接摄像头的时序图

3.6.1 Camera2 到 CameraService 通信过程(AIDL 通信方式)

<1>. 从一个简单的例子开始

```
sp<Camera> cameraDevice = Camera::connect(
            cameraId,
            String16("native_camera_test"),
            Camera::USE_CALLING_UID,
            Camera::USE_CALLING_PID,
            android_get_application_target_sdk_version());
```

Camera::connect 函数中，第一个参数 cameraId 是 Camera ID，0 表示后置摄像头，1 表示前置摄像头。第二个参数 String16 是类型包名。第三、四个参数分别是用户身份号和进程号。第五个参数是设备 SDK 版本号。Camera::connect 函数的实现如下所示。

<2>. frameworks/av/camera/Camera.cpp

```
1  sp<Camera> Camera::connect(
2      int cameraId,
3      const String16& clientPackageName,
4      int clientUid,
5      int clientPid,
6      int targetSdkVersion)
7  {
8
9      return CameraBaseT::connect(
10         cameraId,
11         clientPackageName,
12         clientUid,
13         clientPid,
14         targetSdkVersion);
15 }
```

在函数 Camera::connect 中，第 9 行调用 CameraBaseT::connect 函数，并将参数全部传入。如果需要了解 connect 实现，需要先知道 CameraBaseT 的定义是什么。它的定义如下所示。

<3>. frameworks/av/camera/include/camera/CameraBase.h

```
1  template <typename TCam, typename TCamTraits = CameraTraits<TCam>>
2  class CameraBase : public IBinder::DeathRecipient
3  {
4  public:
5      static sp<TCam>  connect(int cameraId,
6                               const String16& clientPackageName,
7                               int clientUid,
8                               int clientPid,
9                               int targetSdkVersion);
10 protected:
11     CameraBase(int cameraId);
12     typedef CameraBase<TCam>  CameraBaseT;
17 };
```

从第 12 行定义可知，CameraBaseT 是 CameraBase<TCam>类型的别名，而 CameraBase 是一个模板类。既然知道 CameraBaseT 是模板类，我们继续看 CameraBaseT::connect 的实现，如下所示。

<4>. frameworks/av/camera/CameraBase.cpp

```
template <typename TCam, typename TCamTraits>
sp<TCam> CameraBase<TCam, TCamTraits>::connect(
```

```
3        int cameraId,
4        const String16& clientPackageName,
5        int clientUid,
6        int clientPid,
7        int targetSdkVersion){
8    sp<TCam>c = new TCam(cameraId);
9    sp<TCamCallbacks>cl = c;
10   constsp<::android::hardware::ICameraService>cs = getCameraService();
11
12   binder::Status ret;
13   if (cs != nullptr) {
14       TCamConnectService fnConnectService = TCamTraits::fnConnectService;
15
16       ret = (cs.get()-> * fnConnectService)(cl, cameraId,
17                                   clientPackageName,
18                                   clientUid,clientPid,
19                                   targetSdkVersion,
20                                   &c->mCamera);
21       }
22       return c;
23   }
```

在 connect 函数中，第 10 行首先调用 getCameraService 获取 CameraService 服务。我们来看一下它获取已经注册的是 AIDL 接口服务还是 HIDL 接口服务。getCameraService 函数的实现如下所示。

<5>. frameworks/av/camera/CameraBase. cpp

```
sp<::android::hardware::ICameraService>gCameraService;
const char * kCameraServiceName = "media.camera";
template <typename TCam, typename TCamTraits>
constsp<::android::hardware::ICameraService>CameraBase<TCam, TCamTraits>::getCameraService()
{
    Mutex::Autolock _l(gLock);
    if (gCameraService.get() == 0) {
        if (CameraUtils::isCameraServiceDisabled()) {
            return gCameraService;
        }

        sp<IServiceManager>sm = defaultServiceManager();
        sp<IBinder>binder;
        do {
            binder = sm->getService(String16(kCameraServiceName));
```

```
16                if (binder != 0) {
17   break;
18                }
19                usleep(kCameraServicePollDelay);
20            } while(true);
21            if (gDeathNotifier == NULL) {
22                gDeathNotifier = new DeathNotifier();
23            }
24            binder->linkToDeath(gDeathNotifier);
25            gCameraService = interface_cast<::android::hardware::ICameraService>(binder);
26        }
27        return gCameraService;
28    }
```

第 12 行通过 ServiceManager 服务对象，调用 getService 获取 Camera 服务，传入的是 kCameraServiceName，它的定义为 media.camera，获取 CameraService 服务对象，它是注册在 ServiceManager 中的 AIDL 服务。第 25 行调用 interface_cast 将获取到 CameraService 的 Binder 对象，转换成 sp<::android::hardware::ICameraService>指针对象，然后将它返回。

既然我们拿到了 ICameraService 服务对象，它接下来会做什么事呢？接着在 connet 函数中调用 cs.get()-> * fnConnectService 工作内容。

<6>. frameworks/av/camera/CameraBase.cpp

```
template <typename TCam, typename TCamTraits>
sp<TCam>CameraBase<TCam, TCamTraits>::connect(
    int cameraId,
    const String16& clientPackageName,
    int clientUid,
    int clientPid,
    int targetSdkVersion){
        ......
        binder::Status ret;
        if (cs != nullptr) {
            TCamConnectService fnConnectService = TCamTraits::fnConnectService;

            ret = (cs.get()-> * fnConnectService)(cl, cameraId,
                                clientPackageName,
                                clientUid,clientPid,
                                targetSdkVersion,
                                &c->mCamera);
        }
        return c;
    }
```

第 11 行 fnConnectService 类型是 TCamTraits::fnConnectService 赋值的，根据 typename TCamTraits = CameraTraits<TCam>的定义，TCamTraits 其实就是模板类型 CameraTraits<TCam>，那么 TCamTraits::fnConnectService 是什么呢？它的定义如下所示。

<7>. frameworks/av/camera/Camera.h && Camera.cpp

```
1   template <>
2   struct CameraTraits<Camera>
3   {
4       typedef CameraListener                      TCamListener;
5       typedef ::android::hardware::ICamera        TCamUser;
6       typedef ::android::hardware::ICameraClient TCamCallbacks;
7       typedef ::android::binder::Status(::android::hardware::ICameraService::* TCamConnectService)
8       (constsp<::android::hardware::ICameraClient>&,
9       int, const String16&, int, int, int,
10      sp<::android::hardware::ICamera> *);
11  static TCamConnectService      fnConnectService;
12  };
13
14  Camera.cpp 定义
15  CameraTraits<Camera>::TCamConnectService CameraTraits<Camera>::fnConnectService =
16      &::android::hardware::ICameraService::connect;
```

根据 CameraTraits 类的定义可知，fnConnectService 是一个函数指针，它的类型为 CameraTraits<Camera>::TCamConnectService，它指向的是：android::hardware::ICameraService::connect 函数。

Camera2 API 调用结束，下面进入 AIDL 通信方式的 CameraService 服务。

那么：android::hardware::ICameraService::connect 实现的是什么呢？在下一小节揭晓答案。

3.6.2 CameraService 到 Camera HIDL 通信过程

<1>. out/soong/.intermediates/frameworks/av/camera/libcamera_client/android_arm64_armv8-a_shared_cfi/gen/aidl/android/hardware/ICameraService.h

```
class ICameraService :public ::android::IInterface {
    ……
    virtual ::android::binder::Status connect(
        const ::android::sp<::android::hardware::ICameraClient>& client,
        int32_t cameraId, const ::android::String16& opPackageName,
        int32_t clientUid, int32_t clientPid,
```

```
7            int32_t targetSdkVersion,
8            ::android::sp<::android::hardware::ICamera> * _aidl_return) = 0;
9        ......
10   };
```

ICameraService.h 头文件是 ICameraService.aidl 文件自动生成的，第 3 行定义 connect 函数，函数指针就是指向它的。根据 Camera.h 的定义，通过 typedef 定义 TCamConnectService 是函数指针类型，并且它是指向 android::binder::Status(::android::hardware::ICameraService::*)的函数类型，所以(cs.get()->*fnConnectService)(xxx)可以写成 ICameraService::connect(xxx)。

调用 cs 对象的 fnConnectService 函数指针，并传入参数 cl，cameraId 等，相当于直接调用 ICameraService 类的 connect 函数，以及 BpCameraService 类的 connect 函数。那么 BpCameraService 与 BnCameraService 通信过程是怎样的呢？下面先看一下 BpCameraService 代理端对 connect 函数的实现，如下所示。

<2>. out/soong/.intermediates/frameworks/av/camera/libcamera_client/android_arm64_armv8-a_shared_cfi/gen/aidl/android/hardware/BpCameraService.h

```
1    class BpCameraService : public ::android::BpInterface<ICameraService>{
2    public:
3        explicit BpCameraService(const ::android::sp<::android::IBinder>& _aidl_impl);
4        virtual ~BpCameraService() = default;
5        ::android::binder::Status connect(
6                const ::android::sp<::android::hardware::ICameraClient>& client,
7                int32_t cameraId,
8                const ::android::String16& opPackageName,
9                int32_t clientUid,
10               int32_t clientPid,
11               int32_t targetSdkVersion,
12               ::android::sp<::android::hardware::ICamera> * _aidl_return) override;
13   };
```

BpCameraService 类是 Binder IPC 的客户端，由第 1 行可知，它继承自模板类 BpInterface<ICameraService>，又重写了 connect 函数。下面是客户端 connect 函数的实现。

<3>. out/soong/.intermediates/frameworks/av/camera/libcamera_client/android_arm64_armv8-a_shared_cfi/gen/aidl/android/hardware/ICameraService.cpp

```
::android::binder::Status BpCameraService::connect(
        const ::android::sp<::android::hardware::ICameraClient>& client,
        int32_t cameraId, const ::android::String16& opPackageName,
        int32_t clientUid,
```

```
5           int32_t clientPid,
6           int32_t targetSdkVersion,
7           ::android::sp<::android::hardware::ICamera> * _aidl_return)
8   {
9       ::android::Parcel _aidl_data;
10      ::android::Parcel _aidl_reply;
11      ::android::status_t _aidl_ret_status = ::android::OK;
12      ::android::binder::Status _aidl_status;
13      _aidl_ret_status = _aidl_data.writeInt32(cameraId);
14      _aidl_ret_status = _aidl_data.writeString16(opPackageName);
15      _aidl_ret_status = _aidl_data.writeInt32(clientUid);
16      _aidl_ret_status = _aidl_data.writeInt32(clientPid);
17      _aidl_ret_status = _aidl_data.writeInt32(targetSdkVersion);
18      remote()->transact(BnCameraService::TRANSACTION_connect, _aidl_data, &_aidl_reply, 0);
19  }
```

在函数 BpCameraService::connect 中，第 13～17 行，分别将参数 cameraId、opPackageName、clientUid、targetSdkVersion 通过 Parcel 序列化操作，写入到 _aidl_data 中。

第 18 行通过 remote()->transact()函数将 adil data 发给 Binder 的 Server 端。有读者会疑惑，remote()是什么呢？其实 remote()定义在 Binder. h 文件中，它返回的类型是 IBinder * const，在函数内部返回一个 IBinder * const 类型的 mRemote 指针变量，mRemote 就是 IBinder * const 类型，而 transact 是 BBinder 继承 IBinder 类的纯虚函数，继承自 IBinder 类的必须要重写它。那么通过 transact 发送 BnCameraService::TRANSACTION_connect 指令码给 Binder 的 Server 端。Binder Server 收到指令又做了什么事情呢？我们继续往下分析。

<4>. out/soong/. intermediates/frameworks/av/camera/libcamera_client/android_arm64_armv8-a_shared_cfi/gen/aidl/android/hardware/ICameraService. cpp

```
::android::status_t BnCameraService::onTransact(
          uint32_t _aidl_code,
          const ::android::Parcel& _aidl_data,
          ::android::Parcel * _aidl_reply,
          uint32_t _aidl_flags) {
      ......
case BnCameraService::TRANSACTION_connect:
    {
      ::android::sp<::android::hardware::ICameraClient> in_client;
      int32_t in_cameraId;
      ::android::String16 in_opPackageName;
      ::android::binder::Status _aidl_status(connect(in_client, in_cameraId,
```

```
13                      in_opPackageName, in_clientUid,
14                      in_clientPid, in_targetSdkVersion, &_aidl_return));
15      }
16  }
```

在 Binder 服务端 BnCameraService::onTransact 函数中，第 12～14 行调用 connect 函数，将读出 connect 函数的参数，那么这里的 connect 函数是谁呢？它在哪里实现呢？有没有别的类继承 BnCameraService 呢？它的实现如下所示。

<5>. frameworks/av/services/camera/libcameraservice/CameraService.h

```
1   class CameraService :
2           public BinderService<CameraService>,
3           public virtual ::android::hardware::BnCameraService,
4           public virtual IBinder::DeathRecipient,
5           public virtual CameraProviderManager::StatusListener
6   {
7           friend class BinderService<CameraService>;
8           friend class CameraOfflineSessionClient;
9   public:
10          static char const * getServiceName() { return "media.camera"; }
11          virtual binder::Status connect(  );
12  };
```

第 1～5 行 CameraService 继承了 4 个类，其中第 3 行继承了::android::hardware::BnCameraService 类，也就是 CameraService 在 Binder 通信中的服务端。又因为 CameraService 类重写了 BnCameraService 类的 connect 函数，所以进入 BnCameraService 服务端的 connect 函数，最终会调用子类 CameraService 类中的 connect 函数，它的实现如下所示。

<6>. frameworks/av/services/camera/libcameraservice/CameraService.cpp

```
Status CameraService::connect(
            const sp<ICameraClient>& cameraClient,
            int api1CameraId,
            const String16& clientPackageName,
            int clientUid,
            int clientPid,
            int targetSdkVersion,
            sp<ICamera> * device) {
    Status ret = Status::ok();
    String8 id = cameraIdIntToStr(api1CameraId);
    sp<Client>client = nullptr;
    ret = connectHelper<ICameraClient,Client>(
                cameraClient, id, api1CameraId,
```

```
14                  clientPackageName, {}, clientUid, clientPid, API_1,
15                  false,  0, targetSdkVersion, client);
16
17      * device = client;
18      return ret;
19  }
```

在函数 CameraService::connect 中，第 10 行首先调用 cameraIdIntToStr 函数，将 api1CameraId 转换成 String8 类型，并赋值给 id。接着第 12 行调用 connectHelper 函数，将要打开的摄像头 id 传入。下面进入到 connectHelper 函数的内部实现，如下所示。

<7>. frameworks/av/services/camera/libcameraservice/CameraService. cpp

```
1   template <class CALLBACK, class CLIENT>
2   Status CameraService::connectHelper(const sp <CALLBACK>& cameraCb,……
3                                       sp <CLIENT>& device){
4       sp <BasicClient> tmp = nullptr;
5     bool overrideForPerfClass = SessionConfigurationUtils::targetPerfClassPrimaryCamera(…);
6     if(! (ret = makeClient(this,……, &tmp)).isOk()) {
7       return ret;
8     }
9     client = static_cast <CLIENT *> (tmp.get());
10    err = client->initialize(mCameraProviderManager, mMonitorTags);
11  }
```

第 5 行调用 targetPerfClassPrimaryCamera 函数，传入 mPerfClassPrimaryCameraIds 参数为 set <string>类型，set 是一个有序容器。传入的第二个参数是 cameraId，它是 String8 类型。在 targetPerfClassPrimaryCamera 函数内部，首先在 mPerfClassPrimaryCameraIds 中遍历查找 cameraId；如果查找到 cameraId，则 isPerfClassPrimaryCamera 等于 true；如果 targetSdkVersion >= SDK_VERSION_S，且 isPerfClassPrimaryCamera 为真，则返回 true。

第 6～8 行 makeClient 函数创建 Camera 客户端实例，第 10 行创建完后进行初始化工作。下面是 makeClient 函数的实现。

<8>. frameworks/av/services/camera/libcameraservice/CameraService. cpp

```
Status CameraService::makeClient(const sp <CameraService>& cameraService,
                                sp <BasicClient> * client) {
    if (effectiveApiLevel == API_1) {
      sp <ICameraClient> tmp = static_cast <ICameraClient *> (cameraCb.get());
      * client = new Camera2Client(cameraService, tmp, packageName, featureId,
                  cameraId, api1CameraId,
                  facing, sensorOrientation, clientPid, clientUid,
```

```
8                       servicePid, overrideForPerfClass);
9           } else {
10              sp<hardware::camera2::ICameraDeviceCallbacks>tmp =
11                  static_cast<hardware::camera2::ICameraDeviceCallbacks*>(cameraCb.get());
12              *client = new CameraDeviceClient(cameraService,……);
13          }
14      }
```

第 3 行分支使用 Camera API1 接口，目前此版本已经不再使用。Android 12 使用 Camera API2 实现，所以进入 else 分支对 CameraDeviceClient 实例化，传入 camera id、包名、客户端进程号等参数，实例化 CameraDeviceClient 后，紧接着调用成员函数 initialize 初始化，它的实现如下所示。

<9>. frameworks / av / services / camera / libcameraservice / api 2 / CameraDeviceClient. cpp

```
1   status_t CameraDeviceClient::initialize(
2               sp<CameraProviderManager>manager,
3               const String8& monitorTags) {
4       return initializeImpl(manager, monitorTags);
5   }
```

第 2 行传入 sp <CameraProviderManager>类型，manager 为参数，CameraProviderManager 是 HIDL 的客户端，它对应的服务端为 ICameraProvider；接着调用 initializeImpl 函数，它的实现如下所示。

<10>. frameworks/ av / services / camera / libcameraservice / api 2 / CameraDeviceClient. cpp

```
1   template<typename TProviderPtr>
2   status_t CameraDeviceClient::initializeImpl(
3               TProviderPtr providerPtr,
4               const String8& monitorTags) {
5               status_t res;
6       res = Camera2ClientBase::initialize(providerPtr, monitorTags);
7       String8 threadName;
8       mFrameProcessor = new FrameProcessorBase(mDevice);
9       mFrameProcessor->run(threadName.string());
10      mFrameProcessor->registerListener(
11                  camera2::FrameProcessorBase::FRAME_PROCESSOR_LISTENER_MIN_ID,
12                  camera2::FrameProcessorBase::FRAME_PROCESSOR_LISTENER_MAX_ID,……);
13  }
```

函数 CameraDeviceClient::initializeImpl 第 6 行调用 Camera2ClientBase::initialize 函数做一些初始化工作。

第 8 行实例化 FrameProcessorBase，它是输出帧元数据处理线程，等待来自帧生成器的新帧，并根据需要对它们进行分析。

第 10～12 行调用 mFrameProcessor-> registerListener 函数，其中在 FRAME_PROCESSOR_LISTENER_MIN_ID 和 FRAME_PROCESSOR_LISTENER_MAX_ID 范围内的 ID 注册监听器。我们的任务主要是分析 CameraDeviceClient::initializeImpl 函数。下面回到主线任务继续分析，实现如下所示。

<11>. frameworks/av/services/camera/libcameraservice/common/Camera2ClientBase. cpp

```
1   template <typename TClientBase>
2   template <typename TProviderPtr>
3   status_t Camera2ClientBase <TClientBase>::initializeImpl(
4                   TProviderPtr providerPtr,
5                   const String8& monitorTags) {
6       status_t res;
7       res = TClientBase::startCameraOps();
8       res = mDevice->initialize(providerPtr, monitorTags);
9       wp <NotificationListener> weakThis(this);
10      res = mDevice->setNotifyCallback(weakThis);
11      return OK;
12  }
```

在函数 initializeImpl 中，第 7 行调用 startCameraOps 函数，它的主要作用是通知应用当前相机的状态。

第 8 行调用 mDevice-> initialize 函数初始化相机，mDevice 的类型是 const sp <CameraDeviceBase>，在 CameraDeviceBase. cpp 文件中竟然没有 CameraDeviceBase 类的实现，只有一个析构函数。那么 CameraDeviceBase 类的成员函数 initialize 在哪里实现呢？请继续往下看。

<12>. frameworks/av/services/camera/libcameraservice/device3/Camera3Device. h

```
class Camera3Device :
    public CameraDeviceBase,
    virtual public hardware::camera::device::V3_5::ICameraDeviceCallback,
    public camera3::SetErrorInterface,
    public camera3::InflightRequestUpdateInterface,
    public camera3::RequestBufferInterface,

    public camera3::FlushBufferInterface {
public:
    explicit Camera3Device(const String8& id, bool overrideForPerfClass);
```

```
11    virtual ~Camera3Device();
12    status_t initialize(sp<CameraProviderManager> manager, const String8& monitorTags) override;
13    status_t disconnect() override;
14 };
```

在 Camera3Device.h 头文件中，会发现 Camera3Device 类继承自 CameraDeviceBase 类，第 12 行会重写 CameraDeviceBase 类的成员函数 initialize。虽然 CameraDeviceBase 没有实现自己的成员函数，但它的子类继承后会重写实现。那么 initialize 函数的实现一定在 CameraDeviceBase.cpp 中，它的实现如下所示。

<13>. frameworks/av/services/camera/libcameraservice/device3/Camera3Device.cpp

```
1 status_t Camera3Device::initialize(
2             sp<CameraProviderManager>manager,
3             const String8& monitorTags) {
4     sp<ICameraDeviceSession> session;
5     status_t res = manager->openSession(mId.string(), this, &session);
6    manager->getCameraCharacteristics(mId.string(), mOverrideForPerfClass, &mDeviceInfo);
7 mInterface = new HalInterface(session, queue, mUseHalBufManager, mSupportOfflineProcessing);
8     return initializeCommonLocked();
9 }
```

在函数 Camera3Device::initialize 中，第 5 行首先调用 openSession 函数打开相机设备启动的会话，并将打开的设备会话句柄返回到 session 中，用于硬件配置和操作。

第 6 行 getCameraCharacteristics 用于获取相机物理特性。

第 7 行实例化 HalInterface，主要用于传统 HAL 和 HIDL 接口调用的适配工作。下面继续分析主线任务。函数 openSession 的实现如下所示。

<14>. frameworks/av/services/camera/libcameraservice/common/CameraProviderManager.cpp

```
status_t CameraProviderManager::openSession(
            const std::string &id,
            const sp<device::V3_2::ICameraDeviceCallback>& callback,
                    sp<device::V3_2::ICameraDeviceSession> * session) {
    std::lock_guard<std::mutex>lock(mInterfaceMutex);
    auto deviceInfo = findDeviceInfoLocked(id,{3,0}, {4,0});
    if (deviceInfo == nullptr) return NAME_NOT_FOUND;

    auto * deviceInfo3 = static_cast<ProviderInfo::DeviceInfo3 *>(deviceInfo);
```

```
10     sp<ProviderInfo>parentProvider = deviceInfo->mParentProvider.promote();
11     if (parentProvider == nullptr) {
12       return DEAD_OBJECT;
13     }
14  const sp<provider::V2_4::ICameraProvider>provider =
15                          parentProvider->startProviderInterface();
16     saveRef(DeviceMode::CAMERA, id, provider);
17     auto interface = deviceInfo3->startDeviceInterface<
18            CameraProviderManager::ProviderInfo::DeviceInfo3::InterfaceT>();
19      ret = interface->open(callback, [&status, &session]
20     (Status s, const sp<device::V3_2::ICameraDeviceSession>& cameraSession) {
21       status = s;
22       if (status == Status::OK) {
23         * session = cameraSession;
24       }
25     });
26     return mapToStatusT(status);
27  }
```

第 6 行调用函数 findDeviceInfoLocked，通过 ID 查找 DeviceInfo 的实例化对象，如果没有检测到 ID 对应的实例化对象，则直接返回错误。

第 14～15 行获取 ICameraProvider 服务，如果检测到当前服务不存在，则调用 removeProvider 函数，传入服务名字将其移出；如果存在，则将服务返回。

第 16 行保存 ICameraProvider，当它被相机模式或手电筒模式使用时。

第 17～25 行调用模板函数 startDeviceInterface，并传入类名作为参数 CameraProviderManager::ProviderInfo::DeviceInfo3::InterfaceT，实例化 DeviceInfo3 的对象 interface，那么接着调用成员函数 open 打开设备，DeviceInfo3 类的真正实现在哪里呢？它的通信方式是什么呢？它的实现如下所示。

<15>. frameworks/av/services/camera/libcameraservice/common/CameraProviderManager.h

```
class CameraProviderManager : virtual public hidl::manager::V1_0::IServiceNotification {
   struct ProviderInfo :
      virtual public hardware::camera::provider::V2_6::ICameraProviderCallback,
      virtual public hardware::hidl_death_recipient
   {
      hardware::hidl_bitfield<hardware::camera::provider::V2_5::DeviceState>mDeviceState;
      wp<hardware::camera::provider::V2_4::ICameraProvider>mActiveInterface;
      sp<hardware::camera::provider::V2_4::ICameraProvider>mSavedInterface;
```

```
        struct DeviceInfo {
          const std::string mName;
          const std::string mId;
          template <class InterfaceT>
          sp <InterfaceT> startDeviceInterface();
        };
        struct DeviceInfo3 : public DeviceInfo {
          typedef hardware::camera::device::V3_2::ICameraDevice InterfaceT;
        };
    };
};
```

ProviderInfo 是 CameraProviderManager 的内部类，DeviceInfo 和 DeviceInfo3 是 DeviceInfo3 的内部类，其中 DeviceInfo3 继承自 DeviceInfo 类。

在 DeviceInfo3 类内部，InterfaceT 是 hardware::camera::device::V3_2::ICameraDevice 的别名，通过 hardware::camera::device::V3_2::ICameraDevice 类，发现原来它是 CameraService 和 HAL 的通信桥梁，它是一个 HIDL Binder 服务，它是由 hardware/interfaces/camera/device/3.2/ICameraDevice.hal 生成的服务，ICameraDevice.hal 对应的头文件 ICameraDevice.h 定义如下所示。

<16>. out/soong/.intermediates/hardware/interfaces/camera/device/3.2/android.hardware.camera.device@3.2_genc++_headers/gen/android/hardware/camera/device/3.2/ICameraDevice.h

```
namespace android {
   namespace hardware {
     namespace camera {
       namespace device {
        namespace V3_2 {
       struct ICameraDevice : public ::android::hidl::base::V1_0::IBase {
         typedef ::android::hardware::details::i_tag _hidl_tag;
         static const char * descriptor;
         virtual ::android::hardware::Return
                     <::android::hardware::camera::common::V1_0::Status>
                     setTorchMode(::android::hardware::camera::common::V1_0::TorchMode mode) = 0;
           ......
         virtual ::android::hardware::Return <void> open(
                const ::android::sp <::android::hardware::camera::device::
                V3_2::ICameraDeviceCallback> & callback,
                open_cb _hidl_cb) = 0;
           ......
           };
```

```
19                 }
20             }
21         }
22     }
23 }
```

ICameraDevice 继承自 android::hidl::base::V1_0::IBase，第 15 行 ICameraDevice 的成员函数为 open，为纯虚函数，需要子类 DeviceInfo3 继承后重写。

CameraService 调用结束，下一小节进入 HIDL 通信方式的 Camera HIDL 服务。

下面进入 Camera HIDL 到 HAL 通信过程，那么 HIDL 服务是如何与 HAL 建立通信的呢？请阅读下一小节内容。

3.6.3 Camera HIDL 到 HAL 通信过程(HIDL 通信方式)

ICameraDevice::open 实现的是什么呢？它的通信过程与 AIDL 有什么不同呢？ICameraDevice::open 函数的实现如下所示。

<1>. out/soong/. intermediates/hardware/interfaces/camera/device/3. 2/android. hardware. camera. device@3. 2_genc++/gen/android/hardware/camera/device/3. 2/CameraDeviceAll. cpp

```
::android::hardware::Return<void>BpHwCameraDevice::open(
        const ::android::sp<::android::hardware::camera::device::V3_2::
                ICameraDeviceCallback>& callback,
        open_cb _hidl_cb){
    ::android::hardware::Return<void>  _hidl_out =
    ::android::hardware::camera::device::V3_2::BpHwCameraDevice::
        _hidl_open(this, this, callback, _hidl_cb);

    return _hidl_out;
}
```

函数 BpHwCameraDevice::open 通过调用 HIDL 的客户端函数_hidl_open 与 HIDL 服务端通信，将_hidl_out 返回。_hidl_open 的实现如下所示。

<2>. out/soong/. intermediates/hardware/interfaces/camera/device/3. 2/android. hardware. camera. device@3. 2_genc++/gen/android/hardware/camera/device/3. 2/CameraDeviceAll. cpp

```
::android::hardware::Return<void>BpHwCameraDevice::_hidl_open(
        ::android::hardware::IInterface * _hidl_this,
        ::android::hardware::details::HidlInstrumentor * _hidl_this_instrumentor,
        const ::android::sp<::android::hardware::camera::device::V3_2::
        ICameraDeviceCallback>& callback,
```

```
6          open_cb _hidl_cb){
7          ::android::hardware::Parcel _hidl_data;
8          ::android::hardware::Parcel _hidl_reply;
9          ::android::status_t _hidl_err;
10         ::android::status_t _hidl_transact_err;
11         ::android::hardware::Status _hidl_status;
12
13       _hidl_err = _hidl_data.writeInterfaceToken(BpHwCameraDevice::descriptor);
14       if (_hidl_err != ::android::OK) { goto _hidl_error; }
15       ::android::hardware::ProcessState::self()->startThreadPool();
16       _hidl_transact_err = ::android::hardware::IInterface::asBinder(_hidl_this)->transact(
17                   4, _hidl_data, &_hidl_reply, 0 ,
18                   [&] (::android::hardware::Parcel& _hidl_reply) {
19         ::android::hardware::camera::common::V1_0::Status _hidl_out_status;
20         ::android::sp<::android::hardware::camera::device::V3_2::ICameraDeviceSession>
21         _hidl_out_session;
22       });
23     }
```

第 13 行调用 Parcel 类的成员函数 writeInterfaceToken，将 BpHwCameraDevice::descriptor 的类接口描述符序列化写入到_hidl_data 变量中，如果检测到_hidl_err 不等于 android::OK，则调用_hidl_status. setFromStatusT 设置错误码后，将错误码返回。

第 15 行调用 self()->startThreadPool()函数启动线程池，紧接着第 16～23 行调用 transact()函数向 HIDL 服务端发送消息，第一个参数 4 表示对应 onTransact 端的 open 函数，_hidl_data 表示要发送的数据，_hidl_reply 表示要返回的数据。Open 函数服务端的实现如下所示。

<3>. out/soong/. intermediates/hardware/interfaces/camera/device/3. 2/android. hardware. camera. device@3. 2_genc++/gen/android/hardware/camera/device/3. 2/CameraDeviceAll. cpp

```
::android::status_t BnHwCameraDevice::onTransact(
        uint32_t _hidl_code,
        const ::android::hardware::Parcel &_hidl_data,
        ::android::hardware::Parcel *_hidl_reply,
        uint32_t _hidl_flags,
        TransactCallback _hidl_cb) {
    ::android::status_t _hidl_err = ::android::OK;

    switch (_hidl_code) {
      ......
      case 4:
```

```
12            {
13                _hidl_err = ::android::hardware::camera::device::V3_2::
14            BnHwCameraDevice::_hidl_open(
15                    this,
16                _hidl_data,
17                _hidl_reply,
18                _hidl_cb);
19                break;
20            }
21          ……
22        }
23    }
```

在函数 BnHwCameraDevice::onTransact 中，对应 HIDL 客户端的 case 等于 4，第 14 行调用 BnHwCameraDevice::_hidl_open 函数，这是服务端真正实现的函数。它的实现如下所示。

<4>. out/soong/. intermediates/hardware/interfaces/camera/device/3. 2/android. hardware. camera. device@3. 2_genc++/gen/android/hardware/camera/device/3. 2/CameraDeviceAll. cpp

```
1  ::android::status_t BnHwCameraDevice::_hidl_open(
2          ::android::hidl::base::V1_0::BnHwBase * _hidl_this,
3          const ::android::hardware::Parcel &_hidl_data,
4          ::android::hardware::Parcel * _hidl_reply,
5          TransactCallback _hidl_cb){
6        ::android::hardware::Return<void>_hidl_ret =
7        static_cast<ICameraDevice *>(_hidl_this->getImpl().get())->open(
8                callback,
9                [&](const auto &_hidl_out_status,
10               const auto &_hidl_out_session) {
11
12     _hidl_callbackCalled = true;
13     ::android::hardware::writeToParcel(::android::hardware::Status::ok(), _hidl_re-
   ply);
14 }
```

在函数 BnHwCameraDevice::_hidl_open 中，第 7 行调用(_hidl_this->getImpl(). get())->open 函数，那么这句代码到底是什么意思呢？它实际上会通向何方呢？下面分析一下它。首先来看 getImpl()实现的是什么。

因为 ICameraDevice 继承自 IBase 类，函数 getImpl 的实现如下所示。

<5>. out/soong/. intermediates/system/libhidl/transport/base/1. 0/android. hidl. base@1. 0_genc++_headers/gen/android/hidl/base/1. 0/BnHwBase. h

```
struct BnHwBase :
    public ::android::hardware::BHwBinder,
    public ::android::hardware::details::HidlInstrumentor {
    explicit BnHwBase(const ::android::sp<IBase>&_hidl_impl);
    explicit BnHwBase(const ::android::sp<IBase>&_hidl_impl,
              const std::string& HidlInstrumentor_package,
              const std::string& HidlInstrumentor_interface);
    typedef IBase Pure;
    ......
    ::android::sp<IBase>getImpl() { return _hidl_mImpl; }
    ......
private:
    ......
    ::android::sp<IBase>_hidl_mImpl;
};
```

由 BnHwBase 类定义可知，getImpl 是一个模板类，它返回一个 sp<IBase>类型的_hidl_mImpl 指针。所以_hidl_this->getImpl().get()->open()可以写成_hidl_this->_hidl_mImpl.get()->open()的形式，_hidl_this 变量是 BnHwBase * 类型，BnHwBase 类是 IBase 的服务端，因为 ICameraDevice 继承自 IBase 类，所以最终调用 ICameraDevice 类的成员函数 open。

在 CameraDevice 中实例化 ICameraDevice 的子类 TrampolineDeviceInterface_3_2，调用 ICameraDevice 类的成员函数 open。CameraDevice 类的定义如下所示。

<6>. hardware/interfaces/camera/device/3.2/default/CameraDevice_3_2.h

```
#include <android/hardware/camera/device/3.2/ICameraDevice.h>
namespace implementation {
  using ::android::hardware::camera::device::V3_2::ICameraDevice;
  struct CameraDevice : public virtual RefBase {
    CameraDevice(sp<CameraModule>module,
                 const std::string& cameraId,
                 const SortedVector<std::pair<std::string, std::string>>&
                  cameraDeviceNames);
    virtual sp<ICameraDevice>getInterface() {
      return new TrampolineDeviceInterface_3_2(this);
    }
private:
struct TrampolineDeviceInterface_3_2 : public ICameraDevice {
    TrampolineDeviceInterface_3_2(sp<CameraDevice>parent) : mParent(parent) {}
    virtual Return<void>open(const sp<V3_2::ICameraDeviceCallback>& callback,
              V3_2::ICameraDevice::open_cb _hidl_cb) override {
```

```
17         return mParent->open(callback, _hidl_cb);
18       }
19     private:
20       sp<CameraDevice> mParent;
21     };
22 }
```

由第 12 行可知，TrampolineDeviceInterface_3_2 类继承自 ICameraDevice 类，它是一个私有类。

第 9 行 CameraDevice 类的成员函数 getInterface 实例化 TrampolineDeviceInterface_3_2 类。

第 15～17 行 TrampolineDeviceInterface_3_2 类的成员函数 open 调用 mParent->open 函数，而 mParent 是 sp<CameraDevice>类型，所以 ICameraDevice::open 函数最终调用 HIDL 真正的服务端函数为 CameraDevice::open()。

那么 Camera 的 HIDL 服务端是怎么和 Camera HAL 联系上的呢？下面从 CameraDevice::open 函数的实现得到答案。

<7>. hardware/interfaces/camera/device/3.2/default/CameraDevice.cpp

```
1  Return<void> CameraDevice::open(
2          const sp<ICameraDeviceCallback>& callback,
3          ICameraDevice::open_cb _hidl_cb)  {
4    Status status = initStatus();
5    sp<CameraDeviceSession> session = nullptr;
6    if (callback == nullptr) {
7      _hidl_cb(Status::ILLEGAL_ARGUMENT, nullptr);
8      return Void();
9    }
10     res = mModule->open(mCameraId.c_str(), reinterpret_cast<hw_device_t **>
   (&device));
11 }
```

在函数 CameraDevice::open 中，第 6 行检测 callback 回调函数是否为空后，立即返回。

第 10 行调用函数 mModule->open 打开 Camera HAL 层设备，mModule 是在 CameraDevice 构造函数初始化列表并由 module 赋值的，它的类型为 sp<CameraModule>。这样就从 Camera HIDL 进入了 Camera HAL 调用，从而调用 CameraModule 的成员函数 open，它里面定义了 Camera HAL 回调函数，用于 Camera 硬件设备的操作，然后将 open 打开的设备句柄返回，供客户端使用。

3.7 Camera Preview 过程

➢ 阅读目标：

❶ 理解相机预览之传递 Surface 过程。

❷ 理解相机预览之创建预览数据流通道过程。

❸ 理解相机预览之获取元数据过程。

❹ 理解相机预览之获取预览数据过程。

Camera 预览过程，一共可以分为 4 步，首先需要设置 setPreviewTarget，它的作用是将 IGraphicBufferProducer 传递给 Surface 实例化，最终创建 Surface 对象，将绘制后的 Surface 提交给 SurfaceFlinger，使 Camera 预览数据可以渲染显示在显示器上，最终我们看到预览的画面。

紧接着调用 Camera::startPreview 函数初始化，其过程主要分为 3 步，即数据流通道创建过程、请求数据过程和开始预览过程。

通常开发者只是调用 Camera api2 来使用 Camera，对其基本的调用过程不甚了解，本节以 Camera connect 为例，追溯一下 connect 是如何打开相机的，中间都经历了哪些过程，做了哪些工作。

下面将 Camera 预览流程分解为 4 条线路，逐一分析每条线路是怎么与底层通信并建立数据通道，以及怎么请求 Camera 数据的。

3.7.1 Camera Preview 准备阶段之创建与传递 Surace 过程

图 3－7 所示为相机创建与传递 Surface 时序图。

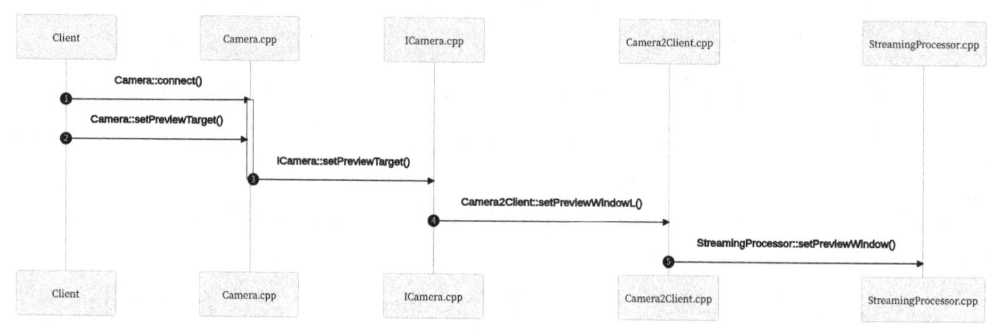

图 3－7 相机创建与传递 Surface 时序图

由图 3－7 所示时序图可知，Camera 通过 connect 函数，连接到物理摄像头后，开始从相机中获取数据预览，在预览之前需要设置 Camera 数据与 Surface 关联，Surface 将图像数据绘制后提交给 SurfaceFlinger，SurfaceFlinger 合成以后将数据渲染显示在屏幕上。

<1>. 从一个简单的例子开始

```
1 sp<Camera>cameraDevice ;
2 sp<SurfaceComposerClient>mComposerClient;
3 cameraDevice = Camera::connect(...);
4 mComposerClient = new SurfaceComposerClient;
5 sp<SurfaceControl>surfaceControl = mComposerClient->createSurface(...);
6 cameraDevice->setPreviewTarget(surfaceControl->getSurface()->getIGraphicBufferProducer
  ());
```

首先第 3 行调用 Camera::connect 函数连接物理摄像头，连接摄像头以后，开始建立、请求 Camera 数据。

第 4 行创建 SurfaceComposerClient 的对象 mComposerClient，它用于与 SurfaceFlinger 系统服务进行通信并进行窗口和 Surface 的管理。

第 6 行将 getIGraphicBufferProducer 获取的 IGraphicBufferProducer 对象传入 setPreviewTarget 函数，IGraphicBufferProducer 类用于生成、管理和操作图形缓冲区，它定义了与图形缓冲区相关的操作，如提交图像数据、设置缓冲区属性、管理传输数据等。

那么 setPreviewTarget 函数是如何将 IGraphicBufferProducer 与 Surface、Camera 关联起来的呢？请看 setPreviewTarget 的实现，如下所示。

<2>. frameworks/av/camera/Camera.cpp

```
1 status_t Camera::setPreviewTarget(
2           const sp<IGraphicBufferProducer>& bufferProducer)
3 {
4     sp<::android::hardware::ICamera>c = mCamera;
5     if (c == 0)
6         return NO_INIT;
7     return c->setPreviewTarget(bufferProducer);
9 }
```

在函数 Camera::setPreviewTarget 中，传入 IGraphicBufferProducer 对象 bufferProducer，SurfaceFlinger 使用 IGraphicBufferProducer 来接收和处理来自应用程序的图形数据，并将其渲染到屏幕上。

第 4～6 行检查 ICamera 对象是否为空，如果为空，则立即返回 NO_INIT。

第 7 行调用 ICamera 类的成员函数 setPreviewTarget，并将 bufferProducer 对象传入。

<3>. frameworks/av/camera/ICamera.cpp

```
class BpCamera: public BpInterface<ICamera>
{
public:
    explicit BpCamera(const sp<IBinder>& impl)
```

```
5               : BpInterface<ICamera>(impl)
6           {
7           }
8
9       ……
10          status_t setPreviewTarget(const sp<IGraphicBufferProducer>& bufferProducer)
11          {
12              Parcel data, reply;
13              data.writeInterfaceToken(ICamera::getInterfaceDescriptor());
14              sp<IBinder>b(IInterface::asBinder(bufferProducer));
15              data.writeStrongBinder(b);
16              remote()->transact(SET_PREVIEW_TARGET, data, &reply);
17              return reply.readInt32();
18          }
19      };
```

通过 setPreviewTarget 进入 Binder 通信的客户端 BpCamera 代理类。第 10～18 行为 ICamera 类客户端 setPreviewTarget 函数的实现。

第 12 行，首先定义序列化变量 data 和 reply，然后写入调用 ICamera::getInterfaceDescriptor 的 ICamera 类接口描述符，它是表示类对象的唯一标识符，代表识别 ICamera 类的身份标识。

第 14 行将 IGraphicBufferProducer 类的对象转换成 IBinder 对象 b，然后将对象 b 也序列化写入。

第 16 行通过调用 IBinder 的成员函数 transact，发送到 ICamera 的服务端，第一个参数为 SET_PREVIEW_TARGET，第二个参数 data 和第三个参数 reply 是序列化对象。

那么 SET_PREVIEW_TARGET 对应的 case 实现是什么呢？我们来看 ICamera 服务端的实现，如下所示。

<4>. frameworks/av/camera/ICamera. cpp

```
status_t BnCamera::onTransact(
        uint32_t code, const Parcel& data,
        Parcel * reply, uint32_t flags)
{
        switch(code) {
            case DISCONNECT: {

                CHECK_INTERFACE(ICamera, data, reply);
                disconnect();
                reply->writeNoException();
                return NO_ERROR;
            } break;
```

```
13        case SET_PREVIEW_TARGET: {
14
15            CHECK_INTERFACE(ICamera, data, reply);
16            sp<IGraphicBufferProducer> st =
17          interface_cast<IGraphicBufferProducer>(data.readStrongBinder());
18            reply->writeInt32(setPreviewTarget(st));
19            return NO_ERROR;
20        } break;
21    };
```

ICamera 服务端实现 BnCamera::onTransact 函数中 SET_PREVIEW_TARGET 对应 case 的实现，第16～17行将 IGraphicBufferProducer 对象反序列化读出来赋值给对象 st，然后调用 replay 的 writeInt32 成员函数，参数为 setPreviewTarget(st)。那么 setPreviewTarget 函数内部到底做了哪些工作呢？它具体的实现在哪里呢？

先说答案，它最终会由 Camera2Client 类的成员函数 setPreviewTarget 实现，接下来具体看一下它是如何进入 Camera2Client 类内部的。

<5>. frameworks/av/services/camera/libcameraservice/CameraService. h

```
class CameraService :
        public BinderService<CameraService>,
        public virtual ::android::hardware::BnCameraService,
        public virtual IBinder::DeathRecipient,
        public virtual CameraProviderManager::StatusListener
{
        friend class BinderService<CameraService>;
        friend class CameraOfflineSessionClient;
public:
        class Client;
        class BasicClient;
        class OfflineClient;

class Client : public hardware::BnCamera, public BasicClient
        {
        public:
          typedef hardware::ICameraClient TCamCallbacks;
          virtual status_t      setPreviewTarget(const sp<IGraphicBufferProducer>& bufferProducer) = 0;
};
```

由 CameraService 类定义可知，Client 类是 CameraService 的内部类，Client 类又继承自 BnCamera 类，BnCamera 类就是我们分析的 ICamera 类的服务端。既然 Client 类继承自 BnCamera 类，那么 setPreviewTarget 函数的实现，第一种可能是在 Client 类内部实现；第二种可能是 Client 被别的子类继承，实现在其子类内部。答案是在第二种，它的定义如下所示。

<6>. frameworks/av/services/camera/libcameraservice/api1/Camera2Client. h

```
class Camera2Client : public Camera2ClientBase<CameraService::Client>
{
  public:
  virtual status_t setPreviewTarget(
                          const sp<IGraphicBufferProducer>& bufferProducer);
};
```

Camera2Client 类继承自模板类 Camera2ClientBase<CameraService::Client>，在 Camera2ClientBase 类中，没有实现 setPreviewTarget 函数，它的真正实现在 Camera2-Client 类中，具体实现如下所示。

<7>. frameworks/av/services/camera/libcameraservice/api1/Camera2Client. cpp

```
1   status_t Camera2Client::setPreviewTarget(
2           const sp<IGraphicBufferProducer>& bufferProducer) {
3     sp<IBinder>binder;
4     sp<Surface>window;
5     if (bufferProducer != 0) {
6       binder = IInterface::asBinder(bufferProducer);
7       window = new Surface(bufferProducer, true);
8     }
9     return setPreviewWindowL(binder, window);
10  }
```

在 Camera2Client::setPreviewTarget 函数中，第 6 行检测判断进程 ID，如果当前的进程 ID 不等于 TClientBase::mClientPid，则直接返回 PERMISSION_DENIED。

第 5～7 行，首先判断 bufferProducer 是否为 0，如果不为 0，则将 bufferProducer 对象转换成 IBinder 对象。第 7 行实例化 Surface 对象，并将 bufferProducer 作为参数传入。

第 9 行将 binder 对象和 Surface 对象 window 传入 setPreviewWindowL 中，并将 setPreviewWindowL 的结果返回。

那么在 setPreviewWindowL 函数中，又做了哪些工作呢？它的实现如下所示。

<8>. frameworks/av/services/camera/libcameraservice/api1/Camera2Client. cpp

```
status_t Camera2Client::setPreviewWindowL(
        const sp<IBinder>& binder,
        const sp<Surface>& window) {
    if (binder == mPreviewSurface) {
        return NO_ERROR;
    }
    mPreviewSurface = binder;
```

```
8        res = mStreamingProcessor->setPreviewWindow(window);
9        if (res != OK) {
10           return res;
11       }
12       if (state == Parameters::WAITING_FOR_PREVIEW_WINDOW) {
13           SharedParameters::Lock l(mParameters);
14           l.mParameters.state = state;
15           return startPreviewL(l.mParameters, false);
16       }
17       return OK;
18   }
```

第 4～6 行首先判断变量 binder 是否等于 mPreviewSurface，如果相等，则直接返回，此处会继续往下执行。

第 7 行将 binder 赋值给 mPreviewSurface 成员变量，紧接着调用 mStreamingProcessor->setPreviewWindow 设置相机预览初始化工作。

在 setPreviewWindowL 调用阶段，变量 state 不等于 Parameters::WAITING_FOR_PREVIEW_WINDOW，它的值为 STOPPED，所以执行到第 12 行后直接返回。

StreamingProcessor::setPreviewWindow 函数的实现如下所示。

<9>. frameworks/av/services/camera/libcameraservice/api1/client2/StreamingProcessor.cpp

```
1   status_t StreamingProcessor::setPreviewWindow(const sp<Surface>& window) {
2       status_t res;
3       res = deletePreviewStream();
4       if (res != OK)
5         return res;
6
7       Mutex::Autolock m(mMutex);
8       mPreviewWindow = window;
9       return OK;
10  }
```

在 StreamingProcessor::setPreviewWindow 函数中，第 3 行调用 deletePreviewStream 函数停止并释放预览流，关闭与预览流相关的资源。

第 7～8 行首先创建一个互斥锁，以确保在设置预览窗口时的线程安全，接着将 Surface 对象赋值给成员变量 mPreviewWindow，mPreviewWindow 被用于 StreamingProcessor::updatePreviewStream 内创建预览数据流通道，在相机预览的时候可以显示在 Surface 上。

设置完 Camera 相机预览数据与 Surface 的关联后，需要真正地初始化和请求预览数据。下面分三个路线处理预览流程，分析相机预览三个路线的时序图。

3.7.2 Camera Preview 之 startPreview 过程时序图

图 3 - 8 所示为 startPreview 函数获取数据、渲染显示图像过程。

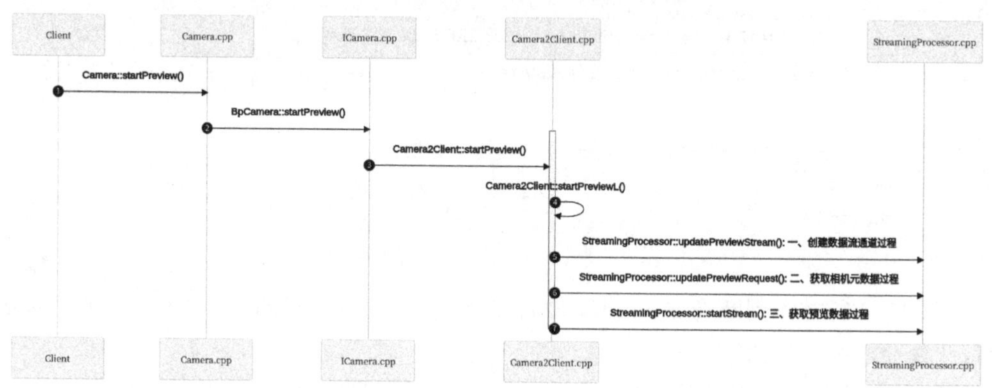

图 3 - 8 Camera Preview 之 startPreview 过程时序图

如图 3 - 8 所示，Camera 类对象调用其成员函数 startPreview 获取数据、渲染显示图像在显示器上，需要经过三个阶段。

- 第一阶段是创建预览数据流通道。
- 第二阶段是请求数据。
- 第三阶段是开启预览。

如图 3 - 8 所示的时序图从 Camera 类到 Camera2Client 阶段流程与上面讲解的 setPreviewTarget 过程是一致的，这里不再重复。我们将重点放在 Camera2Client 类与 Camera 底层通信过程上。

下面分析图 3 - 8 所示的 startPreview 的三个阶段工作流程。

3.7.3 Camera Preview 之创建预览数据流通道过程

由图 3 - 8 所示时序图可知，Camera 预览的过程从 Camera::startPreview 开始，经历了 BpCamera::startPreview 到 BnCamera 服务端，再到 Camera2Client::startPreview，我们从 Camera2Client::startPreview 内部调用函数 startPreviewL 开始，因为前面过程都是简单的函数封装。下面从 Camera 如何创建预览数据流通道开始。

图 3 - 9 所示为 Camera 如何创建预览数据流通道的过程细化的时序图，我们一起来学习它的创建过程。

<1>. 从 Camera2Client::startPreviewL 函数开始

```
status_t Camera2Client::startPreviewL(Parameters &params, bool restart) {
   status_t res;

   if (params.state == Parameters::DISCONNECTED) {
     return INVALID_OPERATION;
```

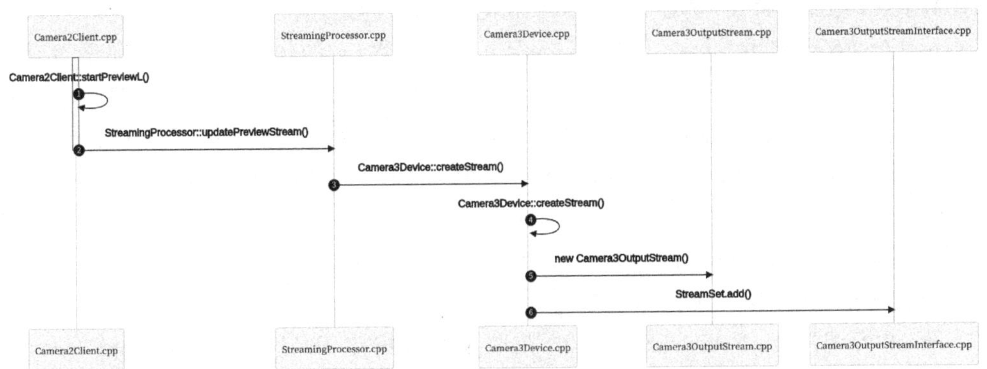

图 3-9　Camera 之创建数据流通道过程时序图

```
6     }
7     if ( (params.state == Parameters::PREVIEW ||
8       params.state == Parameters::RECORD ||
9       params.state == Parameters::VIDEO_SNAPSHOT)
10          && !restart) {
11      return OK;
12    }
13    if (params.state > Parameters::PREVIEW && !restart) {
14      return INVALID_OPERATION;
15    }
16
17    if (!mStreamingProcessor->haveValidPreviewWindow()) {
18      params.state = Parameters::WAITING_FOR_PREVIEW_WINDOW;
19      return OK;
20    }
21    params.state = Parameters::STOPPED;
22    int lastPreviewStreamId = mStreamingProcessor->getPreviewStreamId();
23    res = mStreamingProcessor->updatePreviewStream(params);
24  }
```

在 Camera2Client::startPreviewL 函数中，第 4 行首先检查摄像头是否已经连接上了，params. state 变量如果等于 Parameters::DISCONNECTED，则直接返回 INVALID_OPERATION，视为无效操作，因为此时摄像头如果不是连接状态，是无法从摄像头中获取数据的。

第 7～12 行检测当前是否是 PREVIEW、RECORD、VIDEO_SNAPSHOT 中的一种状态，如果是其中的一种状态，则说明当前不是第一次进入预览状态，已经有 Camera 数据流传输。因为此处是第一次进入 Camera 预览状态，当前 params. state 的值应为 STOPPED 状态。

第 13～14 行进一步对 params. state 和 restart 检测判断，如果 params. state 大于

PREVIEW,并且 restart 变量为真,则为无效操作,立即返回。

第 17～18 行调用 haveValidPreviewWindow 函数,它的作用是判断当前是否有可用的 Surface,它的实现在 StreamingProcessor 类中,因为在 Camera 预览之前,setPreviewTarget 函数已经创建好了 Surface 实例,并且赋值给了 StreamingProcessor 类的成员变量 mPreviewWindow,所以 haveValidPreviewWindow 函数中 mPreviewWindow!= 0 为真,则!mStreamingProcessor-> haveValidPreviewWindow()为假,不会进入 if 逻辑判断语句,会继续向下执行。第 21 行设置当前状态为 STOPPED,表明当前预览通道还未创建,是一个初始状态。

第 22 行调用 getPreviewStreamId 获取预览数据流 ID,返回 StreamingProcessor 类的成员变量 mPreviewStreamId,成员变量是由 StreamingProcessor 构造函数中初始化的,初始值为 NO_STREAM。

第 23 行调用 StreamingProcessor 类成员函数 updatePreviewStream,接下来一起看一下它是怎么创建预览数据流通道的。

StreamingProcessor::updatePreviewStream 函数的实现如下所示。

<2>. frameworks/av/services/camera/libcameraservice/api1/client2/StreamingProcessor.cpp

```
1   status_t StreamingProcessor::updatePreviewStream(const Parameters &params) {
2      Mutex::Autolock m(mMutex);
3
4      status_t res;
5      sp<CameraDeviceBase> device = mDevice.promote();
6      if (device == 0) {
7        return INVALID_OPERATION;
8      }
9      ......
10     if (mPreviewStreamId == NO_STREAM) {
11       res = device->createStream(mPreviewWindow,
12                     params.previewWidth,
13                     params.previewHeight,
14                     CAMERA2_HAL_PIXEL_FORMAT_OPAQUE,
15                     HAL_DATASPACE_UNKNOWN,
16                     CAMERA_STREAM_ROTATION_0,
17                     &mPreviewStreamId, String8(),
18                     std::unordered_set<int32_t>{ANDROID_SENSOR_PIXEL_MODE_DEFAULT});
19     }
20     return OK;
21  }
```

第 5 行调用 mDevice.promote()由弱指针变为强指针,mDevice 的定义如下所示。

```
1 class StreamingProcessor : public virtual VirtualLightRefBase {
2     ……
3     wp<Camera2Client>mClient;
4     wp<CameraDeviceBase>mDevice;
5     int mId;
7 };
```

由第 4 行定义可知，mDevice 指针是一个弱指针，如果需要让其成为强指针，则要调用 mDevice.promote()。那么 mDevice 是谁初始化的呢？

mDevice 是在 StreamingProcessor 构造函数列表初始化，将 client->getCameraDevice()赋值给 mDevice，而 getCameraDevice 的实现在 Camera2ClientBase 类中，并返回 mDevice，mDevice 的定义为 const sp<CameraDeviceBase>mDevice。而在 Camera2ClientBase 构造函数列表初始化，将 new Camera3Device 实例化对象赋值给 mDevice。又因为 Camera3Device 是 CameraDeviceBase 的子类，所以 mDevice.promote()智能指针指向的是 Camera3Device 类对象。

继续回到 StreamingProcessor::updatePreviewStream 函数，第 10 行因为是第一次进入预览，所以 mPreviewStreamId 等于 NO_STREAM。继续往下执行第 11～18 行创建预览数据流通道。由以上过程可知 device 其实指向的是 Camera3Device 对象的指针，所以由此进入 Camera3Device::createStream 函数，它的实现如下所示。

<3>. frameworks/av/services/camera/libcameraservice/device3/Camera3Device.cpp

```
1 status_t Camera3Device::createStream(sp<Surface>consumer,……) {
2     std::vector<sp<Surface>>consumers;
3     consumers.push_back(consumer);
4     return createStream(consumers,……);
5 }
```

第 4 行调用 createStream 函数，并将 Surface 所存放的容器对象 consumers 传入，它的实现所下所示。

<4>. frameworks/av/services/camera/libcameraservice/device3/Camera3Device.cpp

```
status_t Camera3Device::createStream( const std::vector < sp < Surface >> & consumers,
……) {
    sp<Camera3OutputStream>newStream;
    newStream = new Camera3OutputStream(mNextStreamId, consumers[0],……);
    newStream->setStatusTracker(mStatusTracker);
    newStream->setBufferManager(mBufferManager);
    newStream->setImageDumpMask(mImageDumpMask);
    res = mOutputStreams.add(mNextStreamId, newStream);
    SessionStatsBuilder.addStream(mNextStreamId);
    return OK;
}
```

在 Camera3Device::createStream 函数中，变量 format 等于 HAL_PIXEL_FORMAT_BLOB，程序执行进入 if 逻辑分支。

第 3 行实例化 Camera3OutputStream 对象，第一个参数 mNextStreamId 是新的流 ID；第二个参数是已经创建完成 Surface 对象，被放入 vector 容器中，这里将它从 vector 容器中取出来，然后传入。第三和第四个参数是预览流数据的宽度和高度。

第 4 行 setStatusTracker 函数设置新的状态跟踪器，将 mStatusTracker 赋值给 Camera3Stream 类成员变量 mStatusTracker，跟踪流的状态和进度。

第 5 行 setBufferManager 函数设置新的缓冲管理器，将 mBufferManager 对象赋值给 Camera3OutputStream 类成员变量 mBufferManager，用于管理流的缓冲区。

第 6 行 setImageDumpMask 函数设置图像转储掩码，以及是否将图像存储到指定的目录中，便于代码调试和分析。

第 7 行调用 mOutputStreams.add 函数，将新创建的流 ID 和流对象作为参数传入。add 函数到底做了什么操作呢？

由头文件 Camera3Device.h 可知，mOutputStreams 的类型为 camera3::StreamSet，那么 StreamSet 是什么类型呢？它的实现下所示。

<5>. frameworks/av/services/camera/libcameraservice/device3/Camera3OutputStreamInterface.cpp

```
status_t StreamSet::add(
                int streamId,
                sp<camera3::Camera3OutputStreamInterface> stream) {
    std::lock_guard<std::mutex> lock(mLock);
    return mData.add(streamId, stream);
}
```

由 StreamSet::add 函数可知，将 streamId 和 stream 对象传入 mData.add 中，它的实现如下所示。

<6>. frameworks/av/services/camera/libcameraservice/device3/Camera3-OutputStreamInterface.h

```
class StreamSet {
……
private:
      mutable std::mutex mLock;
      KeyedVector<int, sp<camera3::Camera3OutputStreamInterface>> mData;
};
```

到这里终于真相大白，原来在创建完成 Camera 预览流数据通道时，已将新的流 ID 和流对象存储在 KeyedVector 的容器中了。

在 Camera3Device::createStream 中，第 72 行调用 mSessionStatsBuilder.addStream 函数，将 mNextStreamId 流 ID 传入，它最终将流 ID 存储在 SessionStats-

Builder 类的 map 容器中，它的实现和定义如下所示。

<7>. frameworks/av/services/camera/libcameraservice/utils/SessionStatsBuilder.cpp

```
1  status_t SessionStatsBuilder::addStream(int id) {
2        std::lock_guard<std::mutex> l(mLock);
3        StreamStats stats;
4        mStatsMap.emplace(id, stats);
5        return OK;
6  }
```

第 4 行将 id 和流的状态传入 mStatsMap.emplace，它的定义如下所示。

<8>. frameworks/av/services/camera/libcameraservice/utils/SessionStatsBuilder.h

```
1   class SessionStatsBuilder {
2   ......
3   private:
4      std::mutex mLock;
5      int64_t mRequestCount;
6      int64_t mErrorResultCount;
7      bool mCounterStopped;
8      bool mDeviceError;
9      std::map<int, StreamStats> mStatsMap;
10  };
```

在 SessionStatsBuilder 类中，第 9 行发现 mStatsMap 其实是一个 map 容器，key 是 int 类型，value 是 StreamStats 类型，最后调用其成员函数 emplace 插入键值对。到此，Camera 创建预览流数据通道结束。下一步开始创建数据请求。

3.7.4 Camera Preview 之获取相机元数据过程

在创建预览数据通道以后，紧接着 Camera 向底层发出获取相机元数据的请求，获取相机设备的各种参数和特性，比如曝光时间、焦距、白平衡等，发出请求后，等待真正的数据的到来。

图 3-10 所示为 Camera 获取相机元数据的过程。下面具体分析如何获取相机元数据。

<1>. 从 Camera2Client::startPreviewL 函数开始

```
status_t Camera2Client::startPreviewL(
          Parameters &params, bool restart) {
   if (!params.recordingHint) {
     if (!restart) {
```

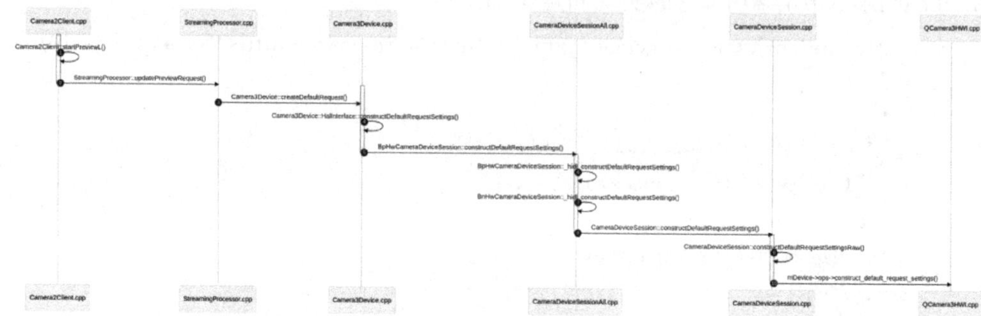

图 3-10　Camera 获取相机元数据的过程

```
5          res = mStreamingProcessor->updatePreviewRequest(params);
6       }
7   }
```

在 Camera2Client::startPreviewL 函数中，第 3 行变量 params.recordingHint 等于 false，所以进入 if 逻辑处理首先更新预览元数据请求。

第 5 行调用函数 mStreamingProcessor->updatePreviewRequest 获取预览元数据的请求，接下来获取相机设备元数据。

函数 mStreamingProcessor->updatePreviewRequest 的实现如下所示。

<2>. frameworks/av/services/camera/libcameraservice/api1/client2/StreamingProcessor.cpp

```
status_t StreamingProcessor::updatePreviewRequest(const Parameters &params) {
    status_t res;
    sp<CameraDeviceBase> device = mDevice.promote();
    if (device == 0) {
      return INVALID_OPERATION;
    }
    Mutex::Autolock m(mMutex);
    if (mPreviewRequest.entryCount() == 0) {
      sp<Camera2Client> client = mClient.promote();
      if (client == 0) {
        return INVALID_OPERATION;
      }
      if (params.useZeroShutterLag() && ! params.recordingHint) {
        res = device->createDefaultRequest(CAMERA_TEMPLATE_ZERO_SHUTTER_LAG,
                        &mPreviewRequest);
      } else {
        res = device->createDefaultRequest(CAMERA_TEMPLATE_PREVIEW,&mPreviewRequest);
```

```
18         }
19     return OK;
20 }
```

在函数 StreamingProcessor::updatePreviewRequest 中，第 3 行判断检测 device 对象是否为空，如果为空，则返回错误码。在 3.7.3 小节已经分析过，device 指向的是 Camera3Device 实例化对象，Camera3Device 是 CameraDeviceBase 的子类。

第 7 行 Mutex::Autolock 基于互斥锁(Mutex)和自动锁(Autolock)的组合。在当前作用域中创建一个自动锁对象 m，并对指定的互斥锁 mMutex 进行加锁。自动锁的作用是确保在作用域结束时自动释放锁，避免忘记手动释放锁导致的死锁情况，可以有效地实现线程间的互斥访问，确保多个线程对临界资源的安全访问。当一个线程获取了互斥锁后，其他线程必须等待该线程释放锁才能继续执行访问。

第 17 行调用 device->createDefaultRequest 函数，创建相机元数据请求，第一个参数是 CAMERA_TEMPLATE_PREVIEW，第二个参数是 CameraMetadata 对象 mPreviewRequest。Camera3Device::createDefaultRequest 函数的实现如下所示。

<3>. frameworks/av/services/camera/libcameraservice/device3/Camera3Device.cpp

```
status_t Camera3Device::createDefaultRequest(
            camera_request_template_t templateId,
            CameraMetadata * request) {

    if (templateId < = 0 || templateId > = CAMERA_TEMPLATE_COUNT) {
      return BAD_VALUE;
    }
    Mutex::Autolock il(mInterfaceLock);
    {
      Mutex::Autolock l(mLock);
      switch (mStatus) {
      case STATUS_ERROR:
        return INVALID_OPERATION;
      case STATUS_UNINITIALIZED:
        return INVALID_OPERATION;
      case STATUS_UNCONFIGURED:
      case STATUS_CONFIGURED:
      case STATUS_ACTIVE:
        break;
      default:
        return INVALID_OPERATION;
      }
    }
    camera_metadata_t * rawRequest;
```

```
25      status_t res = mInterface->constructDefaultRequestSettings(
26                (camera_request_template_t)templateId, &rawRequest);
27      ……
28      set_camera_metadata_vendor_id(rawRequest, mVendorTagId);
29      mRequestTemplateCache[templateId].acquire(rawRequest);
30      ……
31      *request = mRequestTemplateCache[templateId];
32      mLastTemplateId = templateId;
33      return OK;
34  }
```

在 Camera3Device::createDefaultRequest 函数中，第 5 行判断检测是否在 1～7 的范围内，如果超出这个范围，则是无效值。camera_request_template_t 枚举类型的定义如下所示。

```
typedef enum camera_request_template {
    CAMERA_TEMPLATE_PREVIEW = 1,
    CAMERA_TEMPLATE_STILL_CAPTURE = 2,
    CAMERA_TEMPLATE_VIDEO_RECORD = 3,
    CAMERA_TEMPLATE_VIDEO_SNAPSHOT = 4,
    CAMERA_TEMPLATE_ZERO_SHUTTER_LAG = 5,
    CAMERA_TEMPLATE_MANUAL = 6,
    CAMERA_TEMPLATE_COUNT,
    CAMERA_VENDOR_TEMPLATE_START = 0x40000000
} camera_request_template_t;
```

Camera3Device::createDefaultRequest 函数中，第 10～22 行判断当前相机设备的状态，在 Camera3Device 构造函数列表中初始化为 STATUS_UNINITIALIZED，索引当前进入第 16 行后就会执行 break 并继续向下执行。

第 24～26 行调用 constructDefaultRequestSettings 函数，第一个参数变量是 templateId，它的值为 CAMERA_TEMPLATE_PREVIEW；第二个参数 rawRequest 是 camera_metadata_t 对象，它用于存储相机元数据。

第 28～29 行首先调用 set_camera_metadata_vendor_id，将 mVendorTagId 赋值给 rawRequest 的成员变量 vendor_id；然后调用 CameraMetadata 类的成员函数 acquire，将相机的元数据 rawRequest 赋值给 CameraMetadata 类的成员变量 mBuffer。这样 CameraMetadata 就可以操作相机元数据的 buffer。

第 31～32 行首先将 CameraMetadata 数组对象 mRequestTemplateCache 中的第 templateId 个对象赋值给 request，然后将 templateId 赋值给成员变量 mLastTemplateId。紧接着函数执行结束，最终目标是通过 Camera HIDL 获取 CameraMetadata 对象传给上层。

那么调用 constructDefaultRequestSettings 函数又做了哪些工作呢？它是如何通过 Camera HIDL 获取相机元数据的呢？它的函数的实现如下所示。

<4>. frameworks/av/services/camera/libcameraservice/device3/Camera3Device.cpp

```
1  status_t Camera3Device::HalInterface::constructDefaultRequestSettings(
2          camera_request_template_t templateId,
3          camera_metadata_t **requestTemplate) {
4
5      common::V1_0::Status status;
6      auto requestCallback = [&status, &requestTemplate]
7        (common::V1_0::Status s, const device::V3_2::CameraMetadata& request) {
8        status = s;
9        if (status == common::V1_0::Status::OK) {
10         const camera_metadata *r =
11     reinterpret_cast<const camera_metadata_t *>(request.data());
12         size_t expectedSize = request.size();
13         int ret = validate_camera_metadata_structure(r, &expectedSize);
14         if (ret == OK || ret == CAMERA_METADATA_VALIDATION_SHIFTED) {
15       *requestTemplate = clone_camera_metadata(r);
16       if (*requestTemplate == nullptr) {
17         status = common::V1_0::Status::INTERNAL_ERROR;
18       }
19         } else {
20           status = common::V1_0::Status::INTERNAL_ERROR;
21         }
22       }
23     };
24     hardware::Return<void> err;
25     RequestTemplate id;
26     switch (templateId) {
27     case CAMERA_TEMPLATE_PREVIEW:
28       id = RequestTemplate::PREVIEW;
29       break;
30     }
31     err = mHidlSession->constructDefaultRequestSettings(id, requestCallback);
32     return res;
33 }
```

Camera3Device::HalInterface::constructDefaultRequestSettings 函数中，第 6～23 行定义函数对象 requestCallback 指向 lambda 匿名函数，它的参数类型第一个是 Status，第二个是 CameraMetadata，从 Camera HIDL 中获取相机元数据。

因为变量 templateId 的值为 CAMERA_TEMPLATE_PREVIEW，所以进入第 27 行，将 id 赋值为 RequestTemplate::PREVIEW，然后跳出当前逻辑。

第 31 行，将变量 id 和函数对象 requestCallback 传给 constructDefaultRequestSettings 函数，它正式进入 CameraHIDL 的客户端。它的定义如下所示。

<5>. out/soong/. intermediates/hardware/interfaces/camera/device/3. 2/android. hardware. camera. device@3. 2_genc++_headers/gen/android/hardware/camera/device/3. 2/BpHwCameraDeviceSession. h

```
::android::hardware::Return<void>constructDefaultRequestSettings(
        ::android::hardware::camera::device::V3_2::RequestTemplate type,
        constructDefaultRequestSettings_cb _hidl_cb) override;
```

在 Camera HIDL 层，函数 constructDefaultRequestSettings 定义的第二个参数 _hidl_cb 是一个函数对象。它的定义如下所示。

```
using constructDefaultRequestSettings_cb =
        std::function<void(::android::hardware::camera::common::V1_0::Status status,
                const ::android::hardware::hidl_vec<uint8_t>& requestTemplate)>;
```

在 Camera HIDL 层，通过 using 定义的函数对象类型别名为 constructDefaultRequestSettings_cb，它的返回值类型为 void，第一个参数类型为 Status，第二个参数类型为 hidl_vec <uint8_t>。这里 hidl_vec 类型对应 C++中的 vector 容器，在 Camera HIDL 拿到的元数据是 hidl_vec <uint8_t>类型，需要将其转化成 camera_metadata 类型 buffer，最后赋值给 CameraMetadata 的成员变量 mBuffer。

既然看到下面 constructDefaultRequestSettings 的定义，它的实现做了什么工作呢？它的实现如下所示。

<6>. out/soong/. intermediates/hardware/interfaces/camera/device/3. 2/android. hardware. camera. device@3. 2_genc++/gen/android/hardware/camera/device/3. 2/CameraDeviceSessionAll. cpp

```
::android::hardware::Return<void>
        BpHwCameraDeviceSession::constructDefaultRequestSettings(
      ::android::hardware::camera::device::V3_2::RequestTemplate type,
      constructDefaultRequestSettings_cb _hidl_cb){
    ::android::hardware::Return<void>  _hidl_out =
      ::android::hardware::camera::device::V3_2::BpHwCameraDeviceSession::
        _hidl_constructDefaultRequestSettings(this, this, type, _hidl_cb);
    return _hidl_out;
}
```

在 Camera HIDL 层，BpHwCameraDeviceSession::constructDefaultRequestSettings 函数中，内部调用_hidl_constructDefaultRequestSettings 函数，将 this 指针、请求类型 type、函数对象_hidl_cb 分别传入，通过 HIDL 将获取相机元数据，它的类型为 hidl_vec <uint8_t>，被存放在 hidl_vec 容器中。

接下来调用 transact 函数与 Camera HIDL Server 端通信，constructDefaultRequestSettings 函数对应 HIDL Server 端的 case 等于 1，进入 BnHwCameraDevice-

Session::onTransact 函数中，对应 case 等于 1 分支，代码如下所示。

<7>. out/soong/. intermediates/hardware/interfaces/camera/device/3. 2/android. hardware. camera. device@3. 2_genc++/gen/android/hardware/camera/device/3. 2/CameraDeviceSessionAll. cpp

```
1  ::android::status_t BnHwCameraDeviceSession::onTransact(
2          uint32_t _hidl_code,
3          const ::android::hardware::Parcel &_hidl_data,
4          ::android::hardware::Parcel * _hidl_reply,
5          uint32_t _hidl_flags,
6          TransactCallback _hidl_cb) {
7    ::android::status_t _hidl_err = ::android::OK;
8      switch (_hidl_code) {
9      case 1 /* constructDefaultRequestSettings */:
10       {
11      _hidl_err = ::android::hardware::camera::device::V3_2::
12       BnHwCameraDeviceSession::_hidl_constructDefaultRequestSettings(
13         this, _hidl_data, _hidl_reply, _hidl_cb);
14     break;
15       }
16     ......
17     }
18 }
```

BnHwCameraDeviceSession::onTransact 函数是 HIDL 的 Server 端，它从 Camera HAL 获取相机元数据，第 12 行经由 BnHwCameraDeviceSession::_hidl_constructDefaultRequestSettings 函数内部调用 constructDefaultRequestSettings 函数，进入 CameraDeviceSession 中的 Camera HAL 层，进一步从 HAL 层获取相机的元数据。CameraDeviceSession::constructDefaultRequestSettings 函数的实现如下所示。

<8>. hardware/interfaces/camera/device/3. 2/default/CameraDeviceSession. cpp

```
1 Return<void>CameraDeviceSession::constructDefaultRequestSettings(
2       RequestTemplate type,
3       ICameraDeviceSession::constructDefaultRequestSettings_cb _hidl_cb)  {
4     CameraMetadata outMetadata;
5     Status status = constructDefaultRequestSettingsRaw( (int) type, &outMetadata);
6     _hidl_cb(status, outMetadata);
7     return Void();
8 }
```

在此进入 Camera HAL 层，函数 CameraDeviceSession::constructDefaultRequestSettings 中，第 4～5 行定义 outMetadata 变量，通过调用 constructDefaultRequestSettingsRaw 函数，outMetadata 用来存储相机元数据. 第 6 行通过函数对象_hidl_cb 将元

数据传递给 Camera HIDL 层。

我们进一步看第 5 行 constructDefaultRequestSettingsRaw 函数是如何处理元数据的。它的实现如下所示。

<9>. hardware/interfaces/camera/device/3.2/default/CameraDeviceSession.cpp

```
1  Status CameraDeviceSession::constructDefaultRequestSettingsRaw(
2              int type,
3              CameraMetadata * outMetadata) {
4     Status status = initStatus();
5     const camera_metadata_t * rawRequest;
6     if (status == Status::OK) {
7       rawRequest = mDevice-> ops-> construct_default_request_settings(mDevice, (int)
   type);
8       if (rawRequest == nullptr) {
9         status = Status::ILLEGAL_ARGUMENT;
10      } else {
11        mOverridenRequest.clear();
12        mOverridenRequest.append(rawRequest);
13        if (mDerivePostRawSensKey && ! mOverridenRequest.exists(
14         ANDROID_CONTROL_POST_RAW_SENSITIVITY_BOOST)) {
15      int32_t defaultBoost[1] = {100};
16      mOverridenRequest.update(ANDROID_CONTROL_POST_RAW_SENSITIVITY_BOOST,
17                  defaultBoost, 1);
18        }
19        const camera_metadata_t * metaBuffer = mOverridenRequest.getAndLock();
20        convertToHidl(metaBuffer, outMetadata);
21        mOverridenRequest.unlock(metaBuffer);
22      }
23    }
24    return status;
25 }
```

第 4 行调用 initStatus 检测判断当前初始化状态，如果 status 等于 Status::OK，则调用 construct_default_request_settings 函数，它返回的是 camera_metadata_t 类型的指针变量 rawRequest，用于获取相机的元数据。这里它会与高通 CameraX 架构的 HAL 层通信，从其中获取上层需要显示的数据。

先看 mOverridenRequest 类型，如下所示。

```
::android::hardware::camera::common::V1_0::helper::CameraMetadata mOverridenRequest;
```

mOverridenRequest 类型为 CameraMetadata，它的定义在 HAL 代码中。第 11～12 行先调用 mOverridenRequest.clear()清空缓冲区，然后将 rawRequest 添加到 CameraMetadata 的成员函数 append 中，它的实现如下所示。

<10>. hardware/interfaces/camera/common/1.0/default/CameraMetadata.cpp

```
status_t CameraMetadata::append(const camera_metadata_t * other) {
    size_t extraEntries = get_camera_metadata_entry_count(other);
    size_t extraData = get_camera_metadata_data_count(other);
    resizeIfNeeded(extraEntries, extraData);

    return append_camera_metadata(mBuffer, other);
}
```

在 CameraMetadata::append 函数中，首先获取元数据的数据包和当前字节数，如果需要，可以通过重新分配和复制来调整元数据缓冲区的大小，最后将 other 赋值给 HAL 层中 CameraMetadata 类的成员变量 mBuffer。

我们回到 CameraDeviceSession::constructDefaultRequestSettingsRaw 函数接着往下看第 19 行。调用 HAL 层中 CameraMetadata 的成员函数 getAndLock，并将它的返回值赋值给新定义的 camera_metadata_t 类型 metaBuffer 指针，它来存放相机元数据。那么 getAndLock 函数返回的是什么呢？它返回的是 CameraMetadata 类的成员变量 mBuffer，即相机元数据。

第 20 行拿到 CameraMetadata 类的 mBuffer 元数据后，调用 convertToHidl 函数将 HAL 的数据类型转换成 HIDL 层识别的数据类型，将 metaBuffer 传给 outMetadata 指针对象的成员变量 mBuffer 中，将相机的元数据通过 outMetadata 层传给上层应用。到这里应用层已经获取相机的元数据，根据相机设备的参数和属性，接下来获取真正的相机的图像数据。

相机预览请求数据过程结束。下面接着分析开始真正获取预览数据的过程。

3.7.5 Camera Preview 之获取预览数据过程

在创建预览数据通道，获取相机元数据，以及相机设备的各种参数和特性后，开始真正地获取相机的图像数据。下面讲解 Camera 如何获取相机预览数据的过程，如图 3-11 所示。

<1>. 从 Camera2Client::startPreviewL 函数开始

```
status_t Camera2Client::startPreviewL(
            Parameters &params,bool restart) {
    ......
    if (! params.recordingHint) {
      if (! restart) {
    res = mStreamingProcessor->updatePreviewRequest(params);
      res = mStreamingProcessor->startStream(
                StreamingProcessor::PREVIEW,
                outputStreams);
```

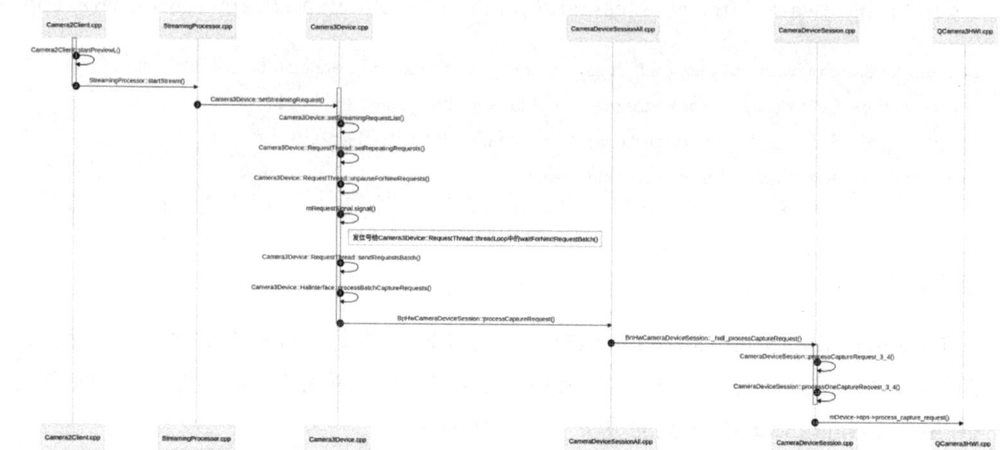

图 3-11　Camera 之获取预览数据的过程

```
10      } else {
11        if (! restart) {
12          res = mStreamingProcessor->updateRecordingRequest(params);
13        }
14        res = mStreamingProcessor->startStream(
15                  StreamingProcessor::RECORD,
16                  outputStreams);
17      }
18      mCallbackProcessor->unpauseCallback();
19      params.state = Parameters::PREVIEW;
20  }
```

Camera2Client::startPreviewL 函数中，在 3.7.4 小节已经分析了如何获取相机元数据的过程，在知道相机设备的基本参数后，第 7～9 行调用 startStream 开始打开预览线程，在线程中不停地获取相机捕获到的图像数据。

第 18 行调用 unpauseCallback 函数，它的内部设置 CallbackProcessor 类的成员变量 mCallbackPaused 为 false，表示开始获取底层回调的图像数据。

第 19 行设置相机的状态 params.state 为 Parameters::PREVIEW，表示现相机处于预览模式。

接下来分析 mStreamingProcessor->startStream 的实现，它是怎么从 HIDL 层到 HAL 层将相机的图像数据传上来的呢？具体的工作内容是什么？它的实现如下所示。

<2>. frameworks/av/services/camera/libcameraservice/api1/client2/StreamingProcessor.cpp

```
1   status_t StreamingProcessor::startStream(
2           StreamType type,
3           const Vector<int32_t>&outputStreams) {
4
5       status_t res;
6       if (type == NONE) return INVALID_OPERATION;
7
8       sp<CameraDeviceBase>device = mDevice.promote();
9       if (device == 0) {
10        return INVALID_OPERATION;
11      }
12      Mutex::Autolock m(mMutex);
13      CameraMetadata &request = (type == PREVIEW) ?  mPreviewRequest : mRecordingRequest;
14
15      res = request.update(ANDROID_REQUEST_OUTPUT_STREAMS, outputStreams);
16      if (res != OK) {
17        return res;
18      }
19      res = request.sort();
20      if (res != OK) {
21        return res;
22      }
23      res = device->setStreamingRequest(request);
24      if (res != OK) {
25        return res;
26      }
27      mActiveRequest = type;
28      mPaused = false;
29      mActiveStreamIds = outputStreams;
30      return OK;
31  }
```

函数 StreamingProcessor::startStream 中，第 6 行首先判断检测流的类型 type，如果为 NONE，则返回错误。

第 8～10 行查询 device 是否为空，如果 device 为 0，则说明没有查询到此设备，返回无效操作。

第 12～22 行如果当前是 PREVIEW 模式，则将 mPreviewRequest 赋值给 request 对象，用来获取相机元数据，然后调用 request.update 更新请求输出数据流；接着调用 request.sort 函数对元数据缓冲区进行排序，以便更快地查找。

第 23～29 行首先调用 setStreamingRequest 设置流数据的请求，如果返回 res 不等于 OK，则返回错误码 res。接着设置当前请求状态的类型、当前状态等信息。

我们接着看 setStreamingRequest 函数中的工作，它的实现如下所示。

<3>. frameworks/av/services/camera/libcameraservice/device3/Camera3Device.cpp

```
status_t Camera3Device::setStreamingRequest(
            const CameraMetadata &request,
            int64_t* ) {
    List<const PhysicalCameraSettingsList> requestsList;
    std::list<const SurfaceMap> surfaceMaps;
    convertToRequestList(requestsList, surfaceMaps, request);
    return setStreamingRequestList(requestsList, surfaceMaps, NULL);
}
```

函数 Camera3Device::setStreamingRequest 中，第一步调用 convertToRequestList 初始化 requestsList、surfaceMaps 容器，将 request 请求存放在 requestsList 中，同时对 surfaceMaps 赋值初始化，而 surfaceMaps 存放的是输出流索引到 Surface 的 ID 的映射，可以直接将预览数据绘制在 Surface 上渲染显示。第二步调用 setStreamingRequestList 函数，它的内部实现直接调用 submitRequestsHelper 函数，其中第三个参数为 true，表示循环获取图像数据。

那么在 submitRequestsHelper 中的具体工作是什么呢？它的实现如下所示。

<4>. frameworks/av/services/camera/libcameraservice/device3/Camera3Device.cpp

```
status_t Camera3Device::submitRequestsHelper(
            const List<const PhysicalCameraSettingsList> &requests,
            const std::list<const SurfaceMap> &surfaceMaps,
            bool repeating,
            int64_t * lastFrameNumber) {
    RequestList requestList;
    ......
    res = convertMetadataListToRequestListLocked(
                requests, surfaceMaps,
                repeating, requestTimeNs,&requestList);
    if (res != OK) {
      return res;
    }
    if (repeating) {
      res = mRequestThread->setRepeatingRequests(requestList, lastFrameNumber);
    } else {
      res = mRequestThread->queueRequestList(requestList, lastFrameNumber);
    }
    ......
    return res;
}
```

函数 Camera3Device::submitRequestsHelper 中，第 8 行 convertMetadataList-ToRequestListLocked 的工作内容是将 requests、surfaceMaps、repeating、requestTimeNs 四个变量全部存放在 RequestList 容器中的 requestList 对象中。因为 repeating 初始的值为 true，所以第 14 行逻辑为真，执行第 15 行 setRepeatingRequests 函数，它表示重复向 Camera 底层发送获取图像帧的请求，它的实现如下所示。

<5>. frameworks/av/services/camera/libcameraservice/device3/Camera3Device.cpp

```
1  status_t Camera3Device::RequestThread::setRepeatingRequests(
2            const RequestList &requests,
3            int64_t * lastFrameNumber) {
4      Mutex::Autolock l(mRequestLock);
5      if (lastFrameNumber != NULL) {
6        * lastFrameNumber = mRepeatingLastFrameNumber;
7      }
8      mRepeatingRequests.clear();
9      mFirstRepeating = true;
10     mRepeatingRequests.insert(
11                 mRepeatingRequests.begin(),
12                 requests.begin(),
13                 requests.end());
14     unpauseForNewRequests();
15     return OK;
16 }
```

函数 Camera3Device::RequestThread::setRepeatingRequests 中，首先检测 last-FrameNumber 是否为空，如果它为空，则将 mRepeatingLastFrameNumber 赋值给它，mRepeatingLastFrameNumber 的初始值为 NO_IN_FLIGHT_REPEATING_FRAMES，在构造函数时初始化。

第 8～10 行首先清空 RequestList 容器，设置成员变量 mFirstRepeating 等于 true，在等待数据到来时使用。最后将 requests 组装好的数据插入到 RequestList 容器中。

第 14 行执行 unpauseForNewRequests 函数开始启动一个新的请求，它的内部通过调用 mRequestSignal.signal() 发出信号，唤醒正在阻塞等待发送请求的 Camera3Device::RequestThread::threadLoop 线程。

接下来看一下 Camera3Device::RequestThread::threadLoop 线程的工作内容，它的实现如下所示。

<6>. frameworks/av/services/camera/libcameraservice/device3/Camera3Device.cpp

```
bool Camera3Device::RequestThread::threadLoop() {
   ……
     waitForNextRequestBatch();
```

```
4      if (mNextRequests.size() == 0) {
5        return true;
6      }
7      ......
8      sp<Camera3Device> parent = mParent.promote();
9      if (parent != nullptr) {
10       parent->mRequestBufferSM.onSubmittingRequest();
11     }
12     bool submitRequestSuccess = false;
13     nsecs_t tRequestStart = systemTime(SYSTEM_TIME_MONOTONIC);
14     submitRequestSuccess = sendRequestsBatch();
15     nsecs_t tRequestEnd = systemTime(SYSTEM_TIME_MONOTONIC);
16     mRequestLatency.add(tRequestStart, tRequestEnd);
17     ......
18     return submitRequestSuccess;
19 }
```

函数 Camera3Device::RequestThread::threadLoop 中，线程启动以后，首先调用 waitForNextRequestBatch 函数，等待上层请求，当调用 mRequestSignal.signal()发送出信号后，执行它后面的的逻辑。如果 mNextRequests.size()等于 0，则返回 true。

第 8~9 行首先获得 Camera3Device 实例对象 parent，如果 parent 不为空，则执行 onSubmittingRequest 函数，它内部检测成员变量 mStatus 等于 RB_STATUS_STOPPED，则将变量赋值为 RB_STATUS_READY。

第 13~16 行获得当前开始请求时间和结束请求时间，通过 sendRequestsBatch 函数向 Camera HAL 发起批量请求，它的实现如下所示。

<7>. frameworks/av/services/camera/libcameraservice/device3/Camera3Device.cpp

```
1  bool Camera3Device::RequestThread::sendRequestsBatch() {
2      status_t res;
3      size_t batchSize = mNextRequests.size();
4      std::vector<camera_capture_request_t *> requests(batchSize);
5      uint32_t numRequestProcessed = 0;
6      for (size_t i = 0; i <batchSize; i++) {
7        requests[i] = &mNextRequests.editItemAt(i).halRequest;
8      }
9      res = mInterface->processBatchCaptureRequests(requests, &numRequestProcessed);
10     ......
11     return true;
12 }
```

函数 Camera3Device::RequestThread::sendRequestsBatch 中，首先获取成员变量 mNextRequests.size()请求的大小，并赋值给 batchSize。第 4 行使用 batchSize 用

于创建 requests 容器的大小。

第 6～9 行将 mNextRequests 的元素 halRequest 遍历赋值给 requests，最后将 requests 传入 processBatchCaptureRequests 函数，通过它与 Camera HIDL 接口交互，它的实现如下所示。

<8>. frameworks/av/services/camera/libcameraservice/device3/Camera3Device.cpp

```
1  status_t Camera3Device::HalInterface::processBatchCaptureRequests(
2          std::vector<camera_capture_request_t*>& requests,
3      uint32_t* numRequestProcessed) {
4      sp<device::V3_4::ICameraDeviceSession> hidlSession_3_4;
5      sp<device::V3_7::ICameraDeviceSession> hidlSession_3_7;
6      auto resultCallback =
7        [&status, &numRequestProcessed] (auto s, uint32_t n) {
8          status = s;
9          *numRequestProcessed = n;
10       };
11       err = hidlSession_3_4->processCaptureRequest_3_4(
12                                 captureRequests_3_4,
13                                 cachesToRemove,
14                                 resultCallback);
15     }
16 }
```

函数 Camera3Device::HalInterface::processBatchCaptureRequests 中，第 6～10 行将定义函数对象 resultCallback，并将 lambda 函数赋值给 resultCallback。它的作用是从 Camera HIDL 接口中获取返回值 status 和 numRequestProcessed。

第 11～14 行将函数对象调用 hidlSession_3_4->processCaptureRequest_3_4 函数进入 HIDL 层中，通过 IPC 通信向 Camera HAL 发送请求，它中间经历 HIDL 的客户端 BpHwCameraDeviceSession::processCaptureRequest、HIDL 服务端 BnHwCameraDeviceSession::_hidl_processCaptureRequest 函数。

最后由 HIDL 服务端调用进入 HAL 层，CameraDeviceSession::processCaptureRequest_3_4 函数的实现如下所示。

<9>. hardware/interfaces/camera/device/3.4/default/CameraDeviceSession.cpp

```
Return<void> CameraDeviceSession::processCaptureRequest_3_4(
        const hidl_vec<V3_4::CaptureRequest>& requests,
        const hidl_vec<V3_2::BufferCache>& cachesToRemove,
        ICameraDeviceSession::processCaptureRequest_3_4_cb _hidl_cb)  {

    uint32_t numRequestProcessed = 0;
    Status s = Status::OK;
    for (size_t i = 0; i < requests.size(); i++, numRequestProcessed++) {
```

```
9           s = processOneCaptureRequest_3_4(requests[i]);
10          if (s != Status::OK) {
11            break;
12          }
13        }
14        if (s == Status::OK && requests.size() >1) {
15          mResultBatcher_3_4.registerBatch(requests[0].v3_2.frameNumber, requests.size());
16        }
17        _hidl_cb(s, numRequestProcessed);
18        return Void();
19  }
```

函数 CameraDeviceSession::processCaptureRequest_3_4 中，第 8～12 行遍历 requests.size 大小的所有请求，调用 processOneCaptureRequest_3_4 函数获取图像数据。

第 17 行将返回值 s 和 numRequestProcessed 通过回调函数返回给应用层，processOneCaptureRequest_3_4 函数的实现如下所示。

<10>. hardware/interfaces/camera/device/3.4/default/CameraDeviceSession.cpp

```
1  Status CameraDeviceSession::processOneCaptureRequest_3_4(
2                  const V3_4::CaptureRequest& request)  {
3    camera3_capture_request_t halRequest;
4    halRequest.frame_number = request.v3_2.frameNumber;
5      halRequest.output_buffers = outHalBufs.data();
6      AETriggerCancelOverride triggerOverride;
7      status_t ret = mDevice->ops->process_capture_request(mDevice, &halRequest);
9    }
```

函数 CameraDeviceSession::processOneCaptureRequest_3_4 中，定义 camera3_capture_request_t 的类型 halRequest 向 Camera HAL 请求数据，第 5 行 halRequest.output_buffers 指向 outHalBufs.data()。

第 7 行调用 mDevice->ops->process_capture_request 函数，从 Camera HAL 请求的预览数据存放在 halRequest 中，最后将图像数据交由 Surface 绘制，并交由 SurfaceFlinger 合成显示，预览过程到此结束。

3.8 Camera 之采集视频 NV21 数据实战

➢ 阅读目标：理解从相机中获取视频 NV21 数据，并将数据存储到文件中的过程。

下面通过相机采集视频 NV21 数据的应用实例，加深对相机获取视频数据过程的理解。

相机采集视频 NV21 数据模块目录结构如下：

```
.
├── Android.bp
└── camera_preview.cpp
```

此模块由 Android. bp 和 camera_preview. cpp 两部分组成。接下来介绍此模块代码的内容。

1. camera_preview. cpp 为采集视频 NV21 数据示例

```
#include <binder/ProcessState.h>
#include <utils/Errors.h>
#include <utils/Log.h>
#include <camera/CameraParameters.h>
#include <camera/CameraParameters2.h>
#include <camera/CameraMetadata.h>
#include <camera/Camera.h>
#include <android/hardware/ICameraService.h>
#include <utility>
#include <gui/ISurfaceComposer.h>
#include <gui/Surface.h>
#include <gui/SurfaceComposerClient.h>
#include <ui/DisplayState.h>
#include <thread>
#include <mutex>

using namespace android;
using namespace android::hardware;
static FILE *fp;

class MyListenser : public CameraListener{
public:
    MyListenser(){
        fp = fopen("/data/debug/yuv_data.yuv", "w");
    }
    void postData(int32_t msgType, const sp<IMemory>& dataPtr,
            camera_frame_metadata_t *metadata) override {
        if(msgType == CAMERA_MSG_PREVIEW_FRAME){
            fwrite(dataPtr->unsecurePointer(), 1, dataPtr->size(), fp);
            fflush(fp);
        }
```

```
    }
    void notify(int32_t msgType, int32_t ext1, int32_t ext2){}
    void postDataTimestamp(nsecs_t timestamp,
                int32_t msgType,
                const sp<IMemory>& dataPtr){}
    void postRecordingFrameHandleTimestamp(
                nsecs_t timestamp,
                native_handle_t* handle){}
    void postRecordingFrameHandleTimestampBatch(
                const std::vector<nsecs_t>& timestamps,
                const std::vector<native_handle_t*>& handles){}
};

class CameraClientTest : public Camera {
public:
    CameraClientTest() : Camera(0){}
    void notifyCallback(__unused int32_t msgType, int32_t, int32_t) override{};
    void dataCallback(int32_t msgType,
                const sp<IMemory>&,camera_frame_metadata_t * ) override{};
    void dataCallbackTimestamp(nsecs_t timestamp, int32_t msgType,
                    const sp<IMemory>& data) override {};
    void recordingFrameHandleCallbackTimestamp(nsecs_t,native_handle_t* ) override {};
    void recordingFrameHandleCallbackTimestampBatch(
                    const std::vector<nsecs_t>&,
                    const std::vector<native_handle_t*>&) override {};
};

int main(){
    int32_t cameraId = 1;
    CameraInfo cameraInfo;

    sp<Surface>previewSurface;
    sp<SurfaceControl>surfaceControl;
    sp<SurfaceComposerClient>mComposerClient;

    mComposerClient = new SurfaceComposerClient;

    sp<CameraClientTest>cam = new  CameraClientTest;
    sp<Camera>cameraDevice = Camera::connect(
                        cameraId, String16("camerar_preview"),
                Camera::USE_CALLING_UID,Camera::USE_CALLING_PID,
                android_get_application_target_sdk_version());
```

```

    sp<MyListenser> listener = new MyListenser;
    cameraDevice->setListener(listener);
    cameraDevice->setPreviewCallbackFlags(CAMERA_FRAME_CALLBACK_FLAG_CAMERA);
    cameraDevice->sendCommand(CAMERA_CMD_SET_DISPLAY_ORIENTATION, 90, 0);
    cameraDevice->sendCommand(CAMERA_CMD_ENABLE_SHUTTER_SOUND, 0, 0);

    CameraParameters2 params2(cameraDevice->getParameters());
    String8 focusModes(params2.get(CameraParameters::KEY_SUPPORTED_FOCUS_MODES));

    params2.set(CameraParameters::KEY_FOCUS_MODE,
            CameraParameters::FOCUS_MODE_AUTO);
    params2.set(CameraParameters::KEY_FLASH_MODE, CameraParameters::FLASH_MODE_AUTO);
    cameraDevice->setParameters(params2.flatten());

    Camera::getCameraInfo(cameraId, &cameraInfo);
    int previewWidth, previewHeight;
    params2.getPreviewSize(&previewWidth, &previewHeight);
    if(cameraInfo.orientation == 90)
      std::swap(previewWidth, previewHeight);

    surfaceControl = mComposerClient->createSurface(
                  String8("Test Surface"),previewWidth, previewHeight,
            CameraParameters::previewFormatToEnum(params2.getPreviewFormat()),
            GRALLOC_USAGE_HW_COMPOSER);
    previewSurface = surfaceControl->getSurface();
    cameraDevice->setPreviewTarget(previewSurface->getIGraphicBufferProducer());

    ProcessState::self()->startThreadPool();
  #if 1
    cameraDevice->startPreview();
    IPCThreadState::self()->joinThreadPool();
  #else
    std::mutex mutex;
    std::thread t1 = std::thread([&]() {
      std::lock_guard<decltype(mutex)> lock(mutex);
      for (;;) {

        cameraDevice->startPreview();
      }
    });
    t1.join();
```

```
116 #endif
117     cameraDevice->stopPreview();
118     cameraDevice->disconnect();
119     mComposerClient->dispose();
120 }
```

第 65 行创建 SurfaceComposerClient 类对象 mComposerClient，用于调用其成员函数创建 Surface，这里用于实时显示相机捕获的图像数据。

第 69～93 行做了两件事，第一件是 CameraClientTest 类继承自 Camera 类，并实现 Camera 类的纯虚函数，如 notifyCallback 通知回调函数、dataCallback 数据回调函数等。第二件是调用 Camera::connect 函数，连接后置摄像头，变量 cameraId 为 0，表示开启后置，并且传入 PID 和 UID。

第 75～76 行主要用于设置相机监听视频数据，首先实例化 MyListenser 类，它继承自 CameraListener，将实例化对象 listener 传入 Camera 类的成员函数 setListener 中，它的作用是将 listener 对象赋值给 Camera 类的成员变量 mListener，用来监听相机底层数据，当预览数据或录像数据上来以后，会主动调用 postData 函数，用户层可以重写它获取相机的预览数据，也就是我们要获取的视频 NV21 数据。

第 77 行用于设置相机预览时，从底层通过回调函数获取预览数据，传入 CAMERA_FRAME_CALLBACK_FLAG_CAMERA 时，可以不停地从视频帧的回调函数获取连续的数据。

第 78 行调用 sendCommand 函数发送命令，预览时图像数据向右旋转 90°显示。

第 79 行可以选择是否设置静音拍照，如果第二个参数为 0，则表示拍照时选择静音模式；如果第二个参数为 1，则表示选择有声模式拍照；如果不设置此选项，则默认表示有声模式拍照，可以根据自己的需求，自行配置。

第 81～85 行首先获取相机当前对焦模式的状态，查看当前是手动对焦还是自动对焦。然后设置自动对焦模式，在拍照或录像的时候可以自动对焦，不需要手动介入。

第 86 行设置相机闪光灯为自动模式，当在黑夜或光线比较暗的情况下拍照时，会自动打开闪光灯模式。

第 87 行调用 Camera 类的成员函数 setParameters，将以上调用 CameraParameters2 类成员函数 set 设置的所有相机参数，通过 flatten 序列化后，设置到相机设备中。set 函数本质是将对应的 key 和 value 值拷贝后一个个插入到 Vector <Pair> 容器中，而 flatten 函数的实现是将 key 和 value 都取出来，成对存放进 String8 类型的变量中，最后由 setParameters 设置给相机设备。

第 95～100 行主要用于创建 Surface，相机预览数据会绘制在创建的 Surface 上，然后由 SurfaceFligner 渲染合成，最后再显示出相机的预览数据。

第 102～115 行可以通过两种方式循环地获取预览数据，第一种是在 Android 原生线程中执行实现，第二种是使用 C++线程的 lambda 函数实现。

2. Android.bp 编译脚本

```
cc_binary {
    name: "camera_preview",

    srcs: ["camera_preview.cpp"],
    shared_libs: [
        "liblog",
        "libutils",
        "libcutils",
        "libcamera_metadata",
        "libcamera_client",
        "libgui",
        "libsync",
        "libui",
        "libdl",
        "libbinder",
    ],

    cflags:[
    " - Wno - unused - variable",
    " - Wno - unused - parameter",
    " - Wno - unused - function",
    ],
    include_dirs: [
        "system/media/private/camera/include",
        "system/media/camera/tests",
        "frameworks/av/services/camera/libcameraservice",
    ],
}
```

编译脚本 Android.bp，用来编译 camera_preview.cpp 源文件。

编译上述源代码，然后在设备上运行来验证效果。

```
# mm -j12
```

编译成功后，在 out/target/product/blueline/system/bin 目录下会看到应用程序 camera_preview，然后将应用程序复制到 Android 设备上运行，Android 设备的/data/debug 路径下生成 yuv_data.yuv 文件，它就是我们要的 NV21 数据，使用 ffplay 播放来验证图形是否有问题。

```
# ffplay -f rawvideo -pix_fmt nv21  -video_size 1920x1080 yuv_data.yuv -vf "transpose = 1"
```

通过 ffplay 播放 NV21 视频数据，看到 Android 设备上显示的图像和实物是一样的，说明我们已经成功地将 Android Camera 的 NV21 视频数据采集完成，并成功显示出来。

注意：
- vf "transpose = 1"：表示向右旋转 90°。

第 4 章　编解码篇

4.1　编解码基础知识

➢ 阅读目标：理解编解码相关基础概念、术语、缩写。

4.1.1　RGB

RGB 是一种颜色空间模型，用于表示红色、绿色和蓝色三个基本颜色的组合。RGB 模型是通过将不同强度的红色、绿色和蓝色光线叠加在一起来创建各种颜色。在 RGB 模型中，每个像素的颜色由红、绿、蓝三个通道的强度值组成，通常使用 0～255 的整数表示。RGB 常用于屏幕显示。

4.1.2　YUV

YUV 是一种颜色编码方式，用于表示图像色彩信息。它由亮度（Y）和色度（U 和 V）两个分量组成。Y 表示亮度信息，而 U 和 V 表示色度信息。亮度（Y）表示图像的黑白部分，而色度（U 和 V）表示图像的彩色部分。

YUV 模型基于人眼，对亮度的感知更加敏感，而对色度的感知相对较低。对亮度和色度进行分离，可以更有效地压缩视频数据，减少对存储空间和传输带宽的需求。YUV 编码方式可用于视频编码、传输等，如果需要显示，则要将 YUV 转换为 RGB 进行显示。

4.1.3　视频编码

视频编码是将视频数据转换为特定格式或规则的过程，以实现视频数据的压缩和存储。视频编码的目标是通过减少数据量来降低存储空间和传输带宽的需求，同时尽可能地保持视频质量，本质是压缩视频数据。

在视频编码中，视频数据通常由一系列连续的图像帧组成，视频编码算法通过利用视频中的空间和时间冗余性，对图像帧进行压缩和编码。空间冗余的压缩，指对图像中的像素进行编码，利用像素之间的相似性来减少数据量。时间冗余的压缩，则通过对连续图像帧之间的差异进行编码，利用帧间的冗余性来进一步减少数据量。常见的视频编码标准包括 H.264、H.265、VP9 等。

4.1.4 视频解码

视频解码是将经过编码的视频数据转换回原始的视频帧序列的过程。视频解码的目标是将压缩后的视频数据解码为可供播放或处理的原始视频内容，本质是解压缩编码的内容。

4.1.5 封装格式

封装格式(Container Format)是一种用于存储和传输多媒体数据的文件格式。它将不同类型的多媒体数据（如音频、视频、字幕等）组合在一起，并提供了一种结构化的方式来管理和解析这些数据。

封装格式通常由文件头、元数据、多个数据流和文件尾组成。文件头包含了关于封装格式本身的信息，如版本号、文件类型等。元数据包含了关于多媒体数据的描述信息，如音频的采样率、视频的分辨率等。数据流是实际存储多媒体数据的部分，每个数据流对应一个媒体类型，如音频流、视频流、字幕流等。文件尾标识了封装格式的结束。

常见的封装格式：

- AVI(Audio Video Interleave)：由微软公司开发，支持音频和视频数据的存储和传输。
- MP4(MPEG-4 Part 14)：广泛用于存储和传输音频和视频数据。
- MKV(Matroska Video)：支持多种音频、视频和字幕流的存储和传输。
- MOV(QuickTime Movie)：由苹果公司开发的封装格式，常用于存储和传输音频和视频数据。

4.1.6 像　素

像素是图像的最小单位，是图像中的一个点，它是图像的离散表示，用于描述图像的颜色和亮度。每个像素可以包含一个或多个颜色通道的值，如 RGB 模型中的红、绿、蓝通道。

4.1.7 宏　块

在视频编码中，宏块(Macroblock)是一种基本的编码单元，用于对视频帧进行压缩和编码。宏块由一组连续的像素组成。

在视频编码中，宏块的大小通常是固定的，比较常见的宏块大小为 16×16 像素、8×8 像素。

4.1.8 帧

在视频编码中，帧(Frame)是最基本的图像单元，它代表着视频序列中的一幅静止画面。视频是由连续的帧组成的，每个帧都包含了图像的像素信息。

4.1.9 GOP序列

GOP序列是指一种用于描述视频编码的序列。GOP是Group of Pictures的缩写,意为一组图像,由I帧、P帧和B帧组成。

4.1.10 帧内预测

帧内预测(Intra Prediction)是视频编码中的一种技术,用于在同一帧内预测像素的数值。它利用图像中的空间冗余性,通过对已知像素进行预测来减少编码后的数据量。

在帧内预测中,每个像素的预测值是通过对其周围的已知像素进行推断得出的。预测值可以基于像素的水平方向、垂直方向、对角方向的邻近像素等。

常见的帧内预测模式:

- 垂直预测(Vertical Prediction):使用当前像素上方的像素值作为预测值。
- 水平预测(Horizontal Prediction):使用当前像素左侧的像素值作为预测值。
- DC预测(DC Prediction):使用当前像素上方和左侧像素的平均值作为预测值。

通过帧内预测,将像素预测值与真实像素值之间的差异(即残差)进行编码,从而减少冗余信息的传输和存储,解码过程中使用预测值和残差来重建原始帧。

4.1.11 帧间预测

帧间预测(Inter Prediction)是视频编码中的一种技术,用于在不同帧之间预测像素的数值。它利用视频序列中的时间冗余性,通过对之前或之后的参考帧进行预测来减少编码后的数据量。

在帧间预测中,当前帧的像素值是通过对参考帧中相应位置的像素进行预测得出的。预测值可以基于运动估计和补偿技术,通过计算运动矢量来确定参考帧中的对应位置。

常见的帧间预测模式:

- 运动矢量预测(Motion Vector Prediction):使用之前的参考帧中相似区域的运动矢量来预测当前帧的像素值。
- 帧间插值预测(Frame Interpolation Prediction):使用之前和之后的参考帧之间的插值来预测当前帧的像素值。

通过帧间预测,编码器会将预测像素值与实际像素值之间的差异进行编码,解码过程中使用预测值和残差数据来重建原始帧。

4.1.12 IDR帧

IDR全称为Instantaneous Decoder Refresh(即刻解码刷新)。

IDR帧和I帧是同一个概念,只是它们存在序列的位置不同,IDR帧编码序列是第一个I帧,而I帧在编码序列中不是开始位置。

在视频编码中，IDR 帧是完全独立于其他帧的，它不依赖于任何其他帧的数据，并且 IDR 帧到来后，会清除之前所有的参考帧，重新开始新的解码序列。

4.1.13 I 帧、P 帧、B 帧

- I 帧（Intra Frame）是关键帧，也称为独立帧。它是视频序列中的一个完整帧，不依赖于其他帧进行解码。它保留了图像的完整信息，可以作为视频的起点或随机访问点。
- P 帧（Predictive Frame）是前向预测帧，它依赖于前面的 I 帧或 P 帧进行解码。P 帧通过对前面的帧进行运动估计和补偿来预测当前帧的内容，P 帧只存储与前面帧之间的差异。
- B 帧（Bi-directional Frame）是双向预测帧，它同时依赖于前面的 I 帧或 P 帧和后面的 P 帧。B 帧通过对前后帧进行运动估计和补偿来预测当前帧的内容，B 帧存储了与前后帧之间的差异。

4.1.14 PTS

PTS 是 Presentation Time Stamp 的缩写，即显示时间戳。在视频和音频处理中，PTS 是媒体帧在播放时的显示时间戳，用于确定帧的显示顺序和时间，PTS 的值越小，表示该帧应该在播放中越早显示。如果帧的 PTS 值不正确，可能会导致帧的显示顺序错乱或播放速度不稳定。

在音视频播放中，PTS 用于同步音频和视频，播放器会根据音频帧的 PTS 值来确定何时播放音频，同时根据视频帧的 PTS 值来确定何时显示视频。通过根据 PTS 值进行同步，可以确保音频和视频在播放时保持同步，避免出现音视频不匹配或不同步的情况。

4.1.15 DTS

DTS 是 Decoding Time Stamp 的缩写，即解码时间戳。在视频和音频处理中，DTS 是媒体帧在解码时的时间戳，用于确定帧的解码顺序。

DTS 表示帧在解码器中解码的时间顺序，PTS 表示在播放时的显示顺序。在没有 B 帧的情况下，PTS 等于 DTS；在有 B 帧的情况下，PTS 不等于 DTS。

4.1.16 帧 率

帧率（Frame Rate）是指在视频中每秒显示的帧数，它决定了视频帧的显示速度，帧率的单位为“帧/秒”（fps）。

常见的视频帧率有 24 fps、30 fps、60 fps 等，较高的帧率能够呈现更加细腻、平滑的画面效果。

4.1.17 码　率

码率(Bit Rate)是指在数字媒体中每秒传输或处理的数据量,通常以每秒传输的比特数(bps)来表示。

4.1.18 刷新率

刷新率(Refresh Rate)是指显示设备每秒刷新图像的次数,其单位通常以赫兹(Hz)来表示。它决定了显示设备更新图像的速度,刷新率越高,图像越流畅、清晰;刷新率越低,图像越闪烁模糊、不连贯。

4.1.19 位　深

位深(Bit Depth)表示数字图像或音频中每个样本的精度,指用多少位来表示一个像素或样本的数值。位深决定了颜色或音频的精细程度。

在数字图像中,位深决定了每个像素可以表示的颜色数量。常见的位深有 8 位、10 位、12 位和 16 位。其中 8 位可以表示 256 种色彩,而 16 位可以表示 65 536 种色彩。

在数字音频中,位深表示一个样本的精度。较低的位深会导致音频质量丢失,较高的位深可以更精确地捕捉音频细节和范围。常见的音频位深有 16 位和 24 位。

4.1.20 YUV 常见存储方式

YUV 按存储数据的方式分为以下几种格式:

- Planar(平面格式):在 Planar 格式中,亮度(Y)和色度(U、V)分别存储在不同的平面中。每个平面都是一个独立的二维数组,其中 Y 平面包含亮度信息,U 平面和 V 平面分别包含色度信息。

YUV420p(YUV420 Planar),也叫 Planer 平面模式,Y、U、V 分别在不同的平面,也就是三个平面。

- Semi-Planar(半平面格式):在 Semi - Planar 格式中,亮度(Y)和色度(U、V)的数据存储在不同的平面中,但色度平面(U、V)被交错存储。U 和 V 的数据交替存储在同一个平面中,称为 UV 平面,Y 平面仍然是独立的。

YUV420sp(YUV420 Semi - Planar)按照 Semi - Planar 方式存储数据,Y 占一个平面,UV 在同一个平面交叉存储,使用两个平面存储数据。

- Packed(打包格式):在 Packed 格式中,亮度(Y)和色度(U、V)的数据被打包存储在同一个平面中。每个像素的亮度和色度数据被连续存储,按照一定的顺序排列。
- Interleaved(交错格式):在 Interleaved 格式中,亮度(Y)和色度(U、V)的数据被交错存储在同一个平面中。每个像素的亮度和色度数据交替存储,按照一定的顺序排列。

4.1.21 YUV444、YUV422、YUV420 采样模式

YUV 采样模式(一种颜色编码方式)是指在 YUV 色彩空间中,使用亮度(Y)和色度(U、V)的采样方式。常见的 YUV 采样模式包括 YUV444、YUV422 和 YUV420。

- YUV444 是一种无损的采样模式,表示亮度(Y)、蓝色色度(U)和红色色度(V)的每个像素都有完整的采样,每个像素的亮度和色度信息都是独立的,没有任何压缩或丢失。
- YUV422 是一种色度子采样模式,表示亮度(Y)的每个像素都有完整的采样,而蓝色色度(U)和红色色度(V)的每两个像素共享一个采样,色度信息的采样率是亮度信息的一半。
- YUV420 是一种更高程度的色度子采样模式,表示亮度(Y)的每个像素都有完整的采样,而蓝色色度(U)和红色色度(V)的每四个像素共享一个采样,色度信息的采样率是亮度信息的 1/4。

4.2 MediaCodec 模块层级关系

- 阅读目标:

❶ 理解 MediaCodec、ACodec、Codec 2.0 之间的关系。

❷ 理解音视频编解码、封装、解封装流程。

4.2.1 MediaCodec、ACodec、Codec 2.0 关系图

在 Android 12 中,MediaCodec、ACodec、Codec 2.0 以什么样的结构存在呢?它的层级结构关系如图 4-1 所示。

MediaCodec 框架想要使用编解码组件,需要通过 OpenMax 或者 Codec 2.0 作为媒介来访问底层的编解码驱动程序。

Codec 2.0 是 Android 一个全新的编解码架构,Google 引入 Codec 2.0,主要是取代 ACodec 和 OpenMAX 架构。

在 Android 12 中,想要弄清楚 MediaCodec 的主要工作,需要了解由它注册的三个 HIDL 核心服务,MediaCodec 主要有 OMX 服务和 Codec 2.0 服务。它们分别是:android.hardware.media.omx@1.0::IOmx/default、android.hardware.media.omx@1.0::IOmxStore/default、android.hardware.media.c2@1.2::IComponentStore/software,前两个是 OMX 的 HIDL 服务,第三个是 Codec2 的 HIDL 服务。OMX 和 Codec2 的 HIDL 服务主要工作基本一致,主要是解析 xml 文件、加载第三方编解码插件库、连接驱动程序等工作,为应用层提供软、硬编解码的能力。

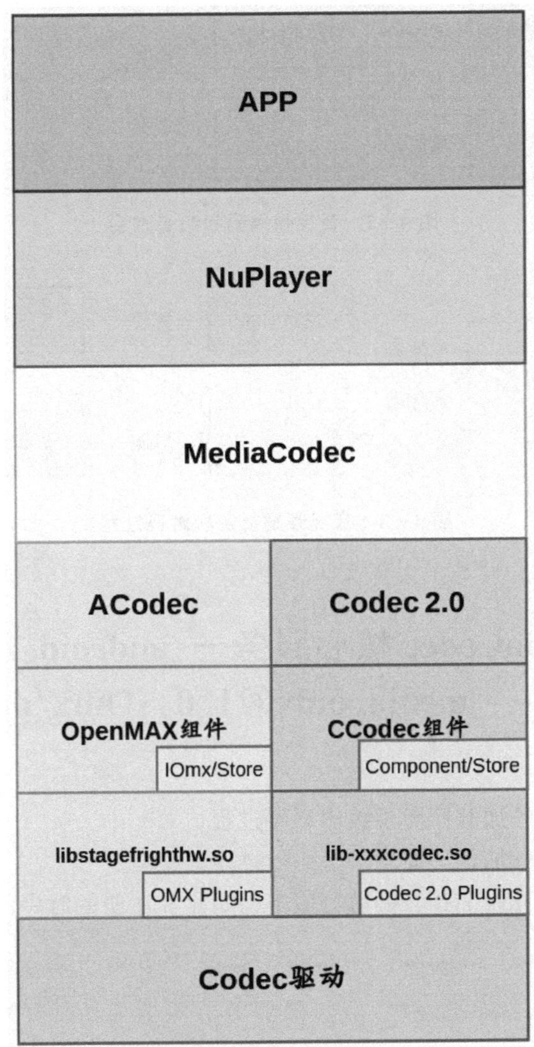

图 4-1 MediaCodec、ACodec、Codec 2.0 层级结构关系

4.2.2 音视频编解码、封装、解封装流程

如图 4-2 所示，原始视频经过视频编码器，被编码为 H.264 或 H.265 格式，原始音频经过音频编码器被编码为 AAC 或 mp3 格式，最后再把压缩的音频和视频封装到为 mp4 格式容器中。

如图 4-3 所示，解封装和解码是封装和编码的逆过程，首先解封装 mp4 容器中的 H.264 和 AAC 格式，得到音视频的压缩文件，然后再将 H.264 和 AAC 格式分别解码为 YUV 原始视频和 PCM 原始音频。

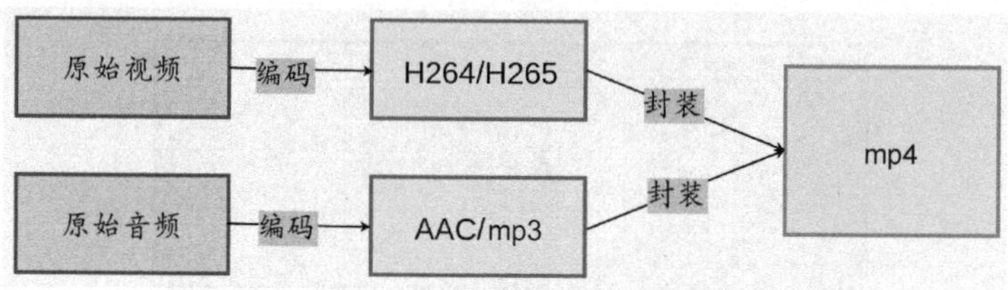

图 4-2 音视频编码和封装过程

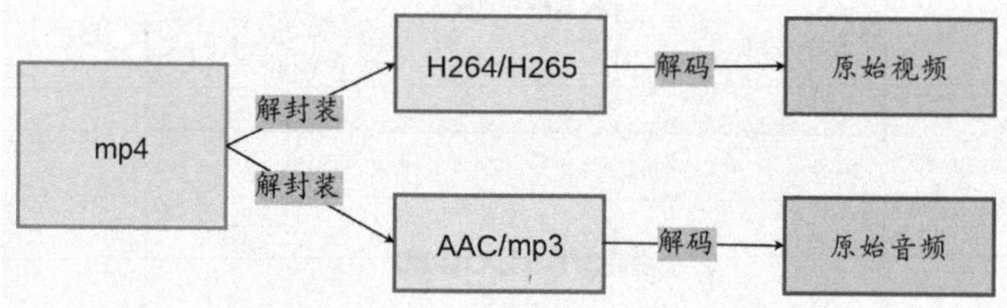

图 4-3 音视频解封装和解码过程

4.3 MediaCodec 核心服务一:android. hardware. media. omx@1.0::Omx/default

➢ 阅读目标:

❶ 理解 Omx 服务加载厂商硬编解码器过程。

❷ 理解 Omx 服务加载厂商软编解码器过程。

图 4-4 所示为 Omx HIDL 的核心服务初始化和注册的时序图。

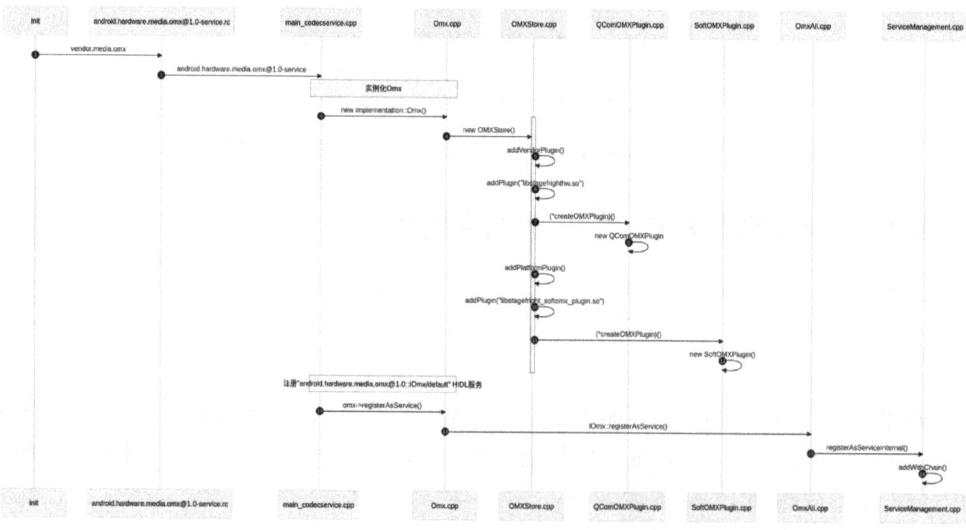

图 4-4 Omx HIDL 的核心服务初始化和注册的时序图

android. hardware. media. omx@1. 0::Omx/default 服务究竟做了哪些工作呢？下面我们一起来探个究竟。Omx 类启动的基本流程(如果想要使用 Omx 类成员函数，需要获取 android. hardware. media. omx@1. 0::Omx/default 的 HIDL 服务)是，加载编解码器，并将自己注册为 HIDL 服务。

为了便于表述，将 android. hardware. media. omx@1. 0::Omx/default 服务简称为 Omx 服务。

从图 4-2 可知，Omx 服务分为两个主线：第一个是如何加载硬编解码器，第二个是如何加载软编解码器。

4.3.1 Omx 服务加载厂商硬编解码器

Omx 服务是如何启动的？启动后做了哪些初始化工作呢？下面来深入分析 Omx 服务的工作内容。

<1>. frameworks/av/services/mediacodec/android. hardware. media. omx@1. 0-service. rc

```
1  service vendor.media.omx /vendor/bin/hw/android.hardware.media.omx@1.0 - service
2      class main
3      user mediacodec
4      group camera drmrpc mediadrm
5      ioprio rt 4
6      writepid /dev/cpuset/foreground/tasks
```

从 android. hardware. media. omx@1. 0-service. rc 启动文件中可知，init 进程解析出一个服务，名为 vendor. media. omx，启动进程的可执行文件为/vendor/bin/hw/android. hardware. media. omx@1. 0-service，于是我们在设备中查找 vendor. media. omx 服务，但是令人失望的是，并没有找到 vendor. media. omx 服务。那么既然注册了此服务，为什么没有此服务名呢？别着急，下面我们会给出答案。

第 6 行，将进程的 PID 写入到/dev/cpuset/foreground/tasks 文件中，这个文件用于设置进程的 CPU 资源分配。第 4～5 行的字段前面已经分析过，不再赘述。

下面我们一起看一下 android. hardware. media. omx@1. 0 - service 的实现在哪里。我们需要去找 Android. bp，因为所有的编译规则都是由它来制定的。

<2>. frameworks/av/services/mediacodec/Android. bp

```
cc_binary {
    name: "android.hardware.media.omx@1.0 - service",
    relative_install_path: "hw",
    vendor: true,

    srcs: [
        "main_codecservice.cpp",
```

```
8       ],
9
10      shared_libs: [
11          "libbinder",
12          ……
13      ],
14
15      runtime_libs: [
16          "libstagefright_soft_aacdec",
17          "libstagefright_soft_aacenc",
18            ……
19      ],
20  }
```

第 1 行 cc_binary 表示编译为可执行文件。

第 2 行 name 表示需要编译的目标可执行文件的名字。

第 3～4 行表示可执行文件编译后输出到 vendor/bin/hw 目录下。

第 6 行表示编译需要的源文件，也是我们需要找的。

第 10～13 行表示编译依赖的动态库文件。

第 15～19 行表示平台提供的软编解码库。

既然我们已经找到了需要的源文件 main_codecservice.cpp，那么下面就分析它的工作过程。

<3>. frameworks/av/services/mediacodec/main_codecservice.cpp

```
1   int main(int argc __unused, char * * argv){
2       using namespace ::android::hardware::media::omx::V1_0;
3       sp<IOmx>omx = new implementation::Omx();
4       if (omx == nullptr) {
5       } else if (omx->registerAsService() != OK) {
6       } else {
7       }
8
9       sp<IOmxStore>omxStore = new implementation::OmxStore(
10                  property_get_int64("vendor.media.omx", 1) ? omx : nullptr);
11      if (omxStore == nullptr) {
12      } else if (omxStore->registerAsService() != OK) {
13      }
14
15      ::android::hardware::joinRpcThreadpool();
16  }
```

在 main 函数中，首先第 3～7 行是 Omx 的实例化工作，并注册 HIDL 服务，这是我们分析的重点。在初始化和注册完成 Omx 服务后，接着创建 OmxStore 服务和初始化过程，这是下一小节的内容。

本小节着重分析 Omx 服务的初始化过程，因为 HIDL 的注册步骤在第 3 章分析 Camera 过程时已经分析过。下面进入 Omx 服务，看如何加载厂商硬编解码器。首先看 Omx 构造函数，代码如下所示。

<4>. frameworks/av/media/libstagefright/omx/1.0/Omx.cpp

```
1 Omx::Omx() :
2       mStore(new OMXStore()),
3       mParser() {
4       (void)mParser.parseXmlFilesInSearchDirs();
5       (void)mParser.parseXmlPath(mParser.defaultProfilingResultsXmlPath);
6 }
```

Omx 服务的构造函数看上去很简单，通过构造函数初始化列表，new OMXStore 实例化赋值给 mStore，用于加载编解码器，这是我们要分析的重点。

而 mParser 的类型是 MediaCodecsXmlParser，用于解析编解码器 xml 配置文件，第 4 行调用 parseXmlFilesInSearchDirs 函数扫描设备目录中的 xml 文件，而调用 parseXmlPath(mParser.defaultProfilingResultsXmlPath) 函数，传入 mParser.defaultProfilingResultsXmlPath 为默认路径，它的值为/data/misc/media/media_codecs_profiling_results.xml，虽然初始化时将此 xml 文件传入，但是用的时候会传入新的路径，因为该路径下的 media_codecs_profiling_results.xml 文件并不存在。

接下来进入 OMXStore 构造函数，探究其到底是如何工作的。

<5>. frameworks/av/media/libstagefright/omx/OMXStore.cpp

```
OMXStore::OMXStore() {
    pid_t pid = getpid();
    char filename[20];
    snprintf(filename, sizeof(filename), "/proc/%d/comm", pid);
    int fd = open(filename, O_RDONLY);
    if (fd < 0) {
      strlcpy(mProcessName, "<unknown>", sizeof(mProcessName));
    } else {
      ssize_t len = read(fd, mProcessName, sizeof(mProcessName));
      if (len < 2) {
        strlcpy(mProcessName, "<unknown>", sizeof(mProcessName));
      } else {
        mProcessName[len - 1] = 0;
      }
      close(fd);
    }

```

```
18      addVendorPlugin();
19      addPlatformPlugin();
20  }
```

第 1～15 行获取当前进程号，/proc/pid/comm 表示当前进程的名字，如果是有权限读取的，则将当前进程名存放在成员变量 mProcessName 中，它的类型是一个 16 字节大小的 char 数组，它的定义可以在 OMXStore.h 头文件中查看。

第 18 行加载厂商硬编解码器和对应的动态库，接下来我们分析此条线路。

第 19 行则是加载厂商软编解码器和对应的动态库，在下一小节分析此条线路。

<6>. frameworks/av/media/libstagefright/omx/OMXStore.cpp

```
void OMXStore::addVendorPlugin() {
    addPlugin("libstagefrighthw.so");
}
```

在 addVendorPlugin 函数中，调用 addPlugin 函数，它的参数是 libstagefrighthw.so 字符串，将厂商的编解码动态库传入。下面看一下 addPlugin 函数的实现。

<7>. frameworks/av/media/libstagefright/omx/OMXStore.cpp

```
void OMXStore::addPlugin(const char * libname) {
    void * libHandle = android_load_sphal_library(libname, RTLD_NOW);

    if (libHandle == NULL) {
      return;
    }

    typedef OMXPluginBase * ( * CreateOMXPluginFunc)();
    CreateOMXPluginFunc createOMXPlugin =
                            (CreateOMXPluginFunc)dlsym(libHandle, "createOMXPlugin");
    if (! createOMXPlugin)
      createOMXPlugin = (CreateOMXPluginFunc)
                            dlsym(libHandle, "_ZN7android15createOMXPluginEv");

    OMXPluginBase * plugin = nullptr;
    if (createOMXPlugin) {
      plugin = ( * createOMXPlugin)();
    }

    if (plugin) {
      mPlugins.push_back({ plugin, libHandle });
      addPlugin(plugin);
    } else {
      android_unload_sphal_library(libHandle);
```

```
25      }
26  }
```

第 2 行调用 android_load_sphal_library 函数打开 libstagefrighthw. so 动态库，android_load_sphal_library 函数内部调用的 do_dlopen 函数，如果打开失败或者动态库不存在，则直接返回。

第 8～10 行首先定义函数指针类型为 CreateOMXPluginFunc；接着定义函数指针 createOMXPlugin，通过 dlsyml 函数从 libstagefright_softomx_plugin. so 动态链接库中查找 createOMXPlugin 函数符号的地址，将它赋值给 createOMXPlugin 函数指针；函数指针拿到此地址就可以操作 libstagefright_softomx_plugin. so 中函数的 API，此处是利用软编解码器插件的能力。

第 11～13 行判断如果获取 createOMXPlugin 函数指针地址为空，则通过 dlsyml 函数从 libstagefrighthw. so 动态链接库中查找_ZN7android15createOMXPluginEv 函数符号的地址，此处函数是使用厂商硬件编解码。假设在 CreateOMXPluginFunc 地址为空，我们进入初始化硬件编解码器的逻辑。

第 15～18 行检测 createOMXPlugin 是否为真，如果为真，则通过函数指针调用真正 dlsym 找到编解码器中的函数，并将获取的对象赋值给 plugin，稍后我们进入 createOMXPlugin 函数符号深入分析。

第 20～24 行判断如果 plugin 为真，则{ plugin, libHandle }存入类型为 mPlugins 的 List 容器中。然后进入 addPlugin 函数中开始使用 OMXPluginBase 类中的成员函数获取当前组件的名字，其能力还是底层提供的。

下面我们分析 OMXPluginBase 类如何获取硬编解码器的能力，通过调用函数指针(* createOMXPlugin)()进入硬编解码内部，实现代码如下所示。

<8>. hardware/qcom/sdm845/media/libstagefrighthw/QComOMXPlugin. cpp

```
OMXPluginBase *createOMXPlugin() {
     return new QComOMXPlugin;
}

QComOMXPlugin::QComOMXPlugin()
     : mLibHandle(dlopen("libOmxCore.so", RTLD_NOW)),
       mInit(NULL),
       mDeinit(NULL),
       mComponentNameEnum(NULL),
       mGetHandle(NULL),
       mFreeHandle(NULL),
       mGetRolesOfComponentHandle(NULL) {
   if (mLibHandle != NULL) {
     mInit = (InitFunc)dlsym(mLibHandle, "OMX_Init");
```

```
15        mDeinit = (DeinitFunc)dlsym(mLibHandle, "OMX_Deinit");
16        mComponentNameEnum =
17          (ComponentNameEnumFunc)dlsym(mLibHandle, "OMX_ComponentNameEnum");
18        mGetHandle = (GetHandleFunc)dlsym(mLibHandle, "OMX_GetHandle");
19        mFreeHandle = (FreeHandleFunc)dlsym(mLibHandle, "OMX_FreeHandle");
20        mGetRolesOfComponentHandle =
21          (GetRolesOfComponentFunc)dlsym(
22                mLibHandle, "OMX_GetRolesOfComponent");
23
24        if (! mInit || ! mDeinit || ! mComponentNameEnum || ! mGetHandle ||
25       ! mFreeHandle || ! mGetRolesOfComponentHandle) {
26          dlclose(mLibHandle);
27          mLibHandle = NULL;
28        } else
29          (* mInit)();
30      }
31  }
```

第 1～3 行中的 createOMXPlugin 函数，它的返回类型是 OMXPluginBase *，在函数内部对 QComOMXPlugin 类实例化，最后返回。根据 QComOMXPlugin. h 头文件可知，QComOMXPlugin 类继承自 OMXPluginBase 类，即 QComOMXPlugin 是 OMXPluginBase 的子类。

接下来看 QComOMXPlugin 的构造函数，在构造函数初始化列表中第 6 行调用 dlopen 函数打开 libOmxCore. so 动态库，它是 OpenMax 的核心库，接着通过 dlsym 查找动态库中的函数符号表 OMX_Init、OMX_GetHandle、OMX_Deinit、OMX_ComponentNameEnum 等，这些函数符号表是不是很熟悉呢？

以 OMX_开头的函数是 OpenMax 核心函数，最终会进入 libOmxCore. so 库，由它来驱动编解码器，再通过函数指针的形式，将硬编解码器的能力释放给上层应用程序。

4.3.2 Omx 服务加载软编解码器

接下来我们继续分析 Omx 服务是如何加载 Android 平台软编解码器的。在上一小节我们已经分析了 Omx 类到 OMXStore 类的调用过程，为了避免内容重复，这一小节我们从 OMXStore 的构造函数开始分析，主要目的是理解与加载硬编解码器的不同之处。

<1>. frameworks/av/media/libstagefright/omx/OMXStore. cpp

```
OMXStore::OMXStore() {
    pid_t pid = getpid();
    char filename[20];
```

```
4     snprintf(filename, sizeof(filename), "/proc/%d/comm", pid);
5     int fd = open(filename, O_RDONLY);
6     if (fd < 0) {
7       strlcpy(mProcessName, "<unknown>", sizeof(mProcessName));
8     } else {
9       ssize_t len = read(fd, mProcessName, sizeof(mProcessName));
10      if (len < 2) {
11        strlcpy(mProcessName, "<unknown>", sizeof(mProcessName));
12      } else {
13        mProcessName[len - 1] = 0;
14      }
15      close(fd);
16    }
17
18    addVendorPlugin();
19    addPlatformPlugin();
20  }
```

第 19 行调用 addPlatformPlugin 加载 libstagefright_softomx_plugin.so 自带软编解码插件库，在它内部调用 addPlugin 函数，接下来进入 addPlugin 函数的实现。

<2>. frameworks/av/media/libstagefright/omx/OMXStore.cpp

```
1   void OMXStore::addPlugin(const char * libname) {
2     void * libHandle = android_load_sphal_library(libname, RTLD_NOW);
3     typedef OMXPluginBase * ( * CreateOMXPluginFunc)();
4     CreateOMXPluginFunc createOMXPlugin =
5                 (CreateOMXPluginFunc)dlsym(libHandle, "createOMXPlugin");
6     if (! createOMXPlugin)
7       createOMXPlugin = (CreateOMXPluginFunc)
8                 dlsym(libHandle, "_ZN7android15createOMXPluginEv");
9
10    OMXPluginBase * plugin = nullptr;
11    if (createOMXPlugin) {
12      plugin = ( * createOMXPlugin)();
13    }
24  }
```

第 12 行由 createOMXPlugin 函数指针调用 libstagefright_softomx_plugin.so 库中实际对应函数符号为 createOMXPlugin 的函数，它的实现如下所示。

<3>. frameworks/av/media/libstagefright/omx/SoftOMXPlugin.cpp

```
extern "C" OMXPluginBase * createOMXPlugin() {
  return new SoftOMXPlugin();
}
```

在函数 createOMXPlugin 中，实例化 SoftOMXPlugin 类对象，然后将实例化的对象返回，最后调用 addPlugin(plugin)，将实例化对象传入。addPlugin 函数的实现如下所示。

<4>. frameworks/av/media/libstagefright/omx/OMXStore.cpp

```
1  void OMXStore::addPlugin(OMXPluginBase *plugin) {
2      Mutex::Autolock autoLock(mLock);
3      OMX_U32 index = 0;
4
5      char name[128];
6      OMX_ERRORTYPE err;
7      while ((err = plugin->enumerateComponents(
8                  name, sizeof(name), index++)) == OMX_ErrorNone) {
9          String8 name8(name);
10       if (mPluginByComponentName.indexOfKey(name8) >= 0) {
11         continue;
12       }
13       mPluginByComponentName.add(name8, plugin);
14     }
15 }
```

第 7~8 行调用 enumerateComponents 函数列举所有支持的编解码组件，然后将组件的名字和 plugin 对象存在一个 KeyedVector 键值对中。那么 enumerateComponents 是在哪里实现呢？它是 SoftOMXPlugin 类的成员函数。enumerateComponents 函数的实现如下所示。

<5>. frameworks/av/media/libstagefright/omx/SoftOMXPlugin.cpp

```
1  OMX_ERRORTYPE SoftOMXPlugin::enumerateComponents(
2          OMX_STRING name,
3          size_t,
4          OMX_U32 index) {
5      if (index >= kNumComponents) {
6          return OMX_ErrorNoMore;
7      }
8      strcpy(name, kComponents[index].mName);
9      return OMX_ErrorNone;
10 }
```

第 5 行判断 index 是否大于或等于 kNumComponents，如果为真，则返回错误码退出；如果为假，则将 kComponents[index].mName 复制到 name，最后返回。那么 kComponents 的大小等于多少呢？它的定义如下。

<6>. frameworks/av/media/libstagefright/omx/SoftOMXPlugin. cpp

```
static const struct {
      const char * mName;
      const char * mLibNameSuffix;
      const char * mRole;
} kComponents[] = {
      { "OMX.google.aac.decoder", "aacdec", "audio_decoder.aac" },
      { "OMX.google.aac.encoder", "aacenc", "audio_encoder.aac" },
      { "OMX.google.amrnb.decoder", "amrdec", "audio_decoder.amrnb" },

};
static const size_t kNumComponents =
      sizeof(kComponents) / sizeof(kComponents[0]);
```

结构体数组 kComponents 包含音频与视频编解码器的名字、动态库的后缀名以及当前组件的角色，这些都是 Android 平台自带的软编解码库，调用 SoftOMXPlugin::enumerateComponents 函数，将这些软编解码器全部遍历出来，并传递给应用层来决策处理。对于没有硬编解码器的设备，则会使用软编解码器编码或解码，比如音频 mp3、aac、amr，以及视频 h. 264、hevc、vp8、vp9 等主流编码格式都是支持的。

4.3.3 vendor. media. omx 服务查询不到的问题

在 4.3.1 小节中，我们曾抛出来一个问题：为什么在 android. hardware. media. omx@1. 0 - service. rc 中明明启动了一个名为 vendor. media. omx 的服务，但是在 ServiceManager 和 HIDL ServiceManager 中都没有看到，那么它到底是注册到哪里了？其实一开始就给出了答案，它被分别注册到 HIDL 服务中的两个服务，就是 android. hardware. media. omx@1. 0::Omx/default 和 android. hardware. media. omx@1. 0::IOmxStore/default 服务，后者是我们下一小节需要讲解的。

下面我们看一下 android. hardware. media. omx@1. 0::Omx/default 服务是被注册到哪里了。

<1>. frameworks/av/services/mediacodec/main_codecservice. cpp

```
int main(int argc __unused, char * * argv){
    using namespace ::android::hardware::media::omx::V1_0;
    sp<IOmx>omx = new implementation::Omx();
    if (omx == nullptr) {
    } else if (omx->registerAsService() != OK) {
    } else {
    }
    ::android::hardware::joinRpcThreadpool();
}
```

第 3 行 Omx 的构造函数中初始化软、硬编解码器后，第 5 行调用 omx-> registerAsService 函数注册 HIDL 服务，但是 registerAsService 函数并没有实现在 Omx 类中，而是在它的父类 IOmx 中。它的父类实现就是一个 HIDL 服务，我们直接看它的父类实现。

<2>. out/soong/. intermediates/hardware/interfaces/media/omx/1. 0/android. hardware. media. omx@1. 0_genc++/gen/android/hardware/media/omx/1. 0/OmxAll. cpp

```
1  const char * IOmx::descriptor("android.hardware.media.omx@1.0::IOmx");
2
3  ::android::status_t IOmx::registerAsService(const std::string &serviceName) {
4      return ::android::hardware::details::registerAsServiceInternal(this, serviceName);
5  }
```

通过第 4 行调用 registerAsServiceInternal 函数，发现会进入 ServiceManagement 类的成员函数 registerAsServiceInternal，我们已经分析过它，在它里面会获取 IOmx 的 descriptor 函数，即 android. hardware. media. omx@1. 0::IOmx 字符串，然后与字符串 default 拼接成 android. hardware. media. omx@1. 0::IOmx/default，注册到 HIDL ServiceManager 中，我们通过 lshal 命令查看一下是否已经注册成功，如下所示。

```
blueline:/ # lshal |grep android.hardware.media.omx@1.0::IOmx/default
DM,FC Y android.hardware.media.omx@1.0::IOmx/default
```

那么到这里读者会有一个疑问：既然进程中和 ServiceManager 中都查询不到 vendor. media. omx 的踪迹，那它到底是干什么用的呢？

其实它是给 init 进程解析用的，我们可以使用 start 和 stop 做一个实验，比如我们试着关闭 vendor. media. omx 会怎么样呢？如果关闭它，android. hardware. media. omx@1. 0::IOmx/default 服务还存在吗？

```
blueline:/ # stop vendor.media.omx
```

以上是关闭 vendor. media. omx 服务，现在再查询 android. hardware. media. omx @1. 0::IOmx/default 服务的状态。

```
blueline:/ # lshal |grep android.hardware.media.omx@1.0::IOmx/default
blueline:/ #
```

我们发现 android. hardware. media. omx@1. 0::IOmx/default 服务已经不在了，那么我们再通过 start 开启 vendor. media. omx 服务吗？android. hardware. media. omx@1. 0::IOmx/default 服务会再启动吗？

```
blueline:/ # start vendor.media.omx
blueline:/ #
```

上面已经开启了 vendor. media. omx 服务，再查询一下。

```
blueline:/ # lshal |grep android.hardware.media.omx@1.0::IOmx/default
DM,FC Y android.hardware.media.omx@1.0::IOmx/default
```

android. hardware. media. omx@1. 0::IOmx/default 服务又被 vendor. media. omx 拉起来了，通过以上实验可以得到两个结论：

- vendor. media. omx 是 init 服务，而 android. hardware. media. omx@1. 0::IOmx/default 是 HIDL 服务。
- android. hardware. media. omx@1. 0::IOmx/default 服务是依赖 vendor. media. omx 服务启动的，所以不要混淆了它们之间的关系。

4.4 MediaCodec 核心服务二：android. hardware. media. omx@1. 0::IOmxStore/default

- 阅读目标：理解 OmxStore 服务解析 Codec 配置文件过程。

图 4－5 所示为 IOmxStore HIDL 核心服务初始化和注册时序图。

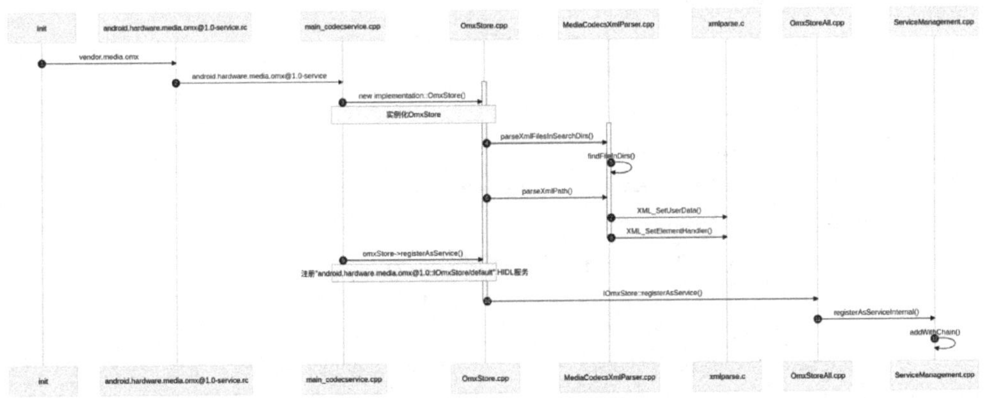

图 4－5 IOmxStore HIDL 核心服务初始化和注册时序图

为了便于表述，将 android. hardware. media. omx@1. 0::IOmxStore/default 服务简称为 OmxStore 服务。

如图 4－5 所示，OmxStore 服务主要做了两件事。

- 获取需要解析的编解码器配置文件，然后将它们一一解析出来。
- 将 OmxStore 类注册为 HIDL 服务，即 android. hardware. media. omx@1. 0::IOmxStore/default。

我们着重讲解第一件事，第二件事 HIDL 服务的注册与 Omx 服务的注册是一样的，不再赘述。OmxStore 服务和 Omx 服务一样，也是由 vendor. media. omx 服务启动的。

OmxStore 服务解析 Codec 配置文件

<1>. frameworks/av/services/mediacodec/main_codecservice.cpp

```
1  int main(int argc __unused, char * * argv){
2      sp<IOmxStore>omxStore = new implementation::OmxStore
3        (property_get_int64("vendor.media.omx", 1) ? omx : nullptr);
4      if (omxStore == nullptr) {
5      } else if (omxStore->registerAsService() != OK) {
6      }
7  }
```

第 2～3 行实例化 OmxStore 类后，第 5 行调用 registerAsService 函数将它注册为 HIDL 服务。下面进入 OmxStore 构造函数，具体分析它的工具内容。它的实现如下所示。

<2>. frameworks/av/media/libstagefright/omx/1.0/OmxStore.cpp

```
1   OmxStore::OmxStore(
2           const sp<IOmx>&omx,
3           const char * owner,
4           const std::vector<std::string>&searchDirs,
5           const std::vector<std::string>&xmlNames,
6           const char * profilingResultsXmlPath) {
7     MediaCodecsXmlParser parser;
8     parser.parseXmlFilesInSearchDirs(xmlNames, searchDirs);
9     if (profilingResultsXmlPath != nullptr) {
10      parser.parseXmlPath(profilingResultsXmlPath);
11    }
12    ……
13    const auto& serviceAttributeMap = parser.getServiceAttributeMap();
14    mServiceAttributeList.resize(serviceAttributeMap.size());
15    size_t i = 0;
16    for (const auto& attributePair : serviceAttributeMap) {
17      ServiceAttribute attribute;
18      attribute.key = attributePair.first;
19      attribute.value = attributePair.second;
20      mServiceAttributeList[i] = std::move(attribute);
21      ++i;
22    }
23  }
```

第 7～8 行，先定义 MediaCodecsXmlParser 类对象 parser，然后调用 parseXml-FilesInSearchDirs 函数，并且传入编解码器的配置文件所在的目录和默认 xml 配置文件。

第 9～10 行判断 profilingResultsXmlPath 变量如果为真,则调用 parseXmlPath 函数,并将变量 profilingResultsXmlPath 传入。它是构造函数 OmxStore 的最后一个参数,它在 OmxStore.h 头文件中定义为 MediaCodecsXmlParser::defaultProfilingResultsXmlPath。可以看出,defaultProfilingResultsXmlPath 是 MediaCodecsXmlParser 类的 static 成员变量,它其实是一个传入的 XML 路径,它的值为/data/misc/media/media_codecs_profiling_results.xml,但是在设备中发现这个路径并不存在,则在 parseXmlPath 函数中立即返回。

第 13～21 行,首先调用 getServiceAttributeMap 函数获取对象 serviceAttributeMap,它的类型为 AttributeMap,原型是 std::map <std::string, std::string>,用于存放 xml 配置文件读取的字段。第 16 行遍历 serviceAttributeMap 存储的键值,然后依次复制到新定义的 attribute.key 和 attribute.value 中,最后将 attribute 对象存放在 mServiceAttributeList 中。mServiceAttributeList 原型是 hidl_vec <ServiceAttribute>,它是一个 HIDL 的 vector 类型,相当于 C++的 vector <ServiceAttribute>类型,它用于存储 ServiceAttribute 类型变量。

那么 MediaCodecsXmlParser 类成员函数 parseXmlFilesInSearchDirs 如何解析编解码器 xml 配置文件呢?

首先看 parseXmlFilesInSearchDirs 函数传入的两个参数 xmlNames、searchDirs,它是在 OmxStore 构造函数中传入的,定义在 OmxStore.h 头文件中,如下所示。

<3>. frameworks/av/media/libstagefright/omx/include/media/stagefright/omx/1.0/OmxStore.h

```
struct OmxStore : public IOmxStore {
   OmxStore(const sp<IOmx>&omx = nullptr,
         const char* owner = "default",
         const std::vector<std::string>&searchDirs =
         MediaCodecsXmlParser::getDefaultSearchDirs(),
         const std::vector<std::string>&xmlFiles =
         MediaCodecsXmlParser::getDefaultXmlNames(),
         const char *xmlProfilingResultsPath =
         MediaCodecsXmlParser::defaultProfilingResultsXmlPath);
......
protected:
   Status mParsingStatus;
   hidl_string mPrefix;
   hidl_vec<ServiceAttribute>mServiceAttributeList;
   hidl_vec<RoleInfo>mRoleList;
};
```

在构造函数 OmxStore 中定义,第三个参数从 MediaCodecsXmlParser::getDefaultSearchDirs 函数获取，第四个参数从 MediaCodecsXmlParser::getDefaultXmlNames 函数获取。函数 getDefaultSearchDirs 的实现如下所示。

<4>. frameworks/av/media/libstagefright/xmlparser/include/media/stagefright/xmlparser/MediaCodecsXmlParser.h

```
class MediaCodecsXmlParser {
public:
    static std::vector<std::string>getDefaultSearchDirs() {
      return { "/product/etc",
               "/odm/etc",
               "/vendor/etc",
               "/system/etc" };
    }
};
```

函数 getDefaultSearchDirs 会向/product/etc、/odm/etc、/vendor/etc、/system/etc 四个目录传递 parseXmlFilesInSearchDirs 函数，然后在这些目录中遍历编解码 xml 配置文件，并且查看它们是否存在。

函数 getDefaultXmlNames 的实现如下所示。

<5>. frameworks/av/media/libstagefright/xmlparser/MediaCodecsXmlParser.cpp

```
std::vector<std::string>MediaCodecsXmlParser::getDefaultXmlNames() {
    static constexpr char const * prefixes[] = {
      "media_codecs",
      "media_codecs_performance"
    };
    static std::vector<std::string>variants = {
      android::base::GetProperty("ro.media.xml_variant.codecs", ""),
      android::base::GetProperty("ro.media.xml_variant.codecs_performance", "")
    };
    static std::vector<std::string>names = {
      prefixes[0] + variants[0] + ".xml",
      prefixes[1] + variants[1] + ".xml",
      "media_codecs_shaping.xml"
    };
    return names;
}
```

在函数 getDefaultXmlNames 中，使用字符串数组变量 prefixes 和 vector 类型变量 variants 组合成 names，即组合成编解码器 xml 配置文件，然后将 names 返回，Pix3 最终返回的配置文件为 media_codecs.xml、media_codecs_performance.xml、media_codecs_c2.xml 等，返回的配置文件因硬件和 Android 系统版本而异。

通过 getDefaultSearchDirs 和 getDefaultXmlNames 函数分别获取配置文件的目

录和文件名。接下来分析函数 parseXmlFilesInSearchDirs 是如何解析 xml 配置文件字段的。parseXmlFilesInSearchDirs 函数的实现如下所示。

<6>. frameworks/av/media/libstagefright/xmlparser/MediaCodecsXmlParser. cpp

```
status_t MediaCodecsXmlParser::parseXmlFilesInSearchDirs(
        const std::vector<std::string>&fileNames,
        const std::vector<std::string>&searchDirs) {
  return mImpl->parseXmlFilesInSearchDirs(fileNames, searchDirs);
}
```

在函数 parseXmlFilesInSearchDirs 中，调用 mImpl-> parseXmlFilesInSearchDirs 函数，mImpl 类对象是在 MediaCodecsXmlParser 的内部类 Impl 中定义的，MediaCodecsXmlParser::Impl::parseXmlFilesInSearchDirs 函数的实现如下所示。

<7>. frameworks/av/media/libstagefright/xmlparser/MediaCodecsXmlParser. cpp

```
1   status_t MediaCodecsXmlParser::Impl::parseXmlFilesInSearchDirs(
2           const std::vector<std::string>&fileNames,
3           const std::vector<std::string>&searchDirs) {
4     status_t res = NO_INIT;
5     for (const std::string fileName : fileNames) {
6       status_t err = NO_INIT;
7       std::string path;
8       if (findFileInDirs(searchDirs, fileName, &path)) {
9         err = parseXmlPath(path);
10      } else {
11      }
12      res = combineStatus(res, err);
13    }
14    return res;
15  }
```

第 5 行先遍历 Codec 配置文件，接着传入 findFileInDirs 函数中。在此函数中，先遍历传入进来的配置文件目录 searchDirs，然后将目录名与文件名拼接，再判断此路径存在与否，如果存在，则赋值给 path 变量，传递给 parseXmlFilesInSearchDirs 函数使用，并返回 true；如果不存在，则返回 false。

第 9 行将已找到的 path 传给函数 parseXmlPath，最终调用 MediaCodecsXmlParser 内部类 Impl 的成员函数 parseXmlPath，它的实现如下所示。

<8>. frameworks/av/media/libstagefright/xmlparser/MediaCodecsXmlParser. cpp

```
status_t MediaCodecsXmlParser::Impl::parseXmlPath(const std::string &path) {
  std::lock_guard<std::mutex>guard(mLock);
  if (! fileExists(path)) {
```

```
4           mParsingStatus = combineStatus(mParsingStatus, NAME_NOT_FOUND);
5           return NAME_NOT_FOUND;
6       }
7       State::RestorePoint rp = mState.createRestorePoint();
8       Parser parser(&mState, path);
9       parser.parseXmlFile();
10      mState.restore(rp);
11      return parser.getStatus();
12  }
```

第 7 行实例化 MediaCodecsXmlParser 内部类 Parser，并传入 mState 和 path 配置文件路径，在 Parser 构造函数中将 path 赋值给成员变量 mPath，将 state 赋值给成员变量 mState，并且将 path 的目录部分提取的值赋值给 mHrefBase。

第 8 行调用函数 parseXmlFile 解析 xml 配置文件，最后调用 parser.getStatus 函数将状态值返回。

内部类 Parser 成员函数 parseXmlFile 的实现如下所示。

<9>. frameworks/av/media/libstagefright/xmlparser/MediaCodecsXmlParser.cpp

```
void MediaCodecsXmlParser::Impl::Parser::parseXmlFile() {
    const char *path = mPath.c_str();
    FILE *file = fopen(path, "r");
    if (file == nullptr) {
        mStatus = NAME_NOT_FOUND;
        return;
    }
    mParser = std::shared_ptr<XML_ParserStruct>(
        ::XML_ParserCreate(nullptr),
        [](XML_ParserStruct *parser)
    {
        ::XML_ParserFree(parser);
    });
    ::XML_SetUserData(mParser.get(), this);
    ::XML_SetElementHandler(mParser.get(),
                StartElementHandlerWrapper,
                EndElementHandlerWrapper);
    static constexpr int BUFF_SIZE = 512;
    while (mStatus == OK) {
        void *buff = ::XML_GetBuffer(mParser.get(), BUFF_SIZE);
        int bytes_read = ::fread(buff, 1, BUFF_SIZE, file);

        XML_Status status = ::XML_ParseBuffer(mParser.get(),
                        bytes_read, bytes_read == 0);
    }
}
```

第 2～7 行首先获取成员变量 mPath，它为已找到配置文件的路径，然后使用 fopen 打开此 xml 配置文件，如果发现打开文件为空，则立即返回。

第 8～25 行大体流程是使用第三方 xml 处理库，将 codec 配置文件解析出来，调用 XML_SetElementHandler 函数，传入两个回调函数，分别为 StartElementHandlerWrapper、EndElementHandlerWrapper。前者内部调用 startElementHandler 函数，将 xml 处理库获取的字段名字和属性作为参数传入。函数 MediaCodecsXmlParser::Impl::Parser::startElementHandle 的实现如下所示。

<10>. frameworks/av/media/libstagefright/xmlparser/MediaCodecsXmlParser. cpp

```
void MediaCodecsXmlParser::Impl::Parser::startElementHandler(
        const char *name, const char **attrs) {
    bool inType = true;
    Result err = NO_INIT;
    Section section = mState->section();
    if (strEq(name, "Include")) {
      mState->enterSection(SECTION_INCLUDE);
      updateStatus(includeXmlFile(attrs));
      return;
    }
    ......
case SECTION_SETTINGS:
    {
      if (strEq(name, "Setting")) {
        err = addSetting(attrs);
      } else if (strEq(name, "Variant")) {
        err = addSetting(attrs, "variant-");
      } else if (strEq(name, "Domain")) {
        err = addSetting(attrs, "domain-");
      } else {
        break;
      }
      updateStatus(err);
      return;
    }
}
```

在函数 startElementHandler 中，经过解析提取 codec 配置文件，通过检测判断属性值，将属性值传递给 addSetting 函数做进一步处理工作，在其内部调用 MediaCodecsXmlParser::Impl::Data::addGlobal 函数，将获取的 key - value 值最终写入 mServiceAttributeMap 容器中，它的类型为 AttributeMap，它的原型为 std::map <std::string, std::string>，所以键值对被写入 map 容器中，便于应用程序使用时取用。应用程序使用时调用 MediaCodecsXmlParser 类成员函数 getServiceAttributeMap 即可，

因为其内部函数 getServiceAttributeMap 即是返回的 mServiceAttributeMap 变量。

4.5 MediaCodec 核心服务三:android. hardware. media. c2@1. 2::IComponentStore/software

➢ 阅读目标:理解 Codec 2.0 服务加载编解码器组件过程。

图 4-6 所示为 IComponentStore HIDL 核心服务初始化和注册时序图。

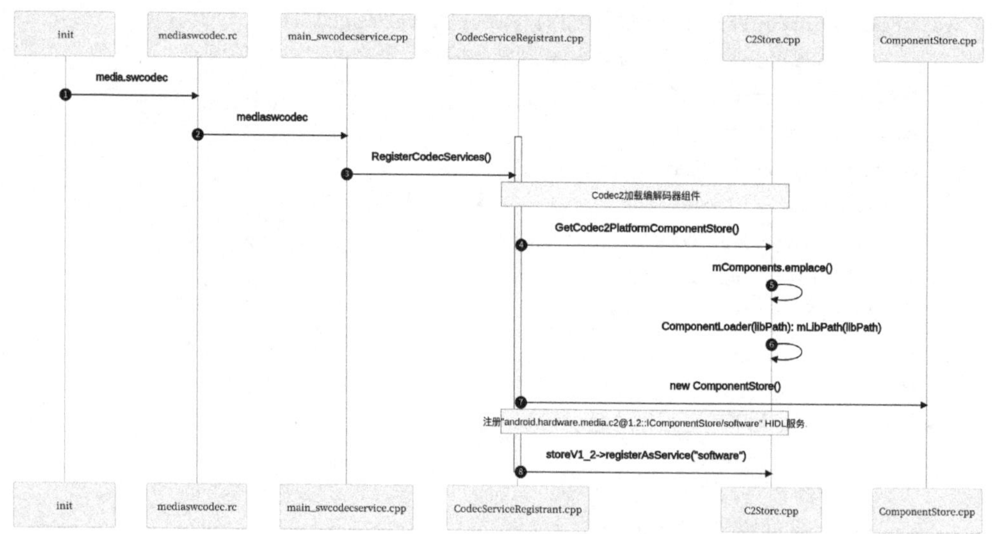

图 4-6 IComponentStore HIDL 核心服务初始化和注册时序图

为了便于表述,将 android. hardware. media. c2@1. 2::IComponentStore/software 服务简称为 Codec 2.0 服务。

如图 4-6 所示,Codec 2.0 服务主要做了两件事。

➢ Codec 2.0 服务加载编解码器组件过程。

➢ Codec 2.0 服务将 IComponentStore 类注册为 HIDL 服务过程,即 android. hardware. media. c2@1. 2::IComponentStore/software。

Codec 2.0 服务加载编解码器组件

首先从 Codec 2.0 服务启动说起。Codec 2.0 服务与 Omx 服务、OmxStore 服务不一样,它是由 media. swcodec 服务启动的,它定义在 mediaswcodec. rc 中,实现如下所示。

<1>. frameworks/av/apex/mediaswcodec. rc

```
service media.swcodec /apex/com.android.media.swcodec/bin/mediaswcodec
    class main
```

```
3        user mediacodec
4        group camera drmrpc mediadrm
5        ioprio rt 4
6        writepid /dev/cpuset/foreground/tasks
```

第1行定义服务名为media.swcodec，它的可执行文件为/apex/com.android.media.swcodec/bin/mediaswcodec，并且它的目录是以apex开头的，说明它会编译成以.apex结尾的文件格式，并且只能以adb install方式安装，因为在设备上/apex/com.android.media.swcodec/bin目录是只读区域。

下面简单介绍apex文件格式，它的全称是Android Pony Express，是在Android 10中引入的一种容器格式。此格式可帮助更新不适用于标准Android应用模型的系统组件，一些示例组件包括原生服务和原生库、硬件抽象层以及类库。

接着分析mediaswcodec可执行文件的源码实现，如下所示。

<2>. frameworks/av/services/mediacodec/main_swcodecservice.cpp

```
1  int main(int argc __unused, char * * argv){
2      signal(SIGPIPE, SIG_IGN);
3      ……
4      ::android::hardware::configureRpcThreadpool(64, false);
5      RegisterCodecServices();
6      ::android::hardware::joinRpcThreadpool();
7  }
```

第4行调用函数configureRpcThreadpool配置线程池最大线程数为64。

第5行调用函数RegisterCodecServices加载Codec 2.0服务所需的编解码器组件，并将获取相应组件的能力传递给应用层使用。

函数RegisterCodecServices的实现如下所示。

<3>. frameworks/av/services/mediacodec/registrant/CodecServiceRegistrant.cpp

```
extern "C" void RegisterCodecServices() {
    std::shared_ptr<C2ComponentStore> store =
      android::GetCodec2PlatformComponentStore();
    if (! store) {
      return;
    }

    using namespace ::android::hardware::media::c2;

    int platformVersion =
      android::base::GetIntProperty("ro.build.version.sdk", int32_t(29));
    std::string codeName =
      android::base::GetProperty("ro.build.version.codename", "");
```

```
14      if (codeName == "S") {
15        platformVersion = 31;
16      }
17
18      switch (platformVersion) {
19      case 31: {
20        android::sp<V1_2::IComponentStore> storeV1_2 =
21          new V1_2::utils::ComponentStore(store);
22        if (storeV1_2->registerAsService("software") != android::OK) {
23          LOG(ERROR) <<"Cannot register software Codec2 v1.2 service.";
24          return;
25        }
26        break;
27      }
28  }
```

第 3 行调用 GetCodec2PlatformComponentStore 函数获取 Codec 2.0 平台组件库，并将获取的 C2PlatformComponentStore 对象赋值给 C2ComponentStore 类的对象 store，因为 C2PlatformComponentStore 是 C2ComponentStore 的子类。

第 10～16 行获取当前平台版本号 platformVersion，当前源码环境为 Android 12，它对应的 SDK 版本为 31。

第 19～27 行 case 等于 31，首先将 store 作为参数给 ComponentStore 构造函数，然后实例化对象 storeV1_2 调用 registerAsService("software")函数注册为 HIDL 服务。

那么 GetCodec2PlatformComponentStore 函数如何获取 Codec 2.0 平台组件库呢？它的实现如下所示。

<4>. frameworks/av/media/codec2/vndk/C2Store.cpp

```
1   std::shared_ptr<C2ComponentStore> GetCodec2PlatformComponentStore() {
2       static std::mutex mutex;
3       static std::weak_ptr<C2ComponentStore> platformStore;
4       std::lock_guard<std::mutex> lock(mutex);
5       std::shared_ptr<C2ComponentStore> store = platformStore.lock();
6       if (store == nullptr) {
7         store = std::make_shared<C2PlatformComponentStore>();
8         platformStore = store;
9       }
10      return store;
11  }
```

第 3～10 行首先定义一个 C2ComponentStore 类的弱指针，第 5 行定义一个共享智能指针 stroe，platformStore.lock()表示提高为强指针，将它的地址存入 store 共享指针中。如果 store 等于 nullptr，则使用 make_shared 创建指向 C2PlatformComponentStore 类对象

的共享指针，并赋值给 store 共享指针，然后将指向 C2PlatformComponentStore 类对象的共享指针赋值给 platformStore 弱指针，最后返回 store。

make_shared 分配一个 C2PlatformComponentStore 类对象，并返回一个指向该对象的共享指针。那么 C2PlatformComponentStore 构造函数具体做了哪些初始化工作呢？它的实现如下所示。

<5>. frameworks/av/media/codec2/vndk/C2Store.cpp

```
1   C2PlatformComponentStore::C2PlatformComponentStore()
2       : mVisited(false),
3         mReflector(std::make_shared<C2ReflectorHelper>()),
4         mInterface(mReflector) {
5
6     auto emplace = [this](const char * libPath) {
7       mComponents.emplace(libPath, libPath);
8     };
9
10    emplace("libcodec2_soft_aacdec.so");
11    emplace("libcodec2_soft_aacenc.so");
12    ……
13  }
```

第6～8行定义一个 C++ lambda 函数，调用 mComponents.emplace(libPath, libPath)表示插入键值对。mComponents 是一个 map 容器，它的定义为 std::map <C2String, ComponentLoader> mComponents。第一个 C2String 表示 key 值，它的原型是 std::string 类型。第二个 ComponentLoader 表示 value 值，它是一个类，它的构造函数传递一个 string 类型的路径。

第10～13行，将 Codec 2.0 服务所需要的动态库作为键值对插入 mComponents 容器中，如果不了解 ComponentLoader 类的实现，对 mComponents 插入键值还是不太清晰。下面进入 ComponentLoader 类的定义和实现一探究竟，它的实现如下所示。

<6>. frameworks/av/media/codec2/vndk/C2Store.cpp

```
typedef std::string C2String;
std::map<C2String, ComponentLoader> mComponents;

struct ComponentLoader {
    c2_status_t fetchModule(std::shared_ptr<ComponentModule> * module) {
      c2_status_t res = C2_OK;
      std::lock_guard<std::mutex> lock(mMutex);
      std::shared_ptr<ComponentModule> localModule = mModule.lock();
      if (localModule == nullptr) {
        if(mCreateFactory) {
```

```
11              localModule = std::make_shared<ComponentModule>(mCreateFactory,
12                                              mDestroyFactory);
13          } else {
14              localModule = std::make_shared<ComponentModule>();
15          }
16          res = localModule->init(mLibPath);
17          if (res == C2_OK) {
18              mModule = localModule;
19          }
20        }
21        * module = localModule;
22        return res;
23      }
24
25      ComponentLoader(std::string libPath) : mLibPath(libPath) {}
26  private:
27      std::mutex mMutex;
28      std::weak_ptr<ComponentModule>mModule;
29      std::string mLibPath;
30
31      C2ComponentFactory::CreateCodec2FactoryFunc mCreateFactory = nullptr;
32      C2ComponentFactory::DestroyCodec2FactoryFunc mDestroyFactory = nullptr;
33  };
```

第 1～2 行介绍了 C2String 是 std::string 类型的别名，mComponents 是 map 容器类型，它的 key 值类型是 C2String，value 值类型是 ComponentLoader。

第 25 行 ComponentLoader 的构造函数接收动态库的名字传给 libPath，通过初始化列表将 libPath 赋值给成员变量 mLibPath。也就是说，调用 emplace("libcodec2_soft_vp9enc.so")函数插入键值操作，最终是将编解码器组件的动态库传递给 ComponentLoader 的成员变量 mLibPath。

那么 ComponentLoader 的成员变量 mLibPath 拿到传递进来的动态库干了什么呢？答案在 ComponentLoader 类的成员函数 fetchModule 中。

第 5～23 行首先通过 make_shared 创建指向 ComponentModule 类对象的智能指针，然后调用 localModule->init(mLibPath)，此处传进来的就是 ComponentModule 构造函数初始化的 mLibPath 动态库路径。如果 init 函数返回等于 C2_OK，则将 localModule 赋值给成员变量 mModule 和 module。

那么 ComponentModule 类成员函数 init 拿到编解码器组件的动态库路径后，又做了哪些初始化工作呢？我们继续向下分析，init 函数的实现如下所示。

<7>. frameworks/av/media/codec2/vndk/C2Store.cpp

```
c2_status_t C2PlatformComponentStore::ComponentModule::init(
```

```
2                                  std::string libPath) {
3     if(! createFactory) {
4       mLibHandle = dlopen(libPath.c_str(), RTLD_NOW|RTLD_NODELETE);
5       createFactory = (C2ComponentFactory::CreateCodec2FactoryFunc)
6         dlsym(mLibHandle, "CreateCodec2Factory");
7       destroyFactory = (C2ComponentFactory::DestroyCodec2FactoryFunc)
8         dlsym(mLibHandle, "DestroyCodec2Factory");
9     }
10    mComponentFactory = createFactory();
11    if (mComponentFactory == nullptr) {
12      mInit = C2_NO_MEMORY;
13    } else {
14      mInit = C2_OK;
15    }
16    if (mInit != C2_OK) {
17      return mInit;
18    }
19
20    std::shared_ptr<C2ComponentInterface> intf;
21    c2_status_t res = createInterface(0, &intf);
22    return mInit;
23  }
```

第 3～9 行检测判断如果 createFactory 为空，则使用 dlopen 依次打开传入的 Codec 2.0 组件动态库，并调用 dlsym 查找动态库中的函数符号"CreateCodec2Factory"和"DestroyCodec2Factory"。

第 10～18 行，调用函数指针 createFactory()将组件库中获取的对象赋值给 C2ComponentFactory 类对象指针 mComponentFactory，用于调用其成员函数和成员变量。如果 mComponentFactory 为空，则将 C2_NO_MEMORY 赋值给 mInit；如果 mComponentFactory 不为空，则将 C2_OK 赋值给 mInit。如果 mInit 不等于 C2_OK，则返回 mInit。

第 21 行调用进入 C2PlatformComponentStore::ComponentModule::createInterface 函数，它的实现如下所示。

<8>. frameworks/av/media/codec2/vndk/C2Store.cpp

```
c2_status_t C2PlatformComponentStore::ComponentModule::createInterface(
              c2_node_id_t id,
              std::shared_ptr<C2ComponentInterface> * interface,
              std::function<void(::C2ComponentInterface * )>deleter) {
  interface->reset();
  if (mInit != C2_OK) {
```

```
7          return mInit;
8      }
9      std::shared_ptr<ComponentModule>module = shared_from_this();
10     c2_status_t res = mComponentFactory->createInterface(
11         id, interface, [module, deleter](C2ComponentInterface * p) mutable {
12           deleter(p);
13           module.reset();
14           });
15     return res;
16 }
```

第 9～14 行，mComponentFactory 是 C2ComponentFactory 类对象指针，是在 C2PlatformComponentStore::ComponentModule::init 中赋值的。第 10 行调用 createInterface 函数，它是 C2ComponentFactory 类中的纯虚函数，需要子类继承并实现它。在打开编解码器组件动态库以后，编解码组件类会继承 C2ComponentFactory 类实现自己的功能函数，最终调用子类实现的 createInterface 函数。

举一个例子，例如 C2SoftAacDec 类，它是 Codec 2.0 服务使用的 AAC 解码库，它继承 C2ComponentFactory 类，并且实现纯虚函数 createComponent 和 createInterface，实现如下所示。

<9>. frameworks/av/media/codec2/components/aac/C2SoftAacDec.cpp

```
class C2SoftAacDecFactory : public C2ComponentFactory {
public:
    C2SoftAacDecFactory() : mHelper(std::static_pointer_cast<C2ReflectorHelper>(
            GetCodec2PlatformComponentStore()->getParamReflector())) {
    }

    virtual c2_status_t createComponent(
            c2_node_id_t id,
        std::shared_ptr<C2Component> * const component,
        std::function<void(C2Component * )>deleter) override {
            * component = std::shared_ptr<C2Component>(
                    new C2SoftAacDec(COMPONENT_NAME, id,
                    std::make_shared<C2SoftAacDec::IntfImpl>(mHelper)),
                    deleter);
        return C2_OK;
    }

    virtual c2_status_t createInterface(
                    c2_node_id_t id,
                    std::shared_ptr<C2ComponentInterface> * const interface,
                    std::function<void(C2ComponentInterface * )>deleter) override {
```

```
                    * interface = std::shared_ptr<C2ComponentInterface>(
                new SimpleInterface<C2SoftAacDec::IntfImpl>(
                COMPONENT_NAME, id,
            std::make_shared<C2SoftAacDec::IntfImpl>(mHelper)),
                deleter);
        return C2_OK;
    }
    virtual ~C2SoftAacDecFactory() override = default;
private:
    std::shared_ptr<C2ReflectorHelper>mHelper;
};
```

C2SoftAacDecFactory 类继承自 C2ComponentFactory 类，接着在实现的 createComponent 函数中创建 C2SoftAacDec 类，它是 AAC 解码器实例。在 createInterface 函数中创建 SimpleInterface 接口，C2SoftAacDec::IntfImpl 继承自 SimpleInterface，它构造函数设置解码器需要的参数，C2SoftAacDec 类实现的功能最终会编译成 libcodec2_soft_aacdec.so，即是调用 emplace(libcodec2_soft_aacdec.so)添加的动态库。

4.6 MediaCodec 视频编码部分

➢ 阅读目标：理解 MediaCodec 如何将 YUV 视频编码为 H.264 的过程。

图 4-7 所示为 MediaCodec 视频编码过程。

经过前几个章节对 MediaCodec 核心服务的初步认识，已经对 MediaCodec 的主脉络有了了解。本节我们将进入对 MediaCodec 的新探索，更深入地理解它在音视频的编解码和封装中的工作。

根据图 4-3 了解音视频的大致编码过程，先将 YUV 视频编码压缩，然后再将音视频打包到一个容器中。本节我们介绍 MediaCodec 是如何将 YUV 视频编码为 H.264 格式的。

图 4-7 所示为 MediaCodec 编码 YUV 视频为 H.264 格式的时序图，MediaCodec 编码 YUV 视频的基本步骤如下所示。

➢ CreateByType：创建编码器。

➢ configure：配置编码器。

➢ start：启动编码器。

➢ getInputBuffers()：配置输入编码器的视频原始数据。

➢ getOutputBuffers()：配置编码器输出编码后的数据。

➢ dequeueInputBuffer()：获取可用的输入缓冲区索引。

➢ inBuffers.itemAt(index)：指定索引的输入缓冲区。

➢ queueInputBuffer()：将填充好的输入缓冲区提交给编解码器。

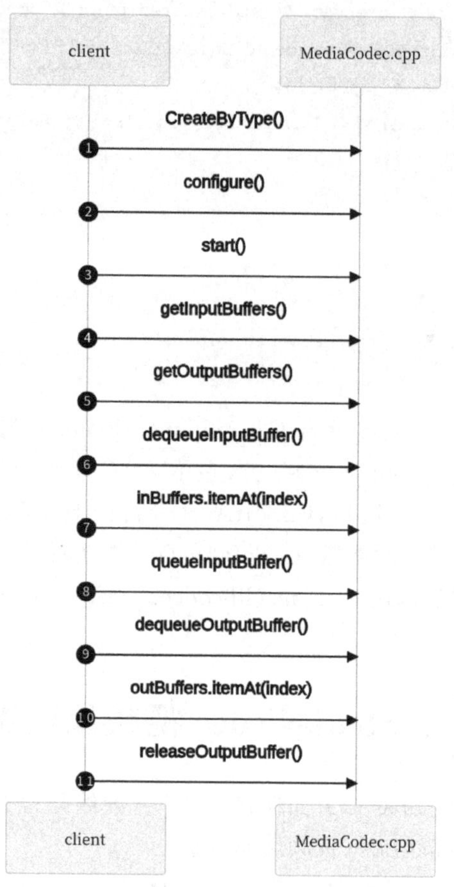

图 4-7 MediaCodec 视频编码过程

- dequeueOutputBuffer():获取可用的输出缓冲区索引。
- outBuffers. itemAt(index):获取指定索引的输出缓冲区。
- releaseOutputBuffer():释放输出缓冲区,并通知编解码器输出缓冲区已经被消费。

下面对 MediaCodec 编码过程中的重点步骤进行单独分析讲解,再将知识点串联起来。

4.6.1 MediaCodec 创建视频编码器过程

MediaCodec 编码的起始从创建一个编码器开始,在 Android 12 中创建视频编码器走 Codec 2.0 分支。下面我们一起进入到 MediaCodec 编码之旅。

<1>. 从一个简单的例子开始

```
sp<MediaCodec>codec = MediaCodec::CreateByType(looper, "video/avc", true);
```

通过 MediaCodec::CreateByType 函数创建一个视频编码器,第一个是 ALooper

对象 looper，它用来处理线程间消息。第二个"video/avc"表示要 H.264 格式类型。第三个 true 表示需要创建编码器；如果是 false，则表示创建解码器。

下面进入 MediaCodec::CreateByType 函数的实现，代码如下所示。

<2>. frameworks/av/media/libstagefright/MediaCodec.cpp

```
1  sp<MediaCodec> MediaCodec::CreateByType(
2              const sp<ALooper> &looper,
3              const AString &mime,
4              bool encoder,
5              status_t * err,
6              pid_t pid,
7              uid_t uid) {
8          sp<AMessage> format;
9          return CreateByType(looper, mime, encoder, err, pid, uid, format);
10 }
```

在 MediaCodec::CreateByType 成员函数中，传入 6 个参数，第一个是 ALooper 对象 looper，用来处理线程间的消息；第二个是 mime，表示编解码器的类型；第三个是 encoder，表示编码或者解码；第四个是 err，表示返回的错误码；第五个是 pid，表示进程号；第六个是 uid，表示用户标识符。其中后三个参数在 MediaCodec.h 头文件已经默认初始化，使用时可以不必传参，使用它的默认初始化值。

第 9 行调用 CreateByType 构造函数。与当前构造函数不同的是，它传入 AMessage 对象，AMessage 是一种进程间通信的高效消息传递机制，用于在不同组件之间进行数据的传递和交互。

那么 CreateByType 构造函数为创建编码器做了哪些工作呢？它的实现如下所示。

<3>. frameworks/av/media/libstagefright/MediaCodec.cpp

```
sp<MediaCodec> MediaCodec::CreateByType(
            const sp<ALooper> &looper,
            const AString &mime,
            bool encoder,
            status_t * err,
            pid_t pid,
            uid_t uid, sp<AMessage> format) {
        Vector<AString> matchingCodecs;
        MediaCodecList::findMatchingCodecs(
                mime.c_str(),
                encoder,
                0,
                format,
                &matchingCodecs);
```

```
15
16        if (err != NULL) {
17             * err = NAME_NOT_FOUND;
18        }
19        for (size_t i = 0; i <matchingCodecs.size(); ++i) {
20             sp<MediaCodec>codec = new MediaCodec(looper, pid, uid);
21             AString componentName = matchingCodecs[i];
22             status_t ret = codec->init(componentName);
23             if (err != NULL) {
24                  * err = ret;
25             }
26             if (ret == OK) {
27                  return codec;
28             }
29        }
30        return NULL;
31 }
```

第 9～14 行调用 findMatchingCodecs 函数，传入要编码的类型 mime 变量，获取当前设备支持的所有编码器；如果发现支持当前编码类型，则将其存放在 matchingCodecs 容器中。

第 19～29 行在获取当前已经支持的编码器后，开始初始化编码器；第 20 行实例化 MediaCodec，并赋值给 codec 变量；第 22 行调用 MediaCodec::init 函数初始化编码器，如果 ret 等于 OK，则将编码器实例化对象 codec 返回给应用层。

有两个重点信息是需要我们理清的：

➤ 第一个是调用 new MediaCodec 实例化做了哪些工作？

➤ 第二个是调用 codec->init 如何初始化编码器？

接下来分析 MediaCodec 实例化过程，MediaCodec 构造函数如下所示。

<4>. frameworks/av/media/libstagefright/MediaCodec.cpp

```
MediaCodec::MediaCodec(
          const sp<ALooper>&looper, pid_t pid, uid_t uid,
          std::function<sp<CodecBase>(const AString &, const char * )>getCodecBase,
          std::function<status_t(const AString &, sp<MediaCodecInfo> * )>getCodecInfo)
     : mState(UNINITIALIZED)  {
     mResourceManagerProxy = new ResourceManagerServiceProxy(pid, mUid,
               ::ndk::SharedRefBase::make<ResourceManagerClient>(this));
     if (! mGetCodecBase) {
          mGetCodecBase = [](const AString &name, const char * owner) {
               return GetCodecBase(name, owner);
          };
```

```
12        }
13        if (! mGetCodecInfo) {
14            mGetCodecInfo = [](const AString &name, sp<MediaCodecInfo> * info) ->status_t {
15                * info = nullptr;
16                const sp<IMediaCodecList>mcl = MediaCodecList::getInstance();
17                if (! mcl) {
18                    return NO_INIT;
19                }
20                AString tmp = name;
21                if (tmp.endsWith(".secure")) {
22                    tmp.erase(tmp.size() - 7, 7);
23                }
24                for (const AString &codecName : { name, tmp }) {
25                    ssize_t codecIdx = mcl->findCodecByName(codecName.c_str());
26                    if (codecIdx <0) {
27                        continue;
28                    }
29                    * info = mcl->getCodecInfo(codecIdx);
30                    return OK;
31                }
32                return NAME_NOT_FOUND;
33            };
34        }
35        initMediametrics();
36    }
```

在 MediaCodec 构造函数中，第 6 行创建 ResourceManagerServiceProxy 实例对象并传给成员变量 mResourceManagerProxy。ResourceManagerServiceProxy 的作用是作为一个代理对资源管理服务 ResourceManagerService 进行访问和控制，ResourceManagerServiceProxy 可以与 ResourceManagerService 进行通信，请求获取、管理和释放系统中的各种资源，如内存、文件、网络连接等。它提供了一种统一的接口，可以方便地对资源进行管理和调度，确保资源的有效利用和合理分配。

第 8～12 行是一个 lambda 函数，通过调用 GetCodecBase 获取创建好的编码器，需要我们重点分析。

第 13～34 行的主要作用是获取编码器信息。首先调用 MediaCodecList::getInstance()获取 MediaCodecList 实例，通过 findCodecByName 函数获取编码器索引，最后调用 mcl-> getCodecInfo 函数，获取编码器信息，存放在 MediaCodecInfo 对象 info 中。

第 35 行调用 initMediametrics，主要作用是内部通过 mediametrics_create 函数创建 mMetricsHandle 对象，用于记录和收集多媒体相关的信息和事件。

我们接着进入主路径，继续分析函数 GetCodecBase，它的实现如下所示。

<5>. frameworks/av/media/libstagefright/MediaCodec.cpp

```
1  sp<CodecBase>MediaCodec::GetCodecBase(
2          const AString &name,
3          const char * owner) {
4      if (owner) {
5          if (strcmp(owner, "default") == 0) {
6              return new ACodec;
7          } else if (strncmp(owner, "codec2", 6) == 0) {
8              return CreateCCodec();
9          }
10     }
11
12     if (name.startsWithIgnoreCase("c2.")) {
13         return CreateCCodec();
14     } else if (name.startsWithIgnoreCase("omx.")) {
15         return new ACodec;
16     } else if (name.startsWithIgnoreCase("android.filter.")) {
17         return new MediaFilter;
18     } else {
19         return NULL;
20     }
21 }
```

在函数 MediaCodec::GetCodecBase 中，Android 系统提供两种方式创建编解码器，一种是实例化 ACodec，另一种是创建 Codec 2.0。

在 Android 12 版本中，进入第 8 行调用 CreateCCodec 函数内部实例化 Codec 2.0 编解码器，创建完成以后，直接返回给应用。CreateCCodec 函数的实现如下所示。

<6>. frameworks/av/media/libstagefright/MediaCodec.cpp

```
static CodecBase * CreateCCodec() {
    return new CCodec;
}
```

在 CreateCCodec 函数中只做了一件事，实例化 CCodec 类，并将实例化的指针对象返回。下面我们进入 CCodec 构造函数，看看它的实现是什么。

<7>. frameworks/av/media/codec2/sfplugin/CCodec.cpp

```
CCodec::CCodec()
    : mChannel(new CCodecBufferChannel(
            std::make_shared<CCodecCallbackImpl>(this))),
      mConfig(new CCodecConfig) {
}
```

在 CCodec 构造函数中，通过 new CCodecBufferChannel 初始化成员变量 mChannel,可以通过 CCodec::getBufferChannel 函数获取缓冲区通道数。实例化 CCodecConfig 初始化成员变量 mConfig,它用来管理 CCodec 的编解码器配置的结构。

分析完 CCodec 构造函数,我们继续看 MediaCodec::init 函数如何初始化编码器。

<8>. frameworks/av/media/libstagefright/MediaCodec. cpp

```
status_t MediaCodec::init(const AString &name) {
    mResourceManagerProxy->init();
    mInitName = name;
    mCodecInfo.clear();
    ……
    mCodec = mGetCodecBase(name, owner);
    if (mCodec == NULL) {
      return NAME_NOT_FOUND;
    }

    if (mIsVideo) {
      if (mCodecLooper == NULL) {
        mCodecLooper = new ALooper;
        mCodecLooper->setName("CodecLooper");
        mCodecLooper->start(false, false, ANDROID_PRIORITY_AUDIO);
      }

      mCodecLooper->registerHandler(mCodec);
    } else {
      mLooper->registerHandler(mCodec);
    }

    mLooper->registerHandler(this);

    mCodec->setCallback(std::unique_ptr<CodecBase::CodecCallback>(
          new CodecCallback(new AMessage(kWhatCodecNotify, this))));
    mBufferChannel = mCodec->getBufferChannel();
    mBufferChannel->setCallback(
              ique_ptr<CodecBase::BufferCallback>(
          new BufferCallback(new AMessage(kWhatCodecNotify, this))));

    sp<AMessage>msg = new AMessage(kWhatInit, this);
    if (mCodecInfo) {
      msg->setObject("codecInfo", mCodecInfo);
    }
    msg->setString("name", name);

```

```
38      if (mMetricsHandle != 0) {
39        mediametrics_setCString(mMetricsHandle, kCodecCodec, name.c_str());
40        mediametrics_setCString(mMetricsHandle, kCodecMode,
41                       mIsVideo ? kCodecModeVideo : kCodecModeAudio);
42      }
43
44      if (mIsVideo) {
45        mBatteryChecker = new BatteryChecker(new AMessage(kWhatCheckBatteryStats, this));
46      }
47  }
```

在 MediaCodec::init 初始化函数中，首先调用 mResourceManagerProxy->init 初始化系统资源管理服务。

第 6 行 mGetCodecBase 是一个回调函数，通过编解码器组件名字获取其对应编解码器的对象，然后在第 25～28 行设置回调函数，并获取缓冲区通道 mBufferChannel。

第 32 行创建 AMessage 消息对象，并以 kWhatInit 字段发送一条初始化消息。检测判断 mCodecInfo 是否为真，如果为真则设置"codecInfo"字段的值为 mCodecInfo，它包含编解码器的信息，接着设置"name"字段为 name。

第 38～42 行调用 mediametrics_setCString 记录 kCodecCodec 和 kCodecMode 多媒体字段信息，最终会调用 MediaMetricsService 服务保存多媒体信息。

第 44～46 行判断如果 mIsVideo 为真，则实例化 BatteryChecker 电池检测器，可以通知应用程序当前电池的状态。

接下来我们顺着 kWhatInit 初始化编码器消息，找到处理消息的服务端。

<9>. frameworks/av/media/libstagefright/MediaCodec. cpp

```
1   void MediaCodec::onMessageReceived(const sp<AMessage> &msg) {
2       ......
3       switch (msg->what()) {
4       case kWhatInit:
5         {
6           sp<AMessage> format = new AMessage;
7           if (codecInfo) {
8               format->setObject("codecInfo", codecInfo);
9           }
10          format->setString("componentName", name);
11          mCodec->initiateAllocateComponent(format);
12          break;
13        }
14    }
15  }
```

在 MediaCodec::onMessageReceived 消息处理函数中，第 6～12 行设置编码器组

件名字和信息，并调用 initiateAllocateComponent 初始化编码器组件，它的实现如下所示。

<10>. frameworks/av/media/codec2/sfplugin/CCodec.cpp

```
void CCodec::initiateAllocateComponent(const sp<AMessage>&msg) {
    auto setAllocating = [this] {
      Mutexed<State>::Locked state(mState);
      if (state->get() != RELEASED) {
        return INVALID_OPERATION;
      }
      state->set(ALLOCATING);
      return OK;
    };
    if (tryAndReportOnError(setAllocating) != OK) {
      return;
    }

    sp<RefBase>codecInfo;
    CHECK(msg->findObject("codecInfo", &codecInfo));

    sp<AMessage>allocMsg(new AMessage(kWhatAllocate, this));
    allocMsg->setObject("codecInfo", codecInfo);
    allocMsg->post();
}
```

在 CCodec::initiateAllocateComponent 函数中，创建 AMessage 消息对象，并设置"codecInfo"字段信息，最后调用 allocMsg->post 函数发送出去。处理 kWhatAllocate 消息服务端如下所示。

<11>. frameworks/av/media/codec2/sfplugin/CCodec.cpp

```
void CCodec::onMessageReceived(const sp<AMessage>&msg) {
      TimePoint now = std::chrono::steady_clock::now();
      CCodecWatchdog::getInstance()->watch(this);
      switch (msg->what()) {
      case kWhatAllocate: {
        setDeadline(now, 1500ms, "allocate");
        sp<RefBase>obj;
        CHECK(msg->findObject("codecInfo", &obj));
        allocate((MediaCodecInfo *)obj.get());
       break;
      }
```

```
12          ......
13      }
14  }
```

在接收并处理消息函数 CCodec::onMessageReceived 中，第 5 行为 kWhatAllocate 对应的逻辑处理分支，第 6 行调用 setDeadline 函数设置超时间为 1 500 ms。

第 7~10 行首先获取"codecInfo"字段的对象，并检测是否为空；如果不为空，则调用 allocate 函数，并传入 MediaCodecInfo 类型指针对象。

<12>. frameworks/av/media/codec2/sfplugin/CCodec.cpp

```
1   void CCodec::allocate(const sp<MediaCodecInfo> &codecInfo) {
2       mClientListener.reset(new ClientListener(this));
3       AString componentName = codecInfo->getCodecName();
4       std::shared_ptr<Codec2Client> client;
5       client = Codec2Client::CreateFromService("default");
6       if (client) {
7           SetPreferredCodec2ComponentStore(
8               std::make_shared<Codec2ClientInterfaceWrapper>(client));
9       }
10      c2_status_t status = Codec2Client::CreateComponentByName(
11                              componentName.c_str(),
12                                mClientListener,
13                                &comp,
14                                &client);
15      mChannel->setComponent(comp);
16
17      status_t err = config->initialize(mClient->getParamReflector(), comp);
18      mCallback->onComponentAllocated(componentName.c_str());
19  }
```

在函数 CCodec::allocate 中，首先调用 getCodecName 函数获取组件的名字，紧接着调用 CreateFromService 创建指向 Codec2Client 对象的指针，并返回赋值给 client。

第 10~15 行调用 CreateComponentByName 创建编码器组件，并通过 setComponent 函数将组件名 comp 赋值给 CCodecBufferChannel 类的成员变量。我们继续看 CreateComponentByName 创建编码器组件的实现，代码如下所示。

<13>. frameworks/av/media/codec2/hidl/client/client.cpp

```
c2_status_t Codec2Client::CreateComponentByName(
        const char* componentName,
        const std::shared_ptr<Listener>& listener,
        std::shared_ptr<Component>* component,
        std::shared_ptr<Codec2Client>* owner,
```

```
            size_t numberOfAttempts) {
        std::string key{"create:"};
        key.append(componentName);
        c2_status_t status = ForAllServices(
                                key,
                                numberOfAttempts,
                                [owner, component, componentName, &listener](
                                const std::shared_ptr<Codec2Client>&client)->c2_status_t {
                                c2_status_t status = client->createComponent(componentName,
                                                     listener,
                                                     component);
                  if (status == C2_OK) {
                    if (owner) {
                       * owner = client;
                    }
                  }
                  });
        return status;
}
```

在函数 Codec2Client::CreateComponentByName 内部，调用 ForAllServices 函数，最后一个参数是 lambda 表达式，通过调用 client->createComponent 创建编码器组件。在 Codec2Client::createComponent 函数内部，通过调用 HIDL 接口函数 mBase1_0->createComponent 作为客户端，然后通过服务端进入 ComponentStore::createComponent 函数，最后进入平台提供的编码组件 C2PlatformComponentStore::createComponent，它的实现如下所示。

<14>. frameworks/av/media/codec2/vndk/C2Store.cpp

```
1   c2_status_t C2PlatformComponentStore::createComponent(
2               C2String name,
3           std::shared_ptr<C2Component> * const component) {
4       component->reset();
5       std::shared_ptr<ComponentModule>module;
6       c2_status_t res = findComponent(name, &module);
7       if (res == C2_OK) {
8         res = module->createComponent(0, component);
9       }
10      return res;
11  }
```

在函数 C2PlatformComponentStore::createComponent 中，先调用 component->reset 重置组件。第 6 行调用 findComponent 函数，通过组件名字查找对应的组件，如果查找成功，则调用 createComponent 创建编码器组件，这两个函数与底层库的连接尤为重要，我们看一下它们的实现。

首先 findComponent 函数的实现如下所示。

<15>. frameworks/av/media/codec2/vndk/C2Store. cpp

```
1   c2_status_t C2PlatformComponentStore::findComponent(
2           C2String name,
3           std::shared_ptr<ComponentModule> *module) {
4       (*module).reset();
5       visitComponents();
6
7       auto pos = mComponentNameToPath.find(name);
8       if (pos != mComponentNameToPath.end()) {
9           return mComponents.at(pos->second).fetchModule(module);
10      }
11      return C2_NOT_FOUND;
12  }
```

在函数 C2PlatformComponentStore::findComponent 中，第 5 行调用 visitComponents 函数遍历访问所有组件；然后在其内部调用 fetchModule 创建一个指向 ComponentModule 类的指针；最后调用它的成员函数 init，通过 dlopen 打开其所在的组件库，打开以后调用 dlsym 查找库中函数符号表，将符号表赋值给回调函数，这样就能获取底层编码器组件并提供给上层应用。

接下来我们继续分析函数 createComponent，它的实现如下所示。

<16>. frameworks/av/media/codec2/vndk/C2Store. cpp

```
c2_status_t C2PlatformComponentStore::ComponentModule::createComponent(
        c2_node_id_t id,
        std::shared_ptr<C2Component> *component,
        std::function<void(::C2Component *)>deleter) {
    component->reset();
    if (mInit != C2_OK) {
        return mInit;
    }
    std::shared_ptr<ComponentModule>module = shared_from_this();
    c2_status_t res = mComponentFactory->createComponent(
            id,
            component,
            [module, deleter](C2Component *p) mutable {
                deleter(p);
                module.reset();
            });
    return res;
}
```

在函数 C2PlatformComponentStore::ComponentModule::createComponent 中，第10行调用 mComponentFactory->createComponent 创建编码器组件，其实 createComponent 是调用底层编码器组件动态库，mComponentFactory 的类型为 C2ComponentFactory，它的内部定义纯虚函数 createComponent，而 ComponentModule 类又继承自 C2ComponentFactory。

在 C2PlatformComponentStore::ComponentModule::init 函数中，dlsym 将查询到编码器动态库的"CreateCodec2Factory"字段并赋值给 createFactory，而 createFactory 是 C2ComponentFactory 类中定义的函数指针，它的定义如下所示。

```
class C2ComponentFactory {
    ……
    typedef ::C2ComponentFactory* (*CreateCodec2FactoryFunc)(void);
    ……
};
```

函数指针 CreateCodec2FactoryFunc 返回的是 C2ComponentFactory 指针类型，在 C2PlatformComponentStore::ComponentModule::init 函数中，调用 createFactory() 函数指针并将其赋值给 mComponentFactory，因为 mComponentFactory 是 C2ComponentFactory 指针类型，所以 mComponentFactory->createComponent 表示的含义是：调用底层编码器动态库创建 H.264 编码器组件，实际上是在操作编码器硬件创建一个编码器组件，然后返回一个实例给应用层，这样应用层通过 dlsym 找到符号表函数，就可以控制实际的硬件编码器创建等其他设置。

4.6.2 MediaCodec 配置视频编码器过程

在创建完视频编码器后，接下来需要将编码参数设置到编码器中，如果将一个 YUV 格式视频编码为 H.264 格式，有些视频码参数必须要设置到编码器中，否则编码器无法正常工作。下面我们从一个简单的例子切入。

<1>. 从一个简单的例子开始

```
1  sp<AMessage> format = new AMessage;
2  format->setInt32("width", 800);
3  format->setInt32("height", 600);
4  format->setString("mime", "video/avc");
5  ……
6  codec->configure(format, NULL, NULL,MediaCodec::CONFIGURE_FLAG_ENCODE);
```

第1行首先创建 AMessage 指针对象，接下来调用 setInt32 设置 YUV 视频的长和宽；第4行设置编码类型为"video/avc"，表示要编码为 H264 视频格式。如果编码 YUV 为 H.264 格式，则所需要的参数不止3个。本小节着重讲解配置编码器的过程，在此略过其他参数，到后面实战部分再讲解。

第6行调用 MediaCodec 成员函数 configure 设置给硬编码器，第一个参数 format

存放着视频的宽、高和编码类型，最后一个参数 CONFIGURE_FLAG_ENCODE 表示设置为编码模式；若设置为 0 或者 false，则表示设置为解码模式。

MediaCodec::configure 成员函数的实现如下所示。

<2>. frameworks/av/media/libstagefright/MediaCodec.cpp

```
1  status_t MediaCodec::configure(
2          const sp<AMessage>&format,
3          const sp<Surface>&surface,
4          const sp<ICrypto>&crypto,
5          const sp<IDescrambler>&descrambler,
6          uint32_t flags) {
7      sp<AMessage>msg = new AMessage(kWhatConfigure, this);
8
9      if (mIsVideo) {
10       format->findString("log-session-id", &mLogSessionId);
11       format->findInt32("width", &mVideoWidth);
12       format->findInt32("height", &mVideoHeight);
13       if (! format->findInt32("rotation-degrees", &mRotationDegrees)) {
14         mRotationDegrees = 0;
15       }
16       if (mVideoWidth <0 || mVideoHeight <0 ||
17       (uint64_t)mVideoWidth * mVideoHeight >(uint64_t)INT32_MAX / 4) {
18         return BAD_VALUE;
19       }
20     }
21     ......
22     updateLowLatency(format);
23     msg->setMessage("format", format);
24     msg->setInt32("flags", flags);
25     msg->setObject("surface", surface);
26     ......
27     mConfigureMsg = msg;
28     ......
29     return err;
30 }
```

函数 MediaCodec::configure 中，第 7 行实例化 AMessage 类，在构造函数中传入 kWhatConfigure，在 MediaCodec::onMessageReceived 中接收 kWhatConfigure 对应的分支。

第 9～20 行，如果检测到当前是视频，则获取当前视频数据的长度、宽度等参数。

第 24 行将"flags"字符串和 flags 变量的键值对存放在 msg 中，变量 flags 就是编码或者解码的标志，最后 msg 对象保存在 mConfigureMsg 成员变量中。

那么 MediaCodec::onMessageReceived 是如何处理 kWhatConfigure 消息的呢？kWhatConfigure 对应的实现如下所示。

<3>. frameworks/av/media/libstagefright/MediaCodec. cpp

```
1   void MediaCodec::onMessageReceived(const sp<AMessage>&msg) {
2       switch (msg->what()) {
3       case kWhatConfigure:
4         {
5           ......
6           mDescrambler = static_cast<IDescrambler *>(descrambler);
7           mBufferChannel->setDescrambler(mDescrambler);
8
9           format->setInt32("flags", flags);
10          if (flags & CONFIGURE_FLAG_ENCODE) {
11              format->setInt32("encoder", true);
12              mFlags |= kFlagIsEncoder;
13          }
14          extractCSD(format);
15
16          int32_t background = 0;
17
18          if (format->findInt32("android._background-mode", &background) && background) {
19              androidSetThreadPriority(gettid(), ANDROID_PRIORITY_BACKGROUND);
20          }
21          mCodec->initiateConfigureComponent(format);
22          break;
23        }
24      }
25  }
```

MediaCodec::onMessageReceived 函数中，第 9～13 行设置 flags 为编码模式或者解码模式。

第 14 行调用 extractCSD 函数提取编解码器中的特殊数据，比如 sps、pps 等，并将其存放在 mCSD 成员变量中，它的类型为 List<sp<ABuffer>>。

第 21 行调用 mCodec->initiateConfigureComponent 初始化组件参数，而 mCodec 类型为 sp<CodecBase>；又因为 CCodec 类继承自 CodecBase 类，initiateConfigureComponent 函数实现在 CCodec 类中。它的实现如下所示。

<4>. frameworks/av/media/codec2/sfplugin/CCodec. cpp

```
void CCodec::initiateConfigureComponent(const sp<AMessage>&format) {
    auto checkAllocated = [this] {
      Mutexed<State>::Locked state(mState);
```

```
4         return (state->get() != ALLOCATED) ? UNKNOWN_ERROR : OK;
5       };
6
7       if (tryAndReportOnError(checkAllocated) != OK) {
8         return;
9       }
10
11      sp<AMessage>msg(new AMessage(kWhatConfigure, this));
12      msg->setMessage("format", format);
13      msg->post();
14  }
```

函数 CCodec::initiateConfigureComponent 中，第 2～9 行实现一个 lambda 函数，检测是否已经创建好了硬编码器组件，将 checkAllocated 函数指针传入 tryAndReportOnError 中，在其内部调用并验证，如果其返回值不等于 OK，则直接结束并返回。

第 11～13 行实例化 AMessage 消息对象，调用设置"format"字段值，最后调用 post 函数发送消息。AMessage 消息 kWhatConfigure 标志对应的实现如下所示。

<5>. frameworks/av/media/codec2/sfplugin/CCodec.cpp

```
1   void CCodec::onMessageReceived(const sp<AMessage>&msg) {
2       switch (msg->what()){
3       case kWhatConfigure: {
4         setDeadline(now, 1500ms, "configure");
5         sp<AMessage>format;
6         CHECK(msg->findMessage("format", &format));
7         configure(format);
8         break;
9        }
10      }
11  }
```

函数 CCodec::onMessageReceived 中，第 4 行设置 1 500 ms 超时，并且获取"format"字段的值，传递给 configure 函数。它的实现如下所示。

<6>. frameworks/av/media/codec2/sfplugin/CCodec.cpp

```
1 void CCodec::configure(const sp<AMessage>&msg) {
2     Mutexed<std::unique_ptr<Config>>::Locked configLocked(mConfig);
3     const std::unique_ptr<Config>&config = *configLocked;
4     ......
5     err = config->setParameters(comp, configUpdate, C2_DONT_BLOCK);
6     ......
7 }
```

在函数 CCodec::configure 实现中，第 5 行将 configUpdate 变量中的参数通过

setParameters 设置到 comp 编码器组件中，其中 configUpdate 变量的类型为 std::vector < std::unique_ptr < C2Param >>，它是一个 vector 容器，里面存放的是指向 C2Param 结构体的智能指针。

那么 config 的定义在哪里呢？通过第 2～3 行定义可知，config 初始化类型是成员变量 mConfig 传入的，而 mConfig 是在 CCodec 构造函数初始化列表中初始化的，如下所示。

```
1  CCodec::CCodec()
2      : mChannel(new CCodecBufferChannel(
3            std::make_shared<CCodecCallbackImpl>(this))),
4        mConfig(new CCodecConfig) {
5  }
```

由 CCodec 构造函数可知，setParameters 函数的实现在 CCodecConfig 中，那么它究竟是怎样将编码器所需的参数设置进去的呢？setParameters 函数在 CCodecConfig 类中的实现如下所示。

<7>. frameworks/av/media/codec2/sfplugin/CCodecConfig.cpp

```
1   status_t CCodecConfig::setParameters(
2           std::shared_ptr<Codec2Client::Configurable> configurable,
3           std::vector<std::unique_ptr<C2Param>> &configUpdate,
4           c2_blocking_t blocking) {
5     status_t result = OK;
6     if (configUpdate.empty()) {
7       return OK;
8     }
9
10    std::vector<C2Param::Index> indices;
11    std::vector<C2Param *> paramVector;
12    for (const std::unique_ptr<C2Param> &param : configUpdate) {
13      if (mSupportedIndices.count(param->index())) {
14        paramVector.push_back(param.get());
15        indices.push_back(param->index());
16      }
17    }
18
19    std::vector<std::unique_ptr<C2SettingResult>> failures;
20    c2_status_t err = configurable->config(paramVector, blocking, &failures);
21    if (err != C2_OK) {
22    }
23    ……
24    return result;
25  }
```

函数 CCodecConfig::setParameters 中，第 6～7 行首先判断 configUpdate 是否为空，如果为空，则立即返回。

第 10～17 行通过 for 循环遍历 configurable 中的值，将其中的元素存放在 paramVector 中，将索引值存放在 C2Param 类的内部类 Index 容器中。

第 19～22 行调用 configurable->config 函数，将存放在 paramVector 容器中的参数设置在编码器中。

configurable->config 函数在 Codec2ConfigurableClient 类中实现，经过 HIDL 远程调用最终进入 C2InterfaceHelper::config 函数实现。在 C2InterfaceHelper::config 内部会调用 trySet 继续向下设置编码器所需要的参数，它的实现如下所示。

<8>. frameworks/av/media/codec2/vndk/util/C2InterfaceHelper. cpp

```
1   c2_status_t C2InterfaceHelper::config(
2           const std::vector<C2Param*>&params,
3           c2_blocking_t mayBlock,
4           std::vector<std::unique_ptr<C2SettingResult>>* const failures,
5           bool updateParams,
6           std::vector<std::shared_ptr<C2Param>>* changes __unused) {
7           ......
8           std::shared_ptr<C2Param>oldValue = param->value();
9           c2_status_t res = param->trySet(
10                      (! last && paramIx == ix) ? p : param->value().get(),
11                      mayBlock,
12                      &changed,
13                      *_mFactory,
14                      failures);
15          ......
16  }
```

第 8 行将 param->value()获取的值赋值给 oldValue，其中 param 是从参数 params 中遍历获得的；接着第 9 行将 param 的值通过调用函数 trySet 设置下去，在函数中调用 mSetter 设置参数。mSetter 是一个回调函数，它的定义如下所示。

<9>. frameworks/av/media/codec2/vndk/util/C2InterfaceHelper. cpp

```
class C2InterfaceHelper::ParamHelper::Impl {
public:
    Impl(ParamRef param, C2StringLiteral name, C2StructDescriptor &&strukt)
        : mParam(param), mName(name), _mStruct(strukt) { }

    Impl(Impl&&) = default;
    ......
private:
    typedef _C2ParamInspector::attrib_t attrib_t;
```

```
        ParamRef mParam;
        C2String mName;
        C2StructDescriptor _mStruct;
        std::shared_ptr<C2Param> mDefaultValue;
        attrib_t mAttrib;
        std::function<C2R(const C2Param *, bool, bool *, Factory &)> mSetter;
        std::function<std::shared_ptr<C2Param>(bool)> mGetter;
        std::vector<C2Param::Index> mDependencies;
        std::vector<ParamRef> mDependenciesAsRefs;
        std::vector<C2Param::Index> mDownDependencies;
        std::map<_C2FieldId, std::shared_ptr<FieldHelper>> mFields;
        std::shared_ptr<C2ParamDescriptor> mDescriptor;
        ……
}
```

回调函数 mSetter 在 C2InterfaceHelper::ParamHelper::Impl 类中定义，它返回 C2R 类型，并且有 4 个参数。那么函数 trySet 会通过回调函数 mSetter 调用到真正执行的函数，它是在哪里初始化的呢？答案是在 setSetter 函数中初始化的，它的实现如下所示。

<10>. frameworks/av/media/codec2/vndk/util/C2InterfaceHelper.cpp

```
class C2InterfaceHelper::ParamHelper::Impl {
    ……
    void setSetter(std::function<C2R(const C2Param *,
                        bool,
                        bool *,
                        Factory &)> setter) {
                        mSetter = setter;
    }
    ……
};
```

函数 setSetter 中，通过 setter 将真正执行的函数地址赋值给 mSetter，也就是说，经过层层调用找到调用 setSetter 初始化回调函数的源头，就能找到真正的执行者；但是 Codec 2.0 编解码驱动部分是闭源的，因为我们用的平台高通 SDM845 芯片与 AOSP 源码，通过符号表、平台日志以及 AOSP 源码可知，最终使用高通 libqcodec2.so 库向编码器设置参数。

➢ 将 YUV 视频编码为 H.264 格式打印日志。

```
I/QC2Comp ( 1074): Create: Allocated component[179] for name c2.qti.avc.encoder
I/QC2CompStore( 1074): Created component(c2.qti.avc.encoder) id(179)
I/QC2CompStore( 1074): Created interface(c2.qti.avc.encoder) id(180)
```

```
I/QC2Comp ( 1074): NOTE: handleReleaseCodec returning: 0 (OK = 0)
I/QC2Comp ( 1074): NOTE: Release returning: 0 (OK = 0)
I/QC2CompStore( 1074): Deleting component(c2.qti.avc.encoder) id(179)
I/QC2Comp ( 1074): [avcE_179] Deallocated component c2.qti.avc.encoder [id = 179]
```

➢ libqcodec2.so 库创建编码器组件和接口符号表片段。

```
# strings -f libqcodec2.so | grep  -E  "createComponent|createInterface"
libqcodec2.so: API: createComponent()
libqcodec2.so: API: createInterface()
```

通过 strings 命令查找 libqcodec2.so 库内部创建组件和接口的 API。

➢ 对应 Android 12 源码位置。

frameworks/av/media/codec2/vndk/C2Store.cpp

```
c2_status_t C2PlatformComponentStore::ComponentModule::createInterface(
        c2_node_id_t id,
        std::shared_ptr<C2ComponentInterface> * interface,
        std::function<void(::C2ComponentInterface * )>deleter) {
            c2_status_t res = mComponentFactory->createInterface(
                    id, interface, [module, deleter](C2ComponentInterface * p)mutable {
                    deleter(p);
                    module.reset();
        });
        return res;
}

c2_status_t C2PlatformComponentStore::ComponentModule::createComponent(
        c2_node_id_t id,
         std::shared_ptr<C2Component> * component,
        std::function<void(::C2Component * )>deleter){
      c2_status_t res = mComponentFactory->createComponent(
                    id, component, [module, deleter](C2Component * p) mutable {
                    deleter(p);
                    module.reset();
      });
      return res;
}
```

综合 libqcodec2.so 动态库符号表、打印日志以及源码信息可知，最终确定 MediaCodec 配置编码器参数是通过 libqcodec2.so 闭源库向编解码器驱动设置的。

4.6.3 MediaCodec 启动编码器过程

MediaCodec 创建、配置硬件编码器后，紧接着开启编码器的操作。下面我们来分析如何启动编码器。

<1>. 从一个简单的例子开始

```
sp <MediaCodec> codec = MediaCodec::CreateByType(looper, "video/avc", true);
codec->configure(format, NULL, NULL,MediaCodec::CONFIGURE_FLAG_ENCODE);
codec->start();
```

MediaCodec 通过成员函数 CreateByType 创建 H.264 编码器，接着 configure 函数配置编码器。做完前两步操作以后，调用 start 函数启动编码器。MediaCodec::start 函数的实现如下所示。

<2>. frameworks/av/media/libstagefright/MediaCodec.cpp

```
1   status_t MediaCodec::start() {
2       sp <AMessage> msg = new AMessage(kWhatStart, this);
3       status_t err;
4       ……
5       sp <AMessage> response;
6       err = PostAndAwaitResponse(msg, &response);
7       if (! isResourceError(err)) {
8         break;
9       }
10      return err;
11  }
```

MediaCodec::start 函数中，第 2 行创建一条 AMessage 消息，消息类型是 kWhatStart；在第 6 行调用 PostAndAwaitResponse 函数将此类型消息发送出去，在 MediaCodec::onMessageReceived 函数中处理。kWhatStart 类型消息对应的处理 case 如下所示。

<3>. frameworks/av/media/libstagefright/MediaCodec.cpp

```
void MediaCodec::onMessageReceived(const sp <AMessage> &msg) {
    switch (msg->what()) {
     case kWhatStart:
       {
         if (mState == FLUSHED) {
           setState(STARTED);
         if (mHavePendingInputBuffers) {
           onInputBufferAvailable();
           mHavePendingInputBuffers = false;
        }
        ……
        break;
      }
```

```
14          ……
15        setState(STARTING);
16        mCodec->initiateStart();
17         break;
18        }
19      }
20  }
```

MediaCodec::onMessageReceived 函数中，第 3～13 行设置当前编码器状态，如果当前是 FLUSHED 状态，则设置为 STARTED 状态。

第 16 行调用 mCodec->initiateStart 函数启动编码器，mCodec 定义为 sp <CodecBase>智能指针类型；但是在 CodecBase 类中 initiateStart 函数被定义为纯虚函数，又因为 CCodec 类继承自 CodecBase 类，故在 CCodec 类中重写了 initiateStart 函数。initiateStart 函数在 CCodec 类中的实现如下所示。

<4>. frameworks/av/media/codec2/sfplugin/CCodec.cpp

```
1   void CCodec::initiateStart() {
2       auto setStarting = [this] {
3           Mutexed<State>::Locked state(mState);
4           if (state->get() != ALLOCATED) {
5               return UNKNOWN_ERROR;
6           }
7           state->set(STARTING);
8           return OK;
9       };
10      if (tryAndReportOnError(setStarting) != OK) {
11          return;
12      }
13      (new AMessage(kWhatStart, this))->post();
14  }
```

CCodec::initiateStart 函数中，第 2～9 行是 lambda 函数，使用 auto 关键字定义 setStarting 函数对象，用于接收 lambda 函数。第 3 行使用 mState 初始化 state 对象，然后调用 state->set 函数，传入 STARTING 参数，它内部实现将当前最新的状态赋值给成员变量 mState。

第 10～12 行调用 tryAndReportOnError 函数，并将函数对象 setStarting 作为参数传入。在 tryAndReportOnError 函数内部，调用执行 lambda 函数的 setStarting 函数对象。如果错误，则直接调用 return 返回。

第 13 行创建 AMessage 消息，并通过 post 函数直接发送，消息类型为 kWhatStart，它对应的处理 case 中，调用 CCodec 成员函数 start。它的实现如下所示。

<5>. frameworks/av/media/codec2/sfplugin/CCodec.cpp

```
1  void CCodec::start() {
2     std::shared_ptr<Codec2Client::Component> comp;
3     auto checkStarting = [this, &comp] {
4       Mutexed<State>::Locked state(mState);
5       if (state->get() != STARTING) {
6         return UNKNOWN_ERROR;
7       }
8       comp = state->comp;
9       return OK;
10    };
11    if (tryAndReportOnError(checkStarting) != OK) {
12      return;
13    }
14
15    c2_status_t err = comp->start();
16    ......
17 }
```

CCodec::start 函数中，第 8 行首先通过 lambda 函数内部获取编码器组件对象 comp，它是通过 state->comp 赋值给 comp 的，state 对象是由 mState 初始化的。那么 mState 是从哪里来的呢？

mState 对象是在 CCodec::allocate 函数调用 Codec2Client::CreateComponentByName 创建编码器时获取的，它内部包含 comp 编码器组件对象。

第 15 行调用 comp->start 启动编码器，它最终通过 dlopen 和 dlsym 获取硬编码器的动态库的符号表调用真正的编码器驱动，使编码器开始工作。

介绍完 MediaCodec 如何启动真正的硬编码器后，我们再来分析编码器是如何处理数据的。

4.6.4 MediaCodec 编码输出 H.264 数据过程

MediaCodec 创建、配置硬编码器后，紧接着开始向编码器中喂 YUV 数据，编码器压缩 YUV 数据后，便从编码器中获取编码后的数据。下面我们来分析编码器编码出 H.264 格式数据的过程。

<1>. 从一个简单的例子开始

```
Vector<sp<MediaCodecBuffer>> inBuffers;
Vector<sp<MediaCodecBuffer>> outBuffers;

sp<MediaCodec>codec = MediaCodec::CreateByType(looper, "video/avc", true);
codec->configure(format, NULL, NULL,MediaCodec::CONFIGURE_FLAG_ENCODE);
codec->start();

```

```
8   codec->getInputBuffers(&inBuffers);
9   codec->getOutputBuffers(&outBuffers);
10  codec->dequeueInputBuffer(&index, waitTime);
11  const sp<MediaCodecBuffer>&buffer = data->inBuffers.itemAt(index);
12  codec->queueInputBuffer(index, 0, buffer->size(), waitTime, 0);
13  dequeueOutputBuffer(&index, &offset, &size, &nTimeUs, &flags, waitTime);
14  const sp<MediaCodecBuffer>&buffer = outBuffers.itemAt(index);
15  codec->releaseOutputBuffer(index);
```

第 1～2 行首先定义两个变量 inBuffers 和 outBuffers，前者存储输入的视频数据，即 YUV 视频数据，后者存储编码后的 H.264 视频数据。它们是由 Android 自定义的 Vector 容器，有别于 C++标准的 Vector 容器。在 Vector 容器内存放指向 MediaCodecBuffer 类的智能指针，而 MediaCodecBuffer 类中数据真正存放的地方是在 ABuffer 类中。

第 4～5 行 MediaCodec 通过成员函数 CreateByType 创建 H.264 编码器，接着 configure 函数配置编码器。做完前两步操作以后，使用 start 函数启动编码器。

第 8～9 行将 inBuffers 和 outBuffers 容器变量分别取地址，接着分别传入 getInputBuffers、getOutputBuffers 函数中。下面具体介绍。

第 10～15 行处理输入的 YUV 数据和输出的 H.264 数据。下面具体介绍。

下面我们简单分析一下 MediaCodec 是怎么处理数据的。首先看 getInputBuffers 和 getOutputBuffers 的实现，代码如下所示。

<2>. frameworks/av/media/libstagefright/MediaCodec.cpp

```
status_t MediaCodec::getInputBuffers(Vector<sp<MediaCodecBuffer>> * buffers) const {
      sp<AMessage>msg = new AMessage(kWhatGetBuffers, this);
      msg->setInt32("portIndex", kPortIndexInput);
      msg->setPointer("buffers", buffers);

      sp<AMessage>response;
      return PostAndAwaitResponse(msg, &response);
}

status_t MediaCodec::getOutputBuffers(Vector<sp<MediaCodecBuffer>> * buffers) const {
      sp<AMessage>msg = new AMessage(kWhatGetBuffers, this);
      msg->setInt32("portIndex", kPortIndexOutput);
      msg->setPointer("buffers", buffers);

      sp<AMessage>response;
      return PostAndAwaitResponse(msg, &response);
}
```

在 MediaCodec::getInputBuffers 和 MediaCodec::getOutputBuffers 函数中，它们

都是创建一条 kWhatGetBuffers 类型的消息，分别获取输入视频和输出视频的数据；并且分别设置了"portIndex"和"buffers"两个字段的键值，前者是获取端口输入或输出索引值，后者是输入和输出数的存储变量。

函数 getInputBuffers 和 getOutputBuffers 传入的参数 &inBuffers 和 &outBuffers，通过调用 setPointer 函数具体做了什么呢？我们不得而知，根据 AMessage 消息类型 kWhatGetBuffers，我们找到处理此消息的分支，代码如下所示。

<3>. frameworks/av/media/libstagefright/MediaCodec. cpp

```
1   void MediaCodec::onMessageReceived(const sp<AMessage> &msg) {
2       switch (msg->what()) {
3       case kWhatGetBuffers:
4           {
5               ......
6               int32_t portIndex;
7               CHECK(msg->findInt32("portIndex", &portIndex));
8
9               Vector<sp<MediaCodecBuffer>> * dstBuffers;
10              CHECK(msg->findPointer("buffers", (void * * )&dstBuffers));
11              dstBuffers->clear();
12              if (portIndex != kPortIndexInput || ! mHaveInputSurface) {
13                  if (portIndex == kPortIndexInput) {
14                      mBufferChannel->getInputBufferArray(dstBuffers);
15                  } else {
16                      mBufferChannel->getOutputBufferArray(dstBuffers);
17                  }
18              }
19              (new AMessage)->postReply(replyID);
20              break;
21          }
22      }
23  }
```

第 7 行获取端口索引值 portIndex，第 10 行获取"buffers"字段对应的键值 dstBuffers，用于获取视频输入和输出数据。

第 12～20 行首先判断变量 portIndex 是端口输入还是端口输出，如果是输入，则 getInputBufferArray 通过获取视频输入数据，getInputBufferArray 获取的输入视频数据是由 MediaCodec::queueInputBuffer 传入的；如果不是端口输入，则调用 getOutputBufferArray 获取编码后的数据，处理完数据后调用 postReply 函数发送回复消息，并调用 break 跳出当前处理分支。

接下来介绍 dequeueInputBuffer 和 queueInputBuffer 函数，它们用来处理输入音视频数据，它们的实现如下所示。

<4>. frameworks/av/media/libstagefright/MediaCodec. cpp

```
1   status_t MediaCodec::dequeueInputBuffer(size_t * index,
2                               int64_t timeoutUs) {
3       sp<AMessage>msg = new AMessage(kWhatDequeueInputBuffer, this);
4       msg->setInt64("timeoutUs", timeoutUs);
5       sp<AMessage>response;
6       status_t err;
7       if ((err = PostAndAwaitResponse(msg, &response)) != OK) {
8         return err;
9       }
10      CHECK(response->findSize("index", index));
11      return OK;
12  }
13
14  status_t MediaCodec::queueInputBuffer(
15            size_t index,
16            size_t offset,
17            size_t size,
18            int64_t presentationTimeUs,
19            uint32_t flags,
20            AString * errorDetailMsg) {
21      if (errorDetailMsg != NULL) {
22        errorDetailMsg->clear();
23      }
24      sp<AMessage>msg = new AMessage(kWhatQueueInputBuffer, this);
25      msg->setSize("index", index);
26      msg->setSize("offset", offset);
27      msg->setSize("size", size);
28      msg->setInt64("timeUs", presentationTimeUs);
29      msg->setInt32("flags", flags);
30      msg->setPointer("errorDetailMsg", errorDetailMsg);
31      sp<AMessage>response;
32      return PostAndAwaitResponse(msg, &response);
33  }
```

函数 MediaCodec::dequeueInputBuffer 中，第 3 行创建 AMessage 消息对象，调用 PostAndAwaitResponse 函数发送消息给编码器，收到回复后，通过调用 findSize("index", index)获取可用的输入缓冲区索引值，通过 index 传递调用它的函数。

在获取输入缓冲区索引后，定义 sp <MediaCodecBuffer> &buffer = inBuffers.itemAt(index)，这样智能指针 buffer 的引用指向了 inBuffers 中索引对应的 Vector 容器中的一个 sp <MediaCodecBuffer>类型，因为 inBuffers 类型为 Vector <sp <Me-

diaCodecBuffer >>，且 MediaCodec::getInputBuffers(Vector < sp < MediaCodecBuffer >> * buffers)的实现中，将"buffers"的字段设置为 buffers。

通过 kWhatGetBuffers 消息获取"buffers"字段的数据会存放在 buffers 中，本质上定义的智能指针应用 buffer 指向了 buffers 容器中索引对应的指针。所以通过读取 YUV 数据拷贝到 buffer 中作为编码器的输入数据。

在完成向 buffer 中拷贝数据后，将输入缓冲区 index 值和 buffer 传递给 MediaCodec::queueInputBuffer，由它将 YUV 数据提交到编码器。

在完成向编码器中输入 YUV 视频数据后，编码器将 YUV 视频数据编码为 H.264 格式的视频，那么我们如何拿到编码之后的 H.264 数据呢？

答案是：需要从 dequeueOutputBuffer 函数获取，它的实现如下所示。

<5>. frameworks/av/media/libstagefright/MediaCodec.cpp

```
status_t MediaCodec::dequeueOutputBuffer(
            size_t * index,
            size_t * offset,
            size_t * size,
            int64_t * presentationTimeUs,
            uint32_t * flags,
            int64_t timeoutUs) {
    sp<AMessage>msg = new AMessage(kWhatDequeueOutputBuffer, this);
    msg->setInt64("timeoutUs", timeoutUs);
    sp<AMessage>response;
    status_t err;
    if ((err = PostAndAwaitResponse(msg, &response)) != OK) {
      return err;
    }
    CHECK(response->findSize("index", index));
    CHECK(response->findSize("offset", offset));
    CHECK(response->findSize("size", size));
    CHECK(response->findInt64("timeUs", presentationTimeUs));
    CHECK(response->findInt32("flags", (int32_t *)flags));
    return OK;
}
```

MediaCodec::dequeueOutputBuffer 函数中，通过 AMessage 建立消息，向编码器查询并获取当前可用的输出缓冲区索引 index，并且获取 offset 偏移量、缓冲区 size 大小等，通过 size_t * 指针类型，传给调用者。

调用者拿到可用的输出缓冲区索引后，定义 sp <MediaCodecBuffer> &buffer 智能指针索引指向 outBuffers.itemAt(index)编码器输出缓冲区，前面已经分析过 MediaCodec::getOutputBuffers 将 &outBuffers 作为参数传入，然后通过 setPointer("buffers", buffers)指向编码器输出缓冲区，所以通过读取 buffer->data()数据，就是实际编码器输出的 H.264 格式视频数据。

在视频编码完成以后,调用 releaseOutputBuffer 函数,释放输出缓冲区,通知编解码器输出缓冲区已经被消费,将已经处理过的输出数据释放,并让编解码器继续使用该输出缓冲区进行后续的输出操作。

4.7 MediaMuxer 之视频封装部分

➢ 阅读目标:理解 MediaMuxer 视频封装过程。

图 4-8 所示为 MediaMuxer 视频封装过程时序图。

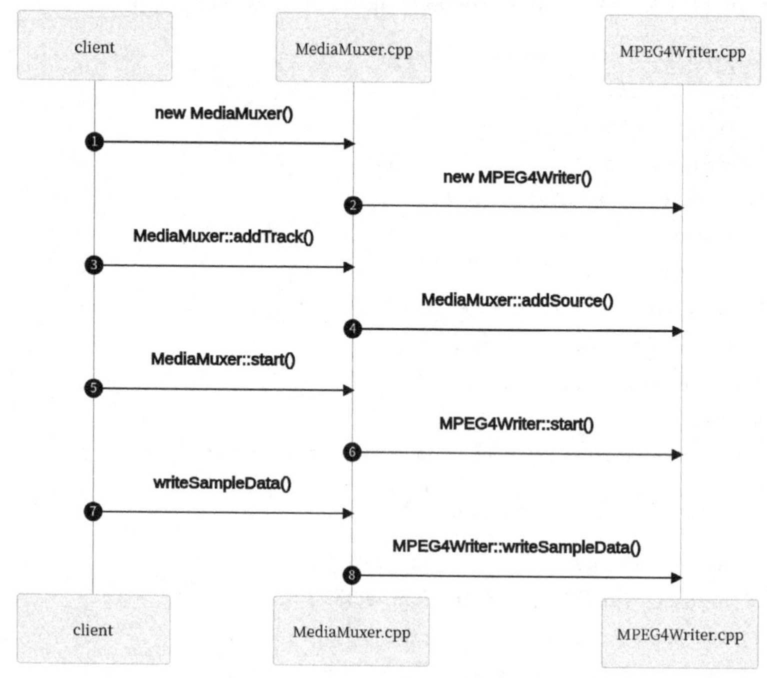

图 4-8 MediaMuxer 视频封装过程时序图

如图 4-8 所示,MediaCodec 将 YUV 数据编码为 H.264 视频格式后,进一步将视频封装到视频容器中。本节以 mp4 格式为例,阐述将 H.264 视频格式封装为 mp4 容器格式。

MediaMuxer 封装 H.264 格式视频的基本步骤如下所示。

➢ new MediaMuxer:创建 MediaMuxer 实例。

➢ start:启动 MediaMuxer。

➢ addTrack:添加视频轨道格式信息。

➢ writeSampleData:向 MediaMuxer 写入需要编码的视频数据。

下面对 MediaMuxer 封装过程进行拆解分析，了解它完整的通信流程。

MediaMuxer 之封装 H.264 过程

下面以 H.264 格式视频封装为 mp4 格式为例，分析 MediaMuxer 的处理过程。

<1>. 从一个简单的例子开始

```
1  FILE * inputFile = fopen("input.h264", "r");
2  FILE * fp_out = fopen("output.mp4","w+");
3
4  sp<MediaMuxer>muxer = new MediaMuxer(fileno(fp_out),
5                  MediaMuxer::OUTPUT_FORMAT_MPEG_4);
6  ssize_t newTrackIndex = muxer->addTrack(format);
7  muxer->start();
8  muxer->writeSampleData(newBuffer, newTrackIndex, timeUs, sampleFlags);
```

第1行 fopen 打开一个名为 input.h264 的文件，它是需要封装的 H.264 格式的视频，将它读入内存以后复制到 newBuffer 中，通过 writeSampleData 函数将 input.h264 封装为 ouput.mp4 格式。

第2行打开一个 ouput.mp4 文件，它是需要封装后输出的文件。

第4～5行实例化 MediaMuxer 对象，第一个参数为 fileno(fp_out)，它的作用是接收 FILE * 指针，返回对应的文件描述符。第二个参数表示输出格式为 mp4。

第6～8行调用 addTrack 添加视频轨道格式信息，并启动 MediaMuxer，最后将编码数据写入 MediaMuxer 中。

首先看 MediaMuxer 构造函数的实现，代码如下所示。

<2>. frameworks/av/media/libstagefright/MediaMuxer.cpp

```
MediaMuxer::MediaMuxer(int fd, OutputFormat format)
                        : mFormat(format), mState(UNINITIALIZED) {
    if (isMp4Format(format)) {
      mWriter = new MPEG4Writer(fd);
    } else if (format == OUTPUT_FORMAT_WEBM) {
      mWriter = new WebmWriter(fd);
    } else if (format == OUTPUT_FORMAT_OGG) {
      mWriter = new OggWriter(fd);
    }

    if (mWriter != NULL) {
      mFileMeta = new MetaData;
      if (format == OUTPUT_FORMAT_HEIF) {
        mFileMeta->setInt32(kKeyFileType, output_format::OUTPUT_FORMAT_HEIF);
      } else if (format == OUTPUT_FORMAT_OGG) {
```

```
16            mFileMeta->setInt32(kKeyFileType, output_format::OUTPUT_FORMAT_OGG);
17        }
18        mState = INITIALIZED;
19    }
20 }
```

MediaMuxer 构造函数中，第 3 行检测判断 format 格式，调用 isMp4Format 函数，它内部判断 format 是否等于 MediaMuxer::OUTPUT_FORMAT_MPEG_4、MediaMuxer::OUTPUT_FORMAT_THREE_GPP、MediaMuxer::OUTPUT_FORMAT_HEIF 中的任意一个。

我们传给 MediaMuxer 构造函数的是 MediaMuxer::OUTPUT_FORMAT_MPEG_4 格式类型，所以进入第 4 行实例化 MPEG4Writer 对象 mWriter，并将 fd 文件描述符传给 MPEG4Writer 构造函数。在 MPEG4Writer 构造函数中，对其成员变量实例化，将文件描述符 fd 赋值给其成员变量 mFd。

第 11～18 行首先判断 mWriter 对象是否为空，如果不为空，则实例化 MetaData 类。因为是 MediaMuxer::OUTPUT_FORMAT_MPEG_4 格式类型，故不会进入 13～16 行逻辑处理，而是将 INITIALIZED 赋值给 mState 成员变量。

MediaMuxer 构造函数中已经创建了 MPEG4Writer 实例，并初始化它的成员函数。接下来调用 addTrack 添加视频轨道格式信息，代码实现如下所示。

<3>. frameworks/av/media/libstagefright/MediaMuxer.cpp

```
ssize_t MediaMuxer::addTrack(const sp<AMessage>&format) {
    Mutex::Autolock autoLock(mMuxerLock);
    if (format.get() == NULL) {
        return -EINVAL;
    }
    if (mState != INITIALIZED) {
        return INVALID_OPERATION;
    }
    sp<MetaData>trackMeta = new MetaData;
    if (convertMessageToMetaData(format, trackMeta) != OK) {
        return BAD_VALUE;
    }
    sp<MediaAdapter>newTrack = new MediaAdapter(trackMeta);
    status_t result = mWriter->addSource(newTrack);
    if (result != OK) {
        return -1;
    }
    ......
    mFormatList.add(format);
    return mTrackList.add(newTrack);
}
```

MediaMuxer::addTrack 函数中,第 3～5 行检测判断 fomat.get()是否为空,它表示 AMessage 对象 format 是否为空,get()函数的实现在 StrongPointer.h 中,sp 表示强智能指针,它是一个模板类。

第 6～8 行检测判断 mState 是否等于 INITIALIZED,如果不相等,则直接返回 INVALID_OPERATION 错误码。因为在 MediaMuxer 构造函数中已经将 INITIALIZED 赋值给 mState,所以会继续向下执行。

第 9～17 行将 format 变量通过 convertMessageToMetaData 函数转换成 MetaData 格式,转换之后的 trackMeta 传入 MediaAdapter 构造函数中,最后作为参数传入 MPEG4Writer::addSource 函数中,它的实现如下所示。

<4>.frameworks/av/media/libstagefright/MPEG4Writer.cpp

```
1   status_t MPEG4Writer::addSource(const sp<MediaSource>&source) {
2       Mutex::Autolock l(mLock);
3       if (mStarted) {
4           return UNKNOWN_ERROR;
5       }
6       const char *mime = NULL;
7       sp<MetaData>meta = source->getFormat();
8       meta->findCString(kKeyMIMEType, &mime);
9       ……
10      Track *track = new Track(this, source, 1 + mTracks.size());
11      mTracks.push_back(track);
12      ……
13      return OK;
14  }
```

MPEG4Writer::addSource 函数中,第 3～5 行首先检测 mStarted 是否为真,如果为真,则返回 UNKNOWN_ERROR。所以 addSource 函数应该在 start 函数之前调用。

第 10 行实例化 Track 类对象 track,并将参数 source 传入,创建完成以后,将视频轨道 track 对象插入到 mTracks 列表尾部,它的类型为 List <Track *>。

设置完成视频轨道后,接下来调用 MediaMuxer::start 函数开启 MediaMuxer。start 函数的实现如下所示。

<5>.frameworks/av/media/libstagefright/MediaMuxer.cpp

```
status_t MediaMuxer::start() {
    Mutex::Autolock autoLock(mMuxerLock);
    if (mState == INITIALIZED) {
        mState = STARTED;
        mFileMeta->setInt32(kKeyRealTimeRecording, false);
        return mWriter->start(mFileMeta.get());
```

```
7     } else {
8         return INVALID_OPERATION;
9     }
10 }
```

MediaMuxer::start 函数中，第 6 行调用 MPEG4Writer::start 函数开启 MediaMuxer，并将成员变量 mFileMeta.get()传入，它是在 MediaMuxer 构造函数中实例化的。MPEG4Writer::start 函数的实现如下所示。

<6>. frameworks/av/media/libstagefright/MPEG4Writer.cpp

```
status_t MPEG4Writer::start(MetaData * param) {
    if (mInitCheck != OK) {
        return UNKNOWN_ERROR;
    }
    mStartMeta = param;
    ......
    err = startWriterThread();
    if (err != OK) {
        return err;
    }
    ......
    err = setupAndStartLooper();
    if (err != OK) {
        return err;
    }
    writeFtypBox(param);
    ......
    write("\x00\x00\x00\x01mdat????????", 16);
    ......
    sp<AMessage>msg = new AMessage(kWhatNoIOErrorSoFar, mReflector);
    sp<AMessage>response;
    err = msg->postAndAwaitResponse(&response);
    if (err != OK || ! response->findInt32("err", &err) || err != OK) {
        return ERROR_IO;
    }
    err = startTracks(param);
    if (err != OK) {
        return err;
    }
    ......
    mStarted = true;
    return OK;
}
```

MPEG4Writer::start 函数中，第 7 行调用 startWriterThread 函数，在其内部通过 pthread_create 创建线程，判断开启当前的轨道类型是音频、视频、图片中的哪一种。在 while 循环调用 MediaAdapter::read 读取是否有数据到来。

第 12～18 行 setupAndStartLooper 函数的作用是将 AHandlerReflector 注册到 ALooper 循环中，并启动 ALooper 循环。第 16 行调用 writeFtypBox 函数写入 mp4 文件类型，第 18 行 mdat 后面表示具体的媒体数据。

第 26 行 startTracks 函数内部调用 MPEG4Writer::Track::start 函数开启线程准备获取媒体数据，如果 err 不等于 OK 则退出。第 31 行将 true 赋值给 mStarted 成员变量，表示已经开启 MediaMuxer 封装线程。

开启 MediaMuxer 封装线程以后，等待视频数据的输入，而 MediaMuxer::writeSampleData 负责数据的写入工作，它的实现如下所示。

<7>. frameworks/av/media/libstagefright/MediaMuxer. cpp

```
1  status_t MediaMuxer::writeSampleData(
2                  const sp<ABuffer> &buffer,
3                  size_t trackIndex,
4                  int64_t timeUs, uint32_t flags) {
5      ......
6      MediaBuffer * mediaBuffer = new MediaBuffer(buffer);
7      ......
8      mediaBuffer->add_ref();
9      mediaBuffer->set_range(buffer->offset(), buffer->size());
10     MetaDataBase &sampleMetaData = mediaBuffer->meta_data();
11     sampleMetaData.setInt64(kKeyTime, timeUs);
12     sampleMetaData.setInt64(kKeyDecodingTime, timeUs);
13     if (flags & MediaCodec::BUFFER_FLAG_SYNCFRAME) {
14       sampleMetaData.setInt32(kKeyIsSyncFrame, true);
15     }
16     ......
17     sp<MediaAdapter> currentTrack = mTrackList[trackIndex];
18     return currentTrack->pushBuffer(mediaBuffer);
19 }
```

MediaMuxer::writeSampleData 函数中，第 2 行参数 buffer 是传入的 H. 264 视频数据，第 6 行将 buffer 传入 MediaBuffer 构造函数进行实例化，在 MediaBuffer 构造函数将 buffer-> data()赋值给 mData 成员变量，通过 MediaBuffer::data()函数返回 mData 变量，就是 buffer 传入的 H. 264 视频数据。

第 8～15 行 mediaBuffer->add_ref()内部实现原子操作，防止出现多线程资源竞争问题。调用 mediaBuffer->set_range 设置数据的大小，第 10 行 sampleMetaData 引用指向 mediaBuffer->meta_data()。成员函数 meta_data 返回的是 mMetaData 对象，它

是在 MediaBuffer 构造函数中由 MetaDataBase 实例化的，并且设置一些参数。

第 17～18 行 mTrackList 中获取 trackIndex 索引对应 MediaAdapter，调用 currentTrack->pushBuffer 函数，将参数 mediaBuffer 视频数据传入。那么 pushBuffer 函数如何处理视频数据呢？代码的实现如下所示。

<8>. frameworks/av/media/libstagefright/MediaAdapter.cpp

```
1  status_t MediaAdapter::pushBuffer(MediaBuffer * buffer) {
2      if (buffer == NULL) {
3        return -EINVAL;
4      }
5      std::unique_lock<std::mutex> lk(mBufferGatingMutex);
6      Mutex::Autolock autoLock(mAdapterLock);
7      if (! mStarted) {
8        return INVALID_OPERATION;
9      }
10     mCurrentMediaBuffer = buffer;
11     mCurrentMediaBuffer->setObserver(this);
12     mBufferReadCond.signal();
13     mBufferReturnedCond.wait(mAdapterLock);
14     return OK;
15 }
```

MediaAdapter::pushBuffer 函数中，首先检测判断是否为空，如果为空，则退出。

第 10 行将 mCurrentMediaBuffer 指向 buffer 指针，mCurrentMediaBuffer 的类型为 MediaBuffer *，此时就可以通过 buffer 获取上层传下来的源源不断的视频数据。接着调用 mBufferReadCond.signal() 发送一个读信号，我们已经在 MediaMuxer::start 函数分析过，它在 while 循环调用 MediaAdapter::read 读取是否有数据到来。

在 MediaAdapter::read 函数中会收到信号，将 mCurrentMediaBuffer 指向的视频数据读进来，并赋值给 MediaBufferBase * * buffer 类型二级指针，传到外层函数做封装的操作，最终通过 MPEG4Writer 按 MediaMuxer::OUTPUT_FORMAT_MPEG_4 格式封装操作，并写入到 output.mp4 文件中。

4.8 NuMediaExtractor 之视频解封装部分

➢ 阅读目标：理解 NuMediaExtractor 解封装视频的过程。

图 4-9 所示为 NuMediaExtractor 视频解封装过程时序图。

上节将一个 H.264 格式视频封装为 mp4 格式，那么如何提取出 mp4 格式纵的数据呢？这就涉及到解封装，需要用到 NuMediaExtractor 实现解封装操作。

图 4-9 所示的 NuMediaExtractor 解封装 mp4 格式视频基本步骤如下所示。

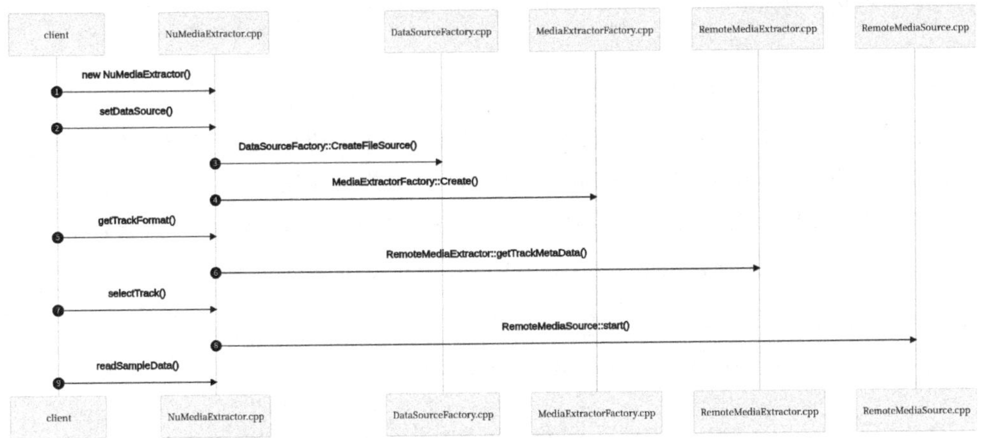

图 4－9　NuMediaExtractor 视频解封装过程时序图

- new NuMediaExtractor：创建 NuMediaExtractor 实例。
- setDataSource：设置文件路径。
- getTrackFormat：获取轨道格式信息。
- selectTrack：设置轨道索引。
- readSampleData：读取解封装以后的数据。

下面分析 NuMediaExtractor 解封装过程，以解封装 mp4 格式视频为例。

NuMediaExtractor 之解封装 mp4 过程

<1>. 从一个简单的例子开始

```
1 sp<NuMediaExtractor> extractor = new NuMediaExtractor(NuMediaExtractor::EntryPoint::OTHER);
2
3 extractor->setDataSource(NULL, inputFileName);
4 extractor->getTrackFormat(i, &format);
5 extractor->selectTrack(i);
6 extractor->readSampleData(newBuffer);
```

第 1～6 行为 NuMediaExtractor 实例，接着调用 setDataSource 设置需要解封装的路径，设置完数据以后，getTrackFormat 函数获取轨道索引 i 对应的轨道格式信息 format，selectTrack 函数设置轨道索引，readSampleData 函数读取已经解封转后的数据。

第一步：构造函数 NuMediaExtractor 实现，代码如下所示。

<2>. frameworks/av/media/libstagefright/NuMediaExtractor. cpp

```
NuMediaExtractor::NuMediaExtractor(EntryPoint entryPoint)
    : mEntryPoint(entryPoint),
    mTotalBitrate(-1LL),
```

```
    mDurationUs( - 1LL) {
}
```

NuMediaExtractor 构造函数中，将 NuMediaExtractor::EntryPoint::OTHER 参数传入，它是一个枚举类型，OTHER 的值等于 4，通过初始化列表赋值给 mEntryPoint，在 setEntryPointToRemoteMediaExtractor 函数中应用。

第二步：调用 setDataSource 函数设置需要解封装的文件路径，它的实现如下所示。

<3>. frameworks/av/media/libstagefright/NuMediaExtractor.cpp

```
status_t NuMediaExtractor::setDataSource(
        const sp<MediaHTTPService> &httpService,
        const char * path,
        const KeyedVector<String8, String8> * headers) {
    sp<DataSource> dataSource =
      DataSourceFactory::getInstance()->CreateFromURI(httpService, path, headers);
    if (dataSource == NULL) {
      return - ENOENT;
    }
    ......
    mImpl = MediaExtractorFactory::Create(dataSource);
    ......
    return OK;
}
```

NuMediaExtractor::setDataSource 函数中，主要分为两个关键路径来设置传进来的路径。

➢ DataSourceFactory 成员函数 CreateFromURI 做了什么？

➢ MediaExtractorFactory::Create 函数的工作内容是什么？

带着这两个问题，先分析第一条路径。进入 DataSourceFactory::CreateFromURI 函数，它的实现如下所示。

<4>. frameworks/av/media/libdatasource/DataSourceFactory.cpp

```
sp<DataSource> DataSourceFactory::CreateFromURI(
        const sp<MediaHTTPService> &httpService,
        const char * uri,
        const KeyedVector<String8, String8> * headers,
        String8 * contentType,
        HTTPBase * httpSource) {
    if (contentType != NULL) {
      * contentType = "";
    }
    sp<DataSource> source;
```

```
    if (! strncasecmp("file://", uri, 7)) {
      source = CreateFileSource(uri + 7);
    } else if (! strncasecmp("http://", uri, 7) ||
             ! strncasecmp("https://", uri, 8)) {
      if (httpService == NULL) {
        return NULL;
      }
      sp<HTTPBase>mediaHTTP = httpSource;
      if (mediaHTTP == NULL) {
        mediaHTTP = static_cast<HTTPBase *>(
                    CreateMediaHTTP(httpService).get());
        if (mediaHTTP == NULL) {
      return NULL;
        }
      }
      String8 cacheConfig;
      bool disconnectAtHighwatermark = false;
      KeyedVector<String8, String8>nonCacheSpecificHeaders;
      if (headers != NULL) {
        nonCacheSpecificHeaders = *headers;
        NuCachedSource2::RemoveCacheSpecificHeaders(
                          &nonCacheSpecificHeaders,
                          &cacheConfig,
                          &disconnectAtHighwatermark);
      }
      if (mediaHTTP->connect(uri, &nonCacheSpecificHeaders) != OK) {
        ALOGE("Failed to connect http source!");
        return NULL;
      }
      if (contentType != NULL) {
        *contentType = mediaHTTP->getMIMEType();
      }
      source = NuCachedSource2::Create(
                    mediaHTTP,
                    cacheConfig.isEmpty() ?
                    NULL : cacheConfig.string(),
                    disconnectAtHighwatermark);
    } else if (! strncasecmp("data:", uri, 5)) {
      source = DataURISource::Create(uri);
    } else {
      source = CreateFileSource(uri);
    }
```

```
53      if (source == NULL || source->initCheck() != OK) {
54        return NULL;
55      }
56      return source;
57  }
```

在 DataSourceFactory::getInstance()函数中实例化 DataSourceFactory 类对象，将对象返回，所以调用 CreateFromURI 函数的时候可以写成 DataSourceFactory::getInstance()->CreateFromURI()的形式。

DataSourceFactory::CreateFromURI 函数支持 http://、https:、file://等协议文件类型，此处传给 httpService 的值为 NULL，uri 传入的是一个实际的路径，所以不会进入 10～50 行分支执行，而是继续向下执行。

第 51 行调用 CreateFileSource 函数，将 uri 路径传入，它内部调用 FileSource 构造函数。

第 53～55 行检测判断 source 变量，如果为空，则直接退出；如果不为空，则将 source 返回。

那么 FileSource 构造函数做了哪些工作呢？它的实现如下所示。

<5>. frameworks/av/media/libdatasource/FileSource.cpp

```
FileSource::FileSource(const char * filename)
    : mFd(-1),
      mOffset(0),
      mLength(-1),
      mName("<null>") {
    if (filename) {
      mName = String8::format("FileSource(%s)", filename);
    }
    mFd = open(filename, O_LARGEFILE | O_RDONLY);
    if (mFd >= 0) {
      mLength = lseek64(mFd, 0, SEEK_END);
    } else {
    }
}
```

FileSource 构造函数中，filename 为传入的文件路径，由 open 函数打开，返回的文件描述符赋值给 FileSource 类成员变量 mFd。如果 mFd 大于或等于 0，则调用 lseek64 获取整个文件的长度，并赋值给成员变量 mLength。

因为 FileSource 类继承自 DataSource 类，故 DataSourceFactory::CreateFromURI 函数最终返回的是 DataSource 子类 FileSource 的对象。

弄明白 MediaExtractorFactory::Create 函数返回值后，我们继续分析 MediaExtractorFactory::Create 函数获取 FileSource 对象后，又做了哪些工作。MediaExtractorFactory::Create 函数的实现如下所示。

<6>. frameworks/av/media/libstagefright/MediaExtractorFactory.cpp

```
1  sp<IMediaExtractor>MediaExtractorFactory::Create(
2              const sp<DataSource>&source, const char *mime) {
3    if (! property_get_bool("media.stagefright.extractremote", true)) {
4      return CreateFromService(source, mime);
5    } else {
6      sp<IBinder>binder = defaultServiceManager()->getService(String16("media.extractor"));
7      if (binder != 0) {
8        sp<IMediaExtractorService>mediaExService(
9              interface_cast<IMediaExtractorService>(binder));
10       sp<IMediaExtractor>ex;
11       mediaExService->makeExtractor(
12             CreateIDataSourceFromDataSource(source),
13             mime ? std::optional<std::string>(mime) : std::nullopt,
14             &ex);
15       return ex;
16     } else {
17       return NULL;
18     }
19   }
20   return NULL;
21 }
```

MediaExtractorFactory::Create 函数中，第 3 行 property_get_bool 函数返回值为真，取反后为假，所以此处走 else 分支。

第 6～15 行首先调用 getService 函数获取"media.extractor"服务，然后定义一个智能指针 ex，通过 makeExtractor 函数实例化 ex 对象，最后将其返回。

在 makeExtractor 函数中，有两个关键点需要我们搞清楚的。

- CreateIDataSourceFromDataSource(source)做了什么？
- makeExtractor 函数拿到 CreateIDataSourceFromDataSource 的返回值，又做了什么？

带着这两个疑问，我们先分析 CreateIDataSourceFromDataSource 函数，它的实现如下所示。

<7>. frameworks/av/media/libstagefright/InterfaceUtils.cpp

```
sp<IDataSource>CreateIDataSourceFromDataSource(
            const sp<DataSource>&source) {
  if (source == nullptr) {
    return nullptr;
```

```
    }
    return RemoteDataSource::wrap(source);
}
```

CreateIDataSourceFromDataSource 函数中，首先判断 source 是否为空，如果为空，则返回 nullptr；如果不为空，则返回 RemoteDataSource 成员函数 wrap。它的实现如下所示。

<8>. frameworks/av/media/libstagefright/include/media/stagefright/RemoteDataSource.h

```
1  class RemoteDataSource : public BnDataSource {
2  public:
3      static sp<IDataSource>wrap(const sp<DataSource>&source) {
4          if (source.get() == nullptr) {
5              return nullptr;
6          }
7          if (source->getIDataSource().get() != nullptr) {
8              return source->getIDataSource();
9          }
10         return new RemoteDataSource(source);
11     }
12     ……
13 private:
14     enum {
15         kBufferSize = 64 * 1024,
16     };
17     sp<IMemory>mMemory;
18     sp<DataSource>mSource;
19     String8 mName;
20     Mutex mLock;
21 
22     explicit RemoteDataSource(const sp<DataSource>&source) {
23         Mutex::Autolock lock(mLock);
24         mSource = source;
25         sp<MemoryDealer>memoryDealer = new MemoryDealer(kBufferSize, "RemoteDataSource");
26         mMemory = memoryDealer->allocate(kBufferSize);
27         mName = String8::format("RemoteDataSource(%s)", mSource->toString().string());
28     }
29 };
```

wrap 函数中，第 10 行实例化 RemoteDataSource 类，并将其对象作为返回值返回。

第 22～28 行为 RemoteDataSource 构造函数，首先将 source 赋值给成员变量 mSource，接着调用实例化 MemoryDealer 类。在它的构造函数中，使用 sp <Memory-

HeapBase>::make()初始化 MemoryDealer 的成员变量 mHeap，调用 sp <MemoryHeapBase>::make()函数进入 MemoryHeapBase 构造函数，在它的构造函数中创建文件描述符 fd，并通过 mmap 创建共享内存。创建完成后将描述符 fd 赋值给 MemoryHeapBase 成员变量 mFD，将映射内存大小 size 传递给 MemoryHeapBase 成员变量 mSize，内存偏移量 offset 传给 MemoryHeapBase 成员变量 mOffset。

所以 MemoryDealer 拿到 MemoryHeapBase 传给的 mHeap 就是 MemoryHeapBase 实例对象，它里面包含匿名共享内存的文件描述符 mFD、映射内存大小 mSize、内存偏移量 mOffset。

第 26 行调用 MemoryDealer 类成员函数 allocate 申请内存，它内部调用 sp <Allocation>::make(sp <MemoryDealer>::fromExisting(this), heap(), offset, size)，其实就是把 mHeap 包含的共享内存对象传递给 RemoteDataSource 成员变量 mMemory，这样 RemoteDataSource 就拿到了创建的共享内存对象，最后在 CreateIDataSourceFromDataSource 函数中返回 RemoteDataSource 对象，因为 RemoteDataSource 类继承自 BnDataSource 类，BnDataSource 类继承自 IDataSource 类。

所以 makeExtractor 函数中的第一个参数是 RemoteDataSource 对象，并且 RemoteDataSource 的成员函数包含创建成功的匿名共享内存成员变量 mMemory。

那么我们继续分析 makeExtractor 函数，它的实现如下所示。

<9>. frameworks/av/services/mediaextractor/MediaExtractorService. cpp

```
1  ::android::binder::Status MediaExtractorService::makeExtractor(
2          const ::android::sp<::android::IDataSource>& remoteSource,
3          const ::std::optional<::std::string>&mime,
4          ::android::sp<::android::IMediaExtractor>* _aidl_return) {
5      ......
6      sp<DataSource>localSource = CreateDataSourceFromIDataSource(remoteSource);
7      sp<IMediaExtractor>extractor = MediaExtractorFactory::CreateFromService(
8                                    localSource,
9                                    mime ? mime->c_str() : nullptr);
10     ......
11     if (extractor != nullptr) {
12       registerMediaExtractor(extractor,
13                   localSource,
14                   mime ? mime->c_str() : nullptr);
15     }
16     ......
17     *_aidl_return = extractor;
18     return binder::Status::ok();
19 }
```

第 6 行调用 CreateDataSourceFromIDataSource 函数，传入参数 remoteSource，在

其内部调用 new TinyCacheSource(new CallbackDataSource(source))。其中 CallbackDataSource 构造函数调用 mIDataSource->getIMemory()函数，就是获取 RemoteDataSource 成员变量 mMemory，将其赋值给 CallbackDataSource 成员变量 mMemory。

TinyCacheSource 构造函数的作用，是获取 CallbackDataSource 传递的 source，传给自己的成员变量 mSource。

第 7～9 行调用 MediaExtractorFactory::CreateFromService 函数，内部调用 sniff 函数，遍历/apex/com. android. media/lib、/apex/com. android. media/lib64、/system/lib64 等目录下是否包含 extractors 字段的动态库，通过 dlopen 一一打开，调用 dlsym 获取其函数符号表，使用函数指针指向其符号表，获取其解封装的能力，mp4 解封装使用的是 libmp4extractor. so 动态库。

第 11～15 行判断 extractor 不为空时，调用 registerMediaExtractor 函数，它的作用是将传入的 extractor、localSource、mime 参数存入一个 Vector 容器中保存。

总结一下，NuMediaExtractor::setDataSource 的主要功能分为两个：

- 传入需要解封装的文件，将打开后的 fd 保存在 FileSource 成员变量 mFd 中，并返回 FileSource 对象。
- 调用 MediaExtractorFactory::Create 创建匿名共享内存，并且通过函数指针获取解封装插件库的能力，并将创建的匿名共享内存对象存入 DataSource 类成员变量 mMemory，最终将其存入 sExtractors 容器中。

第三步：getTrackFormat 函数获取轨道格式信息，它的实现如下所示。

<10>. frameworks/av/media/libstagefright/NuMediaExtractor. cpp

```
1    status_t NuMediaExtractor::getTrackFormat(
2                      size_t index,
3                  sp<AMessage> * format,
4                  uint32_t flags) const {
5       Mutex::Autolock autoLock(mLock);
6       ......
7       sp<MetaData>meta = mImpl->getTrackMetaData(index, flags);
8       ......
9       return convertMetaDataToMessage(meta, format);
10   }
```

NuMediaExtractor::getTrackFormat 函数中，调用 mImpl-> getTrackMetaData 函数，获取 index 索引对应的轨道格式信息，并将返回的值赋值给 meta。第 9 行调用 convertMetaDataToMessage 将 meta 转成 sp <AMessage> * 类型，赋值给 format 指针，返回给调用者使用。

第四步：selectTrack 函数设置轨道索引，它的实现如下所示。

<11>. frameworks/av/media/libstagefright/NuMediaExtractor. cpp

```
status_t NuMediaExtractor::selectTrack(
        size_t index,
```

```
3              int64_t startTimeUs,
4              MediaSource::ReadOptions::SeekMode mode) {
5      Mutex::Autolock autoLock(mLock);
6      ......
7      mSelectedTracks.push();
8      TrackInfo * info = &mSelectedTracks.editItemAt(mSelectedTracks.size() - 1);
9
10     info->mTrackIndex = index;
11     ......
12     return OK;
13  }
```

NuMediaExtractor::selectTrack 函数中，第 7 行调用 mSelectedTracks.push()，其中 mSelectedTracks 的类型为 Vector <TrackInfo>，push()函数的作用是增加一个空的数据到 Vector 容器中，Vector 类继承自 VectorImpl 类，它的实现在 VectorImpl::push 函数中，在它内部调用 push(nullptr)，执行完以后 mSelectedTracks.size()等于 1，mSelectedTracks.size()-1 索引值等于 0。

第 8 行调用 mSelectedTracks.editItemAt，通过索引获取 Vector 中 TrackInfo 对象实例，将它赋值给 info 指针。

第 10 行将 index 传进来的索引赋值给 TrackInfo 成员变量 mTrackIndex，在 readSampleData 读取数据时会用到它。

第五步：readSampleData 函数读取解封装以后的数据，它的实现如下所示。

<12>.frameworks/av/media/libstagefright/NuMediaExtractor.cpp

```
status_t NuMediaExtractor::readSampleData(const sp <ABuffer> &buffer) {
    Mutex::Autolock autoLock(mLock);
    ssize_t minIndex = fetchAllTrackSamples();
    TrackInfo * info = &mSelectedTracks.editItemAt(minIndex);
    ......
    auto it = info->mSamples.begin();
    size_t sampleSize = it->mBuffer->range_length();
    ......
    const uint8_t * src = (const uint8_t * )it->mBuffer->data() + it->mBuffer->range_offset();
    ......
    memcpy((uint8_t * )buffer->data(), src, it->mBuffer->range_length());
    appendVorbisNumPageSamples(it->mBuffer, buffer);
}
```

NuMediaExtractor::readSampleData 函数中，在 NuMediaExtractor::selectTrack 函数中已经将 index 传给了 info->mTrackIndex。在此将 mTrackIndex 读取出来，然后找到对应轨道解封装后的数据，通过 appendVorbisNumPageSamples 函数复制到

buffer 中。从 buffer 中读出来的已经是解封装后的编码数据，获取到的数据可以写入到文件中，验证数据是否正确。

4.9 AAC 音频码流分析

➢ 阅读目标：理解 AAC 格式帧的构成。

4.9.1 AAC 格式帧头字段分析

ADTS 是 AAC(Advanced Audio Coding)音频格式中的一种封装和传输方式，全称为 Audio Data Transport Stream，通过添加头部信息来保证音频的同步和解析。

AAC 文件每帧都由 ADTS 头和 AAC 数据组成，ADTS 头由 adts_fixed_header (即固定头信息)和 adts_variable_header 可变头信息组成。

➢ 表 4-1 所列为 ADTS 固定头信息(adts_fixed_header)组成的解释。

表 4-1 ADTS 固定头信息(adts_fixed_header)组成的解释

字 段	长度/bit	功 能
syncword	12	同步字：标识帧的开始
ID	1	表示 MPEG 版本标识： 0：表示 MPEG-4； 1：表示 MPEG-2
layer	2	表示使用哪个层级，通常为 0
protection_absent	1	表示是否调用 crc_check： 0：表示经过 crc_check； !=0：表示不经过 crc_check
profile	2	表示 AAC 配置级别： ID=0 时：MPEG-4 包含的级别为 AAC Main、AAC LC、AAC SSR、AAC LTP 等； ID=1 时：MPEG-2 包含的级别为 AAC Main、AAC LC、AC SSR
sampling_frequency_index	4	表示采样率：支持 8 000 Hz、16 000 Hz、44 100 Hz 等
private_bit	1	表示私有数据位，通常为 0
channel_configuration	3	表示声道数：单声道、立体声等
original_copy	1	表示版权保护位： 0：表示无版权保护； 1：表示有版权保护

续表 4-1

字 段	长度/bit	功 能
home	1	表示是否为原始数据： 0：比特流是副本数据； 1：比特流是原始数据

➢ 表 4-2 所列为 ADTS 可变头信息(adts_variable_header)组成的解释。

表 4-2 ADTS 可变头信息(adts_variable_header)组成的解释

字 段	长度/bit	功 能
copyright_identification_bit	1	表示版权相关：通常为 0
copyright_identification_start	1	表示版权相关：通常为 0
aac_frame_length	13	表示 ADTS 帧长度：包括 ADTS 头和原始流
adts_buffer_fullness	11	表示 ADTS 帧中第一个 raw_data_block()编码后的位库状态： 0x7FF 表示可变码流
number_of_raw_data_blocks_in_frame	2	表示有多少原始数据块被多路复用： 0：表示只有 1 个 raw_data_block

4.9.2 AAC 格式帧头解析实战

图 4-10 所示为一个 AAC 文件的十六进制数据，图中的❶、❷、❸、❹表示 AAC 每帧的 ADTS 头，❶中的数据为 0xFF 0xF1 0x4D 0x80 0x79 0xDF 0xFC。从 0xFC 以后的数据为 AAC 数据。

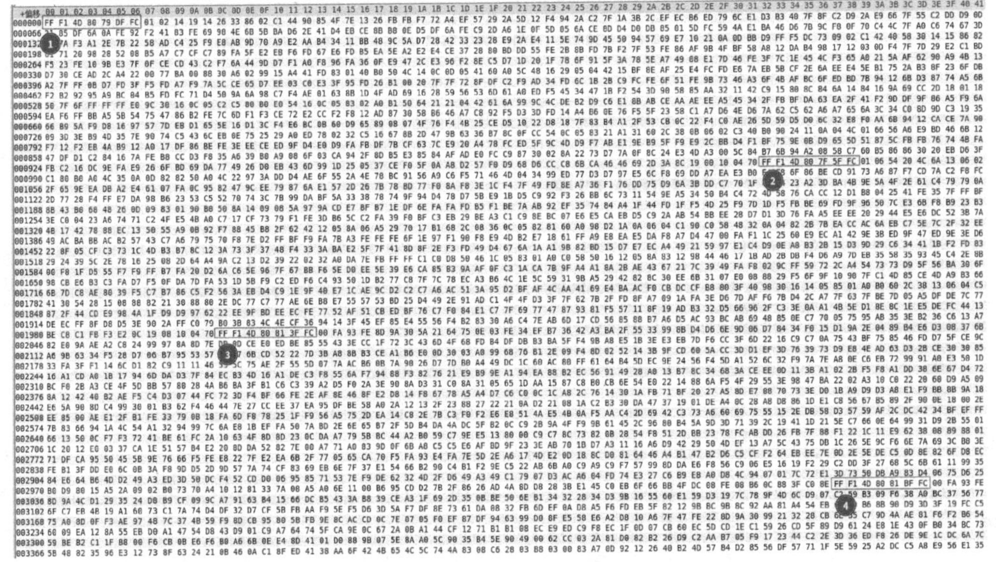

图 4-10 AAC 码流数据

接选取 AAC 第一帧数据的帧头：0xFF 0xF1 0x4D 0x80 0x79 0xDF 0xFC。举例给出 AAC 帧头每个字段对应的实际数据。表 4－3 所列为 AAC 帧头每个字段的解释。

表 4－3　AAC 帧头每个字段的解释

字　段	长度/bit	二进制数据位	描　述
syncword	12	111111111111	帧开始标识
ID	1	0	表示 MPEG－4
layer	2	00	表示使用层级
protection_absent	1	1	表示不经过 crc 校验
profile	2	01	表示 AAC LC
sampling_frequency_index	4	0011	采样率 48 000 Hz
private_bit	1	0	通常为 0
channel_configuration	3	010	表示立体声
original_copy	1	0	表示无版权保护
home	1	0	比特流是副本数据
copyright_identification_bit	1	0	通常为 0
copyright_identification_start	1	0	通常为 0
aac_frame_length	13	0001111001110	帧长度为 974 字节
adts_buffer_fullness	11	11111111111＝0x7FF	表示可变码流
number_of_raw_data_blocks_in_frame	2	00	只有 1 个 raw_data_block

4.10　H.264 视频码流分析实战

➤ 阅读目标：理解 H.264 视频编码格式的构成。

4.10.1　H.264 编码格式构成

H.264 原始码流由一个个的 NALU（Network Abstract Layer Unit）组成。NALU 结构分为两层，包含了视频编码层（VCL，Video Coding Layer）和网络提取层（NAL，Network Abstraction Layer）。

视频编码层（VCL）是视频编码的处理层，负责对视频帧进行压缩编码。

网络抽象层（NAL）是封装和传输编码数据层，负责将 VCL 层生成的编码数据分割为 NAL 单元，以便在网络中进行传输和存储。

H.264 码流两种格式，分别为 Annex－B 和 AVCC 格式，通常使用的是 Annex－B 格式。Annex－B 格式通常以 0x000001 或 0x00000001 作为起始码。

图 4－11 所示为 H.264 数据中的码流序列图。

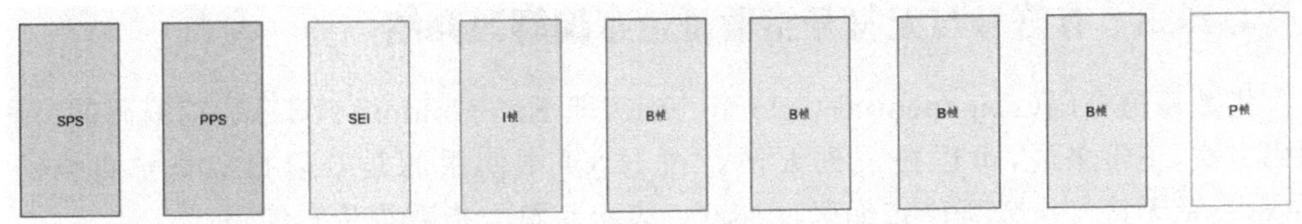

图 4-11 H.264 数据中的码流序列图

图 4-11 所示的 H.264 码流中的 SPS、PPS、SEI、I 帧、B 帧、P 帧都是一个 NALU 单元，它们每个都是由 NALU 头和编码后的视频数据组成的。

4.10.2 NALU 头信息结构

表 4-4 所列为 NALU 单元 3 个字段功能描述。

表 4-4 NALU 单元 3 个字段功能描述

字 段	长度/bit	描 述
forbidden_zero_bit	1	表示禁止位：通常为 0
nal_ref_idc	2	表示 NAL 单元的重要性级别：0～3，值越大越重要
nal_unit_type	5	表示 NALU 类型：指明 NAL 单元属于哪种类型，如 I 帧、P 帧等

表 4-5 所列为 NALU 单元类型字段功能描述。

表 4-5 NALU 单元类型字段功能描述

nal_unit_type	描 述
0	未指定
1	非 IDR 图像的编码片段
2	编码片段数据分区 A
3	编码片段数据分区 B
4	编码片段数据分区 C
5	IDR 图像的编码片段
6	补充增强信息（SEI）
7	序列参数集（SPS）
8	图像参数集（PPS）
9	访问单元分隔符
10	序列结束
11	流结束
12	填充数据
13～23	保留
24～31	未指定

4.10.3 有符号与无符号指数哥伦布编解码介绍

指数哥伦布码(Exponential-Golomb code,即 Exp-Golomb code)是熵编码的一种编码方式,正常来说,可以拓展到 k 阶。在 H264 中使用的是 0 阶指数哥伦布编码,ue(v)表示无符号指数哥伦布编码,用 se(v)表示有符号指数哥伦布编码。

在视频编码中,ue(v)是一种无符号指数哥伦布编码的表示方法。其中,ue 表示无符号指数哥伦布编码的前缀,v 表示要编码的无符号整数。

4.10.4 零阶无符号指数哥伦布编码和解码示例

1. 无符号指数哥伦布编码过程

第一步:将要编码的数字加 1。

第二步:加 1 后,转成二进制(假设长度占 N 个 bit)。

第二步:将二进制前添加 $N-1$ 个前缀 0。

2. 将数字 3 无符号哥伦布编码

第一步:3+1 等于 4。

第二步:转换成二进制为 100,一共占 3 bit,所以在其前面增加 3−1=2 个前缀 0。

第三步:100 前添加 2 个 0,所以最终编码为 00100。

所以数字 3 经过无符号哥伦布编码后为 00100,占 5 bit。

3. 无符号指数哥伦布解码过程

第一步:获取二进制序列开头连续的 N 个 0。

第二步:向后读取 $N+1$ 位的值。

第三步:将其转换成十进制减 1。

4. 将 00100 无符号指数哥伦布解码

第一步:00100 开头有两(N)个连续的 0。

第二步:读取 00 以后的 $N+1$ 位的值,等于 100 = 4。

第三步:4 − 1 = 3。

所以 00100 经过无符号哥伦布解码后等于 3。

4.10.5 零阶有符号指数哥伦布编码和解码示例

1. 有符号指数哥伦布编码过程

第一步:将要编码的数字取绝对值,然后转换成二进制,用 N 表示长度所占的 bit 位数。

第二步:在二进制后添加 0 或 1:0 表示正,1 表示负。

第三步:在二进制序列添加 N 个 0。

2. 将数字 3 有符号哥伦布编码

第一步:3 的绝对值转为 3,转为二进制为 11,即长度占 $N=2$ 位。

第二步：因为 3 为正数，则 110 后边补 0，即 110。

第三步：110 前面补充 $N=2$ 个 0，即 00110。

所以数字 3 经过有符号哥伦布编码后等于 00110，占 5 bit。

3. 有符号指数哥伦布解码过程

第一步：读列开头连续的 N 个 0。

第二步：读取之后 N 位的值。

第三步：获取最后一位符号位。

第四步：获取解码后的码值。

4. 将数字 00110 有符号哥伦布解码

第一步：获取 00110 开头连续的 N 个 0，$N=2$。

第二步：获取 00 后边的 N 位数值，即 $11=3$。

第三步：获取最后一位符号位，即 0，表示正数。

第四步：解码后的码值为 3。

所以 00110 经过有符号哥伦布解码后等于 3。

4.10.6 解析 H.264 码流的 SPS、PPS 实战

接下来通过 H.264 文件中的数据实战解析 SPS 和 PPS，以巩固上一小节所学的指数哥伦布编码。

图 4-12 所示为一个 H.264 文件码流的十六进制数据，图中的❶、❷表示 SPS 和 PPS。

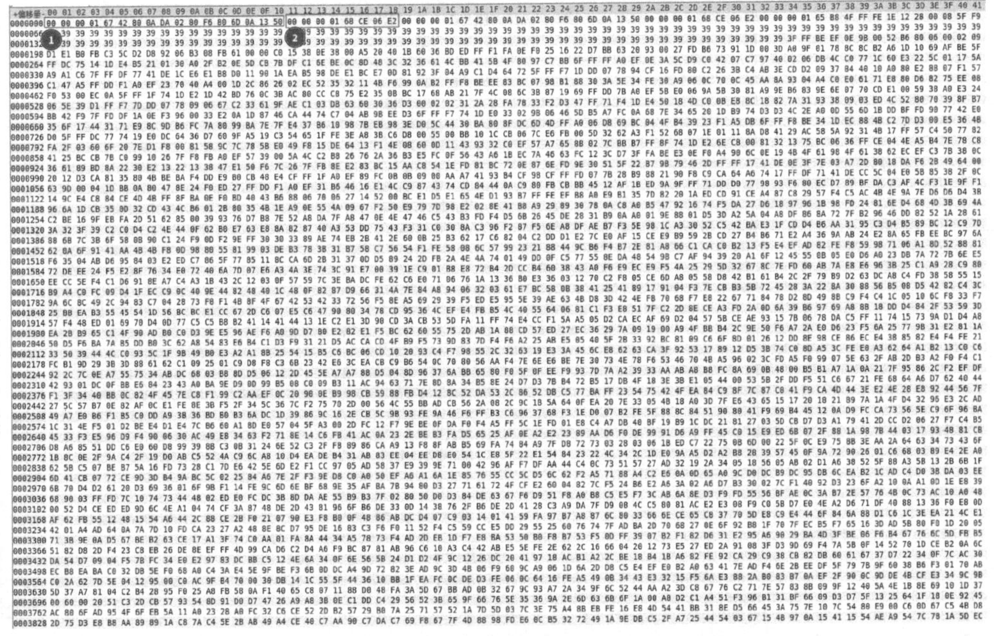

图 4-12 H.264 文件码流的十六进制数据

➢ ❶中 PPS 数为：0x00 0x00 0x00 0x01 0x67 0x42 0x80 0x0A 0xDA 0x02 0x80 0xF6 0x80 0x6D 0x0A 0x13 0x50。

0x00 0x00 0x00 0x01 表示 H.264 码流的起始码，我们从 0x67 开始分析。0x67 的低 5 位等于 7，表示这个 NALU 单元为 SPS。

表 4-6 所列为 H.264 码流的 SPS 各个字段功能描述。

表 4-6　H.264 码流的 SPS 各个字段功能描述

SPS 字段	长度/bit	二进制数据位	描　述
profile_idc	8	01000010	视频编码的配置文件。当前为 Baseline
constraint_set0_flag	1	1	编码器是否遵循 A.2.1 中定义的限制条件。 1：受限； 0：不受限
constraint_set1_flag	1	0	编码器是否遵循 A.2.2 中定义的限制条件。 1：受限； 0：不受限
constraint_set2_flag	1	0	编码器是否遵循 A.2.3 中定义的限制条件。 1：受限； 0：不受限
constraint_set3_flag	1	0	6 种限制情况： 1：受限； 0：不受限
constraint_set4_flag	1	0	3 种限制情况： 1：受限； 0：不受限
constraint_set5_flag	1	0	3 种限制条件： 1：受限； 0：不受限
reserved_zero_2bits	2	00	保留两位 0 值
level_idc	8	00001010	表示视频编码的级别，常见的级别标识符包括 1、1.1、1.2、1.3、2、2.1 等
seq_parameter_set_id	1	1	表示序列参数集，属于无符号指数哥伦布编码。 编码后：1； 原始码字：0
log2_max_frame_num_minus4	1	1	表示最大帧序号，属于无符号指数哥伦布编码。 编码后：1； 原始码字：0

续表 4-6

SPS 字段	长度/bit	二进制数据位	描 述
pic_order_cnt_type	3	011	指定解码图像顺序计数的方法，取值范围为 0～2，属于无符号指数哥伦布编码。 编码后：3； 原始码字：2
max_num_ref_frames	3	010	指定参考帧的最大数量，属于无符号指数哥伦布编码。 编码后：2； 原始码字：1
gaps_in_frame_num_value_allowed_flag	1	0	指定第 7.4.3 条中规定的帧数允许的值，以及在第 8.2.5.2 条中规定的帧数之间存在推断间隙时的解码过程
pic_width_in_mbs_minus1	11	00000101000	表示视频的宽度，属于指数无符号哥伦布编码。 编码后：40； 原始码字为 39； 图像宽度＝(39＋1)×16＝640
pic_height_in_map_units_minus1	9	000011110	表示视频图像高度，属于指数无符号哥伦布编码。 编码后：30； 原始码字：29； 图像高度＝(29＋1)×16＝480
frame_mbs_only_flag	1	1	表示是否只有帧类型的宏块。 0：编码视频序列为编码字段或编码帧； 1：编码序列只含帧宏块的编码帧
direct_8x8_inference_flag	1	1	表示在 B_Skip、B_Direct_16×16 和 B_Direct_8×8 的亮度运动矢量的推导方法
frame_cropping_flag	1	0	表示在 SPS 后是否存在帧裁剪偏移量参数。 1：存在； 0：不存在
vui_parameters_present_flag	1	1	表示是否存在 VUI 参数。 1：存在； 0：不存在
aspect_ratio_info_present_flag	1	0	表示亮度样本长宽比否存在。 1：存在； 0：不存在

续表 4-6

SPS 字段	长度/bit	二进制数据位	描 述
overscan_info_present_flag	1	0	表示 overscan_appropriate_flag 是否存在。 1:指定 overscan_appropriate_flag 存在; 0:未指定视频信号的首选显示方法
video_signal_type_present_flag	1	0	表示 video_format、video_full_range_flag、colour_description_present_flag 是否存在。 1:存在; 0:不存在
chroma_loc_info_present_flag	1	0	表示 chroma_sample_loc_type_top_field、chroma_sample_loc_type_bottom_field 是否存在。 1:存在; 0:不存在
timing_info_present_flag	1	0	表示当前码流 num_units_in_tick、time_scale、fixed_frame_rate_flag 是否存在。 1:存在; 0:不存在
nal_hrd_parameters_present_flag	1	0	表示 NAL HRD 参数是否存在。 1:存在; 0:不存在
vcl_hrd_parameters_present_flag	1	0	表示 VCL HRD 参数是否存在。 1:存在; 0:不存在
pic_struct_present_flag	1	0	表示 pic_struct 语法元素在图片计时 SEI 消息中是否存在。 1:存在; 0:不存在
bitstream_restriction_flag	1	1	表示编码视频序列的比特流限制参数是否存在。 1:存在; 0:不存在
motion_vectors_over_pic_boundaries_flag	1	1	表示运动矢量是否可以跨越图像边界预测。 1:可以; 0:不可以

续表 4-6

SPS字段	长度/bit	二进制数据位	描　述
max_bytes_per_pic_denom	3	011	表示编码图像的 VCL NAL 单元最大字节数，范围为0～16。 此处为指数无符号哥伦布编码。 编码后：3； 原始码字：2
max_bits_per_mb_denom	3	010	表示编码序列的图片中 macroblock_layer()数据编码位数的上限，取值范围为 0～16。 此处为指数无符号哥伦布编码。 编码后：2； 原始码字：1
log2_max_mv_length_horizontal	7	0001010	表示解码的水平运动矢量分量的最大绝对值。 此处为指数无符号哥伦布编码。 编码后：10； 原始码字：9
log2_max_mv_length_vertical	7	0001001	解码的垂直运动矢量分量的最大绝对值。 此处为指数无符号哥伦布编码。 编码后：9； 原始码字：8
max_num_reorder_frames	1	1	表示解码图像缓冲区中用于在输出前存储帧、互补字段对和非配对字段所需的帧缓冲区数量的最大值。 此处为指数无符号哥伦布编码。 编码后：1； 原始码字：0
max_dec_frame_buffering	3	010	表示指定 HRD 解码图像缓冲区(DPB)所需的大小。 此处为指数无符号哥伦布编码。 编码后：2； 原始码字：1
rbsp_stop_one_bit	1	1	码流停止位。 默认为 1
rbsp_alignment_zero_bit	1	0	比特流字节对齐。 默认为 0
rbsp_alignment_zero_bit	1	0	比特流字节对齐。 默认为 0

续表 4-6

SPS 字段	长度/bit	二进制数据位	描　述
rbsp_alignment_zero_bit	1	0	比特流字节对齐。 默认为 0
rbsp_alignment_zero_bit	1	0	比特流字节对齐。 默认为 0

以上为 SPS 对应 H.264 的实际码流数据功能描述，以及如何计算 SPS 中的无符号指数哥伦布编码。

下面接着介绍 PPS 对应 H.264 的实际码流数据，我们跳过其实码 0x00 0x00 0x00 0x01，直接从 PPS 数据开始分析。0x68 中 nal_unit_type 字段等于 8，表示这个 NALU 单元为 PPS。

➤ ❷中 PPS 数据为 0x00 0x00 0x00 0x01 0x68 0xCE 0x06 0xE2。

表 4-7 所列为 H.264 码流的 PPS 各个字段功能描述。

表 4-7　H.264 码流的 PPS 各个字段功能描述

PPS 字段	长度/bit	二进制数据位	描　述
pic_parameter_set_id	1	1	图像参数集。 此处为指数无符号哥伦布编码。 编码后:1; 原始码字:0
seq_parameter_set_id	1	1	包含视图间依赖关系信息的子集序列参数集。 此处为指数无符号哥伦布编码。 编码后:1; 原始码字:0
entropy_coding_mode_flag	1	0	选择熵解码方法。 1:CABAC 熵编码。 0:指数哥伦布编码或者 CAVLC 熵编码
bottom_field_pic_order_in_frame_present_flag	1	0	是否存在 delta_pic_order_cnt_bottom、delta_pic_order_cnt[1]。 1:存在; 0:不存在

续表 4-7

PPS 字段	长度/bit	二进制数据位	描　述
num_slice_groups_minus1	1	1	表示一个图片的切片组数。 0:图片的所有切片都属于同一个切片组。 此处为指数无符号哥伦布编码。 编码后:1; 原始码字:0
num_ref_idx_l0_default_active_minus1	1	1	num_ref_idx_active_override_flag 等于 0 时,指定如何为 P、SP 和 B 切片推断 num_ref_idx_l0_active_minus1。 此处为指数无符号哥伦布编码。 编码后:1; 原始码字:0
num_ref_idx_l1_default_active_minus1	1	1	num_ref_idx_active_override_flag 等于 0,指定如何为 B 切片推断 num_ref_idx_l1_active_minus1。 此处为指数无符号哥伦布编码。 编码后:1; 原始码字:0
weighted_pred_flag	1	0	默认或显示加权预测应用于 P 和 SP 切片。 1:显示加权预测; 0:默认加权预测
weighted_bipred_idc	2	00	表示默认或显示加权预测应用于 B 切片。 2:隐式加权预测; 1:显示加权预测; 0:默认加权预测
pic_init_qp_minus26	7	0001101	每个切片指定 SliceQPY 的初始值减去 26。 此处为指数有符号哥伦布编码。 编码后:13; 原始码字:−6
pic_init_qs_minus26	1	1	表示 SP 或 SI 切片中所有的宏块 SliceQSY 的初始值减去 26。 此处为指数有符号哥伦布编码。 编码后:1; 原始码字:0

续表 4 - 7

PPS 字段	长度/bit	二进制数据位	描　述
chroma_qp_index_offset	1	1	指定应添加到 QPY 和 QSY 的偏移量，以寻址 Cb 色度分量的 QPC 值表。 此处为指数有符号哥伦布编码。 编码后：1； 原始码字：0
deblocking_filter_control_present_flag	1	0	在切片头中是否存在控制块化过滤器的特征语法元素。 1：存在； 0：不存在
constrained_intra_pred_flag	1	0	帧内预测模式。 1：模式编码的宏块预测仅使用残差数据和 I 或 SI 宏块类型的解码； 0：允许用相邻宏块的残差数据和解码样本来预测编码的宏块
redundant_pic_cnt_present_flag	1	0	redundant_pic_cnt 语法元素是否存在切片头等。 1：存在； 0：不存在
rbsp_stop_one_bit	1	1	码流停止位。 默认为 1
rbsp_alignment_zero_bit	1	0	比特流字节对齐。 默认为 0

通过 H.264 码流中 SPS、PPS 字段的信息解析，我们已经对 SPS 和 PPS 的功能有了一个初步的了解，H.264 码流解析的关键是对指数哥伦布编码的理解。

4.11　MediaCodec 之音视频编解码实战

➤ 阅读目标：理解 MediaCodec 对音频、视频的编码和解码的过程。

在 4.7～4.9 节已经分析了 MediaCodec 视频编解码、MediaMuxer 封装、NuMediaExtractor 解封装的过程，之所以没有对音频单独的流程进行分析，是因为它们的过程大致相同，但是在使用细节上是有差别的。

为了帮助读者理解，将音频和视频的编解、解码、封装、解封装拆成单独的模块实例讲解，使读者可以更清晰和深入地理解。

4.11.1 MediaCodec之YUV编码实战

YUV视频编码为H.264格式，模块目录结构如下：

```
.
├── Android.bp
└── yuv_to_h264.cpp
```

此模块由Android.bp和yuv_to_h264.cpp两部分组成。前面的章节已经讲解过编码流程，下面简单分析MediaCodec编码NV12格式的视频。

1. yuv_to_h264.cpp：YUV格式视频编码为H.264格式示例

```
#include <stdio.h>
#include <string.h>
#include <iostream>
#include <media/stagefright/foundation/ABuffer.h>
#include <media/stagefright/foundation/AMessage.h>
#include <media/stagefright/MediaCodec.h>
#include <media/stagefright/MediaErrors.h>
#include <media/openmax/OMX_IVCommon.h>
#include <mediadrm/ICrypto.h>
#include <binder/IPCThreadState.h>
#include <gui/Surface.h>
#include <media/MediaCodecBuffer.h>

using namespace android;
static int64_t waitTime = 500ll;

typedef struct {
    FILE              *fp_input;
    FILE              *fp_output;

    sp<MediaCodec>      codec;
    Vector<sp<MediaCodecBuffer>> inBuffers;
    Vector<sp<MediaCodecBuffer>> outBuffers;
    int               width;
    int               height;
    std::string          mime;
    int               color_format;
    int               bitrate;
```

```
    int             frame_rate;
    int             I_frame;
} Encoder;

void SetupCodec(Encoder * data){
    sp<ALooper>looper = new ALooper;
    looper->setName("ALooper");
    looper->start();

    sp<MediaCodec>codec = MediaCodec::CreateByType(looper, data->mime.c_str(), true);

    sp<AMessage>format = new AMessage;
    format->setInt32("width", data->width);
    format->setInt32("height", data->height);
    format->setString("mime", data->mime.c_str());
    format->setInt32("color-format", data->color_format);
    format->setInt32("bitrate", data->bitrate);
    format->setFloat("frame-rate", data->frame_rate);
    format->setInt32("i-frame-interval", data->I_frame);

    codec->configure(format, NULL, NULL,MediaCodec::CONFIGURE_FLAG_ENCODE);
    codec->start();
    codec->getInputBuffers(&data->inBuffers);

    codec->getOutputBuffers(&data->outBuffers);
    data->codec = codec;
}

int YUVToH264(Encoder * data) {
    status_t ret;
    int32_t yuvsize, readsize;
    size_t index;
    bool InputEOS = false;

    yuvsize = data->width * data->height * 3 / 2;
    std::vector<unsigned char>yuvBuf(yuvsize);

    int in_frame = 0;
    for (;;) {
      if (InputEOS == false) {
        readsize = fread(yuvBuf.data(), 1, yuvsize, data->fp_input);
        if (readsize <= 0) {
```

```
                InputEOS = true;
            }
            int64_t timeUs = 0;
            ret = data->codec->dequeueInputBuffer(&index, waitTime);
            if (ret == OK) {
                const sp<MediaCodecBuffer> &buffer = data->inBuffers.itemAt(index);
                memcpy(buffer->base(), yuvBuf.data(), readsize);
                ret = data->codec->queueInputBuffer(index, 0, buffer->size(), waitTime, 0);
            }
        } else {
            ret = data->codec->dequeueInputBuffer(&index, waitTime);
            if (ret == OK) {
                data->codec->queueInputBuffer(index, 0, 0,0, MediaCodec::BUFFER_FLAG_EOS);
            }
        }

        size_t offset, size;
        int64_t presentationTimeUs;
        uint32_t flags;
        ret = data->codec->dequeueOutputBuffer(&index,
                                &offset,
                                &size,
                                &presentationTimeUs,
                                &flags,
                                waitTime);
        if(ret == OK) {
            const sp<MediaCodecBuffer> &buffer = data->outBuffers.itemAt(index);
            fwrite(buffer->data(), 1, buffer->size(), data->fp_output);
            fflush(data->fp_output);
            data->codec->releaseOutputBuffer(index);
        }

        if (flags == MediaCodec::BUFFER_FLAG_EOS) {
            break;
        }
    }
    return 0;
}

int main(int argc, char **argv) {
    if(argc != 3){
        printf("usage: ./yuv_to_h264 input.yuv output.h264\n");
```

```
113         return -1;
114     }
115 
116     Encoder ed;
117     ed.fp_input = fopen(argv[1], "r");
118     ed.fp_output = fopen(argv[2], "w+");
119     ed.width = 640;
120     ed.height = 480;
121     ed.mime = "video/avc";
122     ed.color_format = OMX_COLOR_FormatYUV420SemiPlanar;
123     ed.bitrate = 4200 * 10000;
124     ed.frame_rate = 30;
125     ed.I_frame = 30;
126 
127     SetupCodec(&ed);
128 
129     YUVToH264(&ed);
130 
131     ed.codec->stop();
132     ed.codec->release();
133     fclose(ed.fp_input);
134     fclose(ed.fp_output);
135     return 0;
136 }
```

在 main 函数中，第 117～118 行传入需要编码和编码后的文件名，并打开它们。第 119～125 行配置编码器必须配置的参数，例如视频宽、高、编码类型、颜色格式等，此处将 color_format 设置为 OMX_COLOR_FormatYUV420SemiPlanar，只能编码 NV12 格式(Pixel3)YUV 数据，与每个平台硬件编解码器相关。如果想要编码 NV21 格式数据，则需要转换到 NV12 或 YUV420p 等格式后，再进行编码。

第 127 行调用 SetupCodec 函数初始化编码器，进入 SetupCodec 处理函数。第 34～36 行首先创建 Alooper 消息处理线程，它的成员函数 registerHandler 注册 AHandler 子类，负责处理 AMessage 对应的消息，因为 MediaCodec 继承自 AHandler，所以在 registerHandler 函数中传入的是 MediaCodec 对象。

第 38～50 行调用 MediaCodec::CreateByType 函数创建编码器，通过 AMessage 将参数传给编码器，设置以后，配置并启动编码器。

第 51～54 行，首先调用 getInputBuffers 函数传入 &data->inBuffers 参数，用以获取输入的 YUV 格式数据；getOutputBuffers 函数传入 &data->outBuffers 参数，用以获取编码器输出后的 H.264 格式数据。最后将 codec 赋值给结构体 Encoder 对象 ed 的成员变量 codec，作为全局变量使用。

第 129 行调用 YUVToH264 函数，它的作用是将 YUV 格式数据编码为 H.264 格式数据。第 68～72 行的作用是将传入的 YUV 数据读到内存，如果 readsize 小于 0，说明数据已经到末尾了，则设置 InputEOS 等于 true，不再进入读 YUV 数据的逻辑。

第 74～85 行我们在 4.7 节已经对 dequeueInputBuffer 和 queueInputBuffer 函数做过详细的分析，它们的作用是获取可用于输入缓冲区的索引，然后将 YUV 数据填充索引对应的缓冲区，最后提交给编码器，让编码器做编码的工作。

第 90～106 行的作用是从编码中获取已经编码的数据，然后写到输出文件中，如果发现 flags 等于 MediaCodec::BUFFER_FLAG_EOS，则说明编码器已经编码完所有数据，退出 for 循环，结束编码工作。

2. Android.bp 编译脚本

```
cc_binary {
  name: "yuv_to_h264",
  srcs: ["yuv_to_h264.cpp"],
  shared_libs: [
          "libstagefright",
          "liblog",
          "libutils",
          "libbinder",
          "libstagefright_foundation",
          "libmedia",
          "libcutils",
          "libmediametrics",
          "libcodec2",
          "libmedia_omx",
          "libsfplugin_ccodec",
          "libgui",
          ],
  include_dirs: [
        "frameworks/av/media/libstagefright",
        "frameworks/native/include/media/openmax",
        ],

  header_libs: [
          "libmediadrm_headers",
          "libmediametrics_headers",
          ],

  cflags: [
        "-Wno-unused-variable",
        "-Wno-unused-parameter",
        ],
}
```

编译脚本 Android. bp,用来编译 yuv_to_h264. cpp 源文件。

编译上述源代码,然后在设备上运行来验证效果。

```
# mm - j12
```

编译成功后,在 out/target/product/blueline/system/bin 目录下会看到应用程序 yuv_to_h264,然后将应用程序复制到 Android 设备上运行,输入文件为 input. yuv,输出文件为 output. h264。

```
blueline:/data/debug # ./yuv_to_h264 input.yuv output.h264
```

传入的 input. yuv 是 10 s 的视频,所以经过硬件编码器 10 s 以内基本能够完成编码工作。

如何验证 output. h264 视频数据是否正确呢?

播放时,需要看一下是否有花屏、颜色不对等问题,作者传入的 input. yuv 是 NV12 格式的数据,是可以正常编码的。通过 ffplay 工具播放 output. h264,看一下它是否播放成功,如果有其他问题,就需要看一下哪里参数设置有问题,因为每个硬件编解码器所需要的参数可能都不一样,需要根据具体硬件配置。

使用 ffplay 命令验证编码后的 output. h264 数据是否正确。

```
ffplay output.h264
```

图 4-13 所示为编码 YUV 视频后,ffplay 播放 output. h264 文件显示的图像。

图 4-13　编码 YUV 视频后显示的图像

如果 ffplay 播放视频与原始 YUV 视频相同,则说明编码成功。

4.11.2　MediaCodec 之 H.264 解码实战

H. 264 视频格式解码为 YUV 格式,模块目录结构如下:

```
.
├── Android.bp
└── h264_to_yuv.cpp
```

此模块由 Android.bp 和 h264_to_yuv.cpp 两部分组成，代码如下所示。

1. h264_to_yuv.cpp：H.264 视频解码为 YUV 格式示例

```
#include <media/stagefright/MediaCodec.h>
......

using namespace android;
static int64_t waitTime = 5000ll;
std::vector<size_t>frameLengths;

void parseH264File(const std::string& filename){
    ......
  }

typedef struct  {
    FILE                    *fp_input;
    FILE                    *fp_output;
    sp<MediaCodec>          codec;
    Vector<sp<MediaCodecBuffer>>inBuffers;
    Vector<sp<MediaCodecBuffer>>outBuffers;
    int                     width;
    int                     height;
    std::string             mime;
} Encoder;

void SetupCodec(Encoder *data) {
    sp<ALooper>looper = new ALooper;
    looper->setName("ALooper");
    looper->start();
    sp<MediaCodec>codec = MediaCodec::CreateByType(looper,
                                data->mime.c_str(),
                                false);
    sp<AMessage>format = new AMessage;
    format->setInt32("width", data->width);
    format->setInt32("height", data->height);
    format->setString("mime", data->mime.c_str());

```

```
    codec->configure(format, NULL, NULL, false);

    codec->start();
    codec->getInputBuffers(&data->inBuffers);
    codec->getOutputBuffers(&data->outBuffers);
    data->codec = codec;
}

void H264_decode_YUV(Encoder * data) {
    status_t ret;
    int h264size = 0, readsize = 0;
    size_t index;
    bool InputEOS = false;
    std::vector<unsigned char>H264Buf(h264size);

    for (int i = 0; i <frameLengths.size(); i++ ) {
      if (InputEOS == false) {
        h264size = frameLengths[i];
        H264Buf.resize(h264size);
        readsize = fread(H264Buf.data(), 1, H264Buf.size() , data->fp_input);
        if (readsize <= 0) {
           InputEOS = true;
        }

        ret = data->codec->dequeueInputBuffer(&index, waitTime);
        if (ret == OK) {
           const sp<MediaCodecBuffer>buffer = data->inBuffers.itemAt(index);
           memcpy(buffer->data(), H264Buf.data(), readsize);
           data->codec->queueInputBuffer(index, 0, buffer->size(), waitTime, 0);
        }
      } else {
        ret = data->codec->dequeueInputBuffer(&index, waitTime);
        if (ret == OK) {
            data->codec->queueInputBuffer(index, 0, 0, 0, MediaCodec::BUFFER_FLAG_
EOS);
        }
      }

      size_t offset, size;
      int64_t presentationTimeUs;
      uint32_t flags;
      ret = data->codec->dequeueOutputBuffer(&index,
```

```
                            &offset,
                            &size,
                            &presentationTimeUs,
                            &flags,
                            waitTime);
        if(ret == OK) {
          const sp<MediaCodecBuffer> buffer = data->outBuffers.itemAt(index);
          fwrite(buffer->data(), 1, buffer->size(), data->fp_output);
          data->codec->releaseOutputBuffer(index);
        }
        if (flags == MediaCodec::BUFFER_FLAG_EOS) {
          break;
        }
      }
      return 0;
}

int main(int argc, char ** argv) {
    if(argc != 3){
      printf("usage: ./h264_to_yuv input.h264 output.yuv\n");
      return -1;
    }

    std::string filename = string(argv[1]);
    parseH264File(filename);

    Encoder ed;
    ed.fp_input = fopen(argv[1], "r");
    ed.fp_output = fopen(argv[2], "w+");
    ed.width = 640;
    ed.height = 480;
    ed.mime = "video/avc";

    SetupCodec(&ed);

    H264_decode_YUV(&ed);

    ed.codec->stop();
    ed.codec->release();
    fclose(ed.fp_input);
    fclose(ed.fp_output);
    return 0;
}
```

MediaCodec 视频解码和编码过程基本一致，但是略微有差异，这也是很关键的点，也是很多开发者感到困惑的问题。

在 main 函数中，第 99～100 行首先获取输入要解码的 input. h264 格式文件，需要经过 parseH264File 函数（parseH264File 函数解析代码省略）解析，获取 H. 264 文件每一帧数据的长度。根据获取 input. h264 文件每帧数据的长度 frameLengths，在 H264_decode_YUV 函数中读取每帧 H. 264 格式的原始码流数据，从而进行解码工作。

与 MediaCodec 编码不同的是，在解码中只需设置视频的宽、高、解码类型即可。第 50 行，frameLengths. size()表示 input. h264 有多少帧数据，frameLengths[i]表示每帧数据的长度是多少，并把每帧数据通过 queueInputBuffer 函数提交给解码器解码。

2. Android. bp 编译脚本

```
cc_binary {
  name: "h264_to_yuv",
  srcs: ["h264_to_yuv.cpp"],
  header_libs: ["libmediametrics_headers",
              "libmediadrm_headers",
              ],
  shared_libs: [
              "libstagefright",
              "liblog",
              "libutils",
              "libbinder",
              "libstagefright_foundation",
              "libmedia",
              "libcutils",
              "libgui",
              "libui",
              "libmediadrm",
              "libbase",
              "libmediametrics",
              "libmedia_omx",
              ],
  include_dirs: [
          "frameworks/av/media/libstagefright",
          "frameworks/native/include/media/openmax",
          ],

  cflags: [
        " - Wno - multichar",
        " - Wno - unused - variable",
        ],

}
```

编译脚本 Android.bp,用来编译 h264_to_to.cpp 源文件。

编译上述源代码,然后在设备上运行来验证效果。

```
# mm -j12
```

编译成功后,在 out/target/product/blueline/system/bin 目录下会看到应用程序 h264_to_yuv,然后将应用程序复制到 Android 设备上运行,如下所示。

```
blueline:/data/debug # ./h264_to_yuv input.h264 output.yuv
```

输入文件为 input.h264,经过硬解码器解码工作后,输出文件为 output.yuv。

在 4.11.1 小节,使用 NV12 格式视频编码,所以使用以下命令来验证解码后的 output.yuv 是否正常播放。

```
ffplay -i output.yuv -pix_fmt nv12 -video_size 640x480
```

图 4-14 所示为解码 input.h264 格式视频后,ffplay 播放 output.yuv 文件显示的图像。

图 4-14　解码 input.h264 格式视频后显示的图像

如果播放解码后的 YUV 视频和 H.264 格式视频相同,则说明成功解码 H.264 格式视频。

4.11.3　MediaCodec 之 PCM 编码实战

PCM 音频格式编码为 AAC 格式,模块目录结构如下:

```
.
├── Android.bp
└── pcm_to_aac.cpp
```

此模块由 Android. bp 和 pcm_to_aac. cpp 两部分组成，代码如下所示。

1. pcm_to_aac. cpp：PCM 音频格式编码为 AAC 格式示例

```
#include <media/stagefright/MediaCodec.h>
……
using namespace android;
static int64_t waitTime = 5 * 1000ll;
std::FILE * fp_input;
std::FILE   * fp_output;

typedef struct  {
    sp<MediaCodec>          codec;
    Vector<sp<MediaCodecBuffer>> inBuffers;
    Vector<sp<MediaCodecBuffer>> outBuffers;
} AACEncoder;

void SetupPcmEncodAac(AACEncoder * data) {
    sp<ALooper> looper = new ALooper;
    looper->setName("mediacodec_aac_decode_pcm");
    looper->start();

    sp<MediaCodec> codec = MediaCodec::CreateByType(
                            looper,
                            "audio/mp4a-latm",
                            true);
    sp<AMessage> format = new AMessage;
    format->setString(KEY_MIME, "audio/mp4a-latm");
    format->setInt32(KEY_SAMPLE_RATE, 44100);
    format->setInt32(KEY_CHANNEL_COUNT, 2);
    format->setInt32(KEY_BIT_RATE, 128000);

    codec->configure(format, NULL, NULL, true);
    codec->start();
    codec->getInputBuffers(&data->inBuffers);
    codec->getOutputBuffers(&data->outBuffers);

    data->codec = codec;
}

status_t pcm_encode_aac(AACEncoder * data,
            std::FILE * fp_input,
```

```
                std::FILE * fp_output) {
    status_t ret;
    int h264size = 0, readsize = 0;
    size_t index;
    bool InputEOS = false;
    std::vector<unsigned char>H264Buf(h264size);
    int aacReadLen = 0;

    while(InputEOS == false){
      if (InputEOS == false) {
        std::vector<unsigned char>H264Buf(4096);

        readsize = fread(H264Buf.data(), 1, H264Buf.size(), fp_input);
        if (readsize <= 0) {
            InputEOS = true;
        }

        ret = data->codec->dequeueInputBuffer(&index, waitTime);
        if (ret == OK) {
            const sp<MediaCodecBuffer>buffer = data->inBuffers.itemAt(index);
            buffer->setRange(buffer->offset(), readsize);
            memcpy(buffer->data(), H264Buf.data(), H264Buf.size());
            data->codec->queueInputBuffer(index, 0, buffer->size(), waitTime, 0);
        }
      } else {
        ret = data->codec->dequeueInputBuffer(&index, waitTime);
        if (ret == OK) {
            data->codec->queueInputBuffer(index, 0, 0,0, MediaCodec::BUFFER_FLAG_EOS);
        }
      }

      size_t offset, size;
      int64_t presentationTimeUs;
      uint32_t flags;

      ret = data->codec->dequeueOutputBuffer(&index,
                                &offset,
                                &size,
                                &presentationTimeUs,
                                &flags,
                                waitTime);
```

```
        if(ret == OK) {
            const sp<MediaCodecBuffer>buffer = data->outBuffers.itemAt(index);
            int profile = 1;
            int Sampleing_frequencry_index = 4;
            int channel = 2;

            std::vector<unsigned char>kAdtsHeader(7);
            uint32_t kAdtsHeaderLength = 7;
            uint32_t aac_sheader_data_length = buffer->size()  + kAdtsHeaderLength;

            kAdtsHeader.data()[0] = 0xFF;
            kAdtsHeader.data()[1] = 0xF0;
            kAdtsHeader.data()[1] |= (0<<3);
            kAdtsHeader.data()[1] |= (0<<1);
            kAdtsHeader.data()[1] |= 1;

            kAdtsHeader.data()[2] = (profile<<6);
            kAdtsHeader.data()[2] |= (Sampleing_frequencry_index<<2);
            kAdtsHeader.data()[2] |= (0<<1);
            kAdtsHeader.data()[2] |= (channel & 0x04)>>2;
            kAdtsHeader.data()[3] = (channel & 03) <<6;
            kAdtsHeader.data()[3] |= (0<<5);
            kAdtsHeader.data()[3] |= (0<<4);
            kAdtsHeader.data()[3] |= (0<<3);
            kAdtsHeader.data()[3] |= (0<<2);
            kAdtsHeader.data()[3] |= (aac_sheader_data_length & 0x1800)>11;
            kAdtsHeader.data()[4] = (uint8_t)((aac_sheader_data_length & 0x7F8)>>3);
            kAdtsHeader.data()[5] = (uint8_t)((aac_sheader_data_length & 0x7) <<5);
            kAdtsHeader.data()[5] |= 0x1F;
            kAdtsHeader.data()[6] = 0xFC;
            fwrite(kAdtsHeader.data(), 1, kAdtsHeaderLength, fp_output);
            fwrite(buffer->data(), 1, buffer->size(), fp_output);

            data->codec->releaseOutputBuffer(index);
        }
    }
    return 0;
}

int main(int argc, char *argv[]) {
    if(argc<3){
      printf("usage:./pcm_to_aac input.pcm  ouput.aac\n");
```

```
122        return -1;
123    }
124    AACEncoder data;
125    fp_input = fopen(argv[1], "r");
126    fp_output = fopen(argv[2], "w+");
127
128    SetupPcmEncodAac(&data);
129
130    pcm_encode_aac(&data, fp_input, fp_output);
131
132    fclose(fp_input);
133    fclose(fp_output);
134    data.codec->stop();
135    data.codec->release();
136    return 0;
137 }
```

MediaCodec 编码音频 PCM 时，第 128 行调用 SetupPcmEncodAac 配置编码器，通过 MediaCodec::CreateByType 创建编码器后，需要设置编码器的类型、采样率、通道数和比特率，最后启动编码器，这些步骤和视频编码基本一致。

第 130 行调用 pcm_encode_aac 函数开始处理需要编码的 PCM 数据。整个过程和视频编码不同的地方是：需要自己去计算 AAC 的数据头，然后将获取编码后的数据组合到一起，组成完整的 AAC 格式数据。

2. Android.bp 编译脚本

```
cc_binary {
  name: "pcm_to_aac",
  srcs: ["pcm_to_aac.cpp"],
  header_libs: ["libmediametrics_headers",
              "libmediadrm_headers",
              ],
  shared_libs: [
              "libstagefright",
              "liblog",
              "libutils",
              "libbinder",
              "libstagefright_foundation",
              "libmedia",
              "libcutils",
              "libgui",
              "libui",
```

```
                "libmediadrm",
                "libbase",
                "libmediametrics",
                "libmedia_omx",
                ],
    include_dirs: [
            "frameworks/av/media/libstagefright",
            "frameworks/native/include/media/openmax",
            ],

    cflags: [
          "-Wno-multichar",
          "-Wno-unused-variable",
        ],

}
```

编译脚本 Android.bp，用来编译 pcm_to_aac.cpp 源文件。

编译上述源代码，然后在设备上运行来验证效果。

```
# mm -j12
```

编译成功后，在 out/target/product/blueline/system/bin 目录下会看到应用程序 pcm_to_aac，然后将应用程序复制到 Android 设备上运行，如下所示。

```
blueline:/data/debug # ./pcm_to_aac input.pcm output.aac
```

输入文件为 input.pcm，经过编码后，输出文件为 output.aac。

如何验证 AAC 编码结果是否正确呢？打开音乐播放软件，如果播放与原始声音一致，则说明编码 AAC 音频格式正确。

4.11.4 MediaCodec 之 AAC 解码实战

AAC 音频格式解码为 PCM 格式，模块目录结构如下：

```
.
├── aac_to_pcm.cpp
└── Android.bp
```

此模块由 Android.bp 和 aac_to_pcm.cpp 两部分组成，代码如下所示。

1. aac_to_pcm.cpp：AAC 音频格式解码为 PCM 格式示例

```
#include <media/stagefright/MediaCodec.h>
……
using namespace android;
```

```

std::vector<size_t>aacFrameLengths;
static int64_t waitTime = 5 * 1000ll;
std::FILE *fp_input;
std::FILE   *fp_output;

typedef struct  {
    sp<MediaCodec>         codec;
    Vector<sp<MediaCodecBuffer>>inBuffers;
    Vector<sp<MediaCodecBuffer>>outBuffers;
} AACEncoder;

void getFrameLength(const std::string& filename) {
    ……
      }

void set_aac_csd0(sp<AMessage>format){
    int profile = 1;
    int Sampleing_frequencry_index = 4;
    int channel = 2;
    uint8_t csd[2];

    csd[0] = ((profile + 1) <<3) | (Sampleing_frequencry_index>>1);
    csd[1] = ((Sampleing_frequencry_index <<7) & 0x80) | (channel <<3);
    sp<ABuffer>audio_csd0 = new ABuffer(2);
    memcpy(audio_csd0->data(), csd, 2);
    format->setBuffer("csd-0", audio_csd0);
}

void SetupAAcDecoder(AACEncoder *data) {
    sp<ALooper>looper = new ALooper;
    looper->setName("mediacodec_aac_decode_pcm");
    looper->start();

    sp<MediaCodec>codec = MediaCodec::CreateByType(
                                    looper,
                                    "audio/mp4a-latm",
                                    false);
    sp<AMessage>format = new AMessage;
    format->setString(KEY_MIME, "audio/mp4a-latm");
    format->setInt32(KEY_SAMPLE_RATE, 44100);
    format->setInt32(KEY_CHANNEL_COUNT, 2);
```

```
    format->setInt32(KEY_IS_ADTS, 1);
    set_aac_csd0(format);

    codec->configure(format, NULL, NULL, false);
    codec->start();
    codec->getInputBuffers(&data->inBuffers);
    codec->getOutputBuffers(&data->outBuffers);
    data->codec = codec;
}

status_t aac_decode_pcm(AACEncoder * data,
            std::FILE * fp_input,
            std::FILE * fp_output) {
    status_t ret;
    int h264size = 0, readsize = 0;
    size_t index;
    bool InputEOS = false;
    std::vector<unsigned char>H264Buf(h264size);
    int aacReadLen = 0;

    for (int i = 0; i <aacFrameLengths.size(); i++) {
      if (InputEOS == false) {
        std::vector<unsigned char>H264Buf(aacFrameLengths[i]);
        readsize = fread(H264Buf.data(), 1, H264Buf.size(), fp_input);
        if (readsize <0) {
             InputEOS = true;
        }
        ret = data->codec->dequeueInputBuffer(&index, waitTime);
        if (ret == OK) {
           const sp<MediaCodecBuffer>buffer = data->inBuffers.itemAt(index);
            buffer->setRange(buffer->offset(), readsize);
           memcpy(buffer->data(), H264Buf.data(), H264Buf.size());
           data->codec->queueInputBuffer(index, 0, buffer->size(), waitTime, 0);
        }
      } else {
        ret = data->codec->dequeueInputBuffer(&index, waitTime);
        if (ret == OK) {
           data->codec->queueInputBuffer(index, 0, 0,0,
                        MediaCodec::BUFFER_FLAG_EOS);
        }
      }

```

```
088         size_t offset, size;
089         int64_t presentationTimeUs;
090         uint32_t flags;
091         ret = data->codec->dequeueOutputBuffer(&index, &offset,
092                                 &size, &presentationTimeUs,
093                                 &flags, waitTime);
094         if(ret == OK) {
095           const sp<MediaCodecBuffer>buffer = data->outBuffers.itemAt(index);
096           fwrite(buffer->data(), 1, buffer->size(), fp_output);
097           data->codec->releaseOutputBuffer(index);
098         }
099         if (flags == MediaCodec::BUFFER_FLAG_EOS) {
100           break;
101         }
102     }
103 }
104
105 int main(int argc, char *argv[]) {
106     if(argc <3){
107       printf("usage:./aac_to_pcm input.aac  ouput.pcm\n");
108       return -1;
109     }
110     AACEncoder data;
111     getFrameLength(argv[1]);
112     fp_input = fopen(argv[1], "r");
113     fp_output = fopen(argv[2], "w+");
114
115     SetupAAcDecoder(&data);
116     aac_decode_pcm(&data, fp_input, fp_output);
117
118     fclose(fp_input);
119     fclose(fp_output);
120     data.codec->stop();
121     data.codec->release();
122     return 0;
123 }
```

在 main 函数中，第 111 行调用 getFrameLength 函数，将需要解码的 input.aac 文件传入，获取 AAC 文件每帧数据的长度，并保存在 aacFrameLengths 容器中，在解码时使用。

在配置 AAC 解码器时，与配置 AAC 编码器不同的是，解码 AAC 格式时，解码器需要用到"is-adts"和"csd-0"字段，所以需要配置它们，否则会导致解码失败。

2. Android. bp 编译脚本

```
cc_binary {
  name："aac_to_pcm",
  srcs：["aac_to_pcm.cpp"],
  header_libs：["libmediametrics_headers",
            "libmediadrm_headers",
            ],
  shared_libs：[
            "libstagefright",
            "liblog",
            "libutils",
            "libbinder",
            "libstagefright_foundation",
            "libmedia",
            "libcutils",
            "libgui",
            "libui",
            "libmediadrm",
            "libbase",
            "libmediametrics",
            "libmedia_omx",
            ],
  include_dirs：[
        "frameworks/av/media/libstagefright",
        "frameworks/native/include/media/openmax",
        ],
  cflags：[
      "- Wno - multichar",
      "- Wno - unused - variable",
      ],
}
```

编译脚本 Android. bp,用来编译 aac_to_pcm. cpp 源文件。

编译上述源代码,然后在设备上运行来验证效果。

```
# mm -j12
```

编译成功后,在 out/target/product/blueline/system/bin 目录下会看到应用程序 aac_to_pcm,然后将应用程序复制到 Android 设备上运行,如下所示。

```
blueline:/data/debug # ./aac_to_pcm input.aac output.pcm
```

输入文件为 input. aac,经过解码后,输出文件为 output. pcm。

如何验证解码后 PCM 数据是否正确呢？使用以下 ffplay 命令验证。

```
ffplay -i output.pcm -f s16le -ar 44100 -channels 2
```

如果播放 ouput.pcm 声音与原始声音一致，则说明解码 AAC 音频格式正确。

4.12 MediaMuxer 音视频封装与 NuMediaExtractor 解封装实战

➤ 阅读目标：理解 MediaMuxer 视频封装与 NuMediaExtractor 解封装的过程。

4.12.1 MediaMuxer 之 H.264 封装实战

H.264 视频格式封装为 mp4 格式，模块目录结构如下：

```
.
├── Android.bp
└── h264_to_mp4.cpp
```

此模块由 Android.bp 和 h264_to_mp4.cpp 两部分组成，代码如下所示。

1. h264_to_mp4.cpp：H.264 视频格式封装为 mp4 格式示例

```
#include <media/stagefright/MediaCodec.h>
……

using namespace android;

std::vector<size_t> frameLengths;
std::vector<std::vector<uint8_t>> frameDatas;

void parseH264File(const std::string& filename){
    ……
    }

int main(int argc, char * argv[]) {
    if(argc != 3){
      printf("usage: ./h264_to_mp4 input.h264 output.mp4\n");
      return -1;
    }
    parseH264File(std::string(argv[1]));
    FILE * inputFile = fopen(argv[1], "r");
```

```
    FILE * fp_out = fopen(argv[2],"w+");

    size_t bufferSize = 640 * 480 * 3 / 2 ;
    std::vector<unsigned char>buffer(bufferSize);
    ssize_t bytesRead;
    int64_t timeUs = 1000 * 1000;
    uint32_t sampleFlags = 0;

    sp<MediaMuxer>muxer = new MediaMuxer(
                    fileno(fp_out),
                    MediaMuxer::OUTPUT_FORMAT_MPEG_4);
    sp<AMessage>format = new AMessage();
    format->setString("mime", "video/avc");
    format->setInt32("width", 640);
    format->setInt32("height", 480);

    sp<ABuffer>sps = new ABuffer(frameLengths[0]);
    sp<ABuffer>pps = new ABuffer(frameLengths[1]);

    memcpy(sps->data(), frameDatas[0].data(), frameLengths[0]);
    memcpy(pps->data(), frameDatas[1].data(), frameLengths[1]);

    format->setBuffer("csd-0", sps);
    format->setBuffer("csd-1", pps);

    ssize_t newTrackIndex = muxer->addTrack(format);
    muxer->setOrientationHint(0);
    muxer->start();

    sp<ABuffer>newBuffer = new ABuffer(bufferSize);
    bool mflag = false;

    timeUs = 0;
    for (int i = 0; i <frameLengths.size(); i++) {
      buffer.resize(frameLengths[i]);
      bytesRead = fread(buffer.data(), 1, buffer.size(), inputFile);
      if(bytesRead <= 0)
        break;

      newBuffer->setRange(newBuffer->offset(),buffer.size());
      memcpy(newBuffer->data(), buffer.data(), buffer.size());
```

```
61
62      if(memcmp(buffer.data(), "\x00\x00\x00\x01\x67",5) == 0 ||
63         memcmp(buffer.data(), "\x00\x00\x01\x68",5) == 0     ||
64         memcmp(buffer.data(), "\x00\x00\x00\x01\x6",5) == 0  ||
65         memcmp(buffer.data(), "\x00\x00\x00\x01\x68",5) == 0 ||
66         memcmp(buffer.data(), "\x00\x00\x01\x68",4) == 0     ||
67         memcmp(buffer.data(), "\x00\x00\x01\x6",4) == 0){
68        sampleFlags = 0;
69      }else {
70        sampleFlags = MediaCodec::BUFFER_FLAG_SYNCFRAME;
71      }
72
73      muxer->writeSampleData(newBuffer, newTrackIndex, timeUs, sampleFlags);
74      timeUs + = (1000 * 1000 / 25);
75    }
76    fclose(inputFile);
77    fclose(fp_out);
78    muxer->stop();
79    newBuffer.clear();
80    return 0;
81  }
```

在 main 函数中，第 18 行调用 parseH264File 解析传入 input.h264 文件，将解析出来的每一帧数据都存储在 frameDatas 容器中，将每帧数据的长度存放在 frameLengths 容器中，在处理数据时使用。

第 28 行实例化 MediaMuxer 对象，构造函数第一个参数 fileno(fp_out)表示输出文件描述符，第二个参数 MediaMuxer::OUTPUT_FORMAT_MPEG_4 表示以 mp4 格式进行封装。其与 MediaCodec 编码时不同的是，需要设置 sps 和 pps，它们对应的字段为"csd-0"和"csd-1"，然后调用 start 函数启动 MediaMuxer。

第 62～71 行判断 sampleFlags 标志，如果是 sps、pps、SEI 帧数据，则 sampleFlags 等于 0；否则，sampleFlags 等于 MediaCodec::BUFFER_FLAG_SYNCFRAME，表示同步帧。第 74 行表示 25 帧/秒的视频速度。

2. Android.bp 编译脚本

```
cc_binary {
  name: "h264_to_mp4",
  srcs: ["h264_to_mp4.cpp"],
  header_libs: ["libmediametrics_headers"],
  shared_libs: [
            "libstagefright",
            "liblog",
```

```
                "libutils",
                "libbinder",
                "libstagefright_foundation",
                "libcutils",
                "libc",
                "libbase",
                "libcutils",
                "libmediandk",
                "libnativewindow",
                "libutils",
                "libbinder_ndk",
                ],

    include_dirs: [
            "frameworks/av/media/libstagefright",
            "frameworks/native/include/media/openmax",
            ],
    cflags: [
          "-Wno-multichar",
          "-Wno-unused-variable",
          ],
}
```

编译脚本 Android.bp,用来编译 h264_to_mp4.cpp 源文件。

编译上述源代码,然后在设备上运行来验证效果。

```
# mm -j12
```

编译成功后,在 out/target/product/blueline/system/bin 目录下会看到应用程序 h264_to_mp4,然后将应用程序复制到 Android 设备上运行,如下所示。

```
blueline:/data/debug # ./h264_to_mp4 input.h264 output.mp4
```

输入文件为 input.h264,经过封装后,输出文件为 output.mp4。

如何验证封装后的 mp4 文件是否正确呢?使用视频播放器播放,如果播放 ouput.mp4 声音与原始视频一致,则说明封装 H.264 格式视频正确。

4.12.2 NuMediaExtractor 之 mp4 解封装视频实战

mp4 视频格式解封装为 H.264 格式,模块目录结构如下:

```
.
├── Android.bp
└── mp4_to_h264.cpp
```

此模块由 Android.bp 和 mp4_to_h264.cpp 两部分组成，代码如下所示。

1. mp4_to_h264.cpp:mp4 视频格式解封装为 H.264 格式示例

```
#include <media/stagefright/MediaCodec.h>
......
using namespace android;

void mp4_extract_h264(const char * inputFileName, const char * outputFileName) {
    sp<AMessage> format;

    FILE * fp_out = fopen(outputFileName,"w+");
    sp<NuMediaExtractor> extractor = new NuMediaExtractor(
                              NuMediaExtractor::EntryPoint::OTHER);
    extractor->setDataSource(NULL, inputFileName);

    size_t trackCount = extractor->countTracks();
    size_t bufferSize = 1 * 1024 * 1024;

    for (size_t i = 0; i < trackCount; ++i){
      extractor->getTrackFormat(i, &format);
      AString mime;
      format->findString("mime", &mime);
      bool isVideo = ! strncasecmp(mime.c_str(), "video/", 6);

      if (isVideo) {
        extractor->selectTrack(i);
        break;
      }
    }

    int64_t muxerStartTimeUs = ALooper::GetNowUs();
    bool sawInputEOS = false;

    size_t trackIndex = -1;
    sp<ABuffer> newBuffer = new ABuffer(bufferSize);

    while (sawInputEOS == false) {
      status_t err = extractor->getSampleTrackIndex(&trackIndex);
      if (err != OK) {
        sawInputEOS = true;
      } else if(trackIndex >= 0){
        extractor->readSampleData(newBuffer);
```

```

        sp<AMessage>Am;
        extractor->getTrackFormat(trackIndex, &Am);

        sp<MetaData>meta;
        extractor->getSampleMeta(&meta);
        uint32_t sampleFlags = 0;
        int32_t val;

        if (meta->findInt32(kKeyIsSyncFrame, &val) && val != 0) {
            int width , height;
            Am->findInt32("width", &width);
            Am->findInt32("height", &height);
            bufferSize = width * height * 4;

            sp<ABuffer>sps, pps;
            Am->findBuffer("csd-0", &sps);
            Am->findBuffer("csd-1", &pps);;

            fwrite(sps->data(), 1, sps->size(), fp_out);
            fwrite(pps->data(), 1, pps->size(), fp_out);

        }
        fwrite(newBuffer->data(), 1, newBuffer->size(), fp_out);
        extractor->advance();
      }
    }
    fclose(fp_out);
}

int main(int argc, char **argv) {
    if(argc <3){
      printf("usage: ./mp4_to_h264  input.mp4  ouput.h264\n");
      return -1;
    }

    char *input_file = argv[1];
    char *output_file = argv[2];

    mp4_extract_h264(input_file, output_file);
    return 0;
}
```

在 main 函数中，第 79 行调用 mp4_extract_h264 函数，第一个参数表示需要解封装的 input.mp4 文件，第二个参数表示解封装后的 output.h264 文件。

在使用 NuMediaExtractor 类解封装 mp4 中的视频时，需要获取视频轨道的 sps 和 pps 数据，用于与帧数据组合成完整的 H.264 格式视频数据，最后输出到 output.h264 文件中，即是解封装 input.mp4 获取的 H.264 格式文件。

2. Android.bp 编译脚本

```
cc_binary {
  name： "mp4_to_h264",
  srcs： ["mp4_to_h264.cpp"],
  header_libs： ["libmediametrics_headers"],
  shared_libs： [
            "libstagefright",
            "liblog",
            "libutils",
            "libbinder",
            "libstagefright_foundation",
            "libcutils",
            "libc",
            "libbase",
            "libcutils",
            "libmediandk",
            "libnativewindow",
            "libutils",
            "libbinder_ndk",
            ],
  include_dirs： [
          "frameworks/av/media/libstagefright",
          "frameworks/native/include/media/openmax",
          ],
  cflags： [
        " - Wno - multichar",
        " - Wno - unused - variable",
        ],
}
```

编译脚本 Android.bp，用来编译 mp4_to_h264.cpp 源文件。

编译上述源代码，然后在设备上运行来验证效果。

```
# mm - j12
```

编译成功后，在 out/target/product/blueline/system/bin 目录下会看到应用程序 mp4_to_h264，然后将应用程序复制到 Android 设备上运行，如下所示。

```
blueline:/data/debug # ./mp4_to_h264 input.mp4 output.h264
```

输入文件为 input.mp4，经过解封装后，输出文件为 output.h264。

使用 ffplay 命令播放 output.h264 测试，如果播放 ouput.mp4 视频与原始视频一致，则说明解封装 H.264 格式视频正确。

4.12.3 MediaMuxer 之 AAC 封装实战

AAC 音频格式封装为 mp4 格式，模块目录结构如下：

```
.
├── aac_to_mp4.cpp
└── Android.bp
```

此模块由 aac_to_mp4.cpp 和 Android.bp 两部分组成，代码如下所示。

1. aac_to_mp4.cpp：AAC 音频格式封装为 mp4 格式示例

```
#include <media/stagefright/MediaCodec.h>
……
using namespace android;

std::vector<size_t> aacFrameLengths;
std::FILE * fp_input;
std::FILE   * fp_output;

void getFrameLength(const std::string& filename) {
   std::ifstream file(filename, std::ios::binary);
   char header[7];
   while(1){
     file.read(header, sizeof(header));
     if(file.eof())
       break;

     int frameLength = ((header[3] & 0x03) <<11) |
       (header[4] <<3) |
       ((header[5] & 0xE0) >>5);
     if(frameLength>0){
       aacFrameLengths.push_back(frameLength);
     }
     file.seekg(frameLength - sizeof(header), std::ios::cur);
   }
  file.close();
```

```
}

void set_aac_csd0(sp<AMessage>format){
    int profile = 1;
    int Sampleing_frequencry_index = 4;
    int channel = 2;
    uint8_t csd[2];

    csd[0] = ((profile + 1) <<3) | (Sampleing_frequencry_index>>1);
    csd[1] = ((Sampleing_frequencry_index <<7) & 0x80) | (channel <<3);
    sp<ABuffer>audio_csd0 = new ABuffer(2);
    memcpy(audio_csd0->data(), csd, 2);
    format->setBuffer("csd-0", audio_csd0);
}

int main(int argc, char *argv[]) {
    if(argc <3){
      printf("usage:./aac_to_mp4 input.aac  ouput.mp4\n");
      return -1;
    }

    getFrameLength(argv[1]);

    fp_input = fopen(argv[1], "r");
    fp_output = fopen(argv[2], "w+");

    sp<MediaMuxer>muxer = new MediaMuxer(
                        fileno(fp_output),
                        MediaMuxer::OUTPUT_FORMAT_MPEG_4);
    sp<AMessage>format = new AMessage();
    format->setString(KEY_MIME, "audio/mp4a-latm");
    format->setInt32(KEY_SAMPLE_RATE, 44100);
    format->setInt32(KEY_CHANNEL_COUNT, 2);
    set_aac_csd0(format);

    ssize_t newTrackIndex = muxer->addTrack(format);
    muxer->start();

    int bufferSize = 100;
    std::vector<unsigned char>AacBuf(500);
    int64_t timeUs = 0;
    uint32_t sampleFlags = 0;
```

```
68      int readsize = 0;
69
70      for (int i = 0; i <aacFrameLengths.size(); i++) {
71          AacBuf.resize(aacFrameLengths[i]);
72          sp<ABuffer>newBuffer = new ABuffer(AacBuf.size());
73          readsize = fread(AacBuf.data(), 1, AacBuf.size(), fp_input);
74          if (readsize <= 0){
75              break;
76          }
77
78          newBuffer->setRange(newBuffer->offset(), AacBuf.size());
79          memcpy(newBuffer->data(), AacBuf.data(), readsize);
80          sampleFlags = MediaCodec::BUFFER_FLAG_SYNCFRAME;
81          muxer->writeSampleData(newBuffer, newTrackIndex, timeUs, sampleFlags);
82      }
83
84      fclose(fp_input);
85      fclose(fp_output);
86      return 0;
87  }
```

在 main 函数中，第 47 行调用 getFrameLength 函数获取 input.aac 每帧数据的长度，存放在 aacFrameLengths 容器中。

AAC 音频封装 mp4 的过程与 H.264 视频封装 mp4 的过程基本一致。它们之间不同的是，AAC 只设置"csd-0"字段即可，然后调用 start 函数启动 MediaMuxer。第 81 行调用 writeSampleData 函数时，sampleFlags 标志一直等于 MediaCodec::BUFFER_FLAG_SYNCFRAME，这也是与 H.264 视频封装过程的不同之处。

2. Android.bp 编译脚本

```
cc_binary {
    name: "aac_to_mp4",
    srcs: ["aac_to_mp4.cpp"],
    header_libs: ["libmediametrics_headers",
            "libmediadrm_headers",
            ],
    shared_libs: [
            "libstagefright",
            "liblog",
            "libutils",
            "libbinder",
            "libstagefright_foundation",
```

```
            "libmedia",
            "libcutils",
            "libgui",
            "libui",
            "libmediadrm",
            "libbase",
            "libmediametrics",
            "libmedia_omx",
            ],
    include_dirs: [
          "frameworks/av/media/libstagefright",
          "frameworks/native/include/media/openmax",
          ],
    cflags: [
          "-Wno-multichar",
          "-Wno-unused-variable",
          ],
}
```

编译脚本 Android. bp,用来编译 aac_to_mp4. cpp 源文件。

编译上述源代码,然后在设备上运行来验证效果。

```
# mm -j12
```

编译成功后,在 out/target/product/blueline/system/bin 目录下会看到应用程序 aac_to_mp4,然后将应用程序复制到 Android 设备上运行,如下所示。

```
/data/debug # ./aac_to_mp4 input.aac ouput.mp4
```

输入文件为 input. aac,经过封装后,输出文件为 output. mp4。

使用音频播放器测试,如果播放 ouput. mp4 声音与原始音频一致,则说明封装 output. mp4 视频格式正确。

4.12.4 NuMediaExtractor 之 mp4 解封装音频实战

mp4 视频格式解封装为 AAC 格式,模块目录结构如下:

```
.
├── Android.bp
└── mp4_to_aac.cpp
```

此模块由 Android. bp 和 mp4_to_aac. cpp 两部分组成,代码如下所示。

1. mp4_to_aac.cpp:AAC 音频格式解码为 PCM 格式示例

```
#include <media/stagefright/MediaCodec.h>
......
using namespace android;

void mp4_extract_aac(const char * inputFileName, const char * outputFileName) {
    sp<AMessage> format;
    AString mime;
    bool isAudio;
    size_t bufferSize = 1 * 1024 * 1024;

    FILE * fp_out = fopen(outputFileName,"w+");
    sp<NuMediaExtractor> extractor = new NuMediaExtractor(
                                NuMediaExtractor::EntryPoint::OTHER);
    extractor->setDataSource(NULL, inputFileName);
    size_t trackCount = extractor->countTracks();

    for (size_t i = 0; i <trackCount; ++i){
      extractor->getTrackFormat(i, &format);
      format->findString("mime", &mime);
      isAudio = !strncasecmp(mime.c_str(), "audio/", 6);

      if (isAudio) {
        extractor->selectTrack(i);
        break;
      }
    }

    int64_t muxerStartTimeUs = ALooper::GetNowUs();
    bool sawInputEOS = false;

    size_t trackIndex = -1;
    sp<ABuffer> newBuffer = new ABuffer(bufferSize);

    while (sawInputEOS == false) {
      status_t err = extractor->getSampleTrackIndex(&trackIndex);
      if (err != OK) {
        sawInputEOS = true;
      } else if (trackIndex >= 0){
        extractor->readSampleData(newBuffer);
```

```
        std::vector<unsigned char> kAdtsHeader;
        uint32_t kAdtsHeaderLength = 7;
        uint32_t aac_sheader_data_length = newBuffer->size() +
                                                    kAdtsHeaderLength;
        kAdtsHeader.resize(aac_sheader_data_length);

        int profile = 2;
        int freqIdx = 3;
        int chanCfg = 1;
        kAdtsHeader.data()[0] = 0xFF;
        kAdtsHeader.data()[1] = 0xF1;
        kAdtsHeader.data()[2] = (((profile - 1) <<6) +
                    (freqIdx <<2) + (chanCfg >>2)) + 1;
        kAdtsHeader.data()[3] = (((chanCfg & 3) <<7) +
                    (aac_sheader_data_length >> 11));
        kAdtsHeader.data()[4] = ((aac_sheader_data_length & 0x7FF) >>3);
        kAdtsHeader.data()[5] = (((aac_sheader_data_length & 7) <<5) + 0x1F);
        kAdtsHeader.data()[6] = 0xFC;

        fwrite(kAdtsHeader.data(), 1, kAdtsHeaderLength, fp_out);
        fwrite(newBuffer->data(), 1, newBuffer->size(), fp_out);
        extractor->advance();
      }
    }
    fclose(fp_out);
}

int main(int argc, char * * argv) {
  bool useAudio = false;
  bool useVideo = false;
  if(argc != 3){
    printf("usage: ./mp4_extract_to_aac  input.mp4  ouput.aac \n");
    return -1;
  }

  sp<ALooper> looper = new ALooper;
  looper->start();

  char * input_file = argv[1];
  char * output_file = argv[2];
  useAudio = atoi(argv[3]);
```

```
82
83     mp4_extract_aac(input_file , output_file);
84
85     looper->stop();
86     return 0;
87 }
```

在 main 函数中,第 83 行调用 mp4_extract_aac 函数单独解封装 mp4 中的 AAC 音频数据。与单独解封装 mp4 中的 H.264 视频数据不同的是,当从 NuMediaExtractor 成员函数 readSampleData 中读取解封装后的数据时,需要自己拼接 AAC 的头和真正的数据部分,组合成实际的 AAC 格式数据。

2. Android.bp 编译脚本

```
cc_binary {
  name: "mp4_to_aac",
  srcs: ["mp4_to_aac.cpp"],
  header_libs: ["libmediametrics_headers"],
  shared_libs: [
                "libstagefright",
                "liblog",
                "libutils",
                "libbinder",
                "libstagefright_foundation",
                "libcutils",
                "libc",
                "libbase",
                "libcutils",
                "libmediandk",
                "libnativewindow",
                "libutils",
                "libbinder_ndk",
                ],
  include_dirs: [
          "frameworks/av/media/libstagefright",
          "frameworks/native/include/media/openmax",
          ],
  cflags: [
        "-Wno-multichar",
        "-Wno-unused-variable",
        ],
}
```

编译脚本 Android.bp,用来编译 mp4_to_aac.cpp 源文件。

编译上述源代码，然后在设备上运行来验证效果。

```
# mm -j12
```

编译成功后，在 out/target/product/blueline/system/bin 目录下会看到应用程序 mp4_to_aac，然后将应用程序复制到 Android 设备上运行，如下所示。

```
blueline:/data/debug # ./mp4_to_aac input.mp4 output.aac
```

输入文件为 input.mp4，经过解封装后，输出文件为 output.aac。

使用音频播放器测试，如果播放 ouput.aac 声音与原始音频一致，则说明解封装 output.aac 音频格式正确。

第5章 图形篇

5.1 图形基础知识

➢ 阅读目标：理解 Android 图形相关基础概念、术语、缩写。

5.1.1 View

View 是一种基本的 UI 元素，用于构建用户界面。View 可以是按钮、文本框、图像等可见的用户界面元素，用于组织和布局其他 View。

5.1.2 Surface

Surface 是一个接口，提供给生产者与消耗者交换缓冲区。它相当于一个绘图的画布，用来绘制 UI 界面，可以在上面进行绘制、显示和修改像素的操作。

5.1.3 SurfaceHolder

SurfaceHolder 是一个用于管理 Surface 的接口，提供了对 Surface 底层控制和操作的能力，可以实现绘制、线程操作和生命周期管理等操作。与 View 交互的大多数组件都涉及 SurfaceHolder。

5.1.4 SurfaceView

SurfaceView 是 View 的子类，是一个特殊的 View，用于在 UI 线程之外进行绘制和渲染操作。它提供了一个独立的绘制 UI 的线程，避免了 UI 线程的阻塞和卡顿。

5.1.5 GLSurfaceView

GLSurfaceView 是 SurfaceView 的子类，提供用于管理 EGL 上下文、在线程间通信以及与 activity 生命周期交互的辅助程序类，用于在后台线程中进行高性能的 OpenGL 绘制和渲染操作。

5.1.6 SurfaceTexture

SurfaceTexture 是 Surface 和 OpenGL ES 纹理的组合，SurfaceTexture 实例用于提供输出到 GLES 纹理的接口。将生产者的图像数据进行纹理操作，转换为纹理数据。

5.1.7 TextureView

TextureView 类是一个结合了 View 和 SurfaceTexture 的 View 对象。

5.1.8 SurfaceFlinger

SurfaceFlinger 接收缓冲区,然后将它们进行合成并发送到显示屏。它是图像数据缓冲区的消费者,将来自生产者 Surface 绘制的图像数据进行合成。

5.1.9 BufferQueue

BufferQueue 将生成图形数据缓冲区的组件(生产者)连接到接收数据以便进行显示或进一步处理组件(消费者)。

实际上,就是将生产图形数据的 Surface(生产者)与消耗图形数据的 SurfaceFlinger(消费者)连接起来,让数据通过 BufferQueue 流转起来。

当生产者需要缓冲区时,通过调用 dequeueBuffer()从 BufferQueue 中获取可用的缓冲区,并指定缓冲区的宽度、高度、像素格式和用法标志。生产者填充缓冲区后,调用 queueBuffer()将缓冲区返回到队列。

消费者通过 acquireBuffer()获取该缓冲区的内容。当消费者使用后,调用 releaseBuffer()将该缓冲区返回到队列。

5.1.10 Gralloc

Gralloc 是一个图形缓冲区分配和管理的库,主要用于在系统内存和图形设备之间进行缓冲区的分配和管理,提供高效的图形渲染和显示。

其核心功能是操作设备/dev/graphics/fb 或者/dev/fb 显示设备,并创建共享内存,将合成的图形数据直接显示到设备,而不用做内存复制。

5.1.11 HWC

HWC 全称为 Hardware Composer HAL,是供应商专用的 HAL 接口,是通过可用硬件来合成图形缓冲区的最有效方法。HWC 用于合成从 SurfaceFlinger 接收的图层,从而降低 OpenGL ES 和 GPU 执行图形合成工作的压力。

5.1.12 EGL

EGL 全称为 Embedded Graphic Interface,是 OpenGL ES 和平台窗口系统之间的接口。

OpenGL 通过向 GPU 发送控制指令,从而控制 GPU 图形渲染,渲染后的结果展示在平台的窗口系统。需要 EGL 创建一个 OpenGL 的运行环境,OpenGL 通过 EGL 与显示设备建立联系,由 GPU 或 HWC 合成的数据,将通过 EGL 显示到显示设备上。

5.1.13 EGLSurface

EGLSurface 可以指定渲染目标 Surface,可以直接渲染在屏幕上,也可以在屏幕外进行离屏渲染操作。

5.1.14 OpenGL ES

OpenGL ES 是一个免费的跨平台 API,用于在嵌入式和移动系统上渲染高级 2D 和 3D 图形,通过 OpenGL ES API 将 GLSL 指令编译后发送给 GPU 运行,控制其绘制、合成等操作。

5.1.15 Vulkan

Vulkan 是一套适用于高性能 3D 图形的低开销、跨平台 API。它比 OpenGL ES 具有更低的驱动开销和更好的并行处理能力,使开发者可以更好地控制图形渲染流程。

5.1.16 VSYNC

VSYNC 信号可以同步显示管线,显示管线由应用渲染、SurfaceFlinger 合成以及 HWC 在显示器上显示图像组成。VSYNC 可以同步应用唤醒开始渲染的时间、SurfaceFlinger 唤醒合成屏幕的时间以及屏幕刷新周期。这种同步可以消除卡顿,并提升图形的视觉表现。

HWC 可以生成 VSYNC 信号,通过回调将事件发送给 SurfaceFlinger,利用产生的 VSYNC 信号,触发绘制及 SurfaceFlinger 合成图像等。

SurfaceFlinger 可以通过 setVsyncEnabled 来控制 HWC 是否生成 VSYNC 事件。SurfaceFlinger 使用 setVsyncEnabled 能够生成 VSYNC 事件,因此它可以与屏幕的刷新周期同步。

5.1.17 DRM

DRM(Direct Rendering Manager)图形架构是一个用于管理图形设备和提供 2D/3D 加速的驱动程序子系统,它在 Linux 内核中扮演着重要的角色。DRM 为用户空间应用程序和内核模式设置提供了一个统一的接口,使它们能够与图形硬件进行交互。

目前 Android 高版本已经废弃了 FrameBuffer 架构,转而使用 DRM 图形显示框架,因为 FrameBuffer 只有简单的图形操作,而 DRM 的功能更为丰富的图形管理系统,提供了更高级别的图形功能,包括 2D 和 3D 加速、硬件加速渲染、显示控制等。

5.1.18 Fence 同步机制

Fence 是 Android 图形框架处理 CPU、GPU 等硬件资源的同步机制,可以使 GPU 和 CPU 之间协调工作。例如当 GPU 处理完绘制、渲染等工作时,可以通知 CPU 当前工作已完成,不用 CPU 轮询读 GPU 处理图形数据的状态,极大提高了通信效率。

5.2 SurfaceFlinger 模块通信关系

➤ 阅读目标：理解 SurfaceFlinger 与 Surface、BufferQueue、Gralloc、GPU、HWC 的关系。

图 5－1 所示为 SurfaceFlinger 如何获取生产者数据并通过 GPU、HWC 硬件合成到显示的流程图。

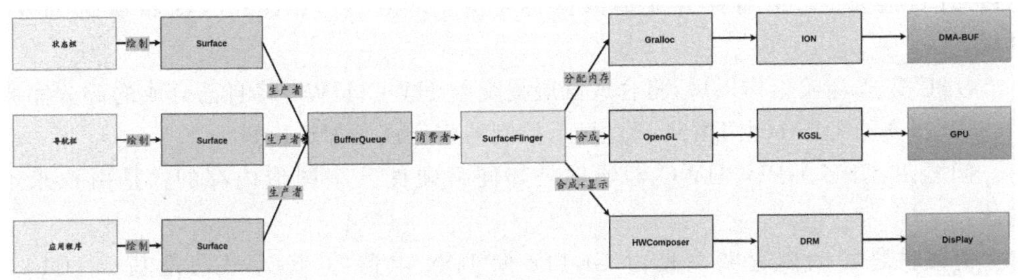

图 5－1　SurfaceFlinger 合成到显示的流程图

如图 5－1 所示，Android 图形架构中，SurfaceFlinger 是一个重要的组件，是一个承上启下的关键模块，向上对接应用层需要处理的合成任务，向下通过 GPU 和 HWC 发送图形合成指令，以及与交互 DRM 显示的工作。

Android 图形主线任务可以分为三个部分：

第一部分：Gralloc 跨硬件申请共享图形共享 Buffer 过程。

第二部分：OpenGL 控制 GPU 合成、显示过程。

第三部分：HWC 合成提交 DRM 显示过程。

为理清 SurfaceFlinger 如何创建内存、绘制、渲染、显示的过程，我们需要将图形主线任务三个部分各个击破，以此达到我们学习它的目的，我们在 5.5 节、5.6 节、5.7 节来讲解这三部分内容。

图形基础问题概述

要理解图 5－1 图形的绘制、合成、显示的过程，需要搞清楚几个基础性问题，可以帮助读者理解图形整体通信流程。

问题一：图形数据的生产者是谁？

系统状态栏、导航栏、应用程序等在各自的 Surface 上绘制，生成多个图形缓冲区，将生成的图形数据填充至 BufferQueue 队列中。

问题二：图形数据的消费者是谁？

SurfaceFlinger 从 BufferQueue 中取出绘制的图形的缓冲区，可以使用 GPU 或 HWC 完成合成任务。

问题三：SurfaceFlinger 和 HWC 是如何合成、显示图形缓冲区的？

图形合成分两种情况。

第一种情况：

SurfaceFlinger 通过 OpenGL 向 GPU 发送合成指令，完成合成图层任务。完成合成图层任务以后，提交给 DRM，由 DRM 提交给显示控制器显示。

第二种情况：

如果合成比较复杂的任务，GPU 合成压力比较大，需要 HWC 介入协助合成工作，它们一起完成合成任务。如果需要合成的数据标记为 HWC_FRAMEBUFFER，则表示由 GPU 合成；如果需要合成的数据标记为 HWC_OVERLAY，则表示由 HWC 合成。

GPU 完成合成工作以后，将合成图层提交给 HWC，HWC 将自己合成的部分完成后，一起提交给 DRM，由 DRM 通过显示控制器将合成画面输出显示。

问题四：CPU、GPU、HWC 等硬件是如何跨硬件共享图形内存的？是由谁来申请的？

跨硬件之间的内存共享是由 Gralloc 向 ION 申请的，ION 底层是基于 DMA-BUF 实现的，DMA-BUF 提供一种统一接口和机制，允许不同硬件设备之间直接共享内存，需要操作系统和驱动支持才能正常工作。

问题五：生产者和消费者如何使用 BufferQueue 传递数据？

➤ 生产者：

① 当生产者需要缓冲区时，调用 dequeueBuffer()从 BufferQueue 队列中获取一个可用的缓冲区 buffer1，并将其填充数据。

② 调用 queueBuffer()将缓冲区 buffer1 返回到 BufferQueue 队列中。

➤ 消费者：

① 消费者调用 acquireBuffer()获取填充数据的缓冲区 buffer1，并获取缓冲区 buffer1 的内容。

② 消费者使用完成后，调用 releaseBuffer()将该缓冲区 buffer1 返回到 BufferQueue 队列中。

问题六：Surface 提供图层数据，合成任务是由谁来完成的？

GPU 或 HWC。

问题七：Android 图形模块的合成和显示的过程是怎样的？

① 应用程序将绘制到 Surface 的数据通过 BufferQueue 传给 SurfaceFlinger 合成。

② SurfaceFlinger 将需要合成的列表提交给 HWC，HWC 根据自己的能力，标记为 HWC_OVERLAY 的由 HWC 合成，标记为 HWC_FRAMEBUFFERGPU 的由 GPU 合成，并开始它们各自的合成工作，最后将它们合成的图层通过 DRM 输出到显示器。

基于对以上七个问题的简单理解，下面深入分析各个模块，开启本章的旅程。

5.3 HWC 服务启动过程

➢ 阅读目标：

❶ 理解加载 HWC 底层库过程。

❷ 理解 HWC 底层库函数创建映射过程。

❸ 理解将 HWC 底层库能力传给上层过程。

如图 5－2 所示为 HWC 服务启动过程时序图。

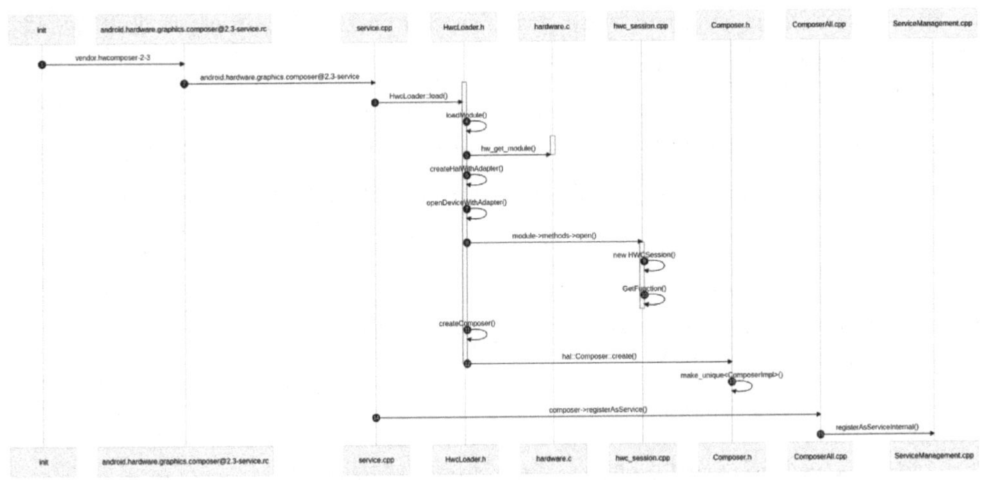

图 5－2 HWC 服务启动过程时序图

如图 5－2 所示，在 HWC 服务启动中主要做了两部分工作：

第一部分：加载 HWC 底层库，并通过 dlopen 打开、dlsym 获取函数符号与上层建立映射关系。

这部分我们可以分三步讲解：

① 加载 HWC 底层库。

② 与 HWC 底层库函数创建映射关系。

③ 将 HWC 底层库能力传给上层。

第二部分：注册 HWC 的 HIDL 服务，前面在相机部分已经讲解过，此部分不做分析。

在 SurfaceFlinger 启动时，会依赖 HWC HIDL 服务，所以先从 HWC 启动分析。

5.3.1 第一部分：加载 HWC 底层库

<1>. hardware/interfaces/graphics/composer/2. 3/default/android. hardware. graphics. composer@2. 3 - service. rc

```
1 service vendor.hwcomposer-2-3 /vendor/bin/hw/android.hardware.graphics.composer@2.3-service
2     class hal animation
3     user system
4     group graphics drmrpc
5     capabilities SYS_NICE
6     onrestart restart surfaceflinger
7     writepid /dev/cpuset/system-background/tasks
```

第 1 行 init 进程会拉起一个名叫 vendor. hwcomposer - 2 - 3 的服务，此服务对应的进程为 android. hardware. graphics. composer@2. 3 - service。

第 7 行表示当 android. hardware. graphics. composer@2. 3 - service 进程重新启动的时候，需要重新启动 surfaceflinger 进程。

既然我们知道了 android. hardware. graphics. composer@2. 3 - service 是启动 HWC 服务的关键，那么我们继续查看它的源码实现，看一下它的工作内容。

<2>. hardware/interfaces/graphics/composer/2.3/default/service. cpp

```
01 int main() {
02     ......
03     android::sp<IComposer> composer = HwcLoader::load();
04     if (composer == nullptr) {
05       return 1;
06     }
07     if (composer->registerAsService() != android::NO_ERROR) {
08       return 1;
09     }
10     ......
11     return 1;
12 }
```

在 main 函数中，第 3～6 行调用 HwcLoader::load()函数，并将其返回值赋值给 IComposer 对象 composer。

第 7 行调用 composer->registerAsService 函数注册 HIDL 服务，这里会注册三个 HIDL 服务，即 android. hardware. graphics. composer@2. 1::IComposer/default、android. hardware. graphics. composer@2. 2::IComposer/default、android. hardware. graphics. composer@2. 3::IComposer/default。

这三个 HID 服务的关系是：

android. hardware. graphics. composer@2. 3::IComposer/default 服务依赖于 android. hardware. graphics. composer@2. 2::IComposer/default 服务。

android. hardware. graphics. composer@2. 2::IComposer/default 服务依赖于 android. hardware. graphics. composer@2. 1::IComposer/default 服务，最终使用 IComposer2.1 服务实现。

下面继续分析 HwcLoader::load 函数的实现。

<3>. hardware/interfaces/graphics/composer/2.3/utils/passthrough/include/composer-passthrough/2.3/HwcLoader.h

```
class HwcLoader : public V2_2::passthrough::HwcLoader {
public:
    static IComposer* load() {
      const hw_module_t* module = loadModule();
      if (!module) {
        return nullptr;
      }

      auto hal = createHalWithAdapter(module);
      if (!hal) {
        return nullptr;
      }

      return createComposer(std::move(hal)).release();
    }

    static std::unique_ptr<hal::ComposerHal> createHalWithAdapter(
                                        const hw_module_t* module) {
      bool adapted;
      hwc2_device_t* device = openDeviceWithAdapter(module, &adapted);
      if (!device) {
        return nullptr;
      }
      auto hal = std::make_unique<HwcHal>();
      return hal->initWithDevice(std::move(device), !adapted)
        ? std::move(hal) : nullptr;
    }

    static std::unique_ptr<IComposer> createComposer(
                    std::unique_ptr<hal::ComposerHal> hal) {
      return hal::Composer::create(std::move(hal));
    }
};
```

在 HwcLoader 类成员函数 load 的实现中，做了三件事。

➢ loadModule 函数实现加载 HWC 底层库。

➢ createHalWithAdapter 函数实现与 HWC 底层库函数创建映射关系。

➢ createComposer 函数实现将 HWC 底层库能力传给上层。

本小节我们来分析 loadModule 函数是如何加载 HWC 底层库的。loadModule 的实现如下所示。

<4>. hardware/interfaces/graphics/composer/2.1/utils/passthrough/include/composer-passthrough/2.1/HwcLoader.h

```
01 class HwcLoader {
02 public:
03     static IComposer* load() {
04         const hw_module_t* module = loadModule();
05         if (!module) {
06             return nullptr;
07         }
08         auto hal = createHalWithAdapter(module);
09         if (!hal) {
10             return nullptr;
11         }
12         return createComposer(std::move(hal));
13     }
14
15     static const hw_module_t* loadModule() {
16         const hw_module_t* module;
17         int error = hw_get_module(HWC_HARDWARE_MODULE_ID, &module);
18         if (error) {
19             error = hw_get_module(GRALLOC_HARDWARE_MODULE_ID, &module);
20         }
21
22         if (error) {
23             return nullptr;
24         }
25         return module;
26     }
27 };
28
```

loadModule 函数的实现在定义接口的 composer2.1 的 HwcLoader.h 头文件中，第 17 行调用 hw_get_module 函数，并传入 HWC_HARDWARE_MODULE_ID，它是一个 HAL 模块的 ID 号，它的定义为 hwcomposer 字符串，通过它与路径、系统属性等的组合，可以找到需要的 HWC 底层库。

hw_get_module 函数是 HAL 的标准接口，它内部调用 hw_get_module_by_class 函数，将 ID 和 module 传入。hw_get_module_by_class 的实现如下所示。

<5>. hardware/libhardware/hardware.c

```
01 static const char * variant_keys[] = {
02     "ro.hardware",
03     "ro.product.board",
04     "ro.board.platform",
05     "ro.arch"
06 };
07
08 int hw_get_module_by_class(const char * class_id, const char * inst,
09                             const struct hw_module_t * * module)
10 {
11     int i = 0;
12     char prop[PATH_MAX] = {0};
13     char path[PATH_MAX] = {0};
14     char name[PATH_MAX] = {0};
15     char prop_name[PATH_MAX] = {0};
16     ......
17     if (inst){
18       snprintf(name, PATH_MAX, "%s.%s", class_id, inst);
19     }
20     else{
21       strlcpy(name, class_id, PATH_MAX);
22     }
23     ......
24     for (i = 0 ; i < HAL_VARIANT_KEYS_COUNT; i ++ ) {
25       if (property_get(variant_keys[i], prop, NULL) == 0) {
26         continue;
27       }
28       if (hw_module_exists(path, sizeof(path), name, prop) == 0) {
29         goto found;
30       }
31     }
32     return -ENOENT;
33   found:
34     return load(class_id, path, module);
35 }
```

hw_get_module_by_class 函数第 17～22 行，因为 inst 传入等于 NULL，所以进入第 21 行，将 class_id 赋值给 name。

第 24～31 行调用 property_get 函数遍历 variant_keys 数组中的系统属性，而在 pixel3 中 ro.board.platform 属性值等于 sdm845，将它赋值给变量 prop。接着调用 hw_module_exists 函数，继续查找 HWC 对应的底层库，找到后调用 load 函数打开它。

函数 hw_module_exists 的实现如下所示。

<6>. hardware/libhardware/hardware.c

```
01 #if defined(__LP64__)
02 #define HAL_LIBRARY_PATH1 "/system/lib64/hw"
03 #define HAL_LIBRARY_PATH2 "/vendor/lib64/hw"
04 #define HAL_LIBRARY_PATH3 "/odm/lib64/hw"
05 #else
06 #define HAL_LIBRARY_PATH1 "/system/lib/hw"
07 #define HAL_LIBRARY_PATH2 "/vendor/lib/hw"
08 #define HAL_LIBRARY_PATH3 "/odm/lib/hw"
09 #endif
10
11 static int hw_module_exists(char * path, size_t path_len,
12                             const char * name,
13                             const char * subname)
14 {
15     ......
16     snprintf(path, path_len, "%s/%s.%s.so",HAL_LIBRARY_PATH2, name, subname);
17     if (path_in_path(path, HAL_LIBRARY_PATH2) && access(path, R_OK) == 0)
18       return 0;
19     ......
20     return -ENOENT;
21 }
```

hw_module_exists 函数中，首先调用 snprintf 函数组合出 HWC 底层库的路径，因为系统是 64 位，所以 HAL_LIBRARY_PATH2 等于"/vendor/lib64/hw"，传入的 name 就是 HWC_HARDWARE_MODULE_ID，即"hwcomposer"，subname 是"ro.board.platform"属性值，即"sdm845"，所以组合最终路径为："/vendor/lib64/hw/hwcomposer.sdm845.so"。

第 17 行调用 path_in_path 函数判断组合出的 HWC 底层库路径是否存在，如果存在，则返回 0，接着调用 load 函数，继续对 HWC 底层库"/vendor/lib64/hw/hwcomposer.sdm845.so"进行操作。load 函数的实现如下所示。

<7>. hardware/libhardware/hardware.c

```
static int load(const char * id, const char * path,
        const struct hw_module_t * * pHmi)
{
    int status = -EINVAL;
    void * handle = NULL;
    struct hw_module_t * hmi = NULL;
    handle = android_load_sphal_library(path, RTLD_NOW);
    if (handle == NULL) {
```

```
09        char const * err_str = dlerror();
10        status = -EINVAL;
11        goto done;
12      }
13
14      const char * sym = HAL_MODULE_INFO_SYM_AS_STR;
15      hmi = (struct hw_module_t * )dlsym(handle, sym);
16      if (hmi == NULL) {
17        status = -EINVAL;
18        goto done;
19      }
20      hmi->dso = handle;
21      * pHmi = hmi;
22      ……
23      return status;
24  }
```

函数 load 中，第 7 行调用 android_load_sphal_library 函数加载 hwcomposer.sdm845.so，它内部调用 dlopen 函数打开 hwcomposer.sdm845.so，并将其返回的句柄赋值给 handle 变量。

接着第 15 行 dlsym 函数通过句柄 handle 查找库的符号 HAL_MODULE_INFO_SYM_AS_STR，HAL_MODULE_INFO_SYM_AS_STR 的值为 HMI，查找 HMI 符号的地址传给 hmi 结构体变量，并将句柄 handle 赋值给 hmi 的元素 dso，将 hmi 赋值给 * pHmi，即返回给调用者使用。

接下来我们继续分析 pHmi 返回后给谁用了，做什么用了。

5.3.2 第二部分:HWC 底层库函数创建映射关系

<1>. hardware/interfaces/graphics/composer/2.3/utils/passthrough/include/composer-passthrough/2.3/HwcLoader.h

```
class HwcLoader : public V2_2::passthrough::HwcLoader {
public:
    static IComposer * load() {
      const hw_module_t * module = loadModule();
      if (! module) {
        return nullptr;
      }

      auto hal = createHalWithAdapter(module);
      if (! hal) {
        return nullptr;
```

```
12        }
13
14        return createComposer(std::move(hal)).release();
15      }
16
17      static std::unique_ptr<hal::ComposerHal>createHalWithAdapter(
18                                        const hw_module_t* module) {
19        bool adapted;
20        hwc2_device_t* device = openDeviceWithAdapter(module, &adapted);
21        if (! device) {
22          return nullptr;
23        }
24        auto hal = std::make_unique<HwcHal>();
25        return hal->initWithDevice(std::move(device), ! adapted)
26          ? std::move(hal) : nullptr;
27      }
28      ......
29  };
```

loadModule 函数返回值赋值给 module，第 9 行将 module 作为参数传入 createHalWithAdapter 函数。

第 17～26 行为 createHalWithAdapter 函数的实现，openDeviceWithAdapter 函数通过传入的 module 变量，返回 hwc2_device_t 类型的 device 变量。如果 hal-> initWithDevice 为真，则返回 HwcHal 的实例化对象 hal，否则返回 nullptr。

下面分析 openDeviceWithAdapter 函数的实现、HwcHal 的实例化，以及在 initWithDevice 函数中的工作内容。

openDeviceWithAdapter 函数的实现如下所示。

<2>. hardware/interfaces/graphics/composer/2.1/utils/passthrough/include/composer - passthrough/2.1/HwcLoader.h

```
static hwc2_device_t* openDeviceWithAdapter(const hw_module_t* module,
                                  bool* outAdapted) {
  ......
  hw_device_t* device;
  int error = module->methods->open(module, HWC_HARDWARE_COMPOSER, &device);
  if (error) {
    return nullptr;
  }
  ......
  *outAdapted = false;
  return reinterpret_cast<hwc2_device_t*>(device);
}
```

函数 openDeviceWithAdapter 中，通过传入的 module 结构体对象，调用函数指针 open，那么它这个函数指针会调用到哪里呢？它会通过 HWC_HARDWARE_COMPOSER 找到对应的 HAL 侧实现，如下所示。

```
static sdm::HWCSession::HWCModuleMethods g_hwc_module_methods;

hwc_module_t HAL_MODULE_INFO_SYM = {
   .common = {
     .tag = HARDWARE_MODULE_TAG,
     .version_major = 3,
     .version_minor = 0,
     .id = HWC_HARDWARE_MODULE_ID,
     .name = "QTI Hardware Composer Module",
     .author = "CodeAurora Forum",
     .methods = &g_hwc_module_methods,
     .dso = 0,
     .reserved = {0},
   }
};

class HWCSession : hwc2_device_t, HWCUEventListener,
                   IDisplayConfig, public qClient::BnQClient {
   struct HWCModuleMethods : public hw_module_methods_t {
     HWCModuleMethods() {
       hw_module_methods_t::open = HWCSession::Open;
     }
   };
}
```

先通过 HWC_HARDWARE_MODULE_ID 找到 g_hwc_module_methods 中注册的回调函数，g_hwc_module_methods 的类型 HWCModuleMethods 是 HWCSession 的内部类。

在 HWCModuleMethods 构造函数中，注册 open 的回调函数，HWCSession::Open 函数就是我们所要找的函数指针 module-> methods-> open 所对应的实现。HWCSession::Open 函数的实现如下所示。

<3>. hardware/qcom/sdm845/display/sdm/libs/hwc2/hwc_session.cpp

```
int HWCSession::Open(const hw_module_t * module,
                     const char * name,
                     hw_device_t * * device) {
   if (! strcmp(name, HWC_HARDWARE_COMPOSER)) {
     HWCSession * hwc_session = new HWCSession(module);
```

```
06        if (! hwc_session) {
07          return - ENOMEM;
08        }
09
10        int status = hwc_session->Init();
11        if (status != 0) {
12          delete hwc_session;
13          hwc_session = NULL;
14          return status;
15        }
16
17        hwc2_device_t * composer_device = hwc_session;
18        * device = reinterpret_cast<hw_device_t *>(composer_device);
19      }
20      return 0;
21    }
```

HWCSession::Open 函数中，首先判断函数指针 open 调用传入的 name 是否等于 HWC_HARDWARE_COMPOSER，只有在相等的情况下才会实例化 HWCSession。接着调用它的成员函数 Init 进行必要的初始化工作，最后将 hwc_session 转换为 hw_device_t 类型并传出去。

第 17～18 行做了两步类型转换的工作，这到底是什么意思呢？

首先 hwc_session 的类型为 HWCSession，HWCSession 是 hwc2_device_t 类型的子类，所以 hwc_session 可以直接赋值给 composer_device。又因为 hwc2_device_t 类型的第一个元素是 hw_device_t 类型，所以 composer_device 可以转换为 hw_device_t 指针类型，最后将 device 传出去。

下面我们先看 HWCSession 的构造函数做了哪些工作，它的实现如下所示。

<4>. hardware/qcom/sdm845/display/sdm/libs/hwc2/hwc_session.cpp

```
HWCSession::HWCSession(const hw_module_t * module) {
  hwc2_device_t::common.tag = HARDWARE_DEVICE_TAG;
  hwc2_device_t::common.version = HWC_DEVICE_API_VERSION_2_0;
  hwc2_device_t::common.module = const_cast<hw_module_t *>(module);
  hwc2_device_t::common.close = Close;
  hwc2_device_t::getCapabilities = GetCapabilities;
  hwc2_device_t::getFunction = GetFunction;
}
```

HWCSession 构造函数中，GetCapabilities 函数对应的回调函数实现获取 HWC 的能力，而 GetFunction 函数则是将 HWC 的 hwcomposer.sdm845.so 库中的函数符号地址与上层建立映射关系，本质是将 hwcomposer.sdm845.so 库中的函数与上层注册回调函数，方便上层调用。那么上层调用 getFunction 函数的地方在哪里呢？其实在 HwcHal.h 头文件 HwcHal 类的成员函数 initWithDevice 中。

GetFunction 函数的能力包括 HWC 合成、图形显示、图形模式设置、颜色设置等。HWCSession 成员函数 Init 主要做了显示方面的初始化工作，以及加载 DRM 库 libsdedrm.so 和操作 GPU 的库 libadreno_utils.so 等初始化工作。

以上是通过函数指针 module->methods->open 调用 HWCSession::Open 函数所做的 HWC 的初始化工作，拿到操作 HWC 函数能力的 device 对象，并将它返回给应用层。下面我们继续往下分析拿到 device 对象以后做了哪些工作。

我们继续分析 createHalWithAdapter 函数剩下内容的实现。

<5>. hardware/interfaces/graphics/composer/2.1/utils/passthrough/include/composer-passthrough/2.1/HwcLoader.h

```
01  static std::unique_ptr<hal::ComposerHal> createHalWithAdapter(
02                                           const hw_module_t* module) {
03      bool adapted;
04      hwc2_device_t* device = openDeviceWithAdapter(module, &adapted);
05      if (!device) {
06        return nullptr;
07      }
08      auto hal = std::make_unique<HwcHal>();
09      return hal->initWithDevice(std::move(device), !adapted) ?
10        std::move(hal) : nullptr;
11  }
```

createHalWithAdapter 函数中，在通过 openDeviceWithAdapter 拿到 HWC 函数能力的 device 对象后，第 8 行调用 HwcHal 对象，并赋值给 hal，接着判断 hal->initWithDevice 返回值为真，则返回 std::move(hal)，否则返回 nullptr。

下面进入 HwcHal::initWithDevice 内部实现，如下所示。

<6>. hardware/interfaces/graphics/composer/2.1/utils/passthrough/include/composer-passthrough/2.1/HwcHal.h

```
template <typename Hal>
class HwcHalImpl : public Hal {
    bool initWithDevice(hwc2_device_t* device,
                        bool requireReliablePresentFence) {
      mDevice = device;
      initCapabilities();
      if (requireReliablePresentFence &&
      hasCapability(HWC2_CAPABILITY_PRESENT_FENCE_IS_NOT_RELIABLE)) {
        mDevice->common.close(&mDevice->common);
        mDevice = nullptr;
        return false;
```

```
12        }
13
14        if(! initDispatch()) {
15          mDevice->common.close(&mDevice->common);
16          mDevice = nullptr;
17          return false;
18        }
19        return true;
20      }
21    };
```

initWithDevice 函数中,第 5 行将 HWC 的 device 对象赋值给 HwcHal 成员变量 mDevice。

第 6 行 initCapabilities 函数获取 HWC 硬件的能力。

第 14 行 initDispatch 函数通过 HwcHal 成员函数调用函数指针与 HAL 侧 HWCSession 类成员函数注册回调函数,这样就能通过 HwcHal 成员函数,达到实际调用 HAL 侧 HWCSession 函数的功能,从而真正控制 HWC 硬件。

下面介绍 HwcHal 获取 HWC 硬件能力后,又进一步做了哪些工作。

5.3.3 第三部分:将 HWC 底层库能力传给上层

<1>. hardware/interfaces/graphics/composer/2.3/utils/passthrough/include/composer - passthrough/2.3/HwcLoader.h

```
class HwcLoader : public V2_2::passthrough::HwcLoader {
public:
    static IComposer * load() {
      const hw_module_t * module = loadModule();
      if (! module) {
        return nullptr;
      }
      auto hal = createHalWithAdapter(module);
      if (! hal) {
        return nullptr;
      }
      return createComposer(std::move(hal)).release();
    }

    static std::unique_ptr<IComposer>createComposer(
            std::unique_ptr<hal::ComposerHal>hal) {
      return hal::Composer::create(std::move(hal));
    }
};
```

HwcLoader::load()函数中，第 12 行将 HwcHal 的 hal 对象传入 createComposer 函数，在其函数内部调用 hal::Composer::create 函数，并将 hal 对象传入，那么 hal::Composer::create 究竟创建了什么呢？它的实现如下所示。

<2>. hardware/interfaces/graphics/composer/2.3/utils/hal/include/composer-hal/2.3/Composer.h

```
01  #include <composer-hal/2.2/Composer.h>
02
03  using BaseType2_2 = V2_2::hal::detail::ComposerImpl<Interface, Hal>;
04  using BaseType2_1 = V2_1::hal::detail::ComposerImpl<Interface, Hal>;
05  using BaseType2_1::mClient;
06  using BaseType2_1::mClientMutex;
07  using BaseType2_1::mHal;
08  using BaseType2_1::onClientDestroyed;
09  using BaseType2_1::waitForClientDestroyedLocked;
10  using Composer = detail::ComposerImpl<IComposer, ComposerHal>;
11
12  class ComposerImpl : public V2_2::hal::detail::ComposerImpl<Interface, Hal>{
13  public:
14      static std::unique_ptr<ComposerImpl>create(std::unique_ptr<Hal>hal) {
15        return std::make_unique<ComposerImpl>(std::move(hal));
16      }
17
18      explicit ComposerImpl(std::unique_ptr<Hal>hal) : BaseType2_2(std::move(hal)) {}
19  };
```

在 create 函数中，第 15 行实例化 ComposerImpl 类并返回，ComposerImpl 类继承自 BaseType2_2 类，BaseType2_2 类是 V2_2::hal::detail::ComposerImpl 模板类的别名，V2_2::hal::detail::ComposerImpl 模板类又继承自 V2_1::hal::detail::ComposerImpl 模板类。

第 18 行 ComposerImpl 显示构造函数将 HwcHal 类对 hal 通过初始化列表传给 V2_2::hal::detail::ComposerImpl 构造函数，在 V2_2::hal::detail::ComposerImpl 构造函数初始化列表中，又将 hal 对象传给 V2_1::hal::detail::ComposerImpl 构造函数，那么在 V2_1::hal::detail::ComposerImpl 构造函数中做了哪些工作呢？它的构造函数如下所示。

<3>. hardware/interfaces/graphics/composer/2.1/utils/hal/include/composer-hal/2.1/Composer.h

```
template <typename Interface, typename Hal>
class ComposerImpl : public Interface {
public:
```

```
04      static std::unique_ptr<ComposerImpl>create(std::unique_ptr<Hal>hal) {
05        return std::make_unique<ComposerImpl>(std::move(hal));
06      }
07
08      ComposerImpl(std::unique_ptr<Hal>hal) : mHal(std::move(hal)) {}
09      const std::unique_ptr<Hal>mHal;
10  };
11
12  using Composer = detail::ComposerImpl<IComposer, ComposerHal>;
```

第 8 行 ComposerImpl 构造函数，它的别名是 Composer，构造函数通过初始化列表将 HwcHal 类对象 hal 传给 Composer 版本 2.1 的成员变量 mHal，此时已经将 HWC 底层的库的能力传到了 Composer 版本 2.1 的对象成员变量 mHal 中，上层应用程序可以通过 Composer 来获取 HWC 硬件的能力。

另外，在 Composer 2.1 的成员函数 createClient 中，调用 ComposerClient::create(mHal.get())，并传入了 mHal 对象，说明在 ComposerClient 类中使用了 HWC 的能力，这一点我们先做了解，用到的时候再具体分析。

5.4 SurfaceFlinger 服务启动过程

➤ 阅读目标：

❶ 理解 SurfaceFlinger 服务启动过程。

❷ 理解初始化并设置渲染引擎对象过程。

❸ 理解创建并设置 HWC 客户端对象过程。

5.4.1 第一部分：服务启动过程

图 5-3 所示为 SurfaceFlinger 服务启动过程时序图。

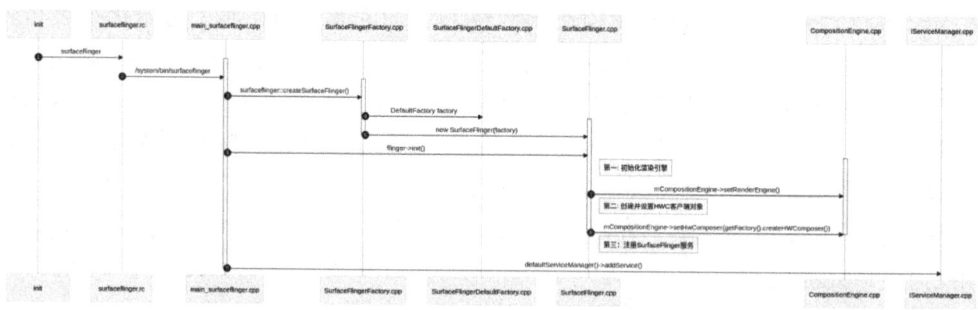

图 5-3 SurfaceFlinger 服务启动过程时序图

如图 5－3 所示，在 SurfaceFlinger 服务创建中，主要任务分为三部分：

第一部分：初始化并设置渲染引擎对象过程。

第二部分：创建并设置 HWC 客户端对象过程。

第三部分：注册 SurfaceFlinger 服务，注册部分不是重点，不作分析。

下面我们先从 SurfaceFlinger 服务启动开始。

<1>. frameworks/native/services/surfaceflinger/surfaceflinger. rc

```
1  service surfaceflinger /system/bin/surfaceflinger
2      class core animation
3      user system
4      group graphics drmrpc readproc
5      capabilities SYS_NICE
6      onrestart restart zygote
7      ......
```

第 1 行 surfaceflinger 为服务名，/system/bin/surfaceflinger 为进程名。

第 6 行表示如果 surfaceflinger 进程停止运行，则 zygote 进程会重新启动。

下面我们进入 surfaceflinger 进程源码中。

<2>. frameworks/native/services/surfaceflinger/main_surfaceflinger. cpp

```
int main(int, char * * ) {
    ......
    sp<SurfaceFlinger> flinger = surfaceflinger::createSurfaceFlinger();
    flinger->init();
    sp<IServiceManager> sm(defaultServiceManager());
    sm->addService(String16(SurfaceFlinger::getServiceName()),
            flinger, false,
            IServiceManager::DUMP_FLAG_PRIORITY_CRITICAL |
            IServiceManager::DUMP_FLAG_PROTO);
    startDisplayService();
    ......
}
```

在 main 函数中主要做了四件事：

第一件：创建 SurfaceFlinger 实例化对象。

第二件：调用 SurfaceFlinger::init 函数实现 OpenGL 运行环境和 HWC 硬件合成器初始化。

第三件：注册 SurfaceFlinger 服务。

第四件：注册名为"android. frameworks. displayservice@1. 0::IDisplayService"，监听显示事件的 HIDL 服务。

我们主要对 SurfaceFlinger 实例化和 init 函数作具体分析。

下面我们进入 surfaceflinger::createSurfaceFlinger 函数，它的实现如下所示。

<3>. frameworks/native/services/surfaceflinger/SurfaceFlingerFactory.cpp

```
1  sp<SurfaceFlinger>createSurfaceFlinger() {
2      static DefaultFactory factory;
3      return new SurfaceFlinger(factory);
4  }
```

第 1 行 DefaultFactory 继承自 surfaceflinger::Factory 类，surfaceflinger::Factory 类中的函数在 DefaultFactory 中被重写。

第 2 行将 DefaultFactory 实例化对象 factory 传入 SurfaceFlinger 实例化，它的实现如下所示。

<4>. frameworks/native/services/surfaceflinger/SurfaceFlinger.cpp

```
01  SurfaceFlinger::SurfaceFlinger(Factory& factory, SkipInitializationTag)
02      : mFactory(factory),
03        mInterceptor(mFactory.createSurfaceInterceptor()),
04        mTimeStats(std::make_shared<impl::TimeStats>()),
05        mFrameTracer(mFactory.createFrameTracer()),
06        mFrameTimeline(mFactory.createFrameTimeline(mTimeStats, getpid())),
07        mEventQueue(mFactory.createMessageQueue()),
08        mCompositionEngine(mFactory.createCompositionEngine())
09        ……
10        {……}
11
12  SurfaceFlinger::SurfaceFlinger(Factory& factory) :
13        SurfaceFlinger(factory, SkipInitialization) {}
```

第 12～13 行将传入的 factory 对象传给委托构造函数，第 1～10 行为 SurfaceFlinger 委托构造函数的实现，通过初始化列表将 factory 传给成员变量 mFactory，接着调用 mFactory 中的成员函数通过初始化列表初始化其他成员变量。

在 SurfaceFlinger::init 函数中我们会用到 mCompositionEngine 对象，在第 8 行看到它是通过 DefaultFactory::createCompositionEngine 函数实现的，它内部返回 CompositionEngine 实例化对象。

下面我们继续查看 SurfaceFlinger::init 函数的实现，如下所示。

<5>. frameworks/native/services/surfaceflinger/SurfaceFlinger.cpp

```
void SurfaceFlinger::init() {
  ……
  mCompositionEngine->setRenderEngine(renderengine::RenderEngine::create(
                        renderengine::RenderEngineCreationArgs::Builder()
                        .setPixelFormat(static_cast<int32_t>(defaultCompositionPixel-
Format))
                        .setImageCacheSize(maxFrameBufferAcquiredBuffers)
                        .setUseColorManagerment(useColorManagement)
```

```
08                  .setEnableProtectedContext(enable_protected_contents(false))
09                  .setPrecacheToneMapperShaderOnly(false)
10                  .setSupportsBackgroundBlur(mSupportsBlur)
11                  .setContextPriority(useContextPriority
12                  ? renderengine::RenderEngine::ContextPriority::REALTIME
13                  : renderengine::RenderEngine::ContextPriority::MEDIUM)
14                  .build()));
15    ……
16    mCompositionEngine->setHwComposer(getFactory().createHWComposer(mHwcServiceName));
17    ……
18    processDisplayHotplugEventsLocked();
19    ……
20    initializeDisplays();
21 }
```

SurfaceFlinger::init 函数中，第 3～14 行调用 mCompositionEngine->setRenderEngine 函数，mCompositionEngine 对象在 SurfaceFlinger 构造函数中初始化，setRenderEngine 函数先通过它的参数 renderengine::RenderEngine::create 初始化 EGL，然后将 SkiaGLRenderEngine 对象传给 CompositionEngine 类的成员变量 mRenderEngine。

第 16 行获取 HWC 的 HIDL 服务"android.hardware.graphics.composer@2.3::IComposer/default"，并将获取对象传给 CompositionEngine 类的成员函数 mHwComposer。

第 18～20 行分别处理显示热插拔事件、初始化显示设备，这里不作重点分析。

下面我们接着分析 SurfaceFlinger 如何初始化渲染引擎对象过程。

5.4.2 第二部分：初始化并设置渲染引擎对象过程

图 5-4 所示为 SurfaceFlinger 初始化并设置渲染引擎对象时序图。

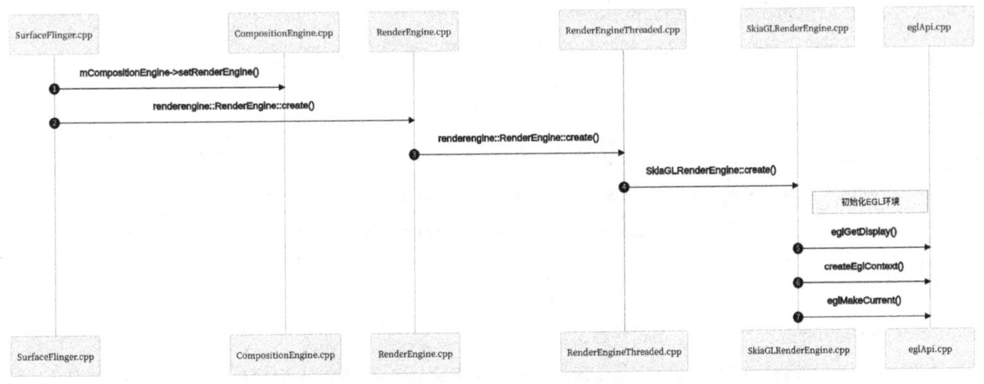

图 5-4 SurfaceFlinger 初始化并设置渲染引擎对象时序图

CompositionEngine::setRenderEngine 函数初始化并设置渲染引擎对象，它的实现如下所示。

<1>. frameworks/native/services/surfaceflinger/CompositionEngine/src/CompositionEngine. cpp

```
void CompositionEngine::setRenderEngine(
        std::unique_ptr<renderengine::RenderEngine> renderEngine) {
    mRenderEngine = std::move(renderEngine);
}
```

CompositionEngine::setRenderEngine 函数中，将 renderEngine 对象赋值给成员变量 mRenderEngine，但是参数 renderEngine 对象是哪里来的呢？

renderEngine 对象是通过 renderengine::RenderEngine::create 函数返回的，它的实现如下所示。

<2>. frameworks/native/libs/renderengine/RenderEngine. cpp

```
std::unique_ptr<RenderEngine> RenderEngine::create(const RenderEngineCreationArgs& args) {
    RenderEngineType renderEngineType = args.renderEngineType;
    char prop[PROPERTY_VALUE_MAX];
    property_get(PROPERTY_DEBUG_RENDERENGINE_BACKEND, prop, "");
    if (strcmp(prop, "gles") == 0) {
      renderEngineType = RenderEngineType::GLES;
    }
    if (strcmp(prop, "threaded") == 0) {
      renderEngineType = RenderEngineType::THREADED;
    }
    if (strcmp(prop, "skiagl") == 0) {
      renderEngineType = RenderEngineType::SKIA_GL;
    }
    if (strcmp(prop, "skiaglthreaded") == 0) {
      renderEngineType = RenderEngineType::SKIA_GL_THREADED;
    }
    switch (renderEngineType) {
    case RenderEngineType::THREADED:
      return renderengine::threaded::RenderEngineThreaded::create(
              [args]() { return android::renderengine::gl::GLESRenderEngine::create(args); },
                          renderEngineType);
    case RenderEngineType::SKIA_GL:
      return renderengine::skia::SkiaGLRenderEngine::create(args);
    case RenderEngineType::SKIA_GL_THREADED: {
```

```
25        RenderEngineCreationArgs skiaArgs =
26          RenderEngineCreationArgs::Builder()
27          .setPixelFormat(args.pixelFormat)
28          .setImageCacheSize(args.imageCacheSize)
29          .setUseColorManagerment(args.useColorManagement)
30          .setEnableProtectedContext(args.enableProtectedContext)
31          .setPrecacheToneMapperShaderOnly(args.precacheToneMapperShaderOnly)
32          .setSupportsBackgroundBlur(args.supportsBackgroundBlur)
33          .setContextPriority(args.contextPriority)
34          .setRenderEngineType(renderEngineType)
35          .build();
36        return renderengine::threaded::RenderEngineThreaded::create(
37                [skiaArgs]() {
38                    return android::renderengine::skia::SkiaGLRenderEngine::create(
                        skiaArgs);},
39                      renderEngineType);
40      }
41      case RenderEngineType::GLES:
42      default:
43        return renderengine::gl::GLESRenderEngine::create(args);
44      }
45  }
```

RenderEngine::create 函数中，第 14 行 prop 等于"skiaglthreaded"，所以 switch 对应的 case 等于 RenderEngineType::SKIA_GL_THREADED，所以进入 RenderEngineType::SKIA_GL_THREADED 分支。

第 36～39 行通过 lambda 函数 android::renderengine::skia::SkiaGLRenderEngine::create 返回 SkiaGLRenderEngine 类对象，并将此对象传给 RenderEngineThreaded::create 函数作为参数，它的内部实现返回 RenderEngineThreaded 对象，在 RenderEngineThreaded 类的构造函数中，实例化一个线程对象，并赋值给 RenderEngineThreaded 的成员变量 mThread。

想要了解 SkiaGLRenderEngine 类对象为什么可以作为参数传给 RenderEngineThreaded::create 函数，就需要理清 RenderEngineThreaded 与 SkiaGLRenderEngine 类是什么关系。

RenderEngineThreaded 类是 RenderEngine 的子类。

SkiaGLRenderEngine 类是 SkiaRenderEngine 类的子类，而 RenderEngineThreaded 又是 RenderEngine 的子类，所以 RenderEngineThreaded 类是和 SkiaGLRenderEngine 的父类 SkiaRenderEngine 在同一级别的，它们的基类都是 RenderEngine。

下面我们继续进入 SkiaGLRenderEngine::create 函数分析，它的实现如下所示。

<3>. frameworks/native/libs/renderengine/skia/SkiaGLRenderEngine.cpp

```
01 std::unique_ptr<SkiaGLRenderEngine> SkiaGLRenderEngine::create(
02             const RenderEngineCreationArgs& args) {
03     EGLDisplay display = eglGetDisplay(EGL_DEFAULT_DISPLAY);
04     eglInitialize(display, nullptr, nullptr);
05     const auto eglVersion = eglQueryString(display, EGL_VERSION);
06     ......
07     const auto eglExtensions = eglQueryString(display, EGL_EXTENSIONS);
08     ......
09     EGLContext ctxt =
10     createEglContext(display, config, protectedContext,
11                 priority, Protection::UNPROTECTED);
12     EGLBoolean success = eglMakeCurrent(display, placeholder, placeholder, ctxt);
13     ......
14     std::unique_ptr<SkiaGLRenderEngine> engine =
15     std::make_unique<SkiaGLRenderEngine>(
16                     args, display, ctxt,
17                     placeholder, protectedContext,
18                     protectedPlaceholder);
19     return engine;
20 }
```

SkiaGLRenderEngine::create 函数的实现，是不是很熟悉呢？

第 3～12 行是初始化 EGL 的代码，初始化完成 EGL 后，使用当前 EGL 初始化 SkiaGLRenderEngine 渲染引擎，初始化完成以后将 engine 对象返回，这样就完成了 SurfaceFlinger 对 EGL 的初始化，并返回了渲染引擎 SkiaGLRenderEngine 的对象。

至此已经初始化完成 OpenGL ES 所需的运行环境，并且返回渲染引擎 SkiaGL-RenderEngine 的对象 engine。下面我们继续分析如何获取 HWC HIDL 服务。

5.4.3 第三部分：创建并设置 HWC 客户端对象过程

图 5－5 所示为创建并设置 HWC 客户端对象过程时序图。

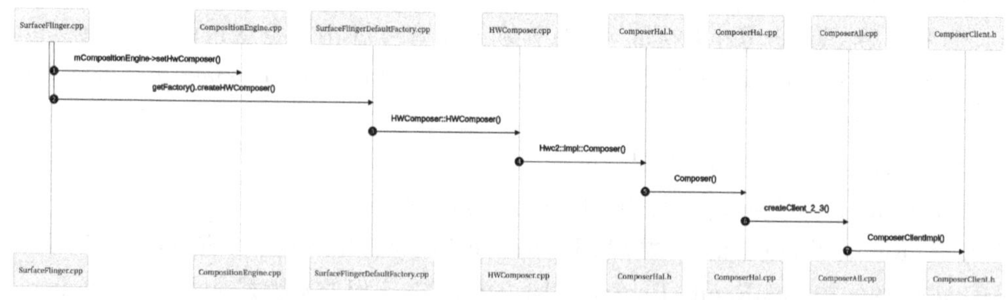

图 5－5 创建并设置 HWC 客户端对象过程时序图

如图 5－5 所示，CompositionEngine::setHwComposer 函数将 getFactory().createHWComposer 函数返回的值作为参数，赋值给 CompositionEngine 成员变量 mHwComposer，它就是我们要获取的 HWC 客户端对象。那么 getFactory(). createHWComposer 函数是如何获取 HWC 客户端对象的呢？它的实现如下所示。

<1>. frameworks/native/services/surfaceflinger/SurfaceFlingerDefaultFactory. cpp

```
1  std::unique_ptr<HWComposer>DefaultFactory::createHWComposer(
2                                  const std::string& serviceName) {
3     return std::make_unique<android::impl::HWComposer>(serviceName);
4  }
```

第 3 行使用 std::make_unique 创建唯一的指向 android::impl::HWComposer 类的智能指针对象，并传入服务名变量 serviceName。

下面我们看 HWComposer 构造函数，它的实现如下所示。

<2>. frameworks/native/services/surfaceflinger/DisplayHardware/HWComposer. cpp

```
1  HWComposer::HWComposer(std::unique_ptr<Hwc2::Composer>composer)
2      : mComposer(std::move(composer)),
3        mMaxVirtualDisplayDimension(static_cast<size_t>(
4          sysprop::max_virtual_display_dimension(0))),
5        mUpdateDeviceProductInfoOnHotplugReconnect(
6          sysprop::update_device_product_info_on_hotplug_reconnect(false)) {}
7
8  HWComposer::HWComposer(const std::string& composerServiceName)
9      : HWComposer(std::make_unique<Hwc2::impl::Composer>(composerServiceName)) {}
```

第 8～9 行 HWComposer 构造函数使用委托构造函数，将 composerServiceName 传入，并创建 Hwc2::impl::Composer 对象，使用初始化列表初始化成员变量 mComposer。

那么 Hwc2::impl::Composer 类的实现在哪里呢？它的实现如下所示。

< 3 >. frameworks/native/services/surfaceflinger/DisplayHardware/ComposerHal. cpp

```
class Composer final : public Hwc2::Composer {
  public:
    explicit Composer(const std::string& serviceName);
    ~Composer() override;
   sp<V2_3::IComposerClient>mClient_2_3;
};

Composer::Composer(const std::string& serviceName) :
                              mWriter(kWriterInitialSize) {
   mComposer = V2_1::IComposer::getService(serviceName);
  if (mComposer == nullptr) {
```

```
12     }
13     ......
14     composer_2_3->createClient_2_3([&](const auto& tmpError,
15                                const auto& tmpClient) {
16         if (tmpError == Error::NONE) {
17          mClient = tmpClient;
18          mClient_2_2 = tmpClient;
19          mClient_2_3 = tmpClient;
20         }
21     });
22     ......
23 }
```

第 1 行 Composer 类继承自 Composer.h 中的 Hwc2::Composer 类，这一点比较容易混淆，不一样的是 ComposerHal.h 定义的 Composer 构造函数传入的是类型 const std::string&，这一点区别很重要。

第 10 行调用 V2_1::IComposer::getService(serviceName)函数获取 HWC HIDL 服务 android.hardware.graphics.composer@2.2::IComposer/default，这是在 HWC 服务启动时创建的。

第 14～21 行调用 composer_2_3->createClient_2_3 函数，它是由 IComposer.hal 自动生成的，用来获取 mClient、mClient_2_2、mClient_2_3 对象，就是从 HIDL 服务中获取 IComposer 对象。在 5.3.3 小节我们已经分析如何把 HWC 能力传给上层的，其实就是 IComposer 的子类 Composer 对象，拿到它就可以在 ComposerClient 类中操作 HWC 的功能函数。

下面我们看 ComposerClient 类的构造函数。

<4>. hardware/interfaces/graphics/composer/2.1/utils/hal/include/composer-hal/2.1/ComposerClient.h

```
1 template <typename Interface, typename Hal>
2 class ComposerClientImpl : public Interface {
3 public:
4     ComposerClientImpl(Hal * hal) : mHal(hal) {}
5 };
6
7 using ComposerClient = detail::ComposerClientImpl <
8                         IComposerClient, ComposerHal>;
```

ComposerClientImpl 构造函数中，通过初始化列表将 hal 传给它的成员变量 mHal，这里的 hal 其实就是 Composer 对象，它就是客户端需要获得 HWC 能力而应操作的对象，从第 7 行可知 ComposerClient 是 detail::ComposerClientImpl 模板类的别名。

客户端获得 HWC 的硬件能力后，就可以操作 createLayer()、getActiveConfig()、setPowerMode()、setVsyncEnabled()等函数。

5.5 Gralloc 跨硬件申请图形共享 Buffer 过程

➤ 阅读目标：理解 Gralloc 如何跨硬件申请图形共享 Buffer 过程。

如图 5-6 所示为 Gralloc 跨硬件申请图形共享 Buffer 过程时序图。

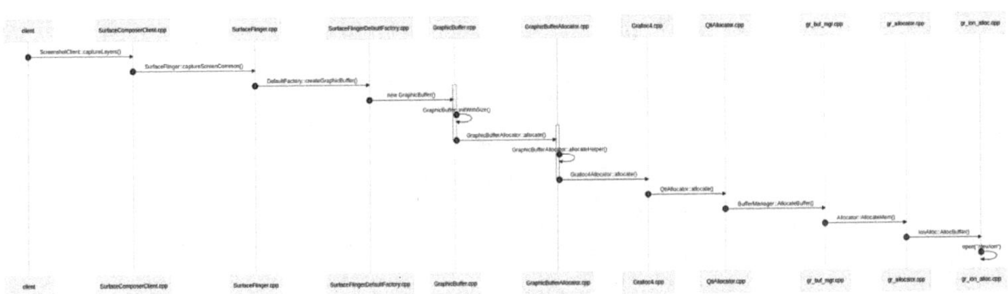

图 5-6 Gralloc 跨硬件申请图形共享 Buffer 过程时序图

在学习完 SurfaceFlinger 和 HWC 服务后，我们已经对 SurfaceFlinger 有了一个基本的了解，在 5.2.1 小节中知道 Gralloc 通过 ION 申请图形共享内存。

而 Gralloc 模块又分为两部分，包括 IAllocator 和 IMapper 模块，以动态库的形式存在。

说简单点就是 IAllocator 分配图形共享 Buffer，IMapper 负责将这个共享内存导出给别的硬件使用。

下面我们分析 Gralloc 如何一步步申请出图形共享 Buffer 的。

<1>. 从一个简单的例子开始

```
1  LayerCaptureArgs captureArgs;
2  const auto sf = ComposerService::getComposerService();
3  const sp<SyncScreenCaptureListener> captureListener =
4      new SyncScreenCaptureListener();
5  sf->captureLayers(captureArgs, captureListener)
```

第 2 行调用 ComposerService::getComposerService 函数，获取 SurfaceFlinger 对象。

第 5 行调用 sf->captureLayers 函数，它的实现是 SurfaceFlinger::captureLayers 函数，它的作用是捕获当前应用程序界面的所有可视图层，包括窗口、菜单、控件等，常用于生成应用程序的屏幕快照。

那么 SurfaceFlinger::captureLayers 函数在获取程序的图层前，如何申请存放图层的内存呢？我们重点关注图形如何申请共享内存实现，它的实现如下所示。

<2>. frameworks/native/services/surfaceflinger/SurfaceFlinger.cpp

```
01 status_t SurfaceFlinger::captureLayers(
02             const LayerCaptureArgs& args,
03             const sp<IScreenCaptureListener>& captureListener)
04 {
05     status_t validate = validateScreenshotPermissions(args);
06     if (validate != OK) {
07       return validate;
08     }
09     ......
10     return captureScreenCommon(std::move(renderAreaFuture),
11                         traverseLayers, reqSize,
12                         args.pixelFormat, args.allowProtected,
13                         args.grayscale,
14                         captureListener);
15 }
```

SurfaceFlinger::captureLayers 函数中，第 5 行调用 validateScreenshotPermissions 判断当前应用是否有截图的权限，如果没有，则直接返回 validate 错误码。

第 10～15 行进入它的另一个成员函数 captureScreenCommon，它的实现如下所示。

<3>. frameworks/native/services/surfaceflinger/SurfaceFlinger.cpp

```
status_t SurfaceFlinger::captureScreenCommon(
              RenderAreaFuture renderAreaFuture,
              TraverseLayersFunction traverseLayers,
              ui::Size bufferSize, ui::PixelFormat reqPixelFormat,
              bool allowProtected, bool grayscale,
              const sp<IScreenCaptureListener>& captureListener) {
   sp<GraphicBuffer>buffer = getFactory().createGraphicBuffer(
                  bufferSize.getWidth(),
                  bufferSize.getHeight(),
                  static_cast<android_pixel_format>(reqPixelFormat),
                  1 , usage, "screenshot");
   ......
   return captureScreenCommon(std::move(renderAreaFuture),
                 traverseLayers,
                 texture,
                 false,
                 grayscale,
                 captureListener);
}
```

SurfaceFlinger::captureScreenCommon 函数中，第 7 行调用 DefaultFactory 类成员函数 createGraphicBuffer 创建图形缓冲区，传入缓冲区的宽度、高度、像素格式等。

第 13～19 行创建图形缓冲区后，进入 captureScreenCommon 函数继续捕获图层工作。

下面进入 DefaultFactory::createGraphicBuffer 函数，它的实现如下所示。

<4>. frameworks/native/services/surfaceflinger/SurfaceFlingerDefaultFactory.cpp

```
sp<GraphicBuffer>DefaultFactory::createGraphicBuffer(
            uint32_t width, uint32_t height,
            PixelFormat format, uint32_t layerCount,
            uint64_t usage, std::string requestorName) {
    return new GraphicBuffer(width, height, format,
                layerCount, usage, requestorName);
}
```

在 DefaultFactory::createGraphicBuffer 函数内部创建 GraphicBuffer 对象，并传入参数；在 GraphicBuffer 构造函数中，调用它的成员函数 initWithSize 传递参数。

GraphicBuffer::initWithSize 函数收到传入参数后，调用 GraphicBufferAllocator 成员函数 allocate 继续向下传递，GraphicBufferAllocator:: allocate 函数的实现如下所示。

GraphicBufferAllocator::allocate 函数调用其成员函数 allocateHelper，它的实现如下所示。

<5>. frameworks/native/libs/ui/GraphicBufferAllocator.cpp

```
status_t GraphicBufferAllocator::allocateHelper(
            uint32_t width, uint32_t height, PixelFormat format,
            uint32_t layerCount, uint64_t usage,
            buffer_handle_t * handle, uint32_t * stride,
            std::string requestorName, bool importBuffer) {
    if (! width || ! height)
        width = height = 1;
    const uint32_t bpp = bytesPerPixel(format);
    if (std::numeric_limits<size_t>::max() / width / height
                                <static_cast<size_t>(bpp)) {
        return BAD_VALUE;
    }
    if (layerCount <1) {
        layerCount = 1;
    }
    usage &= ~static_cast<uint64_t>((1 <<10) | (1 <<13));
    status_t error = mAllocator->allocate(requestorName, width, height,
                format, layerCount, usage,
```

```
19                     1, stride, handle, importBuffer);
20      if (error != NO_ERROR) {
21          return error;
22      }
23      if (! importBuffer) {
24          return NO_ERROR;
25      }
26      ……
27      return NO_ERROR;
28  }
```

在 GraphicBufferAllocator::allocateHelper 函数中，对传入的参数做检查，第 6～7 行，如果 width 或 height 等于 0，则将它们都设置为 1，接着通过 format 获取像素格式。

第 13～15 行，如果图层 layerCount 小于 1，则设置 layerCount 等于 1。

第 17～20 行申请图形缓冲区，mAllocator 类型为 std::unique_ptr <const GrallocAllocator>，而 Gralloc2Allocator 类继承自 GrallocAllocator 类，mAllocator->allocate 的实现在 Gralloc2Allocator 中。

在 Gralloc2Allocator 构造函数中，通过 IAllocator::getService()获取图形分配 android. hardware. graphics. allocator@2. 0::IAllocator/default 的 HIDL 服务，然后 mAllocator->allocate 继续申请图形 Buffer，通过 HIDL 通信调用到 QtiAllocator::allocate 函数实现，在其函数内部继续进入 BufferManager::AllocateBuffer 申请图形内存，它的实现如下所示。

<6>. hardware/qcom/sdm845/display/gralloc/gr_buf_mgr. cpp

```
Error BufferManager::AllocateBuffer(
            const BufferDescriptor &descriptor,
            buffer_handle_t * handle,
            unsigned int bufferSize) {
    if (! handle)
      return Error::BAD_BUFFER;

    int buffer_type = GetBufferType(format);
    BufferInfo info = GetBufferInfo(descriptor);
    info.format = format;
    info.layer_count = layer_count;

    GraphicsMetadata graphics_metadata = {};
    GetBufferSizeAndDimensions(info, &size, &alignedw,
                    &alignedh, &graphics_metadata);

    size = (bufferSize >= size) ? bufferSize : size;
```

```
18     int err = 0;
19     int flags = 0;
20     auto page_size = UINT(getpagesize());
21     AllocData data;
22     data.align = GetDataAlignment(format, usage);
23     data.size = size;
24     data.handle = (uintptr_t)handle;
25     data.uncached = allocator_->UseUncached(usage);
26 
27     err = allocator_->AllocateMem(&data, usage);
28     if (err) {
29       return Error::NO_RESOURCES;
30     }
31     ......
32     return Error::NONE;
33 }
```

在 BufferManager::AllocateBuffer 函数中，将 descriptor 包含的类型、图层经过层层转换传给 data，第 27 行将 data 传入 allocator_-> AllocateMem 函数申请图形缓冲区内存，变量 allocator_为 Allocator * 类型， Allocator::AllocateMem 函数内部调用 IonAlloc:: AllocBuffer 函数申请内存，在它内部才是真正的调用 ION 实现。IonAlloc:: AllocBuffer 函数的实现如下所示。

<7>. hardware/qcom/sdm845/display/gralloc/gr_ion_alloc.cpp

```
int IonAlloc::AllocBuffer(AllocData * data) {
    int err = 0;
    struct ion_handle_data handle_data;
    struct ion_fd_data fd_data;
    struct ion_allocation_data ion_alloc_data;
    ion_alloc_data.len = data->size;
    ion_alloc_data.align = data->align;
    ion_alloc_data.heap_id_mask = data->heap_id;
    ion_alloc_data.flags = data->flags;
    ion_alloc_data.flags |= data->uncached ? 0 : ION_FLAG_CACHED;
    std::string tag_name{};
    if (ioctl(ion_dev_fd_, INT(ION_IOC_ALLOC), &ion_alloc_data)) {
      err = -errno;
      return err;
    }
    fd_data.handle = ion_alloc_data.handle;
    handle_data.handle = ion_alloc_data.handle;
```

```
18      if (ioctl(ion_dev_fd_, INT(ION_IOC_MAP), &fd_data)) {
19        err =  - errno;
20        ioctl(ion_dev_fd_, INT(ION_IOC_FREE), &handle_data);
21        return err;
22      }
23      ......
24      data->fd = fd_data.fd;
25      data->ion_handle = handle_data.handle;
26      return 0;
27  }
```

IonAlloc::AllocBuffer 函数中,第 12 行调用 ioctl 函数操作设备描述符 ion_dev_fd_申请图形缓冲区内存,那么 ion_dev_fd_是从哪里来的呢?

ion_dev_fd_是 IonAlloc::Init 函数中,调用 open("/dev/ion", O_RDONLY)打开的 ION 设备描述符,打开设备描述符以后,通过 ioctl 向它发送 ION_IOC_ALLOC 命令申请内存。

申请成功以后,第 18 行调用 ioctl 函数,并传入 ION_IOC_MAP 参数到共享内存,把它放入 fd_data.fd 变量中,然后将其赋值给 data->fd,并传给使用此内存的调用者,通过 ioctl 函数传入 ION_IOC_IMPORT 将这块共享内存的描述符拿出来,再通过 mmap 函数映射,就得到在此内存中的图形共享 Buffer。

5.6 OpenGL 控制 GPU 合成、显示过程

➢ 阅读目标:

❶ 理解 EGL 加载 GPU 通信库过程。

❷ 理解 OpenGL 通过 GPU 渲染、合成过程。

❸ 理解 EGL 通过 DRM 显示过程过程。

在 Gralloc 通过 ION 申请图形共享内存后,BufferQueue 如何合成用户产生的图形数据呢?由谁来合成呢?合成以后如何显示呢?

由图 5-1 可知,GPU 和 HWC 都可以合成图形数据,本节重点分析 GPU 是如何接收 OpenGL 的指令来完成合成图层任务的,以及如何显示的。

以上问题可以分为三部分来讲解:

第一部分:EGL 加载 GPU 通信库过程。

第二部分:OpenGL 通过 GPU 渲染、合成过程。

第三部分:EGL 通过 DRM 显示过程。

5.6.1 第一部分:EGL 加载 GPU 通信库过程

图 5-7 所示为 EGL 加载 GPU 通信库过程时序图。

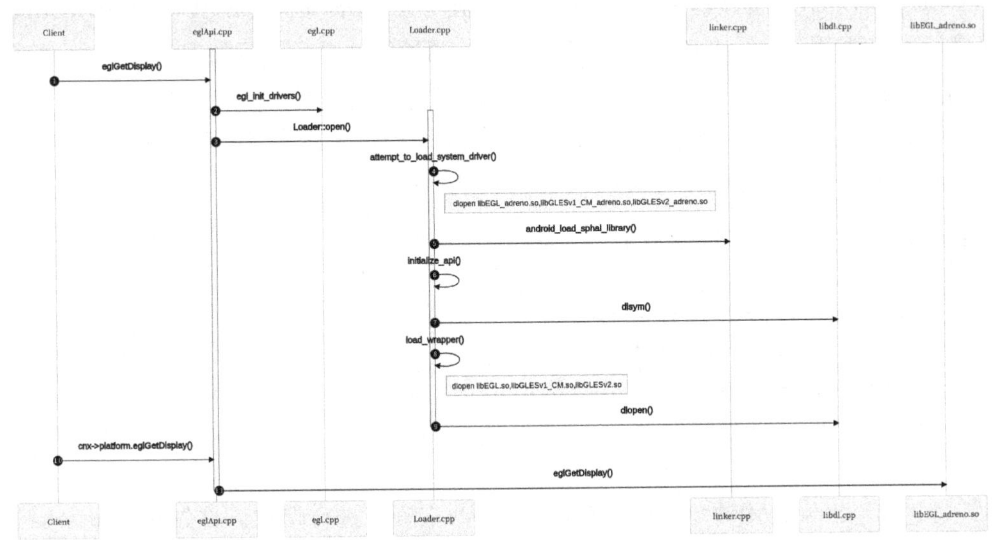

图5-7 EGL加载GPU通信库过程时序图

在5.1节,我们知道EGL的作用是创建一个OpenGL的运行环境,OpenGL只是一组图形的API,负责发送渲染、合成指令给GPU,但是不负责窗口管理显示,显示图层需要借助EGL,因为本质是EGL将本地窗口和显示设备绑定在一起,指定EGL渲染目标EGLSurface,将合成的图形数据输出到显示设备上。

由于高通OpenGL和EGL的实现部分是闭源的,我们只能通过一些技术手段探究它的大概流程,来帮助读者理解OpenGL、EGL与GPU的通信过程。

下面我们分析EGL是如何加载GPU通信库的。

<1>.从一个简单的例子开始

```
EGLDisplay dpy = eglGetDisplay(EGL_DEFAULT_DISPLAY);
```

eglGetDisplay(EGL_DEFAULT_DISPLAY)表示获取默认的EGL显示设备,它的实现如下所示。

<2>. frameworks/native/opengl/libs/EGL/eglApi.cpp

```
EGLDisplay eglGetDisplay(EGLNativeDisplayType display) {
    ......
    if (egl_init_drivers() == EGL_FALSE) {
      return setError(EGL_BAD_PARAMETER, EGL_NO_DISPLAY);
    }
    ......
    egl_connection_t * const cnx = &gEGLImpl;
    return cnx->platform.eglGetDisplay(display);
}
```

eglGetDisplay函数中,调用egl_init_drivers函数初始化驱动程序,如果返回值等于 EGL_FALSE，则直接返回错误；如果返回值不为 EGL_FALSE，则将 &gEGLImpl 赋值给 cnx，调用 cnx->platform.eglGetDisplay 函数返回显示设备的 EGLDisplay 的对象，那么 cnx->platform.eglGetDisplay 通向哪里呢？

我们继续分析，看一下 egl_init_drivers 函数做了哪些工作。它的实现如下所示。

<3>. frameworks/native/opengl/libs/EGL/egl.cpp

```
EGLBoolean egl_init_drivers() {
    EGLBoolean res;
    pthread_mutex_lock(&sInitDriverMutex);
    res = egl_init_drivers_locked();
    pthread_mutex_unlock(&sInitDriverMutex);
    return res;
}
```

egl_init_drivers 函数中，使用互斥锁来对共享资源进行保护。首先使用 pthread_mutex_lock 函数来锁定名为 sInitDriverMutex 的互斥锁，以确保在此期间其他线程无法访问这个共享资源。然后调用 egl_init_drivers_locked 函数来初始化驱动程序，完成后使用 pthread_mutex_unlock 函数来释放 sInitDriverMutex 互斥锁，使得其他线程可以再次访问共享资源。

关键代码在 egl_init_drivers_locked 函数，它的实现如下所示。

<4>. frameworks/native/opengl/libs/EGL/egl.cpp

```
1 static EGLBoolean egl_init_drivers_locked() {
2     Loader& loader(Loader::getInstance());
3     ……
4     egl_connection_t* cnx = &gEGLImpl;
5     cnx->dso = loader.open(cnx);
6     ……
7     return cnx->dso ? EGL_TRUE : EGL_FALSE;
8 }
```

egl_init_drivers_locked 函数中，第 2 行首先获取 Loader 类对象 loader，然后第 5 行调用 loader::open 函数，它在内部调用 attempt_to_load_system_driver 函数加载 GPU 通信库，它的实现如下所示。

<5>. frameworks/native/opengl/libs/EGL/Loader.cpp

```
Loader::driver_t* Loader::attempt_to_load_system_driver(
                    egl_connection_t* cnx,
                    const char* suffix,
                    const bool exact) {
    driver_t* hnd = nullptr;
    void* dso = load_system_driver("GLES", suffix, exact);
```

```
    if (dso) {
        initialize_api(dso, cnx, EGL | GLESv1_CM | GLESv2);
        hnd = new driver_t(dso);
        return hnd;
    }
    dso = load_system_driver("EGL", suffix, exact);
    if (dso) {
        initialize_api(dso, cnx, EGL);
        hnd = new driver_t(dso);
        dso = load_system_driver("GLESv1_CM", suffix, exact);
        initialize_api(dso, cnx, GLESv1_CM);
        hnd->set(dso, GLESv1_CM);
        dso = load_system_driver("GLESv2", suffix, exact);
        initialize_api(dso, cnx, GLESv2);
        hnd->set(dso, GLESv2);
    }
    return hnd;
}
```

在 loader::attempt_to_load_system_driver 函数中，主要做了三件事：

- 通过 load_system_driver 函数调用 dlopen 函数打开访问 GPU 通信库。
- 通过 initialize_api 函数调用 dlsym 遍历获取库中的符号表。
- 将函数符号表地址存放在 dso 指针数组中。

OpenGL 函数通过 libEGL_adreno.so 与 GPU 通信，而 EGL 函数通过 libGLESv2_adreno.so 与 GPU 通信。

回到之前的问题，cnx->platform.eglGetDisplay 的实现在哪里呢？它的实现在 libEGL_adreno.so 中，而我们使用的实例代码 eglGetDisplay(EGL_DEFAULT_DISPLAY)的实现在 libEGL.so 中。

所以调用 eglGetDisplay(EGL_DEFAULT_DISPLAY)函数，不光获取默认的 EGL 显示设备，在其之前，需要遍历打开 OpenGL 和 EGL 与 GPU 通信库，并获取操作 GPU 的能力。

5.6.2 第二部分:OpenGL 通过 GPU 渲染、合成过程

图 5-8 所示为 OpenGL 通过 GPU 渲染、合成过程时序图。

通过上一小节，我们已经知道 OpenGL 和 EGL 是通过 libGLESv2_adreno.so 和 libEGL_adreno.so 建立与 GPU 通信的，那么 OpenGL 的指令如何发送给 GPU 呢？

因为这部分是闭源代码，是厂商实现的，所以我们只能介绍一下它的通信流程。

我们知道 SurfaceFlinger 调用 OpenGL API，OpenGL 使用 GLSL 着色器语言，它是一种可以跑在 GPU 上的开发语言，编写完代码后进行编译，使用 GLSL 语言操作 GPU 渲染、合成等操作。

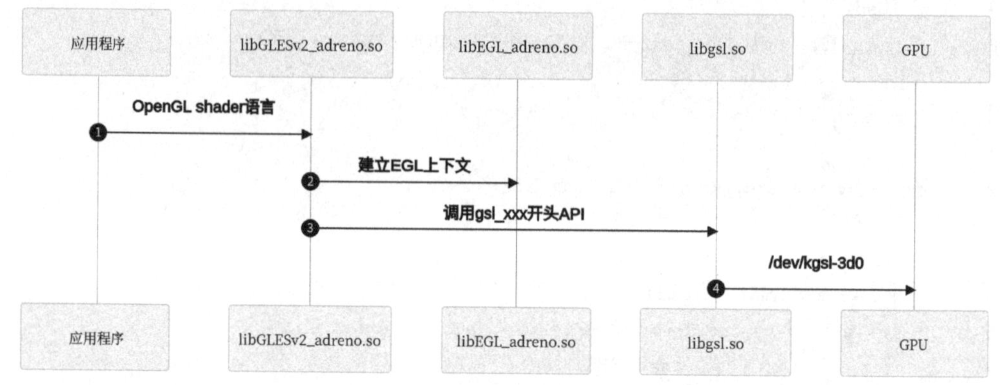

图 5-8　OpenGL 通过 GPU 渲染、合成过程时序图

如图 5-8 所示，OpenGL 通过 GPU 渲染、合成可以分为四个步骤：

第一步：初始化 EGL 设备、创建 EGL 上下文和 Surface 等操作在 libEGL_adreno.so 厂商库中的实现，为 OpenGL 创建运行的环境。

第二步：通过 glCompileShader 编译 GLSL 代码等操作，通过 glDrawArrays 函数指定要绘制的图元的类型以及顶点数据的范围，告诉 GPU 如何绘制出指定的图形，其实现在 libGLESv2_adreno.so 厂商库中。

第三步：厂商库 libGLESv2_adreno.so 通过 dlopen 打开 libgsl.so 库，在 libgsl.so 打开/dev/kgsl-3d0 设备节点，它是高通 KGSL 驱动提供给上层访问 GPU 的设备节点，打开 GPU 驱动以后，可以通过 ioctl 系统接口，向 GPU 发送渲染、合成指令；也可以通过共享内存，向 GPU 显存相互拷贝图形数据。

第四步：

通过/dev/kgsl-3d0 设备节点与 KGSL 驱动通信。KGSL 的全称为 Kernel Graphics Support Layer，它是为 Adreno GPU 开发的内核级图形支持层，是一个 Linux 内核驱动，主要用于管理 GPU 资源，包括内存管理、命令队列管理等。

KGSL 驱动通过设备节点"/dev/kgsl-3d0"提供了一种统一的接口，使得用户空间的应用程序可以直接与 GPU 进行交互。应用程序可以通过读/写这个设备文件，通过 ioctl 系统调用，来提交命令到 GPU，以及获取 GPU 的状态信息。

KGSL 驱动还支持创建共享内存区域，这些区域可以被 CPU 和 GPU 同时访问，进一步提高 CPU 和 GPU 之间的数据传输效率，降低功耗。它使得应用程序可以更高效地利用 GPU 资源。

5.6.3 第三部分：EGL 通过 DRM 显示过程

图 5-9 所示为 EGL 通过 DRM 显示过程时序图。

GPU 在处理渲染或合成图层以后，不会直接去显示，而是通过 DRM 图形显示框架来显示；在 OpenGL 给 GPU 发送指令，完成渲染或合成图层后，接着会调用 eglSwapBuffers 函数，它的作用是进行双缓冲区的切换和显示，用于完成显示一帧图像的

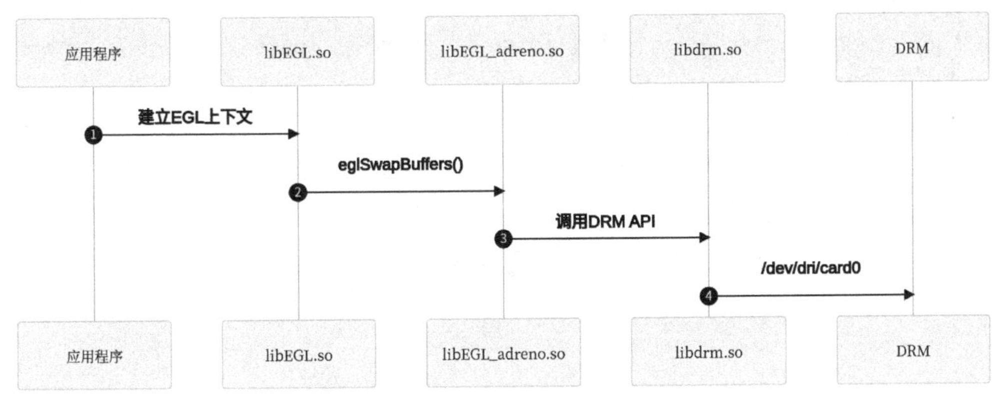

图 5-9　EGL 通过 DRM 显示过程时序图

操作。

如图 5-9 所示，EGL 通过 DRM 显示可以分为三个步骤：

第一步：EGL 初始化，创建 EGL 上下文和 Surface 等操作，通过 OpenGL 向 GPU 发送渲染、合成指令。

第二步：从 GPU 显存中拿到合成以后的图形数据后，调用 eglSwapBuffers 函数进行双缓冲区切换和显示。那么 eglSwapBuffers 函数内部做了什么操作呢？它会调用到厂商闭源库 libEGL_adreno.so 中。

第三步：厂商库 libEGL_adreno.so 调用 libdrm.so 操作，使用 DRM 显示框架的输出显示工作，它内部使用 DRM 驱动提供给上层的"/dev/dri/card0"设备节点（Android 12 已经废弃了"/dev/fb0"设备），打开以后，通过 ioctl 系统调用映射一块帧缓冲区，对它进行读/写，相当于操作显示设备，从而达到显示的目的。

5.7　HWC 合成提交 DRM 显示过程

➢ 阅读目标：理解 SurfaceFlinger 通过 HWC 初始化 DRM 过程。

图 5-10 所示为 SurfaceFlinger 通过 HWC 初始化 DRM 过程时序图。

在图形处理中，如果图层过多、过于复杂，则需要 HWC 分担 GPU 的合成工作。GPU 合成以后，将合成的图层提交给 HWC，由 HWC 将图层再进行合成，然后提交给 DRM 驱动显示。

SurfaceFlinger、HWC、DRM 代码交互比较复杂，涉及 AIDL、HIDL、厂商代码等。在 5.3 节我们已经讲述了 HWC 服务启动过程，本节我们讲清楚 HWC HIDL 服务与 DRM 之间的通信过程。SurfaceFlinger 是通过使用 HWC 服务提交到 DRM 显示输出的。

在 5.6 节，由于 OpenGL 和 EGL 的实现基本在厂商闭源库中，没有具体分析 EGL 通过 DRM 显示的过程，本节分析 HWC 服务如何初始化 DRM 的过程。

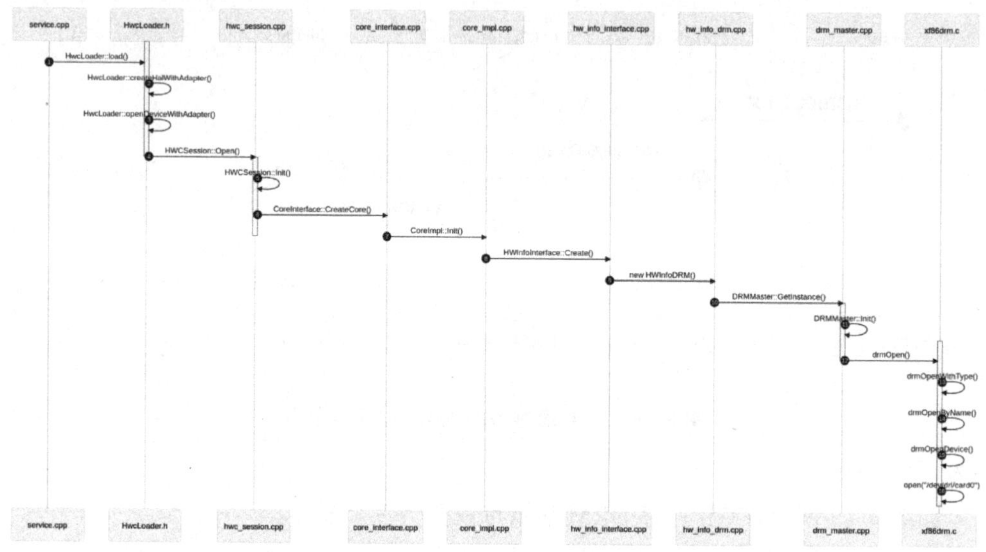

图 5-10　SurfaceFlinger 通过 HWC 初始化 DRM 过程时序图

下面继续分析 SurfaceFlinger 通过 HWC 初始化 DRM 的过程。

<1>. hardware/interfaces/graphics/composer/2.3/default/service.cpp

```
int main() {
    ……
    android::sp<IComposer> composer = HwcLoader::load();
    if (composer == nullptr) {
      return 1;
    }
    if (composer->registerAsService() != android::NO_ERROR) {
      return 1;
    }
    return 1;
}
```

以上代码片段是 HWC HIDL 服务 android.hardware.graphics.composer@2.xxx::IComposer 的初始化和注册过程，在 5.3 节我们已经分析过了，这里只看关键的与 DRM 初始化相关的关键代码。HwcLoader::load 函数内部调用它的成员函数 createHalWithAdapter 进行初始化工作，接着调用 openDeviceWithAdapter 函数，通过 module->methods->open 回调函数进入 HAL 层 HWCSession::Open 函数的实现，使得通信从 HIDL 层进入 HAL 层。HWCSession::Open 函数的实现如下所示。

<2>. hardware/qcom/sdm845/display/sdm/libs/hwc2/hwc_session.cpp

```
01  int HWCSession::Open(
02                  const hw_module_t * module,
03                  const char * name,
04                  hw_device_t * * device) {
05    if (! module || ! name || ! device) {
06      return -EINVAL;
07    }
08    if (! strcmp(name, HWC_HARDWARE_COMPOSER)) {
09      HWCSession * hwc_session = new HWCSession(module);
10      if (! hwc_session) {
11        return -ENOMEM;
12      }
13      int status = hwc_session->Init();
14      if (status != 0) {
15        delete hwc_session;
16        hwc_session = NULL;
17        return status;
18      }
19      hwc2_device_t * composer_device = hwc_session;
20      * device = reinterpret_cast<hw_device_t *>(composer_device);
21    }
22    return 0;
23  }
```

HWCSession::Open 函数在 5.3.2 小节也已经分析过，这里我们只关注第 13 行 hwc_session->Init 函数调用，如果它的返回值不等于 0，则释放 hwc_session 内存，并设置 hwc_session 为空，返回 status 状态码。

下面我们看 HWCSession::Init 函数的实现，如下所示。

<3>. hardware/qcom/sdm845/display/sdm/libs/hwc2/hwc_session.cpp

```
01  int HWCSession::Init() {
02    ……
03    auto error = CoreInterface::CreateCore(
04                  &buffer_allocator_,
05                  &buffer_sync_handler_,
06                  &socket_handler_,
07                  &core_intf_);
08    ……
09    return 0;
10  }
```

HWCSession::Init 函数中，第 3 行调用 CoreInterface::CreateCore 函数，接着它内部实例化 CoreImpl 类，在 CoreImpl::Init 函数初始化尝试加载扩展库并获取其接口

的句柄。然后调用 HWInfoInterface::Create 函数，将 HWInfoInterface 类对象作为参数传入。HWInfoInterface::Create 函数的实现如下所示。

<4>. hardware/qcom/sdm845/display/sdm/libs/core/hw_info_interface.cpp

```
1 DisplayError HWInfoInterface::Create(HWInfoInterface * * intf) {
2     if (GetDriverType() == DriverType::FB) {
3         * intf = new HWInfo();
4     } else {
5         * intf = new HWInfoDRM();
6     }
7     return kErrorNone;
8 }
```

HWInfoInterface::Create 函数中，第 2 行检测判断 GetDriverType 函数返回值是否等于 DriverType::FB，GetDriverType 函数内部调用 Sys::access_（"/sys/devices/virtual/graphics/fb0/mdp/caps"，F_OK）？DriverType::DRM ：DriverType::FB，在设备中没有发现/sys/devices/virtual/graphics/fb0/mdp/caps 路径，Sys::access_函数为真时返回 0；因为没有发现此路径，返回非 0，故 GetDriverType 函数返回 DriverType::DRM。

进入第 5 行实例化 HWInfoDRM，并赋值给 intf 对象，我们接着看 HWInfoDRM 类构造函数的实现，如下所示。

<5>. hardware/qcom/sdm845/display/sdm/libs/core/drm/hw_info_drm.cpp

```
01 HWInfoDRM::HWInfoDRM() {
02     default_mode_ = (DRMLibLoader::GetInstance()-> IsLoaded() == false);
03     if (! default_mode_) {
04         DRMMaster * drm_master = {};
05         int dev_fd = -1;
06         DRMMaster::GetInstance(&drm_master);
07         if (! drm_master) {
08             return;
09         }
10         drm_master-> GetHandle(&dev_fd);
11         DRMLibLoader::GetInstance()-> FuncGetDRMManager()(dev_fd, &drm_mgr_intf_);
12     }
13 }
```

HWInfoDRM::HWInfoDRM 构造函数中，第 4 行定义 drm_master 指针对象为空，然后调用 DRMMaster::GetInstance 函数获取 DRMMaster 对象，并将 drm_master 对象作为参数传入。获取 DRMMaster 对象后，调用 drm_master-> GetHandle 将 DRMMaster 成员变量 dev_fd_传出，它通过 open 函数打开 DRM 驱动，提供给上层应用的"/dev/dri/card0"的文件描述符。

下面我们继续分析在 DRMMaster::GetInstance 函数中，如何操作"/dev/dri/card0"设备节点，以及如何通过 DRM 将合成的图形数据进行输出显示，它的实现如下所示。

<6>. hardware/qcom/sdm845/display/libdrmutils/drm_master. cpp

```
int DRMMaster::GetInstance(DRMMaster * * master) {
   lock_guard<mutex>obj(s_lock);
   if (! s_instance) {
     s_instance = new DRMMaster();
     if (s_instance->Init() <0) {
       delete s_instance;
       s_instance = nullptr;
       return - ENODEV;
     }
   }
   * master = s_instance;
   return 0;
}
```

DRMMaster::GetInstance 函数中，首先添加了一个互斥锁，然后 s_instance 对象为空，则调用 new DRMMaster 将其实例化，并赋值给 s_instance 对象。接着调用 s_instance->Init 函数初始化，如果返回值小于 0，则释放 s_instance，设置 s_instance 为空，并返回错误码- ENODEV。DRMMaster::Init 函数的实现如下所示。

<7>. hardware/qcom/sdm845/display/libdrmutils/drm_master. cpp

```
int DRMMaster::Init() {
   dev_fd_ = drmOpen("msm_drm", nullptr);
   if (dev_fd_ <0) {
     return - ENODEV;
   }
   return 0;
}
```

DRMMaster::Init 函数中，调用 drmOpen 打开 DRM，为应用提供访问驱动的设备节点"/dev/dri/card0"，它的实现如下所示。

<8>. external/libdrm/xf86drm. c

```
drm_public int drmOpen(const char * name, const char * busid)
{
   return drmOpenWithType(name, busid, DRM_NODE_PRIMARY);
}
```

drmOpen 函数中，调用 drmOpenWithType 函数，并传入要打开的设备节点，类型为 DRM_NODE_PRIMARY，最终在 drmOpenDevice 函数中通过 open 打开"/dev/dri/card0"设备节点，drmOpen 函数返回文件描述符赋值给 DRMMaster 的成员变量 dev_fd_，通过 drmIoctl 接口申请共享内存，并通过 mmap 共享内存映射，应用程序可以将合成图形数据提交给 DRM 输出显示。

5.8 图形实战案例

➢ 阅读目标：理解 Android 图形实战示例。

5.8.1 正常渲染实战

使用 OpenGL 实现绘制、渲染一个三角形，并且立即输出显示到屏幕上。模块目录结构如下：

```
.
├── Android.bp
└── normal_render_sample.cpp
```

此模块由 Android. bp 和 normal_render_sample. cpp 两部分组成，使用 OpenGL 实现绘制、渲染一个背景为红色、颜色为绿色的三角形。

normal_render_sample. cpp：OpenGL 绘制渲染三角形示例

```
#include <stdlib.h>
#include <stdio.h>
#include <EGL/egl.h>
#include <GLES3/gl3.h>
#include <WindowSurface.h>
using namespace android;

GLuint gProgram;
GLuint gvPositionHandle;
const GLfloat gTriangleVertices[] = { 0.0f, 0.5f, -0.5f, -0.5f, 0.5f, -0.5f };

static const char gVertexShader[] = "attribute vec4 vPosition;\n"
    "void main() {\n"
    "  gl_Position = vPosition;\n"
    "}\n";

static const char gFragmentShader[] = "precision mediump float;\n"
```

```
    "void main() {\n"
    "  gl_FragColor = vec4(0.0, 1.0, 0.0, 1.0);\n"
    "}\n";

GLuint loadShader(GLenum shaderType, const char* pSource) {
    GLuint shader = glCreateShader(shaderType);
    if (shader) {
      glShaderSource(shader, 1, &pSource, NULL);
      glCompileShader(shader);
      GLint compiled = 0;
      glGetShaderiv(shader, GL_COMPILE_STATUS, &compiled);
      if (! compiled) {
        GLint infoLen = 0;
        glGetShaderiv(shader, GL_INFO_LOG_LENGTH, &infoLen);
        if (infoLen) {
      char* buf = (char*) malloc(infoLen);
      if (buf) {
        glGetShaderInfoLog(shader, infoLen, NULL, buf);
        free(buf);
      }
      glDeleteShader(shader);
      shader = 0;
        }
      }
    }
    return shader;
}

GLuint createProgram(const char* pVertexSource, const char* pFragmentSource) {
    GLuint vertexShader = loadShader(GL_VERTEX_SHADER, pVertexSource);
    if (! vertexShader) {
      return 0;
    }

    GLuint pixelShader = loadShader(GL_FRAGMENT_SHADER, pFragmentSource);
    if (! pixelShader) {
      return 0;
    }

    GLuint program = glCreateProgram();
    if (program) {
      glAttachShader(program, vertexShader);
```

```
        glAttachShader(program, pixelShader);
        glLinkProgram(program);
        GLint linkStatus = GL_FALSE;
        glGetProgramiv(program, GL_LINK_STATUS, &linkStatus);
        if (linkStatus != GL_TRUE) {
          GLint bufLength = 0;
          glGetProgramiv(program, GL_INFO_LOG_LENGTH, &bufLength);
          if (bufLength) {
        char* buf = (char*) malloc(bufLength);
        if (buf) {
          glGetProgramInfoLog(program, bufLength, NULL, buf);
          free(buf);
        }
          }
          glDeleteProgram(program);
          program = 0;
        }
    }
    return program;
}

void initShader(int w, int h) {
    gProgram = createProgram(gVertexShader, gFragmentShader);
    gvPositionHandle = glGetAttribLocation(gProgram, "vPosition");
}

void renderFrame() {
    glClearColor(1.0f, 0.0f, 0.0f, 1.0f);
    glClear(GL_COLOR_BUFFER_BIT);
    glUseProgram(gProgram);
    glVertexAttribPointer(gvPositionHandle, 2, GL_FLOAT, GL_FALSE, 0, gTriangleVerti-
ces);
    glEnableVertexAttribArray(gvPositionHandle);
    glDrawArrays(GL_TRIANGLES, 0, 3);
}

int main(int argc, char** argv) {
    EGLint context_attribs[] = { EGL_CONTEXT_CLIENT_VERSION, 2, EGL_NONE };
    EGLint s_configAttribs[] = {
      EGL_SURFACE_TYPE, EGL_WINDOW_BIT,
      EGL_RENDERABLE_TYPE, EGL_OPENGL_ES2_BIT,
      EGL_RED_SIZE, 8,
```

```
101         EGL_GREEN_SIZE, 8,
102         EGL_BLUE_SIZE, 8,
103         EGL_ALPHA_SIZE, 8,
104         EGL_NONE };
105     EGLint majorVersion;
106     EGLint minorVersion;
107     EGLContext context;
108     EGLSurface surface;
109     EGLint w, h;
110     EGLDisplay dpy;
111     EGLint numConfigs = -1;
112     EGLConfig config;
113     WindowSurface windowSurface;
114     EGLNativeWindowType window;
115
116     dpy = eglGetDisplay(EGL_DEFAULT_DISPLAY);
117     eglInitialize(dpy, &majorVersion, &minorVersion);
118     window = windowSurface.getSurface();
119     eglChooseConfig(dpy, s_configAttribs, &config, 1, &numConfigs);
120     surface = eglCreateWindowSurface(dpy, config, window, NULL);
121     context = eglCreateContext(dpy, config, EGL_NO_CONTEXT, context_attribs);
122     eglMakeCurrent(dpy, surface, surface, context);
123     initShader(w, h);
124     renderFrame();
125     eglSwapBuffers(dpy, surface);
126     getchar();
127     return 0;
128 }
```

第 116～122 行初始化 EGL 显示设备、配置 EGL 属性、创建 EGL 上下文等操作，为 OpenGL 创建一个运行环境。

第 123 行调用 initShader 函数创建与编译顶点着色器、片段着色器，最后链接着色器程序。其中片段着色器代码中 gl_FragColor = vec4(0.0, 1.0, 0.0, 1.0)，表示给三角形着色为绿色，vec4 四个参数分别表示红色、绿色、蓝色、透明度。

第 124 行调用 renderFrame 函数渲染顶点数据，glVertexAttribPointer 函数将三角形顶点数据传输至顶点着色器中进行处理和渲染工作，而 glVertexAttribPointer 最后一个参数 gTriangleVertices 表示三角形的坐标值。

其中 glClearColor(1.0f, 0.0f, 0.0f, 1.0f)表示以红色背景清屏，如果不调用此函数，则手机屏幕的背景默认是黑色的。

第 125 行调用 eglSwapBuffers 函数双缓冲区交换帧显示输出，这样在设备上就可以看到一个绿色的三角形显示在屏幕上。

2. Android. bp 编译脚本

```
cc_binary {
      name: "normal_render_sample",
      srcs: ["normal_render_sample.cpp"],
      shared_libs: [
          "libcutils",
          "libEGL",
          "libGLESv2",
          "libui",
          "libgui",
          "libutils",
      ],
      static_libs: ["libglTest"],
      cflags: [
     " - Wno - unused - parameter",
     " - Wno - unused - const - variable",
     " - Wno - unused - variable",
     " - Wno - uninitialized",
      ],
}
```

编译脚本 Android. bp,用来编译 normal_render_sample. cpp 源文件。

编译上述源代码,然后在设备上运行来验证效果。

```
# mm - j12
```

编译成功后,在 out/target/product/blueline/system/bin 目录下会看到应用程序 normal_render_sample,然后将应用程序复制到 Android 设备上运行,如下所示。

```
130|blueline:/data/debug # ./normal_render_sample
```

运行 normal_render_sample 可执行程序,如果在 Android 设备上显示红底绿色三角形,则说明渲染成功。

5.8.2 离屏渲染实战

使用 OpenGL 实现离屏渲染一个三角形,并且写入到 output. ppm 文件中,而不是显示到屏幕上,可以通过其他图片查看器来验证渲染结果。模块目录结构如下:

```
.
├── Android.bp
└── offscreen_render_sample.cpp
```

此模块由 Android. bp 和 offscreen_render_sample. cpp 两部分组成,使用 OpenGL

实现绘制、渲染一个背景为绿色、颜色为红色的三角形，并将渲染结果写入到 output.ppm 文件。

1. offscreen_render_sample.cpp:OpenGL 离屏渲染三角形示例

```
#include <GLES3/gl3.h>
#include <EGL/egl.h>
#include <EGL/eglext.h>
#include <fstream>

const GLchar* vertexShaderSource = "#version 300 es\n"
    "layout (location = 0) in vec3 aPos;\n"
    "void main()\n"
    "{\n"
    "    gl_Position = vec4(aPos.x, aPos.y, aPos.z, 1.0);\n"
    "}\0";

const GLchar* fragmentShaderSource = "#version 300 es\n"
    "out vec4 FragColor;\n"
    "void main()\n"
    "{\n"
    "    FragColor = vec4(1.0f, 0.0f, 0.0f, 1.0f);\n"
    "}\n\0";

GLfloat vertices[] = {
    -0.5f, -0.5f, 0.0f,
    0.5f, -0.5f, 0.0f,
    0.0f,  0.5f, 0.0f
};

GLuint createShader(GLenum type, const GLchar* source) {
    GLuint shader = glCreateShader(type);
    glShaderSource(shader, 1, &source, NULL);
    glCompileShader(shader);
    return shader;
}

GLuint createProgram(GLuint vertexShader, GLuint fragmentShader) {
    GLuint program = glCreateProgram();
    glAttachShader(program, vertexShader);
    glAttachShader(program, fragmentShader);
    glLinkProgram(program);
    return program;
```

```
}

void savePixels(const char * filename, GLubyte * pixels, int width, int height) {
    std::ofstream file(filename, std::ios::binary);
    file <<"P6\n" <<width <<" " <<height <<"\n255\n";
    file.write(reinterpret_cast<char *>(pixels), width * height * 3);
}

int main() {
    EGLDisplay display = eglGetDisplay(EGL_DEFAULT_DISPLAY);
    eglInitialize(display, NULL, NULL);
    const EGLint configAttribs[] = {
      EGL_SURFACE_TYPE, EGL_PBUFFER_BIT,
      EGL_BLUE_SIZE, 8,
      EGL_GREEN_SIZE, 8,
      EGL_RED_SIZE, 8,
      EGL_DEPTH_SIZE, 8,
      EGL_RENDERABLE_TYPE, EGL_OPENGL_ES3_BIT,
      EGL_NONE
    };

    EGLConfig config;
    EGLint numConfigs;
    eglChooseConfig(display, configAttribs, &config, 1, &numConfigs);
    const EGLint contextAttribs[] = {
      EGL_CONTEXT_CLIENT_VERSION, 3,
      EGL_NONE
    };
    EGLContext context = eglCreateContext(display, config, EGL_NO_CONTEXT, contextAttribs);
    const EGLint pbufferAttribs[] = {
      EGL_WIDTH, 800,
      EGL_HEIGHT, 600,
      EGL_NONE,
    };
    EGLSurface surface = eglCreatePbufferSurface(display, config, pbufferAttribs);
    eglMakeCurrent(display, surface, surface, context);
    GLuint vertexShader = createShader(GL_VERTEX_SHADER, vertexShaderSource);
    GLuint fragmentShader = createShader(GL_FRAGMENT_SHADER, fragmentShaderSource);
    GLuint program = createProgram(vertexShader, fragmentShader);

    GLuint vbo;
```

```
080     glGenBuffers(1, &vbo);
081     glBindBuffer(GL_ARRAY_BUFFER, vbo);
082     glBufferData(GL_ARRAY_BUFFER, sizeof(vertices), vertices, GL_STATIC_DRAW);
083
084     GLuint vao;
085     glGenVertexArrays(1, &vao);
086     glBindVertexArray(vao);
087     glVertexAttribPointer(0, 3, GL_FLOAT, GL_FALSE, 3 * sizeof(GLfloat), (GLvoid * )0);
088     glEnableVertexAttribArray(0);
089
090     glClearColor(0.0f, 0.0f, 1.0f, 1.0f);
091     glClear(GL_DEPTH_BUFFER_BIT | GL_COLOR_BUFFER_BIT);
092
093     glUseProgram(program);
094     glBindVertexArray(vao);
095     glDrawArrays(GL_TRIANGLES, 0, 3);
096
097     GLubyte * pixels = new GLubyte[800 * 600 * 3];
098     glReadPixels(0, 0, 800, 600, GL_RGB, GL_UNSIGNED_BYTE, pixels);
099
100     savePixels("/data/debug/output.ppm", pixels, 800, 600);
101
102     delete[] pixels;
103     glDeleteVertexArrays(1, &vao);
104     glDeleteBuffers(1, &vbo);
105     glDeleteProgram(program);
106     glDeleteShader(fragmentShader);
107     glDeleteShader(vertexShader);
108
109     eglMakeCurrent(display, EGL_NO_SURFACE, EGL_NO_SURFACE, EGL_NO_CONTEXT);
110     eglDestroySurface(display, surface);
111     eglDestroyContext(display, context);
112     eglTerminate(display);
113     return 0;
114 }
```

第 48～74 行进行初始化 EGL 显示设备、配置 EGL 属性、创建 EGL 上下文、创建 EGLSurface 等操作，为 OpenGL 创建一个运行环境。

第 75～77 行首先创建顶点着色器、片段着色器，接着编译着色器代码，最后链接着色器程序。

第 79～82 行创建顶点缓冲区对象 vbo，它用于存储和管理顶点数据的缓冲区对象。它可以将顶点数据(如顶点坐标、法向量、颜色等)存储在显存中，以供 GPU 在渲染时直接访问。调用 glBufferData 函数可以将顶点数据复制到当前绑定的顶点缓冲对象中。

第 84～88 行创建顶点数组对象 vao，它用于存储顶点属性配置和状态，接着配置顶点属性操作。

第 90～91 行 glClearColor 函数设置清除颜色缓冲区时使用的颜色，将清除颜色设置为蓝色。第 91 行调用 glClear 函数表示清除之前绘制的内容，准备开始新的渲染。

第 93～95 行调用 glUseProgram 函数使用指定着色器程序，然后调用 glBindVertexArray 函数绑定顶点数组对象，最后调用 glDrawArrays 函数绘制一个三角形。

第 97～100 行将渲染好的图形数据从帧缓冲区中读取像素数据，然后将它保存为 ppm 格式，写到一个 output. ppm 文件中，三角形的尺寸为宽度 800、高度 600。

第 102～112 行是清理资源和内存的操作。

2. Android. bp 编译脚本

```
cc_binary {
        name: "offscreen_render_sample",
        srcs: ["offscreen_render_sample.cpp"],
        shared_libs: [
            "libcutils",
            "libEGL",
            "libGLESv2",
            "libui",
            "libgui",
            "libutils",
        ],
        cflags: [
        " - Wno - unused - parameter",
        " - Wno - unused - const - variable",
        " - Wno - unused - variable",
        ],
}
```

编译脚本 Android. bp，用来编译 offscreen_render_sample. cpp 源文件。

编译上述源代码，然后在设备上运行来验证效果。

```
# mm - j12
```

编译成功后，在 out/target/product/blueline/system/bin 目录下看到应用程序 offscreen_render_sample，然后将应用程序复制到 Android 设备上运行，如下所示。

```
blueline:/data/debug # ./offscreen_render_sample
```

运行 offscreen_render_sample 可执行程序，执行以后会在/data/debug 目录下生

成 output.ppm 文件，将它从设备上复制到 PC 上，使用图片查看工具打开，它是一个绿色的背景，颜色为红色的三角形。

5.8.3 Fence 同步机制实战

Fence 同步机制示例代码，模块目录结构如下：

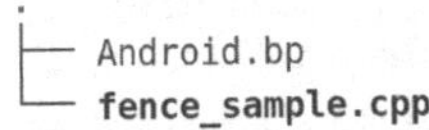

此模块由 Android.bp 和 fence_sample.cpp 两部分组成，用于 GPU 完成渲染功能后，CPU 根据 Fence 判断处理图形数据是否完成，以便进行下一步的处理工作。

1. fence_sample.cpp：Fence 同步机制示例

```
#include <stdlib.h>
#include <stdio.h>
#include <WindowSurface.h>
#include <EGLUtils.h>
#include <ui/Fence.h>
using namespace android;

int main() {
    EGLint context_attribs[] = { EGL_CONTEXT_CLIENT_VERSION, 2, EGL_NONE };
    EGLint s_configAttribs[] = {
      EGL_SURFACE_TYPE, EGL_WINDOW_BIT,
      EGL_RENDERABLE_TYPE, EGL_OPENGL_ES2_BIT,
      EGL_RED_SIZE, 8,
      EGL_GREEN_SIZE, 8,
      EGL_BLUE_SIZE, 8,
      EGL_ALPHA_SIZE, 8,
      EGL_NONE };
    EGLint majorVersion;
    EGLint minorVersion;
    EGLContext context;
    EGLSurface surface;
    EGLint w, h;
    EGLDisplay dpy = nullptr;
    EGLint numConfigs = -1;
    EGLConfig config;
    WindowSurface windowSurface;
    EGLNativeWindowType window;
    EGLint result;
```

```
29      EGLint fencefd    =  -1;
30      int ret =  -1;
31
32      dpy = eglGetDisplay(EGL_DEFAULT_DISPLAY);
33      eglInitialize(dpy, &majorVersion, &minorVersion);
34      window = windowSurface.getSurface();
35      eglChooseConfig(dpy, s_configAttribs, &config, 1, &numConfigs);
36      surface = eglCreateWindowSurface(dpy, config, window, NULL);
37      context = eglCreateContext(dpy, config, EGL_NO_CONTEXT, context_attribs);
38      eglMakeCurrent(dpy, surface, surface, context);
39
40      EGLSyncKHR sync = eglCreateSyncKHR(dpy, EGL_SYNC_NATIVE_FENCE_ANDROID, NULL);
41      fencefd = eglDupNativeFenceFDANDROID(dpy, sync);
42      if(fencefd <0)
43        fencefd = 0;
44
45      sp<Fence>fence = new Fence(fencefd);
46      ret = fence->wait(-1);
47      if(ret == NO_ERROR)
48        printf("%s() [%d], ret = %d\n",__FUNCTION__,__LINE__,ret);
49      else
50        printf("%s() [%d], ret = %d\n",__FUNCTION__,__LINE__,ret);
51      return 0;
52  }
```

第 32～38 行初始化 EGL 显示设备、配置 EGL 属性、创建 EGL 上下文、创建 EGLSurface 等操作，为 OpenGL 创建一个运行环境。

第 40 行调用 eglCreateSyncKHR 函数将 sync 同步对象转为 fencefd 描述符，如果 fencefd 大于 0，则表示返回有效描述符；如果 fencefd 小于 0，则返回无效描述符；设置 fencefd 等于 0，这样 Fence 类成员函数 wait 就会一直等待，直到等到有效文件描述符。

第 45～50 行如果 fencefd 大于 0，则将 fencefd 文件描述符传入 Fence 类构造函数，然后调用 fence->wait(－1)，如果 ret 等于 NO_ERROR（即 0），则表示 GPU 已经完成绘制或渲染工作。

需要注意的是，如果将 eglCreateSyncKHR 函数挪到 eglMakeCurrent 函数之前调用，则 fencefd 文件描述符是等于－1 的，这个时候表示 GPU 图形数据没有处理完成，调用 fence->wait(－1)函数后，会一直等待。

2. Android.bp 编译脚本

```
cc_binary {
    name: "fence_sample",
    srcs: [
```

```
            "fence_sample.cpp",
        ],
        cflags: [
            " - DGL_GLEXT_PROTOTYPES",
            " - DEGL_EGLEXT_PROTOTYPES",
        ],
        cppflags: [
            " - Wno - unused - variable",
        " - Wno - uninitialized",
        ],
        shared_libs: [
            "libbase",
            "libcutils",
            "libEGL",
            "libGLESv2",
        "libsync",
        "libGLESv1_CM",
            "libGLESv2",
            "libui",
            "libgui",
            "libutils",
        "libandroid",
        "libnativewindow",
            "libprocessgroup",
        ],
        static_libs: ["libglTest"],
}
```

编译脚本 Android. bp,用来编译 fence_sample. cpp 源文件。

编译上述源代码,然后在设备上运行来验证效果。

```
# mm - j12
```

编译成功后,在 out/target/product/blueline/system/bin 目录下会看到应用程序 fence_sample,然后将应用程序复制到 Android 设备上运行,如下所示。

```
blueline:/data/debug # ./fence_sample
main() [57], ret = 0
```

运行 fence_sample 可执行程序,如果显示变量 ret 等于 0,则表示 GPU 已经处理完成图形数据,CPU 会调用 fence-> wait(—1)立即返回;否则,一直等待 GPU 图形数据处理结果。

5.8.4 OpenGL 渲染 nv21 格式视频实战

OpenGL 渲染 nv21 格式视频示例代码，模块目录结构如下：

```
.
├── Android.bp
└── opengl_render_nv21.cpp
```

此模块由 Android.bp 和 opengl_render_nv21.cpp 两部分组成，实现 OpenGL 渲染 nv21 视频格式功能。

1. opengl_render_nv21.cpp：OpenGL 渲染 nv21 格式示例

```
#include <stdio.h>
#include <gui/Surface.h>
#include <gui/SurfaceComposerClient.h>
#include <ui/DynamicDisplayInfo.h>
using namespace android;

static int ALIGN(int x, int y) {
    return (x + y - 1) & ~(y - 1);
}

void render(const void * data, size_t size,
            const sp<ANativeWindow> &nativeWindow,
            int width, int height) {
    void * dst;
    ANativeWindowBuffer * buf;
    int mCropWidth = width;
    int mCropHeight = height;
    int halFormat = HAL_PIXEL_FORMAT_YCrCb_420_SP;
    int bufWidth = (mCropWidth + 1) & ~1;
    int bufHeight = (mCropHeight + 1) & ~1;

    native_window_set_usage(nativeWindow.get(),
                GRALLOC_USAGE_SW_READ_NEVER |
                GRALLOC_USAGE_SW_WRITE_OFTEN |
                GRALLOC_USAGE_HW_TEXTURE |
                GRALLOC_USAGE_EXTERNAL_DISP);
    native_window_api_connect(nativeWindow.get(), NATIVE_WINDOW_API_MEDIA);
    native_window_set_scaling_mode(nativeWindow.get(),
                    NATIVE_WINDOW_SCALING_MODE_SCALE_TO_WINDOW);
```

```
#if 1
    //v1.0
    (nativeWindow.get())->perform(nativeWindow.get(),
                NATIVE_WINDOW_SET_BUFFERS_GEOMETRY,
                bufWidth, bufHeight, halFormat);
#else
    //v2.0
    native_window_set_buffers_dimensions(nativeWindow.get(), bufWidth, bufHeight);
    native_window_set_buffers_format(nativeWindow.get(), halFormat);
#endif
    native_window_dequeue_buffer_and_wait(nativeWindow.get(),&buf);
    GraphicBufferMapper &mapper = GraphicBufferMapper::get();
    Rect bounds(mCropWidth, mCropHeight);

    mapper.lock(buf->handle, GRALLOC_USAGE_SW_WRITE_OFTEN, bounds, &dst);
    size_t dst_y_size = buf->stride * buf->height;
    size_t dst_c_stride = ALIGN(buf->stride / 2, 16);
    size_t dst_c_size = dst_c_stride * buf->height / 2;
    memcpy(dst, data, dst_y_size + dst_c_size * 2);
    mapper.unlock(buf->handle);

    nativeWindow->queueBuffer(nativeWindow.get(), buf, -1);
    buf = NULL;
}

int main(int argc, char *argv[]){
    int lcd_width, lcd_height;
    int width = 640;
    int height = 480;
    int size;
    FILE *fp = fopen(argv[1],"rb");
    ui::DynamicDisplayInfo mainDpyInfo;

    if(argc <2){
      printf("usage: ./opengl_render_nv21 nv21.yuv\n");
      return -1;
    }

    sp<SurfaceComposerClient>client = new SurfaceComposerClient();
    sp<IBinder>mainDpy = SurfaceComposerClient::getInternalDisplayToken();
    SurfaceComposerClient::getDynamicDisplayInfo(mainDpy, &mainDpyInfo);
    lcd_width = mainDpyInfo.supportedDisplayModes[0].resolution.getWidth();
```

```
72      lcd_height = mainDpyInfo.supportedDisplayModes[0].resolution.getHeight();
73
74      sp<SurfaceControl> surfaceControl = client->createSurface(
75                              String8("test"),
76                              lcd_width, lcd_height,
77                              PIXEL_FORMAT_RGBA_8888, 0);
78      SurfaceComposerClient::Transaction{}.setLayer(surfaceControl, 100000)
79        .show(surfaceControl)
80        .setPosition(surfaceControl, 0, 0)
81        .setSize(surfaceControl, lcd_width, lcd_height)
82        .apply();
83
84      sp<Surface> surface = surfaceControl->getSurface();
85      size = width * height * 3/2;
86      std::vector<unsigned char> data(size);
87      while(feof(fp) == 0){
88        int num   = fread(data.data(), 1, size, fp);
89        usleep(40 * 1000);
90        render(data.data(),size,surface,width,height);
91      }
92      return 0;
93
```

第 60 行通过 fopen 系统函数打开需要渲染的 nv21 格式文件，打开后将返回值赋值给 fp 指针。根据第 57～58 行，指定视频格式的分辨率尺寸宽为 640，高为 480。

第 68～84 行的主要作用是创建一个 surface 对象，可以在它上面渲染显示 nv21 图像。

第 87～91 行循环从 nv21 格式视频文件中读取数据，然后调用 render 函数进行渲染显示工作。

在 render 函数中，第 30～39 行设置显示宽高和指定颜色空间有两种方式，原来通过 native_window_set_buffers_geometry 函数设置，但是在 Android 12 中此 API 已经废弃。设置像素格式 halFormat 为 HAL_PIXEL_FORMAT_YCrCb_420_SP，此格式的设置需要根据硬件是否支持来确定。第 41～51 行获取 GraphicBufferMapper 类对象 mapper，并调用 mapper.lock 函数映射共享内存，它底层使用 ION 的共享内存，调用 GraphicBufferMapper 成员函数 lock，其实就是在底层调用系统函数 mmap 映射共享内存，最后一个参数就是通过 ION 映射出来的一个共享内存地址 dst，通过向此地址复制输入的 nv21 格式视频数据 data，最后通过 ION 送入 GPU 或 HWC 渲染输出显示。

2. Android.bp 编译脚本

```
cc_binary {
    name："opengl_render_nv21",
    srcs：["opengl_render_nv21.cpp"],
    shared_libs：[
        "libstagefright",
        "libmedia",
        "libutils",
        "libbinder",
        "libstagefright_foundation",
        "libgui",
        "libcutils",
        "liblog",
        "libEGL",
        "libGLESv2",
        "libsync",
    "libnativewindow",
        "libui",
        "libmediametrics",
    "libnativedisplay",
    ],
    static_libs：[
        "libstagefright_color_conversion",
        "libyuv_static",
    ],
    include_dirs：[
        "frameworks/av/media/libstagefright",
        "frameworks/av/media/libstagefright/include",
        "frameworks/native/include/media/openmax",
    ],
    cflags：[
        " - Wno - multichar",
    " - Wno - unused - variable",
    " - Wno - unused - parameter",
    " - Wno - unused - function",
    ],
    header_libs：[
        "libnativedisplay_headers",
    ],
}
```

编译脚本 Android.bp，用来编译 opengl_render_nv21.cpp 源文件。

编译上述源代码,然后在设备上运行来验证效果。

```
# mm -j12
```

编译成功后,在 out/target/product/blueline/system/bin 目录下会看到应用程序 opengl_render_nv21,然后将应用程序复制到 Android 设备上运行,如下所示。

```
130|blueline:/data/debug # ./opengl_render_nv21 nv21_640x480.yuv
```

运行 opengl_render_nv21 后跟着的是需要渲染的 nv21 格式的视频文件,如果在 Android 设备上有正常颜色视频输出,则说明 opengl 渲染 nv21 格式的视频成功。

5.8.5 ION 跨硬件使用共享内存实战

ION 跨硬件使用共享内存示例代码,模块目录结构如下:

```
.
├── Android.bp
└── ion_mmap_sample.cpp
```

此模块由 Android.bp 和 ion_mmap_sample.cpp 两部分组成,实现通过 ION 申请共享内存,并且跨硬件使用。

1. ion_mmap_sample.cpp:通过 ION 申请共享内存示例

```
#include <iostream>
#include <fcntl.h>
#include <string>
#include <sys/ioctl.h>
#include <sys/mman.h>

#define ION_IOC_MAGIC 'I'
#define ION_IOC_ALLOC _IOWR(ION_IOC_MAGIC, 0, struct ion_allocation_data)
#define ION_IOC_FREE _IOWR(ION_IOC_MAGIC, 1, struct ion_handle_data)
#define ION_IOC_MAP _IOWR(ION_IOC_MAGIC, 2, struct ion_fd_data)
#define ION_IOC_SHARE _IOWR(ION_IOC_MAGIC, 4, struct ion_fd_data)
#define ION_IOC_IMPORT _IOWR(ION_IOC_MAGIC, 5, struct ion_fd_data)
#define ION_IOC_SYNC _IOWR(ION_IOC_MAGIC, 7, struct ion_fd_data)
#define ION_IOC_CUSTOM _IOWR(ION_IOC_MAGIC, 6, struct ion_custom_data)
#define ION_IOC_ABI_VERSION _IOR(ION_IOC_MAGIC, 9, __u32)

struct ion_fd_data {
    int handle;
    int fd;
```

```
};

struct ion_handle_data {
    int handle;
};

struct ion_allocation_data {
    size_t len;
    size_t align;
    unsigned int heap_id_mask;
    unsigned int flags;
    int handle;
};

int main() {
    int ion_fd, shared_fd;
    int size = 4096;
    void * shared_buffer;
    struct ion_allocation_data alloc_data;
    struct ion_fd_data fd_data;

    ion_fd = open("/dev/ion", O_RDWR);
    memset(&alloc_data, 0, sizeof(alloc_data));

    alloc_data.len = size;
    alloc_data.heap_id_mask = 1 <<25;
    alloc_data.flags = 0;
    int rc = ioctl(ion_fd,ION_IOC_ALLOC,&alloc_data);

    memset(&fd_data, 0, sizeof(fd_data));
    fd_data.handle = alloc_data.handle;
    rc = ioctl(ion_fd, ION_IOC_MAP, &fd_data);

    shared_fd = fd_data.fd;
    shared_buffer = mmap(NULL, size, PROT_READ | PROT_WRITE, MAP_SHARED, fd_data.fd, 0);
    std::string tmpbuf = "Hello ION Memory!";
    memcpy(shared_buffer, tmpbuf.c_str(), tmpbuf.size());

    struct ion_fd_data read_fd;
    memset(&read_fd, 0, sizeof(read_fd));
    void * read_shared_buffer = nullptr;
    read_fd.fd = shared_fd;
```

```
62      rc = ioctl(ion_fd, ION_IOC_IMPORT, &read_fd);
63      read_shared_buffer = mmap(NULL, size, PROT_READ | PROT_WRITE, MAP_SHARED, read_fd.fd, 0);
64      printf(" %s\n", (char *)read_shared_buffer);
65      ioctl(ion_fd, ION_IOC_FREE, &alloc_data);
66      munmap(shared_buffer,size);
67      close(ion_fd);
68      return 0;
69  }
```

第 41～47 行首先通过 open 函数打开"/dev/ion"设备节点，返回文件描述符 ion_fd;接着调用 ioctl 函数通过 ION 申请内存及 alloc_data 结构体的成员变量 size，申请的内存大小就是 size 的值，它被赋值为 4 096 字节。

第 49～56 行将 ION 分配的内存映射到用户空间，fd_data 是用于接收映射的文件描述符和偏移量的数据结构。使用 mmap 系统调用在用户空间创建一个内存映射区域，将 ION 通过 ioctl 分配的内存映射进来，fd_data.fd 是映射的文件描述符，通过 shared_buffer 指针指向 ION 分配出来的共享内存区域，最后将字符串"Hello ION Memory!"复制 ION 分配出来，并映射到用户空间的内存区域。

第 58～67 行通过 ioctl 导入我们已经通过 ION 分配好的共享内存，分别将 ion_fd 文件描述符和 read_fd 结构体对象传入，接着通过 mmap 函数映射到用户空间，通过 read_shared_buffer 指针指向共享内存区域，将我们已经写入的字符串读出来。最后释放内存资源，关闭设备节点。

2. Android.bp 编译脚本

```
cc_binary {
    name: "ion_mmap_sample",
    srcs: ["ion_mmap_sample.cpp"],
    shared_libs: [
        "libbinder",
        "libcutils",
        "liblog",
        "libutils",
    "libbinder",
    ],
    compile_multilib: "64",
}
```

编译脚本 Android.bp，用来编译 ion_mmap_sample.cpp 源文件。

编译上述源代码，然后在设备上运行来验证效果。

```
# mm -j12
```

编译成功后，在 out/target/product/blueline/system/bin 目录下会看到应用程序

ion_mmap_sample，然后将应用程序复制到 Android 设备上运行，如下所示。

```
blueline:/data/debug # ./ion_mmap_sample
 Hello ION Memory!
```

运行 ion_mmap_sample 可执行程序，在终端显示出"Hello ION Memory!"字符串，说明我们成功通过 ION 共享内存写入的字符串"Hello ION Memory!"正确地读出来了。

5.8.6 映射 GPU 显存实战

通过 KGSL 驱动操作 Adreno GPU 显存示例代码，模块目录结构如下：

```
.
├── Android.bp
└── gpu_mmap_sample.cpp
```

此模块由 Android. bp 和 gpu_mmap_sample. cpp 两部分组成，主要实现操作 Adreno GPU 显存功能。

1. gpu_mmap_sample. cpp：操作 Adreno GPU 显存示例

```
#include <fcntl.h>
#include <unistd.h>
#include <cstdio>
#include <sys/ioctl.h>
#include <sys/mman.h>
#include <iostream>

struct kgsl_gpumem_alloc {
    unsigned long gpuaddr;
    size_t size;
    unsigned int flags;
};
#define KGSL_IOC_TYPE 0x09
#define KGSL_MEMALIGN_SHIFT 16
#define KGSL_MEMFLAGS_USE_CPU_MAP 0x10000000ULL
#define KGSL_CACHEMODE_SHIFT 26
#define KGSL_CACHEMODE_WRITEBACK 3
#define KGSL_MEMTYPE_SHIFT 8
#define KGSL_MEMTYPE_OBJECTANY 0
#define IOCTL_KGSL_GPUMEM_ALLOC _IOWR(KGSL_IOC_TYPE, 0x2f, \
                                        struct kgsl_gpumem_alloc)

struct kgsl_sharedmem_free {
```

```
    unsigned long gpuaddr;
};
#define IOCTL_KGSL_SHAREDMEM_FREE    _IOW(KGSL_IOC_TYPE, 0x21, \
                                          struct kgsl_sharedmem_free)

int main(void) {
    unsigned long size = 4096;
    struct kgsl_gpumem_alloc kpa;

    kpa.size = size;
    kpa.flags = (2 <<KGSL_MEMALIGN_SHIFT) |
                 KGSL_MEMFLAGS_USE_CPU_MAP |
                (KGSL_CACHEMODE_WRITEBACK <<KGSL_CACHEMODE_SHIFT) |
                (KGSL_MEMTYPE_OBJECTANY <<KGSL_MEMTYPE_SHIFT);

    int fd = open("/dev/kgsl-3d0", O_RDWR);
    ioctl(fd, IOCTL_KGSL_GPUMEM_ALLOC, &kpa);

    void *map_buf = mmap(NULL,
                 size,
                 PROT_READ | PROT_WRITE,
                 MAP_SHARED,
                 fd,
                 kpa.gpuaddr);

    std::string writebuf = "Hello GPU Memory!";
    memcpy(map_buf, writebuf.c_str(), writebuf.size());

    char *readbuf = nullptr;
    int read_fd = fd;

    readbuf = (char*)mmap(NULL,
              size,
              PROT_READ | PROT_WRITE,
              MAP_SHARED,
              read_fd,
              kpa.gpuaddr);
    printf("readbuf = %s\n",readbuf);

    ioctl(read_fd, IOCTL_KGSL_SHAREDMEM_FREE, &kpa);
    munmap(readbuf, size);
    close(read_fd);
}
```

第 39～50 行，通过打开 KGSL 驱动提供的 Adreno GPU 访问的设备节点"/dev/kgsl-3d0"返回文件描述符 fd；接着通过 ioctl 在 GPU 内部申请内存，然后通过 mmap 将 GPU 分配的显存映射到用户空间，通过 map_buf 指针指向它。操作 map_buf 指针，其实就是在操作 GPU 显存。第 50 行通过 memcpy 函数将"Hello GPU Memory！"字符串复制到 GPU 显存中。

第 52～65 行的功能是将我们写入 GPU 显存中的字符串"Hello GPU Memory！"读出来。通过 mmap 函数将打开"/dev/kgsl-3d0"的设备节点 fd 和 kpa. gpuaddr，通过设备节点将 GPU 显存映射出来，通过 readbuf 指针指向它，它就是指向刚才复制到 GPU 显存字符串的地址，然后将它打印出来即可，这就是复制到 GPU 显存的字符串"Hello GPU Memory！"。最后清理内存资源操作，释放内存，关闭设备节点。

2. Android. bp 编译脚本

```
cc_binary {
    name: "gpu_mmap_sample",
    srcs: ["gpu_mmap_sample.cpp"],
}
```

编译脚本 Android. bp，用来编译 gpu_mmap_sample. cpp 源文件。

编译上述源代码，然后在设备上运行来验证效果。

```
# mm -j12
```

编译成功后，在 out/target/product/blueline/system/bin 目录下会看到应用程序 gpu_mmap_sample，然后将应用程序复制到 Android 设备上运行，如下所示。

```
blueline:/data/debug # ./gpu_mmap_sample
readbuf = Hello GPU Memory!
```

运行 gpu_mmap_sample 可执行程序，在终端显示出"Hello GPU Memory！"字符串，说明我们成功地在 GPU 显存映射了共享内存，接着写入字符串，并且正确地读出来。

在 GPU 完成渲染、合成等操作后，通过这种共享内存方式将合成数据传递出来，再交由其他组件继续处理合成图形数据。

5.8.7 DRM 输出显示实战

通过 DRM 输出显示示例代码，模块目录结构如下：

```
.
├── Android.bp
└── drm_display_sample.cpp
```

此模块由 Android. bp 和 drm_display_sample. cpp 两部分组成，实现通过 DRM 驱动输出显示功能。

1. drm_display_sample:DRM 输出显示示例

```
#include <fcntl.h>
#include <cstdio>
#include <string.h>
#include <sys/mman.h>
#include <unistd.h>
#include <xf86drm.h>
#include <xf86drmMode.h>

typedef struct drm_contexts{
    uint32_t width;
    uint32_t height;
    uint32_t pitch;
    uint32_t handle;
    uint32_t size;
    uint8_t *vaddr;
    uint32_t fb_id;
}drm_context;

drm_context drm_ct;

static int drm_create_fb(int fd, drm_context *drm_con){
    struct drm_mode_create_dumb drm_create;
    struct drm_mode_map_dumb drm_map;

    drm_create.width = drm_con->width;
    drm_create.height = drm_con->height;
    drm_create.bpp = 32;
    drmIoctl(fd, DRM_IOCTL_MODE_CREATE_DUMB, &drm_create);

    drm_con->pitch = drm_create.pitch;
    drm_con->size = drm_create.size;
    drm_con->handle = drm_create.handle;
    drmModeAddFB(fd, drm_con->width,
              drm_con->height, 24,
              32, drm_con->pitch,
              drm_con->handle,
              &drm_con->fb_id);

    drm_map.handle = drm_create.handle;
```

```
40      drmIoctl(fd, DRM_IOCTL_MODE_MAP_DUMB, &drm_map);
41
42      drm_con->vaddr = (uint8_t *)mmap(0, drm_create.size, PROT_READ |
43                          PROT_WRITE,MAP_SHARED,
44                          fd, drm_map.offset);
45      for (int i = 0; i <drm_con->size / 4; i++) {
46          *((uint32_t *)drm_con->vaddr + i) = 0x00FF00;
47      }
48      return 0;
49  }
50
51  static void drm_destroy_fb(int fd, drm_context * drm_con){
52      drmModeRmFB(fd, drm_con->fb_id);
53      munmap(drm_con->vaddr, drm_con->size);
54      drmIoctl(fd, DRM_IOCTL_MODE_DESTROY_DUMB, &drm_con);
55  }
56
57  int main(){
58      int fd;
59      drmModeConnector * con;
60      drmModeRes * dmres;
61
62      fd = open("/dev/dri/card0", O_RDWR | O_CLOEXEC);
63      dmres = drmModeGetResources(fd);
64      con = drmModeGetConnector(fd, dmres->connectors[0]);
65      drm_ct.width = con->modes[0].hdisplay;
66      drm_ct.height = con->modes[0].vdisplay;
67
68      drm_create_fb(fd, &drm_ct);
69      drmModeSetCrtc(fd, dmres->crtcs[0],
70              drm_ct.fb_id, 0, 0,
71              &(dmres->connectors[0]), 1, &con->modes[0]);
72      getchar();
73
74      drm_destroy_fb(fd, &drm_ct);
75      drmModeFreeConnector(con);
76      drmModeFreeResources(dmres);
77      close(fd);
78      return 0;
79  }
```

第 62～66 行首先通过 open 函数打开 DRM 设备"/dev/dri/card0",获取文件描述符 fd,drmModeGetResources 通过文件描述符 fd 获取 DRM 资源。接着 drmMode-

GetConnector 函数通过 fd 检索有关连接器 ID 的信息，并连接到显示设备，将 ID 存放在 dmres->connectors[0]中，最后将显示图像的宽度和高度存放在全局变量 drm_ct 对象的 width 和 height 变量中。

第 68～71 行调用 drm_destroy_fb 函数，通过 ioctl 函数向驱动发送 DRM_IOCTL_MODE_CREATE_DUMB 命令创建 DUMB 缓冲区，接着调用 drmModeAddFB 函数在 DUMB 缓冲区添加一个帧缓冲区，用以操作显示输出，再通过 ioctl 函数向驱动发送 DRM_IOCTL_MODE_MAP_DUMB 命令，将 DUMB 缓冲区从物理内存映射到内核缓冲区。最后调用 mmap 函数内核空间缓冲区映射到用户空间，使用 bo->vaddr 指针指向这块缓冲区，接下来第 45～47 行对这块缓冲区写入 0x00FF00 数据操作，在屏幕输出的颜色为绿色。

第 69 行调用 drmModeSetCrtc 函数控制 CRTC 显示控制器扫描添加的帧缓冲区的数据，接着输出显示出来，此时整个屏幕显示为绿色。

第 74～77 行释放内存资源，并关闭 DRM 设备节点。

2. Android. bp 编译脚本

```
cc_binary {
      name: "drm_display_sample",
      srcs: [
     "drm_display_sample.cpp",
      ],
      shared_libs: ["libdrm"],
}
```

编译脚本 Android. bp，用来编译 drm_display_sample. cpp 源文件。

编译上述源代码，然后在设备上运行来验证效果。

```
# mm -j12
```

编译成功后，在 out/target/product/blueline/system/bin 目录下会看到应用程序 drm_display_sample，然后将应用程序复制到 Android 设备上运行，如下所示。

```
130|blueline:/data/debug # ./drm_display_sample
```

运行 drm_display_sample 程序，如果在 Android 设备屏幕显示颜色为绿色，则说明通过操作 DRM 输出显示成功。

需要注意的是，在启动 drm_display_sample 程序前，对于 Android 低版本，一定要关闭 surfaceflinger 服务；对于 Android 高版本，仅关闭 HWC 服务即可。

为什么关闭它们呢？因为如果"/dev/dri/card0"设备被别的进程占用，则 drm_display_sample 进程就无法使用它，所以无法正常输出显示。